中国农业文化遗产 第三卷

中国农业文化精粹

◎ 赵佩霞 唐志强 主编

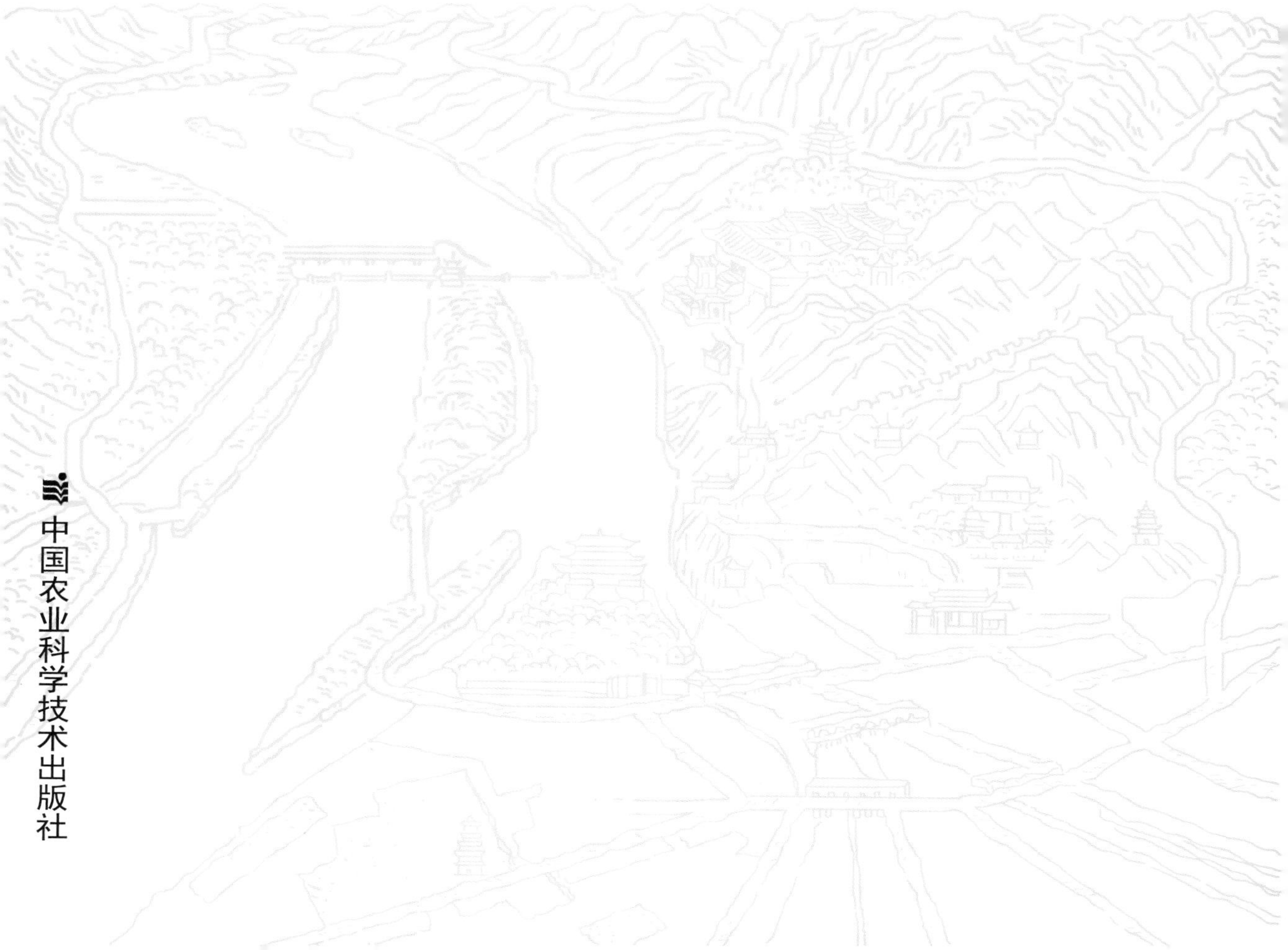

中国农业科学技术出版社

图书在版编目（CIP）数据

中国农业文化精粹 / 赵佩霞，唐志强主编．—北京：中国农业科学技术出版社，2015.12
（中国农业文化遗产）
ISBN 978-7-5116-2406-2

Ⅰ．①中…　Ⅱ．①赵…②唐…　Ⅲ．①农业史—文化史—中国 Ⅳ．① S-092

中国版本图书馆 CIP 数据核字（2015）第 300294 号

责任编辑　朱　绯　李　雪
责任校对　李向荣

出 版 者　中国农业科学技术出版社
　　　　　北京市中关村南大街 12 号　邮编：100081
电　　话　（010）82106626（编辑室）（010）82109704（发行部）
　　　　　（010）82109703（读者服务部）
传　　真　（010）82106626
网　　址　http://www.castp.cn
经 销 者　新华书店北京发行所
印 刷 者　北京科信印刷有限公司
开　　本　787 mm × 1092 mm　1/16
印　　张　24.25
字　　数　555 千字
版　　次　2015 年 12 月第 1 版　2015 年 12 月第 1 次印刷
定　　价　120.00 元

《中国农业文化遗产》编委会

《中国农业文化精粹》编委会

目 录

中华文明之根源

——农业的起源

一、农业起源的传说

据古史记载，在农业发生以前，我国人民过的是“采树木之实，食蠃蠪之肉”的采集渔猎生活。后来，因为人口数量增加，禽兽不足，于是神农因天之时，分地之利，制耒耜，教民农作，才有了农业。实际上，农业的发明是原始人类在长期实践中的集体创造，只是在世代口耳相传中被简化和神化了。

有巢氏

燧人氏

1. 有巢氏

在我国古史传说中，有一位“有巢氏”在树上栖宿，以采集坚果和果实为生，亦称“大巢氏”。传说中华初民穴居野处，受野兽侵害，有巢氏教民构木为巢，以避野兽，从此人民才由穴居到巢居。从这个角度看，有巢氏实际上代表着当时人类发展的一个阶段，从原始的山洞居住发展到建造房屋的阶段，是进步的一个标志。有巢氏时期人类的社会组织已经进入到母系氏族公社阶段。当时的社会活动主要是男子打猎和捕鱼，女子采集野菜和挖掘块根。

2. 燧人氏

中国的神话传说中，有很多以智慧、勇敢、毅力为人民造福的英雄，燧人，就是其中的一个。燧人氏，又称“燧人”，三皇之首，河南商丘人，他在今河南商丘一带钻木取火，教人熟食，是华夏人工取火的发明者，结束了远古人类茹毛饮血的历史，开创了华夏文明，商丘因此被誉为华夏文明的发祥地。燧人氏的神话反映了中国原始时代从利用自然火，进化到人工取火的情况。人工取火的发明结束了人类茹毛饮血的时代，开创了人类文明的新纪元。所以，燧人氏一直受到人们的敬重和崇拜，并尊他为三皇之首，奉为“火祖”。

伏羲氏

3. 伏羲氏

随后又有一位伏羲氏结绳为网，用来捕鸟打猎，并教会了人们渔猎的方法，开创了中华文明。伏羲是中国古代传说中一位对华夏文明作出过卓越贡献的神话人物，有关他的传说，最具神秘色彩的便是他的出生和成婚，传说中的伏羲人面蛇身，是因他的母亲在一个名叫雷泽的地方踩了一个巨人的脚印怀孕，而 12 年后出生的。这个雷泽据考证就在现今的甘肃天水市境内。再后来，一次洪水吞没了整个人类，唯有伏羲和他的妹妹女娲幸存了下来。要使人类不致灭绝，他俩就必须结为夫妻。但兄妹成婚毕竟是很难令人接受的，于是他们商量由天意来决定这件事。怎样决定呢？兄妹俩各自拿了一个大磨盘分别爬上昆仑山的南北两山，然后同时往下滚磨盘，如果磨合，就说明天意让他俩成婚。结果，磨盘滚到山下竟然合二为一了，于是，他俩顺天意成婚，人类从此得以延续。据史载，伏羲曾教人们织网捕鱼，从而使人类原始的狩猎状态进入到初级的畜牧业生产；他确定了婚嫁制度，创造了历法，发明了乐器，教会了们制作和食用熟食，结束了人类身披树叶，茹毛饮血的野性状态；最重要的是，伏羲始创了中国古代文化的秘密符号——八卦，这是一组代表自然界天地水火山川雷电的象形文字，也是中国文字的起源。

神农氏

4. 神农氏

神农，是我国传说中“三皇”之一。他作为“始耕田者”的“田祖”、“先农”，一直受到中华民族子孙的崇奉。神农氏对于农业生产的贡献在古文献中有不少记载，归结起来主要为两个农业技术阶段。一是神农“尝草别谷”的起始阶段，二是神农“教民农作”的发展阶段。前者属于母系氏族公社时期的“刀耕”农业，后者属于父系氏族公社时期的“耜耕”农业。

小典故

神农一生下来就是个水晶肚子，五脏六腑全都能看得一清二楚。那时侯，人们经常因为乱吃东西而生病，甚至丧命。神农决心尝遍所有的东西，好吃的放在身旁左边的袋子里，给人吃；不好吃的就放在身子右边的袋子里，作药用。

第一次，神农尝了一片小嫩叶。这叶片一落进肚里，就上上下下地把里面各器官擦洗得清清爽爽，像巡查似的，神农把它叫作“查”，就是后人所称的“茶”。神农将它放进左边袋子里。第二次，神农尝了朵蝴蝶样的淡红小花，甜津津的，香味扑鼻，这是“甘草”。他把它放进了右边袋子里。就这样，神农辛苦地尝遍百草，每次中毒，都靠茶来解救。后来，他左边的袋子里花草根叶有 47 000 种，右边有 398 000 种。但有一天，神农尝到了“断肠草”，这种毒草太厉害了，他还来不及吃茶解毒就死了。他是为了拯救人们而牺牲的，人们称他为“药王菩萨”，人间以这个神话故事永远地纪念他。

5. 后稷

后稷是炎帝的继承者，他们都是传说中我国农业的发明人。相传古时候有一个叫姜嫄的女子，无意间把脚踏到巨人的脚印上，有一股力量振动了她的身体，回家之后生下一个儿子。这件事引起众人的议论，认为这是一件不吉利的怪事。他们把孩子还丢在山坡的窄路上，奇怪的是牛羊经过，都小心地躲开了。那些人又把孩子抛弃到结了冰的河上。一只大鸟飞来用它毛茸茸的翅膀盖给孩子保持温度。姜嫄循着哭声找到了孩子，把它带回来抚养长大。人们就给这个曾经被抛弃过的孩子起名叫“弃”。弃渐渐长大，他喜爱劳动，做游戏的时候，喜欢种植麻呀、豆呀、谷子呀这些农作物。古人把谷子一类的东西叫“稷”，姜

后稷

嫄就给儿子取了个名字叫“后稷”。春天，后稷把种子撒播在土地里，秋天，他从土地里收获各种瓜果谷物。人们很惊讶，都学着他的样子耕地种庄稼。

二、旧石器时期的生产活动

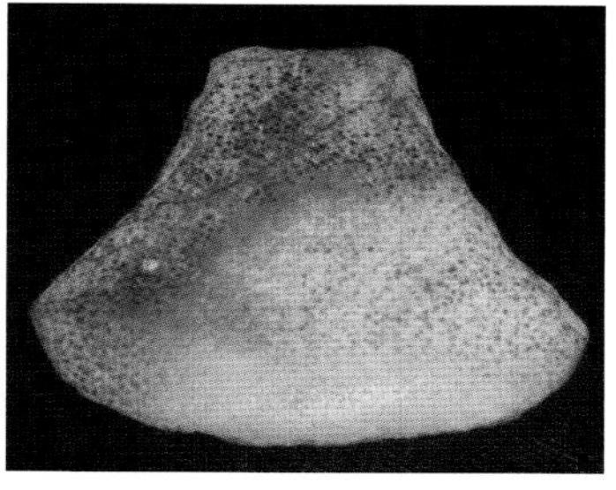

旧石器时代石铲

旧石器时代从距今约 300 万年前开始，延续到距今 1 万年左右止，是以使用打制石器为标志的人类物质文化发展阶段。地质时代属于上新世晚期更新世，从距今约 250 万年前开始，延续到距今 1 万年左右止。划分一般采用三分法，即旧石器时代早期、中期和晚期，大体上分别相当于人类体质进化的能人和直立人阶段、早期智人阶段、晚期智人阶段。由于地域和时代不同以及发展的不平衡性，各地区的文化面貌存在着相当大的差异。旧石器时代的人类经济活动，主要是通过采摘果实、狩猎或捕捞获取食物。当时人们群居在山洞里或部分地群居在树上，以一些植物的果实、坚果和根茎为食物，同时集体捕猎野兽、捕捞河湖中的鱼蚌来维持生活。在山洞中的遗迹和遗物已留下了很多，但树居生活却很难留下什么遗迹。从古代的文献中，依稀可以寻觅到远古时代树居和采集的影子。从旧石器时代晚期到中石器时代，人类的生活特点就是洞居或巢居、采集和狩猎。

原始社会时期人类的生产活动，受到自然条件的极大限制，制造石器一般都是就地取材，从附近的河滩上或者从熟悉的岩石区拣拾石块，打制成合适的工具，旧石器时代中期以前往往是这种情况。到了晚期，随着生活环境的变迁和生产经验的积累，这种拣拾的方法有时不能满足生产和生活上的要求，在有条件时，便从适宜制造石器的原生岩层开采石料，制造石器。因此，一些能够提供丰富原料的山地就会有人从周围地区不断来到这里，从岩层开采石料，乃至就地制造石器，因而出现了一些石器制造场。在大窑村，广泛地分布着晚更新世的粉砂质黄土，它的上面是一层黑垆土。这两层土的底部都发现有很厚的石片、石器、石渣层，其中典型的石片和石核数量较多，石器较少，制作石器所遗留的半成品和废品则占绝大多数，反映了石器制造场的遗物特点。石器原料开采和比较固定的石器制造场的出现，是社会生产力发展的标志。

中国旧石器时代早期文化分布已很普遍。距今 100 万年前的旧石器文化有西侯度文化、元谋人石器、匼河文化、蓝田人文化以及东谷坨文化。距今100万年以后的遗址更多，在北方以周口店第1地点的北京人文化为代表，在南方以贵州黔西观音洞的观音洞文化为代表。

中国旧石器时代中期文化可用山西襄汾发现的丁村文化为代表。基本上保持了早期文化的类型和加工技术。一个明显的特点是修理石核技术（如勒瓦娄哇技术）没有得到什么发展。

进入旧石器时代晚期，遗址数量增多，文化遗物更加丰富，技术有明显进步，文化类型也更加多样。在华北、华南及其他地区，都存在时代相近但技术传统不同的文化类型。总起来看，这一时期文化的主要特点是，除少数地点外，石叶工艺和骨角器生产不很发达。

三、新石器时期的农业

中国的新石器时代是原始社会氏族公社制由全盛到衰落的一个历史阶段。它以农耕和畜牧的出现为划时代的标志，表明已由依赖自然的采集渔猎经济跃进到改造自然的生产经济。磨制石器、制陶和纺织的出现，也是这一时代的基本特征。因而，新石器时代在中国历史上是古代经济、文化向前发展的新起点。就目前所知，新石器时代大约从1万年前开始，结束时间从距今5000多年至2000多年不等，一般延续到公元前2000年左右。

西亚最早进入新石器时代的是利凡特（今以色列、巴勒斯坦、黎巴嫩和叙利亚）、安那托利亚（今土耳其）和扎格罗斯山山前地区，即所谓农业起源的新月形地带。这一地区具有典型的地中海气候，冬季多雨潮湿，夏季炎热干燥，有适于栽培的野生谷物和易于驯养的动物，从旧石器时代到中石器时代，文化的发展已有相当的基础，因而成为最早出现农业和养畜业的地区。大约在公元前9000—前8000年，便进入原始新石器时期，有了农业和养畜业的萌芽。公元前8000—前7000年，先后进入前陶新石器或无陶新石器时期，已种植小麦、大麦、扁豆和豌豆等，开始饲养绵羊和山羊，有的遗址还有猪骨。这个时期的典型遗址耶利哥遗址，已出现用土坯砌筑的半地穴式房屋，村外有石砌围墙和壕沟，墙内有石砌的镃望塔，这在世界上同类建筑中是最早的。大约在公元前7000—前6000年，西亚各地先后进入

新石器时代出土文物

有陶新石器或发达的新石器时期。最早的陶器可称为土器，火候极低；稍后有厚胎的素面灰褐陶，最后出现彩陶。这时农业已有进一步的发展，有的地方已有灌溉农业。房子一般为多间式、平顶，有的房内有牛头形塑像。大约在公元前 6000—前 5000 年，这里的一些遗址有了铜器（个别遗址中用冷锻法制造的铜扣针等，可早到公元前 7500 年左右），进入铜石并用时代。

西亚的新石器文化在发展中对周围地区产生过明显的影响，一是向北非尼罗河流域传播，一是向欧洲东南部扩展。尼罗河流域的新石器文化分为 3 期，从早期开始即为有陶新石器阶段。

北非其他地区的新石器文化分为三大系统：撒哈拉新石器文化、地中海新石器文化和卡普萨传统的新石器文化。在欧洲的希腊本土、克里特岛以至黑海北岸的克里米亚等地存在过前陶新石器文化。从陶器出现以后，欧洲南部主要有印纹陶文化，而多瑙河流域则为线纹陶文化，这些地区在进入铜石并用时代后出现了彩陶文化。而东欧较北地区在新石器时代则流行小窝篦纹陶文化等。

中亚、南亚和东南亚中亚大约在公元前 6000—前 5000 年进入新石器时代，其代表有哲通文化。该文化分布于土库曼斯坦境内。石器大多继承当地的中石器时代传统而多细石器，同时也新出现磨制石斧和磨谷器。已种植小麦和大麦，饲养山羊。陶器均为手制，胎中多掺草末，除素面外还有一些彩陶。从总体文化面貌来看明显受到西亚新石器文化的影响。中亚北部的新石器文化年代较晚，其代表为克尔捷米纳尔文化，年代约为公元前 4000 年—前 2000 年，经济以渔猎和采集为主，陶器多饰刻划或戳印纹，彩陶极少。

彩陶

南亚次大陆较早的新石器文化大约开始于公元前 6000 年左右。居民种植小麦、大麦，饲养绵羊、山羊和牛。大约到公元前 4500 年左右才出现陶器，并且很快出现彩陶，到公元前 3500 年左右进入铜石并用时代。在东南亚，印度尼西亚等地有种植薯芋为主的新石器文化，没有发展起真正的农业经济。北亚和东北亚日本是世界上陶器出现最早的地区，蒙古和西伯利亚也有个别遗址的陶器年代接近 1 万年。但这个地区的磨制石器一直不很发达，农业出现的年代也很晚，与西亚情况正好相反。这个地区的陶器有一个共同的特点，就是筒形罐特别流行，一般为灰褐色，饰刻划纹或压印纹。在日本，陶器多绳纹，故日本的新石器时代又称绳纹时代。朝鲜和西伯利亚的陶器则多施篦纹。

中国大约在公元前 1 万年就已进入新石器时代。由于地域辽阔，各地自然地理环境很不相同，新石器文化的面貌也有很大区别，大致分为三大经济文化区：

旱地农业经济文化区：包括黄河中下游、辽河和海河流域等地，这里是粟、黍等旱作农业起源地，很早就饲养猪、狗，以后又养牛、羊等。

水田农业经济文化区：主要为长江中下游。岭南地区农业则一直不发达，渔猎采集经济占有较重要的地位，可划为一个亚区。这个区域很早就种植水稻，是稻作农业的重要起源地。早期饲养猪、狗，以后陆续养水牛和羊。

狩猎采集经济文化区：包括长城以北的东北大部、内蒙古及新疆和青藏高原等地，面积大约占全国的 2/3。这个区域除个别地方外基本上没有农业，细石器特别发达而很少磨制石器，陶器也不甚发达。

四、河姆渡农耕文化

河姆渡文化是中国长江流域下游地区古老而多姿的新石器文化，第一次发现于（1973 年）浙江余姚河姆渡，因而命名。它主要分布在杭州湾南岸的宁绍平原及舟山岛，经科学的方法进行测定，它的年代为公元前 4360—前 3360 年。它是新石器时代母系氏族公社时期的氏族村落遗址，反映了约 7000 年前长江流域氏族的情况。

该文化最早在 1973 年被发现，在 1973—1974 年和 1977—1978 年两次对河姆渡遗址作发掘并有资料。黑陶是河姆渡陶器的一大特色。在建筑方面，遗址中发现大量干栏式建筑的遗迹，在食物方面，植物遇存有水稻的大量发现，被断定是人工栽培的水稻，此外植物残存尚有葫芦、橡子、菱角、枣子等。动物方面有羊、鹿、猴子、虎、熊等以及猪、狗、水牛等家养的牲畜。河姆渡文化的骨器制作比较进步，有耜、鱼镖、镞、哨。

匕、锥、锯形器等器物，精心磨制而成，一些有柄骨匕、骨笄上雕刻花纹或双头连体鸟纹图案，就像是精美绝伦的实用工艺品。在众多的出土文物中，最重要的是发现了大量人工栽培的稻谷，这是目前世界上最古老、最丰富的稻作文化遗址。它的发现，不但改变了中国栽培水稻从印度引进的传统传说，许多考

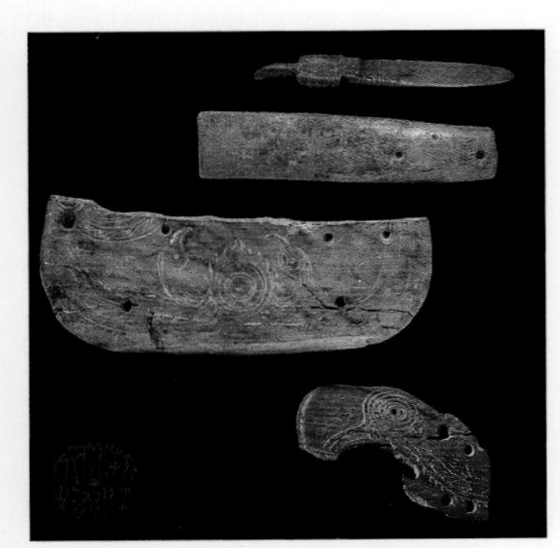
河姆渡时期出土器物

古学者还依此认为河姆渡可能是中国乃至世界稻作文化的最早发源地。

河姆渡建筑复原

干栏式建筑是河姆渡文化的建筑形式，是中国长江以南新石器时代以来的重要建筑形式之一，与北方的半地穴式房屋有着明显差别，成为当时最具代表性的特征。从河姆渡遗址出土陶盆上的稻穗图案以及大量的稻壳，都不难推测出河姆渡文化的社会经济是以稻作农业为主，兼营畜牧、采集和渔猎。河姆渡文化时期人们的居住地已形成大小各异的村落，在村落遗址中有许多房屋建筑基址，生活用器以陶器为主，并有少量木器。

干栏式建筑是抬高房屋地板，以适应南方地区特殊的生存环境（潮湿，多虫），同时亦可利用下部空间。这对于后来楼阁的发明、并最终导致阁楼和二层楼房的形成有直接的启示。河姆渡干栏式建筑是中国最早的木构建筑，其梁架用榫卯衔接、地板用企口板密接，工艺技术相当成熟。

小知识

榫卯结构，是中国古建筑以木材、砖瓦为主要建筑材料，以木构架结构为主要的结构方式，由立柱、横梁、顺檩等主要构件建造而成，各个构件之间的结点以榫卯相吻合，构成富有弹性的框架。榫卯是极为精巧的发明，这种构件连接方式，使得中国传统的木结构成为超越了当代建筑排架、框架或者刚架的特殊柔性结构体，不但可以承受较大的荷载，而且允许产生一定的变形，在地震荷载下通过变形抵消一定的地震能量，减小结构的地震响应。

从考古发现看，中国新石器时代的河姆渡文化、马家浜文化和良渚文化的许多遗址中，都发现埋在地下的木桩以及底架上的横梁和木板，表明当时已产生干栏式建筑。根据河姆渡遗址第一次考古发掘的建筑遗迹平面图分析，3 幢建筑均呈西北—东南的走向。从朝向看，座东北，朝西南，这样建筑的朝向与现在的座北朝南方向选择有很大差别，对采光、通风、取暖、避寒都不利，从河姆渡文化的生产力水平看，与原始居民丰富的生产、生活经验成反差，这种特殊朝向选择需要对干栏式建筑本身特点进行探讨。河姆渡遗址两次考古发掘均未有完整的建筑遗迹出现，因为从建筑技术和材料看，干栏式建筑非常容易倒塌，据民族学资料，云南傣族同类建筑使用最长年限为 15 年。由于砍伐、加工上的困难，估计倒塌后的建筑构件又被河姆渡人用于建新屋的材料，只有入土的木桩较多留存下来。推测当时的建筑还未开窗，而门的位置与傣族的干栏式建筑一样是开在山墙面的，具有出入、通风、采光、排除烟尘的诸多功用。干栏式建筑西北—东南走向，门的朝向向南偏东 10° 左右，这个朝向在江浙地区冬季日照时间最长而夏季最短，避开了夏季的炎热，增加了冬季的采光时间。所以无窗户的干栏式建筑，这个朝向选择是非常符合实际的。迄今当地的建筑仍继承了这个合理的朝向选择，门户向南偏东 5°~10°是最好的朝向。

干栏式建筑凌空地坪的优点是可以减少地面的处理工作，放火烧荒后就可以建房，而且满足了居宅防潮抗洪的实际需要，也解决了南方气温较高而需降温、通风问题。但由此带来的建筑困难也比一般地面建筑大得多。万丈高楼平地起，建筑能否成功基础是关键，干栏式建筑显得尤为重要。河姆渡遗址的建筑基础桩木有圆桩、方桩、板桩之分。方桩体积较大，一般截面为 15 厘米 ×18 厘米，入地深度也比圆桩要深 50~100 厘米，可起承重桩的作用。其分布也有规律可寻，一般间隔距离 1.3~1.5 米。圆桩的数量很多，直径大小变化也较多。板桩数量少，布置较密。通过取样调查所知，各种形式木桩的底部一律砍削成尖刺状或刃状，可知是用打入法处理的。桩础完成后，接下去架设地梁，方桩上端面凿有凹槽用于拼接地梁，有的圆木上端原来留有叉子，也可以用来承托地梁或屋梁，关键性的构件如中柱、转角柱，凿有穿孔卯口和互成直角的卯口，辅以绑扎作进一步固定。地板铺放在地梁之上，多数未经固定，这样便于原始居民通过活动地板向下倾倒垃圾。基座开始是平稳的，但因土质松软，有些部位会沉降。这时先民把准备的圆木甚至地板往地梁下作桩木支撑，日复一日形成基础部分桩木林立的结果。

河姆渡建筑特点

在河姆渡遗址干栏式建筑遗迹中，最有影响的是出土了上百件带榫卯的木构件，从形式看有柱头及柱脚榫、梁头榫、带梢钉孔的榫、燕尾榫、平身柱卯眼、转角柱卯眼，直棂栏干卯眼等。平身柱卯眼即是中柱上的卯眼，转角柱卯眼即是檐柱的卯眼，与梁配合使用使中柱和檐柱、中柱与中柱、檐柱与檐柱得到紧密联接，从而构成十分稳定的屋架，使地板铺设得到可靠保证。河姆渡遗址出土的地板长约 100 厘米，板厚 6 厘米，因此地梁之上还需要铺设一道地栿才能搁置地板。如果用绑扎方式来固定地梁与屋柱的节点，那么用不了多久，楼板将会坍塌下来，只有榫卯发明以后，特别是带梢钉孔榫应用以后，加强了梁柱的连接，凌空的干栏式建筑才能稳稳立住。可以说没有榫卯木作技术就不会有河姆渡干栏式建筑。

五、半坡农耕文化

西安半坡遗址是我国目前唯一保存完好的原始社会遗址，距今已有 6 000 多年的历史。半坡文化属黄河中游地区新石器时代的仰韶文化，位于陕西省西安半坡村。年代距今 6 800—6 300 年，半坡村的原始居民是定居的，以氏族或部落为单位，建立村落，半坡是一个没有贫富差别的原始社会。居住区有壕沟围绕，以防野兽侵害。房屋为地面和半地下式的，呈方形或圆形。居住区中央有长方形大屋，可能是氏族集体活动的场所。多种农具、鱼猎工具的出土，反映半坡居民的经济生活为农业和渔猎并重。陶器有粗砂罐、小口尖底瓶等。彩陶十分出色，红地黑彩，花纹简练朴素，绘人面、鱼、鹿、植物枝叶及几何形纹样。

半坡出土文物

距今 6 000 多年前，渭河的支流河水畔，有一座古老的氏族部落——半坡。这里东依白鹿终南山，可常年进山打猎；北边是开阔的平原地带，适合于发展农业；河之水流经这里，为半坡人提供了大量的水产资源，也是一个绝佳的捕鱼场所。经过考古专家测定和实物分析，半坡村当时是处于亚热带气候条件下，气候温暖而湿润，终年绿树葱茏，很适合人类的发展。半坡的时代是一个女人地位高于男人的时代。女人掌管着农业，在生产中起主要作用，她们是氏族的管理者。在她们的管理下，先祖创造着人类社会的第一个阶段——母系氏族社会。

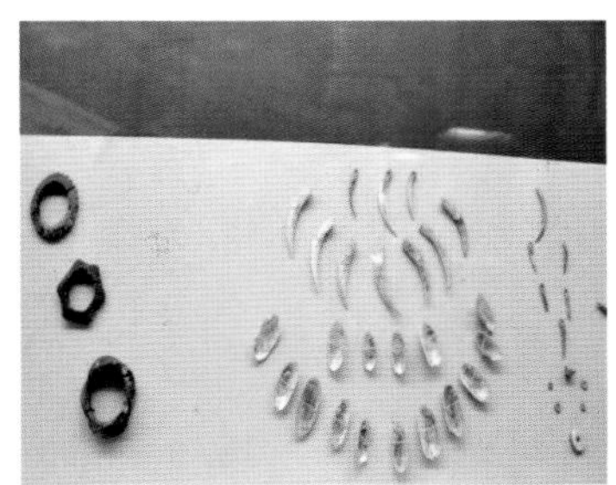
半坡工具

从出土的许多石或骨的箭头来看，半坡人已学会使用弓箭，并大量驯养了狗。“农闲”的时候，男人们带着驯养的狗去树林里打猎。女人们则会到野外采集植物的果实，或者到河边用自己发明的渔叉、鱼钩甚至渔网捕鱼和螺蛳。被驯养的猪悠闲地在圈栏里闲逛。姑娘们用部落人发明的尖底瓶沉入河里汲水。

原始部落的大家庭生活是温馨的，也是时刻受到外界威胁的。野兽、自然灾害以及大大小小的其他灾祸，时刻威胁着半坡人的生活。为了抵御野兽和灾害，半坡人修建了大型的防御工事——围绕半坡村落的大围沟。这个大围沟宽 7~8 米，深 5~6 米，底径 1~3 米，全长 300 多米。沟的内沿高出外沿约 1 米多，

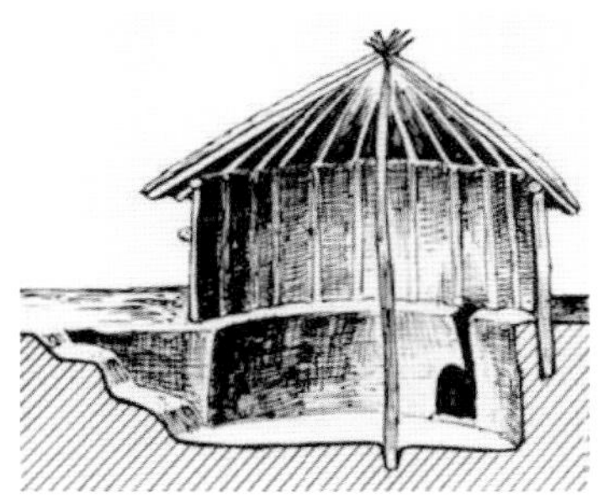
半地穴房屋

靠居住区的沟壁坡度很大，外壁则接近陡直。这显然是挖沟时有意为之的。夏雨时节，村落积水可以疏导到大围沟中去；而遇到有野兽袭击或外族侵袭时，大围沟便成了第一道防护的屏障，这堪称后世城壕的先驱。

半坡村落中心，是一座约 160 平方米的大房子，进门后，前面是活动空间，后面则分为 3 个小间。前面的空间是供氏族成员聚会、议事的场所；后面 3 个小间，是氏族公社最受尊重的老祖母或氏族首领的住所。同时，也是老人和儿童的“集体宿舍”。

半坡遗址

半坡人的住房，从发掘的房屋遗迹来看有圆形的，也有方形的，有半地穴式的，也有地面上的。这些房屋均采用木骨涂泥的构筑方法，其建筑风格：门前有雨棚，恰似“堂”的雏形，再向屋内发展，形成了后进的“明间”；隔墙左右形成两个“次间”，正是“一明两暗”的形式，如若横向观察，又将隔室与室内分为前后两部分，形成“前堂后室”的格局。半坡居民居住的房屋大多是半地穴式的。他们先从地表向下挖出一个方形或圆形的穴坑，在穴坑中埋设立柱，然后沿坑壁用树枝捆绑成围墙，内外抹上草泥，最后架设屋顶。屋内，地面修整的十分平实，中间有一个坑，用来烧煮食物、取暖和照明，睡觉的地方高于地面。

半坡遗址

半坡类型的聚落范围，大体上作南北较长、东西较窄的不规则圆形。房屋和大部分的窖穴、家畜圈栏以及小孩瓮棺葬群，集中地分布在聚落的中心，约占地 3 万平方米。居住区分两片，可能分属氏族内的两个群团或经济共同体，每片里有一座大房子，可能是氏族首领住所兼作氏族成员的聚会场所，周围是小的居室。两片之间以一条深 1.5 米、宽 2 米的小沟道为界。居住区外，围绕有一条深 5~6 米、宽 6~8 米的大防卫沟。沟外北边是氏族公共墓地，东边是烧陶的窑址。半坡类型的房屋 46 座，除少数为方形、长方形外，绝大多数为圆形，各有半地穴式和地面建造的，其基本特征是：房子的门道与屋室之间，有一个两侧围起小墙的方形门坎，房子中心有一个灶坑，有 1~6 根柱子，居住面和墙壁都是用草泥抹成。方形和长方形房子有 15 座，面积小的 12~20 平方米，中型的 30~40 平方米，最大的复原面积约 160 多平方米。圆形房子 31 座，直径一般为 4~6 米，大多数圆形房屋墙壁是用密集插排小木柱编篱涂泥作成，有的还用火烤得很坚固（见中国新石器时代的建筑）。窖穴夹杂分布在房子之间。家畜圈栏两个都作长条形。陶窑 6 座分属于横穴和竖穴式两种，都较小，窑室直径 1 米左右。

从原始艺术来说，审美价值和实用功能是不可分割的，实用即是美。当原始的半地穴式建筑提供给人们遮风挡雨的场所，满足了人们坐卧休息的需要时，就会使人产生一种“满足美”。所以半地穴式建筑的审美性不是体现在它简陋的建筑形式上，而是体现在它的实用性上。

六、原始耕作技术

原始农业采用“刀耕火种”方式，在距今七八千年前，耒耜的出现和普遍使用，标志着我国农业进入“耜耕”阶段；商周时期，出现了少量青铜农具和中耕农具，人们掌握了开沟排灌、治虫灭害技术，农业生产得到了发展。

刀耕火种

刀耕古时一种耕种方法，把地上的草烧成灰做肥料，就地挖坑下种。刀耕火种文化，又称原始耕种文化。是原始人类进行农业生产的一种社会存在形态。其突出特点是人们在进行农业生产的时候，用各种原始刀器砍伐地面植被来拓荒，为了获得足够的肥料，纵火烧山，利用其灰烬种植作物。即便是现在，世界上还有很多偏僻贫穷的地方保留着这种落后的生产方式。刀耕火种文化所反应出的人们农业耕种特点是生产方式初级化，耕作水平低下化，收成效益恶性化。

早期的人类使用一种刀耕火种的方法来种植粮食，他们将森林烧掉后就地挖坑下种。用林木的灰作为农作物的肥料，等到产量开始下降后，又开始对另一个区域的森林进行焚烧种植。随着人口的增长，这种刀耕火种的方式也开始变本加厉，烧的森林越来越多，面积越来越广。通常每次烧的森林面积为实际上种植面积的 5 倍或者更多。随着人口的增长越来越多，农业用土地越来越少后，他们才开始发展精耕细作的技术来提高农业产量。

7 000 年前生活在我国东南沿海一带的河姆渡人已经脱离了“刀耕火种”的落后状态，发展到使用成套稻作生产工具、普遍种植水稻的阶段。农业已成为河姆渡人当时主要的生产活动，它的稻作农业耕作形态堪称世界上最为先进发达的耜耕农业。河姆渡的骨耜就是其中的代表。骨耜看上去很像现代的锹或铲，它的主要用途是松土，在河姆渡遗址共出土骨耜 170 余件。骨耜大部分取材于大型偶蹄哺乳动物的肩胛骨。骨耜使用时安装竖直的木柄，木柄的下端一面削平，以与骨耜的浅槽吻合，同时在上端绑定木

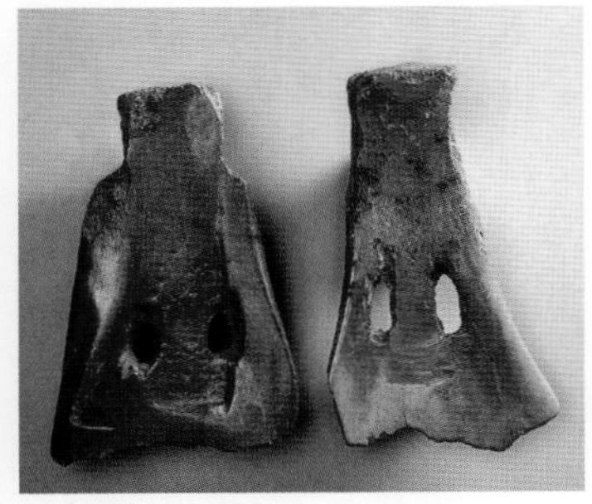
耒耜

犁

柄，为了操作方便省力，木柄和上部做成“Y”形或“T”形。

这一阶段，人们已经有了较多的生产知识，开始懂得松土，并认识到经过松翻的土地庄稼长得好，收得多，因此创造了锄、铲、耜等农具以适应松土、翻土的需要。其中锄和耜在这一历史阶段使用最为普遍，因此人们将这一阶段称为锄耕或耜耕阶段。这一阶段，人们的生产技术重点已由对林木的砍烧转移到对土地的松翻，土地使用的期限也相应延长，开始由生荒耕作制转变为熟荒耕作。浙江余姚河姆渡遗址中发现的石铲和骨耜都已装柄，便于松土和翻土，这表明在七八千年前，我国已经有了相当发达的原始农业。

随着农业生产的发展，农具也不断有所改进。石铲逐渐延长加大，变薄变扁，更适于松土、翻土。到原始社会中晚期，便形成了一种新的耕地农具——石犁。目前，在江苏、浙江两省的不少原始社会遗址中都有发现，这些石犁呈长叶形或三角形，它们是我国耕犁的祖先。三角形石犁是用人力挽拉的，普遍用于长江下游的水田地区。这表明我国约在四五千年前，就已经进入了犁耕阶段。

七、原始采集狩猎

从原始人类至今已有200万年历史，最初的原始人类以采集野生植物和狩猎为主，由于人口稀少，靠狩猎和采集野生植物已可以维持人类的生活，有意识的种植作物仅在1万年前才开始，在这一段相对比较短暂的历史时期中，由于冰河时期大陆上冰块的融化，带来了气候的回暖，引起了海平面升高和动植物生存环境的改变，几种主要的猎物灭绝了。猎物日益稀少，迫使原始人类更多地以采集植物种子和收获块茎谋生。在接近新石器时代开始的时候，农耕引出了人类生活革命性的变化，出现了改进野生植物种植、种子的收集方法，出现了贮藏食物的框子和脱去种子皮壳及粉碎种子的石杵臼，开始了一个介于野生植物种子采集和作物驯化栽培的过渡阶段。到新石器时期，一个由狩猎、采集以及作物驯化栽培的初级阶段，进化到作物系统生产的被称为“新石器时代的革命”诞生了。这个人类作物生产的革命从它的开始到农业获得成就，以至城市生活的出现，大约经历了4 000多年的漫长岁月。

粟、小米，中国古称稷或粟。脱壳制成的粮食，因其粒小，直径 2 毫米左右，故名。原产于中国北方黄河流域，在中国北方俗称谷子，中国古代的主要粮食作物，所以夏代和商代属于“粟文化”。粟生长耐旱，品种繁多，俗称“粟有五彩”，有白、红、黄、黑、橙、紫各种颜色的小米，也有黏性小米。中国最早的酒也是用小米酿造的。粟适合在干旱而缺乏灌溉的地区生长。其茎、叶较坚硬，可以作饲料，一般只有牛能消化。

粟

水稻原产亚洲热带，在中国广为栽种后，逐渐传播到世界各地。按照不同的方法，水稻可以分为籼稻和粳稻、早稻和中晚稻、糯稻和非糯稻。水稻所结子实即稻谷，去壳后称大米或米。世界上近一半人口，包括几乎整个东亚和东南亚的人口，都以稻米为食。水稻主要分布在亚洲和非洲的热带和亚热带地区。稻的栽培历史可追溯到约公元前 12000—前 16000 年的中国湖南。在 1993 年，中美联合考古队在道县玉蟾岩发现了世界最早的古栽培稻，距今约 14 000~18 000 年。水稻在中国广为栽种后，逐渐向西传播到印度，中世纪引入欧洲南部。除称为旱稻的生态型外，水稻都在热带、半热带和温带等地区的沿海平原、潮汐三角洲和河流盆地的淹水地栽培。

碳化稻

在距今 7 000 年的浙江余姚河姆渡遗址中有大量稻谷、稻壳、稻叶和稻秆出土，其堆积厚度平均约 40~50 厘米，经鉴定有籼型也有粳型，这是迄今为止世界上已发现的最古老的栽培稻之一。从出土水稻遗址的年代，可以看出，最早的水稻仅限于杭州湾和长江三角洲近海一侧，然后像波浪一样，逐渐地扩展到长江中游、江淮平原、珠江流域、长江上游和黄河中下游。到原始社会末期，我国的水稻在南方已有广泛栽培，黄河中下游也有了水稻的踪迹。

黍、稷属同一种作物的两种类型，粳者为稷，糯者为黍。黍稷是由野生稷进化而来，从其进化过程来看，最初作为野草的野生稷，籽粒是粳性的，没有糯性的。由野生稷进化为栽培稷，再由栽培稷进化为栽培黍。作为野草的野生稷，在各类禾本科野草中，不论其生育期、抗旱性、耐瘠性和籽粒产量上都有明显的优势，由此推断，被当时原始人类作为最早赖以生存的采集植物。

黍，成熟以后是金黄色，在中国的北方是重要的粮食作物。在山西大同，忻州一代，黍去皮以后，叫黄米，此种米有黏性，是五月初五端午节做粽子的原料之一，此为黍磨成面粉以后还是做油糕的原料。

黍

大豆

大豆原产我国，古称菽。1980年，吉林省文物工作队与吉林市博物馆在永吉县乌拉街原始社会遗址出土的陶缸中，发现碳化的粮食颗粒，经北京植物研究所鉴定，是大豆的属类。周时被称为“农师”的后稷，早在公元前2000年以前就掌握了大豆的种植技术。

在原始农业时期，我国先民栽培除了主要粮食作物粟、稻、黍、豆外，葫芦、油菜、芥菜、菱角、蚕豆、芝麻、甜瓜、桃等作物也分别被利用和栽培。其中，葫芦、酸枣等果实发现于河姆渡遗址中。油菜籽发现于甘肃秦安大地湾遗址。荠菜籽发现于西安半坡遗址。

八、原始生产工具

原始时期人们制造使用工具么，制造工具采用什么材质呢？

农具是随着农业的发生而同时产生的。我国的古史传说中，就有“神农之时，天雨粟，神农耕而种之，作陶，冶斤斧，破木为耒耜、鉏耨，以垦草莽，然后五谷兴”之说。

石斧是刀耕火种农业的主要工具，用于砍伐林木，开辟耕地。在新石器时代各遗址中都有出土，分布很广，出土数量也最多。石斧为双面刃，也用于加工木料，营造房屋。

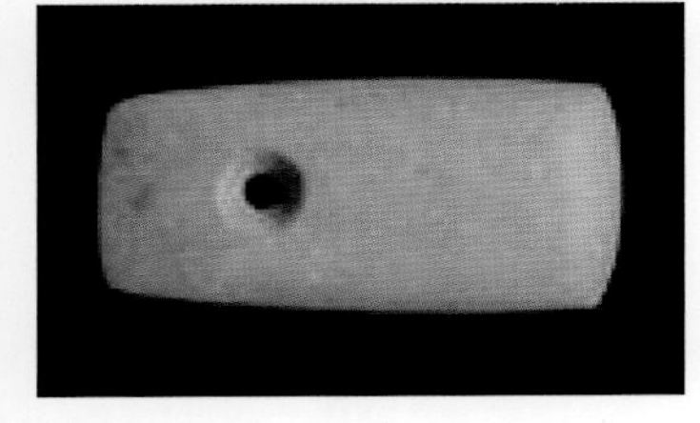
石斧

耒耜是最古老的工具，最初，它仅是一根尖头木棒，广泛用于松土、划沟、戳穴、挖掘块茎等方面。耒是由天然树枝或刮削木棒制作而成的。为了方便和增加松土面积，后来逐步演变成弯头的。在原始社会中，耒是一种广泛使用的农具，由于耒是种木制的农具容易腐烂，所以原始社会中的耒未能保存下来。

后来耒逐渐增大入土部分，逐渐发展成了一种新的松土翻地农具——耒耜。耒成了柄，工作部分发展成耜，统称为耒耜。《易经》记载：“神农氏作，斫木为耜，揉木为耒，耒耜之利，以教天下。”在原始社会中期，这是一种广为使用的农具。为了提高耒耜的工作效率，以后大多以骨耜、石耜代替木耜。

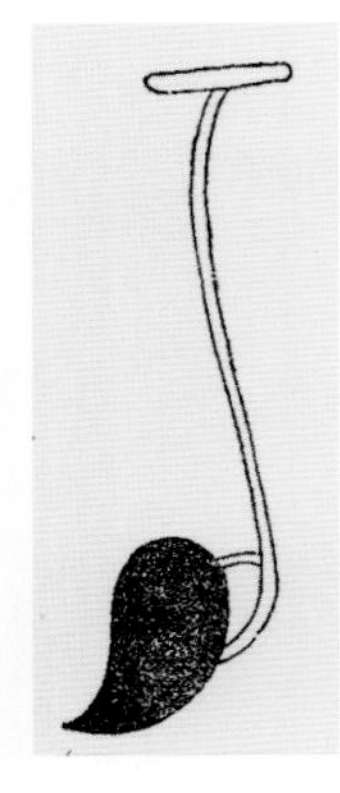
耒耜

石犁的出现是我国松土、耕地农具的一个划时代的进步。距今5 000年左右的浙江吴兴邱城遗址中已发现有三角形石犁。石犁体形扁薄，平面呈等腰三角形，刃部在两腰，其夹角为40°~50°。背面平直未见磨光和使用摩擦的痕迹。正面稍稍隆起，正中平坦如背，两侧磨出光滑的刃部，且都有磨损的痕迹。

建国以来，这种三角形石犁在江苏、浙江两省续有发现，总数不下百例。

中耕工具用于除草、间苗、培土作业，分为旱地除草和水田除草工具两类。铁锄是最常用的旱地除草工具，春秋战国时期开始使用。耘耥是水田除草工具，宋元时期开始使用。

原始农业时期，收割农作物一般都收取穗头，石刀就是收割穗头的农具。最初石刀没有孔，两侧有缺口，在两个缺口之间拴一绳索，使用时将大拇指插入绳索套内，刀刃朝下，以拇指和刃部将穗头切割下来。之后发展成单孔、双孔石刀，又有方形、叶形、半月形等。在蚌壳较多的地方，人们用蚌壳制成蚌刀，也有用陶片磨制陶刀的。

石镰是种收割用农具，制作相当精致，镰身作拱背三角形，通体磨光，刃部有锯齿，柄部较宽，上端上翘，下部磨有缺口，便于捆绑木柄。石镰有平刃和凹刃两种，和有齿、无齿两类，其中无齿居多，大多装柄使用。石磨盘、石磨棒是最古老的加工农具，它是利用磨盘与磨棒互相挤压，使谷物脱壳和粉碎的。早在新石器时代遗址中就有发现。磨盘的面积较大，盘底附有柱状四足。有的磨盘因长期使用呈弧形下凹。磨棒为长圆柱形，与磨盘配套，有的因长期使用磨损，断面呈半圆形。

新石器晚期石犁

耘耥

石磨盘棒

人文始祖

杵臼是一种舂捣方法加工谷物的农具，传说杵臼是雍父发明的。最初的臼是掘地而成的，以后才发明了石臼，因此有“断木为杵，掘地为臼”的说法。随着农业生产的发展，木杵臼不能适应粮食产量不断增长的需要，人们创造了生产效率较高的石杵臼。石杵比木杵比重大，石臼质地坚硬，相互碰撞产生的摩擦力和撞击力较大，相对地比木杵省时、省力，效率较高。

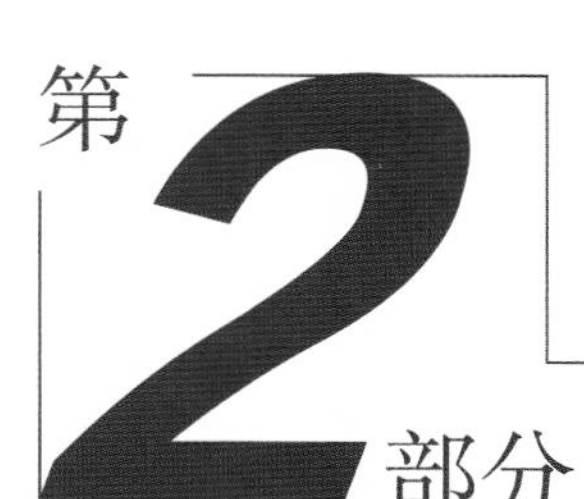

第2部分 农耕文明之精髓

——精耕细作

一、以精耕细作为核心的古代耕作技术体系

新石器时期生态环境的变化和人口的增加，野生动植物开始不能满足人类对食物的需求，于是我们的祖先在劳动中通过漫长的积累，发明了原始农业。到了公元前21世纪，地处黄河中上游的中原地区首先跨入了文明门槛，相继建立夏、商、周国家政权。这个时期，中国农业开始进入了一个新的历史发展阶段，原始农业开始向传统农业转变。从原始社会"刀耕火种"的耕作制度发展至现代社会农业机械化、规模化背景下的"精耕细作"，中国农业经历了一个漫长的过程。

小知识

新石器时期： 距今18 000年前开始，到距今5 000—2 000年结束。新石器时期的3个基本特征是使用磨制石器，发明彩陶，出现原始农业、畜牧业和手工业。

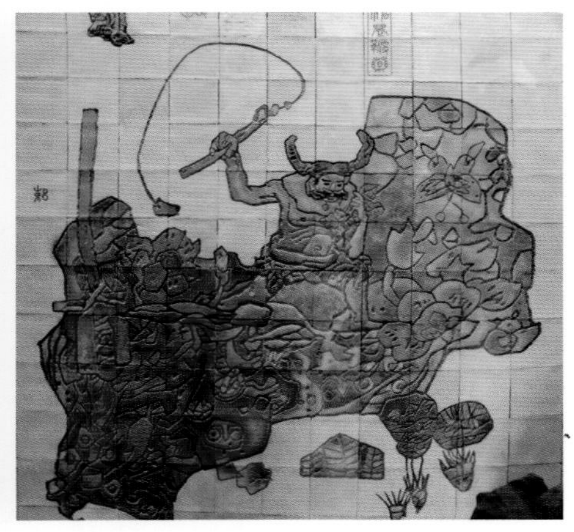

炎帝

浙江余姚河姆渡遗址复原场景（中国农业博物馆）

陕西西安半坡遗址复原场景（中国农业博物馆）

1. 原始的耕作方式——刀耕火种

在夏商周时期，中国的农业活动中心在黄河流域中游的黄土高原。那么，在那个工具缺乏和技术落后的年代，人们是如何开垦土地的呢？夏代的先民会先放火把地里的野草杂树烧掉，等到下雨之后再将收集的种子撒在地面，然后就让农作物自然生长，这叫“刀耕火种”。五代后晋时官修的《旧唐书·严震传》有记载“梁汉之间、刀耕火耨”。其实，在黄河流域和长江流域。早在新石器时期人们就已经开始从事这种原始农业，祖先们在垦荒和耕种过程中还发明了最早的农具——耒耜。河姆渡人用大型动物的肩胛骨来制作简单的骨耜。耒耜是最早的犁，可以用来翻地，不但改变土壤结构，增加地力，还延长了土地种植水稻的年限。“刀耕火种”一两年后，土地肥力下降了，收成也减少了，人们就丢弃原来的那块地，另外找一块新的土地，放火烧掉野草，用同样的方法种植，一两年后又找新的土地，这种耕作制度叫“撂荒”或“抛荒”制。到了商代这种耕作制度仍然存在，很多历史学家认为，商代多次迁都的原因很有可能就是撂荒。

新中国成立之前，中国独龙、拉祜、布朗、基诺等民族的部分地区，仍然不同程度地采用“刀耕火种”这种耕作方式。就算在现今世界，还是有一些不发达的国家和民族保留了这种原始耕作方法。

刀耕火种

拾粪画像石：先民们利用人畜粪便施肥

小知识

河姆渡人：河姆渡人是7 000多年前生活在长江下游的古人类，当时属于原始社会的母系氏族时期。河姆渡人已经掌握比较发达的农业耕作技术，使用骨制、石制和木制农具，栽培人工水稻、蔬菜等；拥有养殖业，饲养猪、羊、水牛等动物；建造采用榫卯技术的干栏式建筑。在同时期的人类中，河姆渡人具有较高的文明，生活水平处于领先地位。

牛卜骨（王）大令众人曰：协田，其受年？十一月，是商王命令“众人”进行协田活动的记载

2. 奴隶社会农业的主导形式——沟洫农业

夏商周时期的黄河流域河流经常泛滥，所以想要在平原地区发展农业就必须先开沟排水，大禹治水中沟洫的作用就在于排水而不是灌溉，于是沟洫农业成为了奴隶社会黄河中下游农业的主导形式。与沟洫农业相适应，商周时期中原地区的“撂荒”制逐步被变更为进步的休闲制、连种制所取代，并且出现了犁耕、整地、中耕、施肥、灌溉、灭虫等的精耕细作技术萌芽，实现了同一块土地连续多年种植，并且耕作1~3年后会休闲1~2年继续耕作。

在奴隶社会，修沟洫是大工程，不是单家独户可以完成的，奴隶主们会组织众多劳动力进行协作。夏代，青铜器还主要用于制造兵器和礼器，当时主要的生产工具仍然是木耜，耕地时需要多人合作（通常是三人一组）才能翻起土块，这种耕作方式被称为“协田”。到了商代青铜器开始被用于制造铲、锄、犁等农具，周代之后金属农具使用日渐增多，农业生产技术不断进步，完成翻土工作只需要两个人，于是“协田”就变成了“耦耕”。

协田场景（中国农业博物馆）：商王带领文武百官巡视农业生产

在沟洫农业中，泥土被翻到两旁形成高于地面的“垄”，垄在商周时期被称为“亩”，挖出的沟称为“畎”。针对黄河流域旱地农业的环境条件，土壤干燥时将种子种在沟中，便于抗旱；土地潮湿时将种子种在垄上，便于防涝。这就是我国最早的抗旱耕作法——畎亩法。由于田中的沟和垄的宽度一般相等，宽一尺，深一尺。逐渐地，人们就习惯用畎亩（沟垄）来计算农田的面积，三条沟和三条垄为一步，一百步为一亩。这就是土地计量单位“亩”的来历。《诗经》中提到的“乃疆乃理，乃宣乃亩”，说的就是平整土地，划定疆界，开沟起垄，宣泄雨水。我国古代的道路、交通、车战、分封制度、社会组织都不同程度上受到了沟洫农业的影响。

耦耕

小典故

大禹治水：当年大禹总结了父亲的治水经验，改原先的“围堵障”为“疏顺导滞”，利用水自高向低流的自然趋势，顺地形把堵塞的河流疏通。洪水顺着疏通的河道流入河道、湖泊、洼地，最后流入大海，从此水患平息，大禹也成为了夏的第一位君主。

耋作

小知识

黄土高原的由来：夏商时期，黄河中下游地区气候温暖湿润，生态资源条件优越，所以这一地区成为了中国农业和人类文明的发祥地。而到了商代末年，黄河流域进入了一个相对的干旱低温期，导致水土资源严重流失，黄河流域的黑土才开始慢慢向今天的黄土转变。

黄土高原

3. 奴隶社会的土地制度——井田制

井田制是我国奴隶社会实行的一种土地管理制度。在文献中，比较早又具体地谈到井田制的是《孟子·滕文公上》，其中记载：“方里而井，井九百亩。其中为公田，八家皆私百亩，同养公田。公事毕，然后敢治私事。”将九百亩土地，划为九块，每块一田，由于形状像“井”字，因此叫做“井田”，并且实行八户人家共同耕作中间的公田，每家有一亩私田。

据推论，夏代曾经实行过井田制，商、周两代的井田制也是

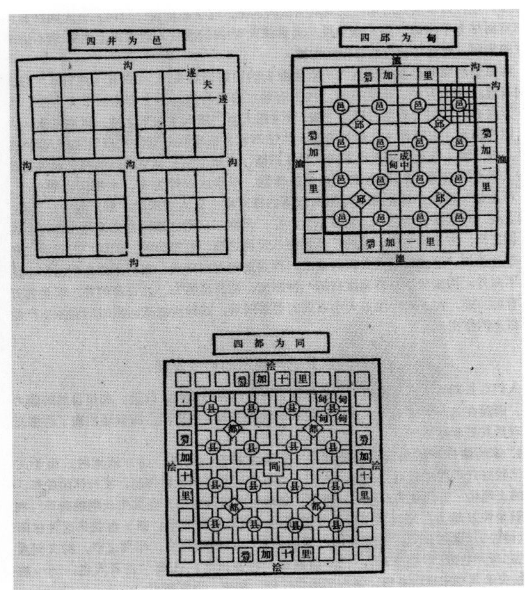

井田沟洫布置（明代，《农政全书》）

延续而来的。但是由于缺乏过硬的文献资料，以胡适为首的一些学者认为“井田制”是孟子的空想，以当时的政治形势来看，井田的均产制只是战国时期的乌托邦。不过也有很多学者还是认为孟子所说的井田制是有根据的，孟子所说的和《诗经》中反映的西周土地制度有基本一致的地方。

井田制在长期实行过程中也在一直发展和变化。“八夫为井”公田居中可能是最早实行的井田制。早期地广人稀，农田基本都是肥沃的良田，把井田中间的一块作为公田，对领主来说也不会吃亏。而且当时农田四周修建的排灌沟洫也是纵横相同，每九百亩形成一个井字形大方块，也与当时的沟洫农业制度性适应。但是这样理想的地方毕竟太少，随着人口的增加，能开发的土地越来越少。贵族们更愿意将肥沃的良田留给自己作为公田，公田就开始不设在井田中间，其中多出来的原来作为公田的一百亩，就分配给另一户耕种，原来的八户就变成了九户。

到春秋晚期，随着生产力的发展，阶级力量的对比产生变化，奴隶制度开始衰落，封建制度开始兴起。农夫们对公田的耕作越来没有积极性，井田制的集体劳动形式过时了，分散的、一个体的、以一家一户为单位的封建经济形式兴起。贵族们就不再叫农夫们去公田劳动，而是将公田分给农夫们直接耕种，按一定比例收取谷物，井田制慢慢退出了历史舞台。

小典故

商鞅变法：战国时期秦国的秦孝公即位，招贤纳士，决心改革。商鞅从魏国来到秦国，深得赏识，提出“废井田、开阡陌，实行郡县制，奖励耕织和战斗，实行连坐之法”等一整套变法求新的发展策略。商鞅首先是废除了井田制，实行土地私有制，承认土地私有，允许自由买卖，同时重视农桑，奖励军功，实行统一的度量衡和建立县制。经过商鞅系列变法，推动了奴隶制社会向封建制社会转型，秦国经济快速发展，军力随之加强，到战国后期秦国成为了最富强的国家，为秦统一中国奠定了基础。

牛穿鼻环
（春秋，陕西浑源李峪村出土）

4. 北方精耕细作技术体系的核心——耕、耙、耱

西周晚期到春秋时期出现了铁质的犁，并开始用牛拉犁耕地，生产效率得到了快速提高，沟洫农业开始走向衰落，农业发展进入了一个新阶段。到战国秦汉时期，牲畜用作耕地带动了农业机械的兴起，从而促进了农业生产工具多样化的发展，大大提高了汉代的农业生产力，为魏晋南北朝时期我国北方旱地精耕细作技术体系成熟奠定了基础。

战国铁犁头

那么，什么是古代中国北方旱地精耕细作技术体系的核心呢？秦汉魏晋南北朝时期，由于黄河流域春天多风少雨，抗旱保墒成为了农业的关键。《齐民要术·耕田篇》记载“再劳地熟，旱亦保泽”。为了保证冬天小麦的播种和来年春天的生长，必须在秋季雨后，深耕土地，等土地晒干以后，马上用耙将土块破碎，最后用耱将土块耱细。这样就在土地表面形成了松软的土层，切断了土层中原有的毛细管，减少了水分的蒸发。同时北方旱地在耕地后较大的土块经常附着着杂草和害虫，用耙将土块破碎，能起到除草除虫的效果。人们称这种耕作技术为“耕、耙、耱”，是北方旱地精耕细作技术体系的核心。《齐民要术·耕田篇》对耕耱技术还有详细的要求。要求“犁廉耕细”，耕犁条不能太宽，宽了就耕不深，耕不细。“凡耕高下田，不问春秋，必须燥湿得所为佳”，需要根据土壤的含水量确定耕作时间。“凡秋耕欲深，春夏欲浅”，“初耕欲深，转地欲浅”，耕地的深度，要求根据时节而定。直到今天，我国北方基本上还是沿用这一耕作技术。

战国铁锄

此外，秦汉时期黄河流域还广泛采用代田法、区（ōu）种法、溲（sōu）种法等抗旱栽培技术。特别是汉武帝时期，当时的搜粟都尉（相当于现在的农业部部长）赵过，为了推广先进的农业生产技术，让全国的郡守所属地的县令、三老（县的下一级官员，类似乡长，主要工作是收税）、力田（一种乡官）以及乡里有经验的老农到京城学习代田法和“二牛抬杠”犁等新式农具的制作和使用方法。这也是我国历史上最早的全国农业技术推广培训班。

耕、耙、耱作业（魏晋，甘肃嘉峪关墓壁画）

旱地精耕细作技术体系的形成，促进了粮食产量的大幅提

赵过推广“二牛抬杠犁”场景
（中国农业博物馆）

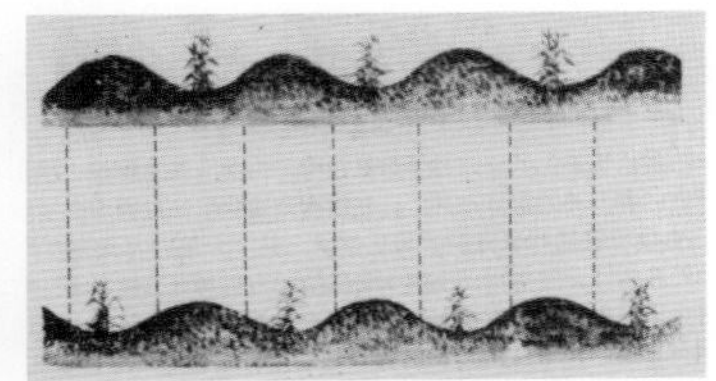

代田法

三、溲種法

薄田不能糞者，以原蠶矢雜禾種種之，則禾不蟲。又馬骨剉一石，以水三石，煮之三沸；漉去滓，以汁漬附子五枚；三四日，去附子，以汁和蠶矢羊矢各等分，撓令洞洞如稠粥。先種二十日時，以溲種如麥飯狀。常天旱燥時溲之，立乾；薄布數撓，令易乾。明日復溲。天陰雨則勿溲。六七溲而止。輒曝謹藏，勿令復濕。至可種時，以餘汁溲而種之。則禾不蝗蟲。無馬骨，亦可用雪汁，雪汁者，五穀之精也，使稼耐旱。常以冬藏雪汁，器盛埋於地中。治種如此，則收常倍。

溲种法（西汉《氾胜之书》）

高，在西汉出现了“民人给家足，都鄙廪庾（lǐn yǔ）尽满，而府库余财”的繁荣景象。意思是当时家家户户丰衣足食，城市和乡村的粮库都满了，政府也有财政盈余。

小知识

代田法：代田法是汉代在“垄作法”的基础上演变而来的种植方式。春季时候将幼苗种在沟里，有利于防风抗旱；夏天通过中耕除草、培土之后原来的沟成了垄，有利于排水防涝。到下一个生产周期，由于垄和沟已经互换了位置，而幼苗总是在沟里播种，于是就产生了休闲轮作的效果。

区种法：区种法的关键是深挖作“区（地平面下的洼陷）”，将作物种在“区”中可以集中水分、肥料，起到抗旱保墒的作用。区种法在汉代《氾胜之书》中占有重要地位。

溲种法：溲种法就类似于我们现代的种植包衣技术，经过溲种法处理的种子可以免除一部分虫害、提高抗旱能力、更好的发芽生长。现代的种植包衣技术是按一定比例将含有杀虫剂、杀菌剂、各种营养成分的种衣剂均匀包覆在种子表面，随着种子的萌发和生长，其中的有效成分就会逐渐释放出来。

5. 南方精耕细作技术体系的核心——耕、耙、耖

唐宋以后，北方战争不断，而南方相对稳定，战乱使北方人口大量南迁，到北宋时，南方的人口已经超过北方的一倍。我国

的经济中心也由黄河流域转移到了长江流域。南方农业生产开始迅速发展起来，特别是更适合于在小块水田耕作的曲辕犁的发明，推动了南方水田“耕、耙、耖（chào）”的精耕细作技术体系的形成。

水田耕作和旱地耕作在很多方面是可以通用的。但是水稻在水中生长，水层的深浅对农作物生长有很大的影响，于是需要田面是平整的，这样才能保证水平深浅保持一致，为了平整田面，南方出现了一种水田特有的农具“耖”，“耖”在西晋的时候已经出现了，但真正普及是在宋代。“耖”的普及也标志着南方水田“耕、耙、耖”精耕细作技术体系的形成。

南宋诗人楼璹（shú）在他的《耖田图》中描绘了农民用耖耖田的场景“脱绔下田中，盎（àng）浆著膝尾。巡行遍畦畛（qí zhěn，田间小路），扶耖均泥滓。迟迟春日斜，稍稍樵歌起。薄暮佩牛归，共浴前溪水。”脱掉长裤下水田，充满泥浆的水田淹没了人的膝盖和牛的尾巴，直到日薄西山，砍柴人唱着歌回家时，农夫赶着老牛回到村头的溪水中，人和牛一块洗去一身泥浆和汗水。楼璹对耖田是记实描述，明朝邝璠的《耖田》诗，通俗地道出了耖田的功用：“耙过还需耖一番，田中泥土要均摊，摊得匀时秧好插，摊不匀时插也难。”

楼璹《耖田图》

正规的《耕织图》最早是南宋时期刘松年所作，同一时期的楼璹绘制《耕织图诗》45 幅，包括耕图 21 幅，织图 24 幅。清朝康熙帝南巡的时候见到了《耕织图诗》，感慨织女之寒、农夫之苦，于是让宫廷画家在楼璹的基础上重新绘制，有耕图和织图

耕、耙、耖（清，雍正耕织图）

各23幅，并且也是每张图附诗一首。受康熙的影响，雍正、乾隆、嘉庆、光绪各朝都出现了御制和民间绘制的耕织图。各种版本耕织图把当时先进的耕作技术很快传递给各地农民，促进了南方水田的精耕细作技术体系进一步走向成熟。

小典故

康熙皇帝在位61年，有55个儿女，所以在康熙晚年储位争夺异常激烈。四皇子雍亲王，常年跟随父皇外巡，对康熙的喜好十分了解。虽然，他一心想夺取储位，却表现相当低调。他深知父皇一生重视农业，曾经亲自指导绘制《御制耕织图》，为投其所好，他让宫廷画师精细绘制了一套全新的《耕织图》。《雍正耕织图》全册46幅，其中耕图23幅，织图23幅，通过生产劳动的画面，记录当时耕织生产的全部过程和农业技术的运用方法。画册的人物形象生动，有传说其中的男性和女性人物的原型，就是雍正自己和他的嫔妃。雍正还在《耕织图》上亲笔题诗，据说康熙看到《雍正耕织图》后非常满意，估计在他心中对这个四皇子多了不少好感。

6. 传统农业增产的秘密——多熟制、间作、套种、轮作和选种

进入明代以后，虽然耕地面积有所增加，耕作技术也更加成熟完善了，但人口增长更快，人均耕地迅速下降，于是多熟种植在南方地区发展起来，并且有了间作、套作等的新复种技术。明代长谷真逸的《农田余话》记载了福建和广东的套作做法，即在早稻的行间插种晚稻，让它们有一段共同生长的时期，以延长晚稻的生长期，到达双季稻的目的。一般把几种作物同时期播种的叫间作，不同时期播种的叫套种。在二熟制的基础上，在常年气温较高的地区，清代又发展了三熟制。

多熟种植使土壤肥力消耗很大，为了保证既能多熟种植，又使土壤肥力不会过快衰竭，明清时期在多熟种植的同时还安排豆类作物参加轮作。轮作是在同一块田地上，在不同季节或是年份种植不同的作物。豆类可以固定空气中的氮，增加土壤中的养分，用豆类作物参加轮作，既可以获得一季粮食，又能防止土壤中的养分过度损耗。另外，还采取水旱轮作的方法，使土壤中的有机物在土壤含水量不同的情况下，得到充分的分解，增加土壤养分，同时也可起减轻病虫和草害。

为了提高作物产量，古代先民十分重视选育农作物优良品种。夏、商、周时期先民已经有了“嘉种”的概念。嘉种就是良种，是带有优良遗传基因的农作物。北魏时期，先民们对如何保持种子纯度、如何处理种子和农作物对土壤的适应性有了比较深入的了解，并且已经开始采用穗选法培育和繁殖良种。清代康熙皇帝在丰泽园（现中南海中）的水田中偶然发现有的稻谷提早成熟，于是他每年都将早熟的稻穗留下来做种子等待来年播种，以“一穗传”的育种方法，培育出了新的早熟稻，米色微红，气香味腴，还具有早熟、抗旱能力强的特点，被称为“康熙御稻”。

多熟制种植、间作、套种、轮作和选种作为传统农业增产方式相互作用、相互影响，并且保障了作物产量和土壤环境之间的平衡。对合理利用农业资源、提高农业综合生产能

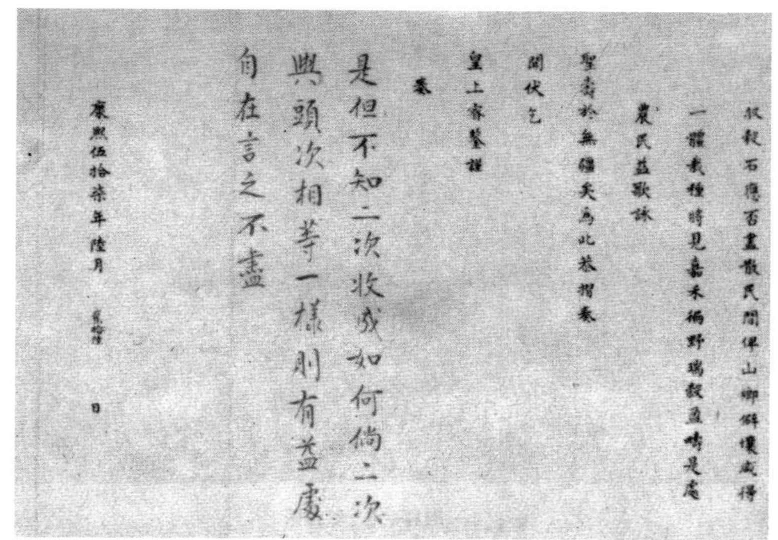
收穀石應否盡散民間俾山鄉僻壤咸得
一體栽種時見嘉禾徧野瑞穀盈疇是處
農民益歌詠
聖壽於無疆矣為此恭摺奏
聞伏乞
皇上睿鑒謹
奏
是但不知二次收成如何倘二次
與頭次相等一樣則有益處
自在言之不盡
康熙伍拾柒年陸月　日

康熙推广御稻朱批

力发挥了重要作用，使种植业向着高产、优质、高效、生态的方向不断发展。

7. 古代园艺的两项重大发明——嫁接技术和温室栽培

古代先民在长期的农业生产实践中，发明了嫁接技术和温室栽培技术，它们成为我国古代园艺发展史上的两颗璀璨明珠。

嫁接技术——使不良品质潜消于冥冥之中

古代人们很早就发现树木枝条相互摩擦损伤后，彼此贴近而连结起来的自然嫁接现象，古代称为“木连理”，一般被认为是吉祥之兆。根据《氾胜之书》记载，汉代人们已经将嫁接技术运用到瓠（hù）子（葫芦科植物）种植上。

古代嫁接技术一般用于果树，北魏《齐民要术》中就有一篇专门介绍梨树的嫁接。嫁接首先需要砧木和接穗（所谓砧木就是被接的植物体，接穗是接上去的枝或芽），砧木和接穗的好坏直接影响嫁接后的成活率，书中还指出了“木边向木、皮还近皮”的嫁接方法原则。

果树嫁接

在接下来的几百年中，嫁接技术在牡丹和菊花等观赏植物和果树方面得到了比较广泛的应运。南宋韩彦直在《橘录》用“人力之有参于造化每如此”来赞美柑橘嫁接技术的神妙。到了唐宋时期，各朝政府都十分重视蚕桑业的发展，采用各种措施给予鼓励，民间开始将嫁接技术广泛应运到桑苗的繁育上，不断提高桑

牡丹嫁接

树的品质。陈旉《农书》最先提到桑树的嫁接，书中说，湖州安吉人都能用嫁接繁殖桑树。《农桑辑要》论述了桑树嫁接的效果“功相附丽，二气交通，通则变，变则化”，使砧木的不良品质，“潜消于冥冥之中”。《农政全书》强调嫁接时要“皮肉相向”、“皮对皮”、“骨对骨”，“更紧要处在‘缝对缝’”。这里的皮指植物表皮及韧皮部，肉和骨指的是木质部，而“缝”，指的是位于韧皮部和木质部之间的形成层，可以产生愈伤组织。嫁接技术流传千年，至今仍然在农作物种植方面发挥着重要作用。

小知识

嫁接技术：嫁接技术是把某一种植物的枝条或者嫩芽，嫁接到另外一种植物的茎部或者跟上，让两个部分长成一个完整的植株，是园艺工作广泛应用的一种繁殖植株的方法。接上去的枝条或者嫩芽，叫做接穗，被接的本体叫做砧木或台木。枝或芽嫁接后长成植物的上部或者顶部，砧木或台木成为植物的根系部分。

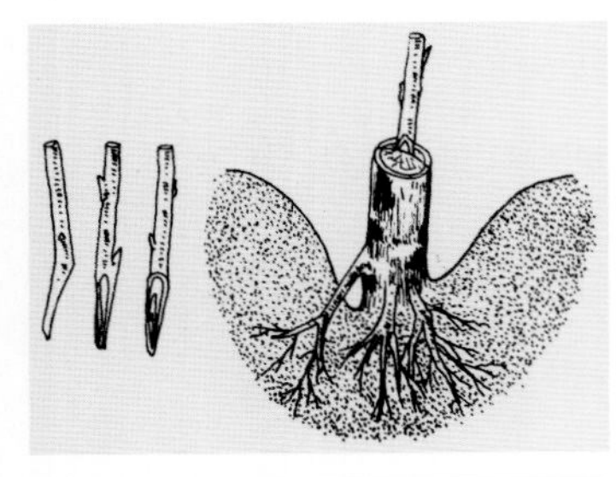

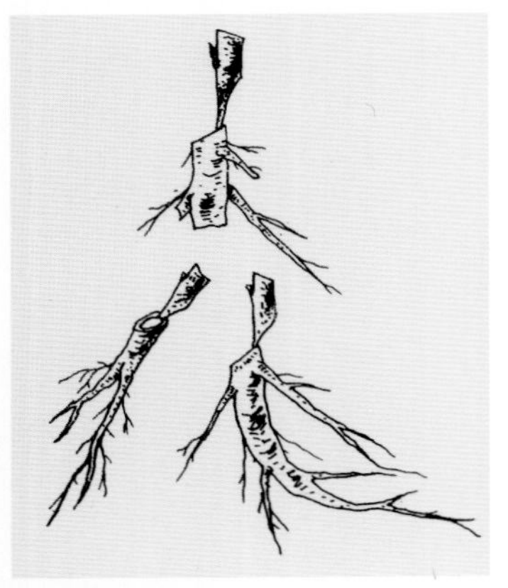
宋代桑树插接、劈接技术

温室栽培——不时之物却能侔（móu）造化，通仙灵

中国最早天然温室可能出现在秦代，根据东汉卫宏《诏定古文尚书序》记载：“秦既焚书，患苦大下不从所改更法，而诸生到者拜为郎，前后七百人，乃密令冬种瓜于骊山坑谷中温处，瓜实成，诏博士诸生说之，人人不同，乃命就视之。为伏机，诸生贤儒皆至焉，方相难不决，因发机，从上填之以土，皆压，终乃无声。”秦始皇利于温泉种瓜，然后让儒生们亲自去骊山观看这个“奇迹”，儒生们一到那里，就被乱箭射死，700多人无一生还。从中可以看出早在秦代先民就开始利用天然温泉种植作物。但有学者也质疑这是一个虚构的历史故事，首先，是不相信秦始皇曾经“坑儒”；其次，是对这次反季节栽培可行性的疑问。并且这是一个汉代儒生控诉秦始皇“暴政”的故事，在汉代反季节栽培作为一种非自然现象，预示着不祥，作者让儒生对反季节栽培欢欣鼓舞，显然不合情理。这样的故事结构无疑是以隐喻的方式表达了汉人对反季节栽培的消极认识。

如果说秦始皇“冬季种瓜”很难被证实的话，汉宣帝时期的《盐铁论·散不足》中提到的“冬葵温韭”则具有无可置疑的真实性。汉代由于上层社会对反季节蔬菜的需求，给皇帝提供饮食的“太官”利用人工温室种植“冬生葱韭菜茹”，但也有不少大臣认为“不时之物，有伤于人”，并不合适给天子食用。

温室栽培

南宋出现了人工控制开花时间的“堂花术”。南宋周密《齐东野语》中记载：“凡花之早放者，名约堂花”，方法是在纸做的房子中，利于蒸汽提高室温让花期提前，这种方法主要是用于牡丹和桃花。如果想让桂花早开，就要用山洞的低温凉风来吹。这种方法在当时被看作是一种“足以侔造化，通仙灵”的奇迹。明清时期，北京文人在新年都要相互赠送牡丹，如果没有温室栽培技术，这一风俗恐怕也无法存在了。

堂花术

小知识

温室栽培：温室栽培技术是园艺作物的一种栽培方法。用保暖、加温、透光等设施和相应的农业技术，让喜温的植物抵御寒冷、促进生长或提前开花等。每当冬季来临，北方的居民仍然能够在市场上买到各种新鲜蔬菜，除了从南方运输的以外，很多都是来自于城市郊区的温室栽培。

8. 利用自然的良性循环——生态农业

先民在长期的农业生产实践中发现，人与自然界并不是对抗的。商周至秦汉时期，地球植被还很完整，自然资源相当丰富，先民们或耕作，或渔猎，人与自然和谐共生。

到了东汉，先民们开始采用鸬鹚捕鱼，这是一种以禽捕鱼，以鱼养禽的生态捕鱼方式。同时汉代还出现了流传千年的稻田养鱼。先民们在稻田中放养田鱼，田鱼可以吃掉稻田的杂草和害虫，鱼粪可以作为水稻的养分，鱼在田中游动增加空气流动，有利于水稻的生长。当时云南、贵州地区的先民们还会在田边的水池子中养青蛙和鸭子，这些鸭子和青蛙能到稻田中吃掉稻虫，这样有利于水稻的生长，是一种生物治虫的手段。

田畔养鸭（汉代，陶制鱼鸭水田模型）

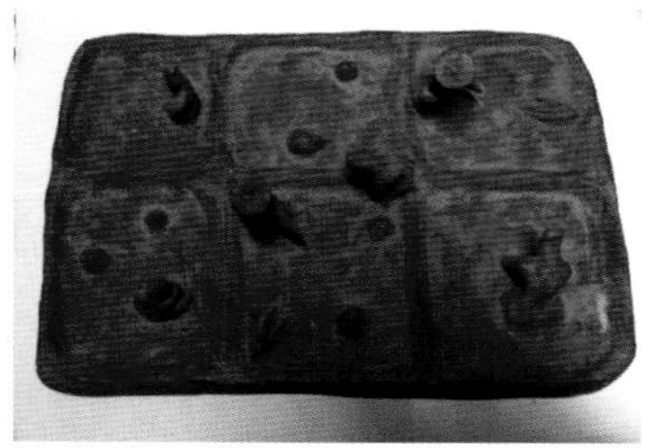

稻田养鱼模型（汉代，四川峨眉县）

鸬鹚捕鱼（东汉，山东武梁祠画像石）

桑基鱼塘功能

明清时期，多熟制种植、间作套种、轮作等耕作制度开始广泛应运，江南地区的先民们利用当地独特的自然环境创造了农、桑、鱼、畜精密结合的农业生态系统。明代中期，江苏常熟有一个叫谈参的人，他将洼地挖成鱼塘用来养鱼，挖出的土堆成了堤岸种果树，鱼塘边上还可以种茭白等水生蔬菜，鱼塘的上游架起猪舍养猪，猪粪直接掉入鱼塘喂鱼，坻岸外的农田种水稻，通过鱼塘的排水和灌溉，可以做到旱涝保收。这种方法很快就在地势低洼的太湖地区和珠江三角洲地区推广开，并且可以根据各地条件加以变通。如果在堤上种桑树，塘中养鱼，桑叶喂蚕，蚕屎作为鱼的饲料，而塘泥又可以作为桑树的肥料。通过循环利用取得"十倍禾稼"的经济效益，这就是著名的桑基鱼塘。民国时期，广东地区的农民又在这一基础上发展了蔗基鱼塘、果基鱼塘、菜基鱼塘等。基塘系统，被联合国教科文组织誉为"世间少有美景、良性循环典范"。

二、养育华夏儿女的五谷

书中说："王者以民为天，而民以食为天。""手中有粮，心中不慌"，古往今来，中国人都以粮食为自己的生活所系，因此谷物是传统精耕细作技术体系下最重要的作物。五谷的称谓最早起源于春秋战国，有两种说法影响较大：一种指稻、黍、稷（粟）、麦、菽（大豆）；另一种指麻、黍、稷（粟）、麦、菽（大豆）。今天，大米几乎占到了中国老百姓的主食的70%，但五谷的其中一种说法怎么会没提到水稻呢？这是因为宋代以前中国经济文化中心在黄河流域，稻的主要产地在南方，而北方种稻有限，所以"五谷"中最初没有稻。

小知识

南稻北粟：水稻的生长需要较多的光和热，适合生长在高温多雨的长江流域；粟，即小米，生长对光和热的要求相对较少，比较适合生长在温差较大的黄河流域。我国南稻北粟的作物格局在新石器已经基本形成。

稷（粟）

1. 百谷之首——粟

粟米俗称小米，原产于中国北方黄河流域，是古代的主要粮食作物，我们最常见的狗尾草就是小米的祖先。未脱皮的小米叫谷子，历来就有“五谷杂粮，谷子为首”之说。小米品种繁多，俗称“粟有五彩”，有白、红、黄、黑、橙、紫各种颜色的小米，也有黏性小米。中国最早的酒也是用小米酿造的。

小米的生命力强，适合在干旱而缺乏灌溉的地区生长，在抗日战争年代，我们用“小米加步枪”打败了装备精良的敌人，这更让小米声名远扬。小米营养价值很高，适宜老人孩子等身体虚弱的人滋补。季羡林先生活了 98 岁，他的长寿秘诀就是每天喝小米绿豆粥，小米补元气，绿豆解毒清火。在民间一直用小米饭和小米粥帮助产妇恢复自身血气，能使“坐月子”的产妇乳汁产生加快、质量提高。小米还有消食的作用，春秋战国时期，赵王过生日，每天吃各方进献的山珍、海味，时间一长发现肚子胀不消化，连觉都睡不好。御医调理了数日，吃了好多药，始终没有太大作用。第 6 天，御医将小米、鸡内金一起做粥，赵王喝了 3 顿，肚子便开始不胀了。

在中国，小米的栽培已有 7 000 年悠久历史。美中不足的是，小米一直是一种好吃营养丰富的低产作物，亩产不过百十来斤。新中国的科学家经过数十年试验，培育出多种小米新品种，终于使小米的产量上了千斤。

2. 优质粮源——黍

黍俗称黄米，颗粒比小米大一点，有糯质和非糯质之别，糯质的一般用来酿酒，非糯质的食用较多，是中国古代北方重要的粮食作物之一。黄米、小米同出北方，但在北方人眼里，黄米是要高于小米的。

小米可以熬粥或蒸米饭，而黄米一般是磨成面，用水活好以后，上笼蒸成黄米年糕。黄米糕是北方过年过节必不可少的食品。黄米中糖和蛋白质的含量都要比小米高，“三十里莜面，四十里糕”说的是吃饱了黄米糕的人能比吃莜面的多走十里地。

黍

中央电视台纪录片《舌尖上的中国》使陕北地区专有的风味食品绥德“黄馍馍”红遍全国。黄馍馍的主要原材料就是的糜子（黄米）面，加上关键的“老酵头”，在烧烫的大炕上包上被子好好发一夜，再包裹上煮好的豆枣泥馅蒸制而成，口感松软带甜，营养丰富易消化。“老酵头”实际上就是一团小碗大小发酵的黄米面，是头年蒸黄馍馍留下的，留到第二年就是酵子了。一般家里的酵子是一代一代传下来的，用“老酵头”也是祖辈总结出来

黄馍馍

稻

方法，是黄馍馍的灵魂。

其实，黄米和小米总的来说属于同一类的两个品种，山东人把他们统统叫做谷子。在中国北方关于黍子的遗址不少，而且还发现了大量的野生种和品种类型，《诗经·魏风》就有“硕鼠硕鼠，无食我黍”的诗句。这些都能佐证中国是黍的起源地。

3. 国民主食——稻

中国是世界上公认的稻米原产地。最早的稻米发现于浙江余姚河姆渡遗址。20 世纪 70 年代，当地村民在劳动中意外发现了一个古村落遗址。之后考古学家又发现遗址中褐黄色泥土里夹带着一些小颗粒，闪着灿灿的金光，遇到空气后又很快变成泥土的颜色。通过扫描电镜观察发现，这些竟然是栽培水稻。河姆渡遗址稻谷的发现确立了水稻起源于 7 000 年前的中国，甚至比传说中的神农时代还要早了 2 000 年。

浙江余姚河姆渡出土的新石器时期稻粒

稻米的品种很多，一般被分为籼米、粳米和糯米三类。籼米的米粒比较长，煮饭黏性比较弱，膨胀性大；粳米短而厚，煮饭黏性比较大，膨胀性小，蛋白含量也比较高一点，口感好、营养价值高。糯米是稻米中黏性最高的，蛋白含量最高，好吃但是比较难消化。所以糯米需要精加工，通过反复捶打或发酵，再加工成食品就比较好消化。南方用口感黏软的糯米来酿酒，或做各种美味的糕点，包粽子。酒酿就是糯米经过发酵制成的一种传统食品，它热量高、营养丰富，可以促进乳汁分泌、增进食欲、深受人们喜爱。总之，糯米在南方人的生活中十分重要，是节庆或操办大事的必备食品。

粽子

魏晋南北朝以前，中国以小米和小麦的主产区黄河流域为经济中心，唐宋以后北方人口大量南迁，水稻的播种面积不断扩大，最终取代了小米、小麦等成为最重要的粮食作物，所以江南自古富庶，有“苏湖熟，天下足”的说法。

4. 外来优粮——麦

麦有很多种类，其中最主要的是小麦，其次还有大麦、燕麦、荞麦等。距今大约 5000 年前小麦传入中国。此前中国已经形成了南方水稻和北方粟米的种植格局。自从有了石磨，小麦从粒食发展到面食，口感大大提高了，小麦也逐渐适应了中国的自然环境和改变了中国人的饮食习惯，成为仅次于水稻的第二大粮食作物。

酒酿

在五谷里面，属小麦营养价值最高。小麦磨成面粉，可以加工成馒头、面条、花卷、饺子、糕点等食品。在河北、山西、陕西、河南、山东等地，小麦占据了百姓的一半口粮。由于气候的原因，北方产的面粉更筋道、口感更好，随便哪个老乡家里的大馒头，都有一种小麦的甜香味。“饺子”又叫“交子”，寓意新旧交替，在中国过年吃饺子，是任何美味佳肴都无法取代的，是过年必须吃的重要传统美食。在黄河流域，这一习俗已经传承了数千年。

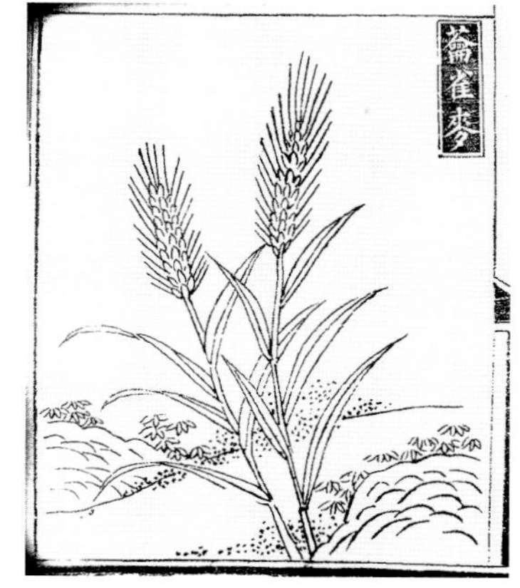

麦

大麦也是外来作物，大约 5 000 年前传入中国。大麦的种植区主要分布在长江流域、黄河流域和青藏高原。各地品种稍有不同，青藏高原和陕西产的叫青稞，长江流域的叫元麦，华北的叫米麦等。大麦主要用于制成食品、饮料或麦芽。一种有黏性的糯麦可以用来酿啤酒、制糖。青稞是藏族人的主食，他们一日三餐都吃糌粑，糌粑是将青稞炒熟磨成细粉后，用酥油和成面团。而在长江和黄河流域，大麦仁是“八宝粥”主要的原材料，此外，“大麦茶”也是朝鲜族人民喜欢的饮料。

饺子

糌粑

5. 植物蛋白——菽（大豆）

中国古代称一切豆类为“菽”，据考证，商代的甲骨文上就出现了有关于大豆的记载，山西侯马曾出土过商代的大豆化石。秦汉以后“大豆”一词代替了“菽”。我们今天说的大豆专指黄豆和黑豆，不包括蚕豆、绿豆、红豆、豌豆等。种植豆类可以增加土地的含氮量，保持土壤肥力。用豆类作物参加轮作，为连作的土地恢复地力创造了条件，从而极大地促进了农业生产的发展，农耕因此完成了从休闲制向连作制的转变。

古代豆腐制作程序

大豆是豆科植物中营养最丰富并易于消化的植物蛋白食物，民间制作豆腐、豆豉、豆酱等食品的原材料都是大豆。相传豆腐是汉高祖刘邦的孙子淮南王刘安发明的，他在烧药炼丹的时候，偶然用石膏点了豆汁，从而发明了豆腐。汉代豆腐没有将豆浆加热，只是原始的豆腐，凝固性和口感都不好，所以当时并没有广为流传。到了宋代豆腐才成为老百姓餐桌上的美味菜肴，南宋诗人陆游记载苏东坡喜欢吃豆腐面筋，吴自牧的《梦粱录》记载了京城临安的酒铺卖豆腐脑和煎豆腐。各地人们根据自己的口味，发展和丰富了各种豆腐菜肴的制作方法，安徽的毛豆腐、客家菜的酿豆腐、浙江绍兴的腐乳、北京的王致和臭豆腐、湖北武汉的臭干子等。2 000 多年来，豆腐不但走遍全国，而且早已走向世界。

第3部分

天时、地利、人和
——农业生产的三要素

中华民族的摇篮——长江与黄河，自西向东，奔流入海，各自基本在相似的纬度上，促成了相似的地理特征和气候特征。中国古代农业呈现出沿黄河流域和长江流域为中心的分布特点，这有利于统一观念的形成。早在春秋战国时期，随着农业生产实践和生产力的发展和提高，人们对“天、地、人”三要素在农业生产中的认识不断提升。据《吕氏春秋》记载：“夫稼，为之者人也；剩之者，地也；养之者，天也”即“天时、地宜、人力”观。这不仅是古代先民的农业文化精粹，也是沿用至今的一项农业生产指导思想。

一、水旱，天时也——物候的起源

重视“天”是中国古代思想文化中一个非常突出的特征。自古以来，农业生产是人类赖以生存发展的一项最基本、最重要的活动。农民基本是靠天吃饭、靠地谋食，所以，农业生产活动必须把握“天时”、“地利”，“掌握季节，不违农时”，也是农业生产最基本的要求之一，先民们必须学会利用。北魏时期中国杰出的农学家贾思勰在《齐民要术》中写到：

年画《农人自乐》

“顺天时，量地利，则力少而成功多，任情返道，劳而无获。”意思是说，按照季节节气和土地条件去合理耕作，可以花较少的劳力得到最好的收成，如果按照自己的主观意愿去做的话，就会劳而无获。

天时，指的是温度、水分和光照等自然条件，几千年前的先民们早已学会了如何掌握“天时”。他们在从事农业生产时，通过对天象及自然环境的长期观测注意到了“草木枯荣”、“候鸟迁徙”、“风云雷动”等现象，并据此总结出一套具有指导意义的经验，即物候的利用与农业生产的结合。何谓“物候”？简单地说就是植物的萌发、开花、结果、凋谢和某些动物的迁徙、冬眠等活动，反映了气候和节令的变化。古人利用这些物候和节气的变化，以此规律安排农事活动。

1. 二十四节气

我国是世界上物候知识起源最早的国家之一，据最早的一部天文学文献《夏小正》记载，早在夏代时期就已经依据北斗星斗柄所指的方位来确定月份也就是“夏历”。《夏小正》以星相记录天象、物候及农事等，并且在农业社会里代表了人们的一种时间意识，不但规范了农事活动也规范了季节性的行为及生活节奏。它对一年中的十二个月的农事活动都有明确的安排。

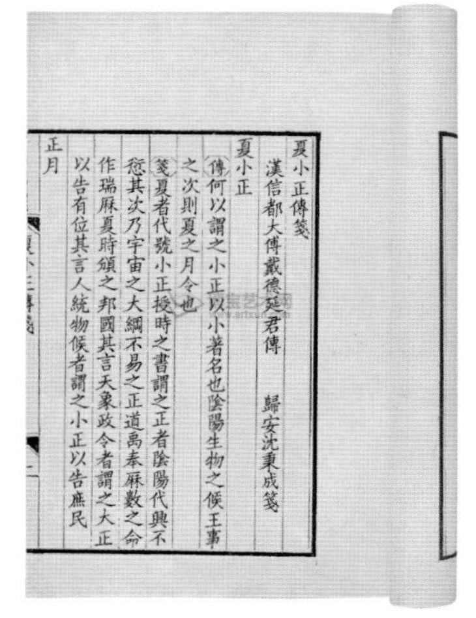
夏小正傳箋
漢信都大傅戴德延君傳　歸安沈秉成箋
夏小正
傳何以謂之小正以小著名也陰陽生物之候王事之次則夏之月令也
箋夏者代號小正授時之書謂之正者陰陽代興不忒其次乃宇宙之大綱不易之正道爲奉厤數之命作瑞厤夏時頒之邦國其言天象政令者謂之大正以告有位其言人統物候者謂之小正以告庶民
正月

夏小正

据《夏小正》记载，每年正月即年初，视察田器（初岁祭耒），准备农具（农纬厥耒），准备春耕（农率均田）；二月，黍田春耕[往耨黍蝉]；三月，为麦祈实（祈麦实）；五月，种黍、菽、穈；七月，粟熟（粟零）；九月，种麦（树麦），准备冬衣（王始裘）等。除了农业之外，还对畜牧、桑猎等做了详细安排。正月，孵小鸡（鸡桴粥）、菜园见韭菜；二月，饲养小羊（初俊羔）、采白蒿（采蘩）；三月，整理桑树枝条（摄桑）、养蚕（妾子始蚕）；十一月，狩猎；十二月，捕鱼等。

2 000 多年前，古代先民们根据长期的观测、实践和总结，把一年的四季寒暑交替划分成二十四个节气。“二十四节气”是中国人根据对太阳和自然界的观察，形成的指导农业生产和日常生活的知识体系。该体系是把地球围绕太阳运转一周的轨道划分为 24 等份，每一等份为一个节气，反映气候、物候、时令、天文等方面变化的规律。

早在春秋战国时期，我国就发明了测定节气的方法和仪器。人们发现房屋树木在太阳光的照射下都投下了阴影，同时这些影

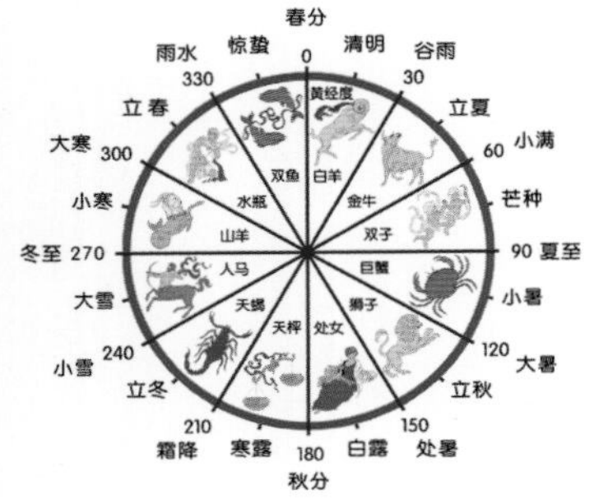

二十四节气

《钦定书经图说·夏至致日图》

河南登封古观象台

子根据在一年中随着时辰的变化又具有一定的规律，于是边在平地上竖起一根杆子来观察影子的变化，这就是最早的圭表。根据长期的观测总结，发现在夏天的某一天，正午表影最短，之后天气逐渐转凉；在冬天的某一天，正午表影最长，之后天气逐渐转热；于是便确立了最早的两个节气“夏至”和“冬至”，连续两次测到的表影最长值或最短值之间相隔的天数是365天，这说明在很早以前先民就测算出一年等于365天。

除此之外，先民们还发现在夏至和冬至之间有两天的白昼和黑夜一样长，于是起名为“春分”和“秋分”，“分”的意思是昼夜均分。夏至、冬至和春分、秋分确立之后相继确立了立春、立夏、立秋和立冬，表示一年四季的开始。“两至”、“两分”和“四立”把一年平均化成8个基本相等的时段，于是基本划定了4个季节的范围。秦汉时期，黄河中下游地区的先民们根据天气、物候及农事活动的规律先后补充了16个节气，分别是：雨水、惊蛰、清明、谷雨、小满、芒种、小暑、大暑、处暑、白露、寒露、霜降、小雪、大雪、小寒、大寒。至此，二十四节气已趋于完善。二十四节气中，反映季节变化的有立春、春分、立夏、夏至、立秋、秋分、立冬、冬至；反映物候的节气有惊蛰、清明、小满、芒种；反映降水的有雨水、谷雨、白露、寒露、霜降、小雪、大雪；反映气温变化的有小暑、大暑、处暑、小寒、大寒。俗话说“热在三伏，冷在三九”，意思是夏至、冬至后的第三个“九天”分别最热、最冷时候，出现在大暑、大寒的节气中。二十四节气反映了农作物等植物生长所需要的温度、湿度和光照等自然条件的变化规律，是谚语“种田无定例，全靠看节气”和成语“不违农时”的道理。

二十四节气反映了一年中同一个地区所获得的光和热不同，人们应根据作物对光和热的需求，在不同的节气进行种植、收获或安排相应的农事活动。虽然现代社会科学技术的不断迈进给农业带来了前所未有的巨大发展，但是世间万物生长离不开太阳的光和热，也离不开四季的周转轮回。

时至今日，“二十四节气”仍然在指导农业生产实践，并深刻影响着中国人的思想和行为，是中华传统文化的体现。二十四节气是中国古代劳动人民智慧的结晶，是人类征服自然、改造自然、对自然界客观规律所形成的实践与总结，也是中华民族千百年来世代相传的文化遗产。二十四节气作为中华民族口传心授的一项传统知识，在农事中占有极具重要的地位。

二十四节气的基本内容：

元代观星台模型

春季

立春　春季开始。
雨水　降雨开始，雨量渐增。
惊蛰　春雷乍动，惊醒了蛰伏在土中冬眠的动物。
春分　昼夜平分。
清明　天气晴朗，草木繁茂。
谷雨　雨量充足而及时，谷类作物茁壮成长。

夏季

立夏　夏季的开始。
小满　麦类等夏熟作物籽粒开始饱满。
芒种　麦类等有芒作物成熟。
夏至　炎热的夏天来临。
小暑　气候开始炎热。
大暑　一年中最热的时候。

秋季

立秋　秋季的开始。
处暑　表示炎热的暑天结束。
白露　天气转凉，露凝而白。
秋分　昼夜平分。
寒露　露水以寒，将要结冰。
霜降　天气渐冷，开始有霜。

冬季

立冬　冬季的开始。
小雪　开始下雪。
大雪　降雪量增多，地面可能积雪。
冬至　寒冷的冬天来临。
小寒　气候开始寒冷。
大寒　一年中最冷的时候。

在民间，智慧的劳动人民把有关节气的内容总结、提炼、编排成了许多对仗工整、意向鲜明、生动活泼的民谚民谣，更加便于记忆传唱及安排农事。流传较多的有：

春雨惊春清谷天，夏满芒夏暑相连；

秋处露秋寒霜降，冬雪雪冬小大寒。
上半年是六廿一，下半年来八廿三；
每月两节日期定，最多相差一二天。

关于节气的民谣在不同地区有不同的特点，在一些农村还流传着一首五言节气诗，全诗如下：

种田无定例，全靠看节气。
立春阳气转，雨水沿河边。
惊蛰乌鸦叫，春分滴水干。
清明忙种粟，谷雨种大田。
立夏鹅毛住，小满雀来全。
芒种大家乐，夏至不着棉。
小暑不算热，大暑在伏天。
立秋忙打垫，处暑动刀镰。
白露快割地，秋分无生田。
寒露不算冷，霜降变了天。
立冬先封地，小雪河封严。
大雪交冬月，冬至数九天。
小寒忙买办，大寒要过年。

2. 七十二候

七十二候是中国最早的结合天文、气象、物候知识指导农事活动的历法。起源于黄河流域，最于秦朝时期，由吕不韦载入《吕氏春秋》，后完整记载见于《逸周书·时训解》。

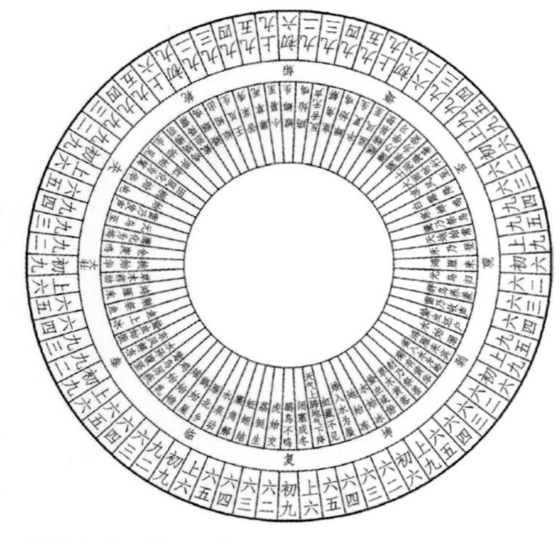

卦气七十二候

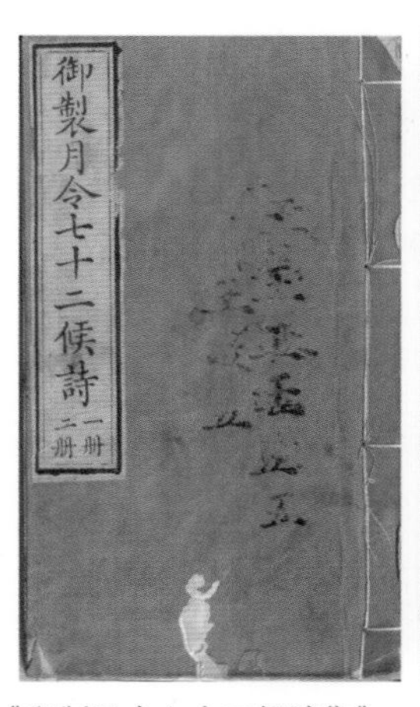

《御制月令七十二候诗集》

七十二候以五日为候，三候为气，六气为时，四时为岁，一年二十四节气共七十二候。各候均以一个物候现象相应，称“候应”。七十二候候应的依次变化，反映了一年中的气候变化。

七十二候的“候应”包括非生物类和生物类，非生物的如“水始涸”、“东风解冻”、“虹始见”、“地始冻”等；生物候应分为植物和动物两大类，其中植物候应有植物的幼芽萌动、开花、结实等；动物候应有动物的始振、始鸣、交配、迁徙等。

七十二候与农事表

节气	物候现象	农事活动	王祯《农书》记载的农事
立春	东风解冻、蛰虫始震、鱼陟负水	天子耕帝籍，辨土宜	修农具、粪地、耕地、嫁树、烧首信苗、烧荒茸、园庐、垄瓜田、修种诸果木、栽榆柳、织箔
雨水	獭祭鱼、候雁北、草木萌动		
惊蛰	桃始华、仓庚鸣、鸠化为鹰	修农舍	种麻、粟、豆节襟、茶、蔬、瓜、抓、椒、秧芋、祭社、造布、开荒、修蚕室、栽接桑果、浸稻种、修沟渠池塘，筑墙
春分	元鸟至、雷乃发声、始电		
清明	桐始华、田鼠化为鴽、虹始见	修理堤防，勤勉农桑	种稻、芝麻、哥蓝、木棉、觅豆、红豆、栽芋、理蚕具、育蚕、收愉子、藏盐商、栽苔帚、浼冬衣
谷雨	萍始生、鸣鸠拂其羽、戴胜降于桑		
立夏	蝼蝈鸣、蚯蚓出、王瓜生	驱兽以免伤害五谷	种夏菜、秧早稻、收葱子、缎丝、收蚕种、罕棉、牧牛、伐木、擎子哥、耘禾、奎芋、修水具
小满	苦菜秀、靡草死、麦秋至		
芒种	螳螂生、鵙始鸣、反舌无声	收黍	收麦、红花、种套、秋瓜、栽蓝、种晚稻、移竹、斫芋、收艾、具蓑、收诸菜子
夏至	鹿角解、蜩始鸣、半夏生		
小暑	温风至、蟋蟀居壁、鹰始击	用草木灰肥田	种赤豆、绿豆、萝卜、斫麻、沤麻、奎芋、耕麦地、锄桑、合酱、造醋、杀小麦
大暑	腐草为萤、土润溽暑、大雨时行		
立秋	凉风至、白露降、寒蝉鸣	完固堤防，以备水潦	种荞麦、秧菜、伐竹木、蟠芋、造蓝靛、转麦地、刈早稻粟、务机抒、曝衣物、煞干桃、茄瓤、淹瓜
处暑	鹰乃祭鸟、天地始肃、禾乃登		
白露	鸿雁来、元鸟归、群鸟养羞	劝农种麦，不得失时	种大小麦、豌豆、红花、蒜、菌、葱、韭、祭社、剥枣、斫芋、夜织、理絮、练绵、捣衣、刈豆荚、收落叶
秋分	雷始收声、蛰虫坏户、水始涸		
寒露	鸿雁来宾、雀入大水为蛤、菊有黄画	农事备收	耕麻地、种油菜、刈大豆、选五谷子、收芝麻、粟、芋、收茶子、授衣、糟蛋、藏叶、采菊、筑场圃、修窦窖
霜降	豺乃祭兽、草木黄落、蛰虫咸俯		
立冬	水始冰、地始冻、雉入大水为蜃	加紧收藏	实困仓、绢布、织履、收稻秆、芋子、童芋、腊祭、泥牛屋、葺密室、栽桑果、夜作、牧豕、藏诸果、藏诸谷、种薑种
小雪	虹藏不见、天气上升、闭塞而成冬		
大雪	鹖鴠不鸣、虎始交、荔挺出	采摘野果，捕猎野兽	备柴炭、刈茅葺、饲牛、造锡糖、粪菠菜、韭黄、剥麻皮、伐材木、捕野物
冬至	蚯蚓结、麋角解、水泉动		

（续表）

节气	物候现象	农事活动	王祯《农书》记载的农事
小寒	鴈北归、鹊始巢、雉雊	修整农具	浴蚕种、凿冰、收雪、造车、缚苕帚、剥桑、治园圃、灸瓜田、造脯、酿酒、造屠积粪、贮蚕草、刈棘
大寒	鸡乳育、征鸟厉疾、水泽腹坚		

3. 农时节令

农时节令大致可分两种。一种是根据日地关系，即太阳高度而划分的。太阳高度不同，所接受的太阳辐射能也不一样，因而农业气候各异，如春分、夏至、秋分、冬至等。另一种是在前一种的基础上，根据较重要的农业气候现象出现的时间，经长时间的经验累积而制定的，如夏至三庚数头伏，冬至后九九寒尽、芒种后逢丙日入梅等。农时节令不但能用于指导农业生产，在某种意义上来说也是民间民俗文化的一种体现。

二月二

二月二，立春前后，也就是俗称的“龙抬头”，所谓“龙抬头”指的是经过冬眠，百虫开始苏醒。相传是天上主管云雨的龙王抬头的日子，从这一天起，雨水日渐增多，预示着春季来临、万物复苏，蛰龙开时活动，一年的农事活动即将开始。民间流传着“二月二，龙抬头，大仓满，小仓流”的民谚。

二月二这天还有一项重要活动是皇帝耕田。谚语说：“惊蛰一犁土，春分地气通。”正是北方春耕大忙的时候。为了动员人们加紧进行春耕生产，不误农时，农历二月二这天皇帝率百官出宫到他的“一亩三分地”耕地松土。

在我国北方地区还流传这一个感人至深的神话故事。据说武则天当上皇帝，玉皇大帝得知后大发雷霆，降下旨意，四海龙王三年之内不得向人间降雨。有一天主管天河的龙王听到了民间的哭声，看见了满地饿殍，民不聊生，于是于心不忍，抗旨降下甘霖，玉帝得

版画·二月二龙抬头

皇帝耕田图

知后把龙王打下凡间并压到山底受刑，并在山上立下碑文，除非金豆开花，否则终身不得回到凌霄阁。人们为了救出龙王，四处寻找开花的金豆，某日，翻晒玉米时发现玉米像金豆一般，用锅一炒便开花了，于是家家户户爆玉米花，并在院子里焚香设案，供“金豆花”，龙王抬头一看，百姓为他爆的金豆花，于是大喊“金豆开花了”，玉帝看到四处都是金豆花，只好传召龙王回到天庭，继续给人间行云布雨。从此，为纪念奋不顾身救民的龙王，到二月二这一天，家家户户吃爆玉米花。

清明

清明

清明，春分后，这是一个极重要的农事季节。每年 4 月 5 日或 6 日，太阳到达黄经 15° 时为清明节气。有俗语说到“清明前后，种瓜点豆”，这个时节，冰雪消融，草木青青，天清气朗，万物欣欣向荣，大江南北、长城内外，一片繁忙的春耕景象。江南地区小麦孕穗，遍地油菜花开。东北、西北地区小麦开始拔节，有“清明时节，麦长三节”的说法。“梨花风起正清明”，果树也进入开花期，“清明茶，两片芽”，茶树开时萌出新芽，茶园中采茶女手指翻飞，争相采摘“明前茶”。

“清明时节雨纷纷，路上行人欲断魂”，这句诗描绘了江南地区的气候特色。一般说来充沛的雨水会给农作物的生长带来好处，但是过多连绵的阴雨也会导致土地湿涝和农作物寡照，影响收成。所以，在清明前后，南方还要做好田间排涝的检查和准

清明节祭祖

清明采茶

备，以防过于的雨水淤积田间。然而对于北方地区来说，清明雨贵如油，不但要做好蓄水保墒，还要进行春灌，以防春旱灾害的发生。

清明节又称为“寒食节”，在民间，流传着这样一个故事，春秋战国时代，晋献公的妃子骊姬为了让自己的儿子奚齐继位，就设毒计谋害太子申生，申生被逼自杀。申生的弟弟重耳，为了躲避祸害，流亡出走。在流亡期间，重耳受尽了屈辱。原来跟着他一道出奔的臣子，大多陆陆续续地各奔出路去了。只剩下少数几个忠心耿耿的人，一直追随着他。其中一人叫介子推。有一次，重耳饿晕了过去。介子推为了救重耳，从自己腿上割下了一块肉，用火烤熟了就送给重耳吃。十九年后，重耳回国做了君主，就是著名春秋五霸之一晋文公。晋文公执政后，对那些和他同甘共苦的臣子大加封赏，唯独忘了介子推。有人在晋文公面前为介子推叫屈。晋文公猛然忆起旧事，心中有愧，马上差人去请介子推上朝受赏封官。可是，差人去了几趟，介子推不来。晋文公只好亲去请。可是，当晋文公来到介子推家时，只见大门紧闭。介子推不愿见他，已经背着老母躲进了绵山（今山西介休县东南）。晋文公便让他的御林军上绵山搜索，没有找到。于是，有人出了个主意说，不如放火烧山，三面点火，留下一方，大火起时介子推会自己走出来的。晋文公乃下令举火烧山，孰料大火烧了三天三夜，大火熄灭后，终究不见介子推出来。上山一看，介子推母子俩抱着一棵烧焦的大柳树已经死了。晋文公望着介子推的尸体哭拜一阵，然后安葬遗体，发现介子推脊梁堵着个柳树树洞，洞里好象有什么东西。掏出一看，原来是片衣襟，上面题了一首血诗：

割肉奉君尽丹心，但愿主公常清明。
柳下作鬼终不见，强似伴君作谏臣。
倘若主公心有我，忆我之时常自省。
臣在九泉心无愧，勤政清明复清明。

晋文公将血书藏入袖中。然后把介子推和他的母亲分别安葬在那棵烧焦的大柳树下。为了纪念介子推，晋文公下令把绵山改为“介山”，在山上建立祠堂，并把放火烧山的这一天定为寒食节，晓谕全国，每年这天禁忌烟火，只吃寒食。走时，他伐了一段烧焦的柳木，到宫中做了双木屐，每天望着它叹道：“悲哉足下。”“足下”是古人下级对上级或同辈之间相互尊敬的称呼，据说就是来源于此。第二年，晋文公领着群臣，素服徒步登山祭奠，表示哀悼。行至坟前，只见那棵老柳树死树复活，绿枝千条，随风飘舞。晋文公望着复活的老柳树，像看见了介子推一样。他敬重地走到跟前，珍爱地掐了一下枝，编了一个圈儿戴在头上。祭扫后，晋文公把复活的老柳树赐名为“清明柳”，又把这天定为清明节。此后，晋文公常把血书袖在身边，作为鞭策自己执政的座佑铭。他勤政清明，励精图治，把国家治理得很好。晋国的百姓得以安居乐业，对有功不居、不图富贵的介子推非常怀念。每逢他死的那天，大家禁止烟火来表示纪念。还用面粉和着枣泥，捏成燕子的模样，用杨柳条串起来，插在门上，召唤他的灵魂，这东西叫“之推燕”（介子推亦作介之推）。此后，寒食、清明成了全国百姓的隆重节日。每逢寒食，人们即不生火做饭，只吃冷食。在北方，老百姓只吃事先做好的冷食如枣饼、麦糕等；在南方，则多为青团和糯米糖藕。每届清明，人们把柳条编成圈儿戴在头上，把柳条枝插在房前屋后，以示怀念。

端午

端午节，夏至或芒种前后，这也是农事上重要的一个节令之一。端午时节，天气炎热，雨量丰沛，农作物生长最为旺盛，由于天气湿热，杂草、病虫害等容易滋生，于是必须加强田间管理，做好锄草和病虫害防治。《月令七十二候集解》中说到“五月节，谓有芒之种谷可稼种矣。”指的是大麦、小麦等有芒的农作物种子已经成熟，需要急迫的抢收。晚谷、黍、稷等夏播植物也正是播种的季节。俗话说春争日，夏争时，“争时”指的就是这个时节的收种、农忙。

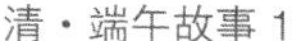

清·端午故事 1

清·端午故事 2

端午节前后是秋熟作物播种、移栽、苗期管理和全面进入夏收、夏种、夏培的“三夏”大忙高潮。主要农事有：一是及时抢收小麦、大麦、豆类等夏熟作物，丰产丰收、颗粒归仓。二是对主要农作物进行施肥、追肥。如玉米等的壅根防倒和防治玉米螟。三是抢种夏大豆、花生、春大豆追施花荚肥、春山芋的追肥，中耕除草，培土补苗；扦插夏山芋等。四是播种豇豆、苋菜、小白菜等蔬菜累农作物；加强茄瓜豆类蔬菜的田间管理，防治病虫，采收和留种。五是桑田的夏伐、施夏肥，检修堤防和灌溉设施，防汛防旱。

有农谚说到：“夏至棉田草，胜如毒蛇咬”、“芒种不种，再种无用”，还有“芒种端阳前，处处有荒田；芒种端阳后，处处有酒肉。”的说法。可见，端午节前后，农忙季节进入了高潮。

传说端午节是为了纪念南北朝时期的著名诗人屈原。屈原出生在楚国的一个贵族家庭里，他有着出色的才干，受到楚王的赏识，当了仅次于宰相的大官。但是屈原实行政治改革的主张始终不能实现，终于被削职流放出去。他在流放途中，走遍了现在湖南、湖北的许多地方，写下了许多充满爱国忧民感情的诗篇。后来楚国亡了，屈原悲痛万分，便来到汨罗江边，抱起一块石头，纵身投入江里自尽了。 当地百姓闻讯马上划船捞救，终不见屈原的尸体。那时，恰逢于农历五月初五的一个雨天，湖面上的小舟一起汇集在岸边的亭子旁。当人们得知是打捞贤臣屈大夫时，再次冒雨出动，争相划进茫茫的洞庭湖，汨罗江边的老百姓为了祭祀屈原，把米包成粽子投进水里去喂鱼，使鱼吃饱了不再去吃屈原的尸体，于是逐渐演变成了端午节赛龙舟吃粽子的习俗。

圖寒消九九

九九消寒

冬至

冬节，就是冬至。从冬至开始白昼渐长，民间说“过了冬，一天长一葱”说的是以正午的日影为测标，所以又称这天为“长至”。冬节是二十四节气中最早订立的节气，源于汉代，盛于唐宋，相沿至今。

梁代宗懔《荆楚岁时记》记载：“俗用冬至日数及九九八十一日，为寒尽”。先民们经历了数千年与风雪严寒的搏斗，积累了丰富的实践经验，创造出许多记录天气寒暖变化规律的“消寒数九歌”，也就是现今流传的“九九歌”。生动形象地记录了“冬至”到来年“春分”之间的气候、物候变化情况，也表述了农事活动的一定规律。其中最具代表性的一首是："一九二九不出手，三九四九冰上走，五九六九沿河看杨柳，七九河开，八九雁来，九九加一九耕牛遍地走"。

年画・九九消寒图

民间有一首歌谣唱到："冬至离春四十五，牛马备草备料，人穿棉裤棉袄。"还有"吃了冬至面，一天长一线"。此外，还有在冬至日画《九九消寒图》或买刻印的消寒图的习惯。民间流传的有"九格消寒图"、"鱼形消寒图"、"泉纹消寒图"等。最常见的是"梅花消寒图"，先画一枝不染色的素梅花，共画出八十一个花瓣（表示自"数九"开始，九个"九"共八十一天）。自"数九"之日起，每天染一个花瓣儿。如，阴天染花瓣的上部；晴天染花瓣的下部；刮风染花瓣的左边；下雨染花瓣的右边，下雪染花瓣的中间。等到八十一个瓣儿染完了，春天也就到了。这份"梅花消寒图"，它既是"入九"到"出九"的日历表，也是民间记录气象、日历便于安排农事活动的重要依据。

冬至前后，主要安排的农事活动是兴修水利，积粪造肥，疏松土壤以增强蓄水能力，消灭越冬害虫。这个阶段农民休养生息，养精蓄锐，等待来年春天的春播。

相传南阳医圣张仲景曾在长沙为官，他告老还乡那时适是大雪纷飞的冬天，寒风刺骨。他看见南阳白河两岸的乡亲衣不遮体，有不少人的耳朵被冻烂了，心里非常难过，就叫其弟子在南阳关东搭起医棚，用羊肉、辣椒和一些驱寒药材放置锅里煮熟，捞出来剁碎，用面皮包成像耳朵的样子，再放下锅里煮熟，做成一种叫"驱寒矫耳汤"的药物施舍给百姓吃。服食后，乡亲们的耳朵都治好了。后来，每逢冬至人们便模仿做着吃，是故形成"捏冻耳朵"此种习俗。以后人们称它为饺子，也有的称它为"扁食"和"烫面饺"，人们还纷纷传说吃了冬至的饺子不冻人。于是，冬至这天，不论贫富，饺子是必不可少的节日饭。谚语说道："十月一，冬至到，户户吃水饺。""冬至不端饺子碗，冻掉耳朵没人管"。除此之外，还有"冬至馄饨夏至面"的说法，馄饨制作讲究，如北京馄饨常以韭菜、肉末、木耳等作馅，以米粉作皮，外阴内阳，食用意味着破阴释阳，助阳气生长，阴阳调和，万物和谐相处。南方大部分地区则食用米团、汤圆等。

二、肥瘠，地利也——肥料的制作与利用

我国最早的土壤学起源于战国时期，魏国的人士撰写了一套治理国家的方案，为了能够得到实际的施行，故托名于大禹命名为《禹贡》。该书对各州的山川、湖泽、土壤、植被、特产、田赋和运输路线等自然条件，都作了描述，较真实地反映了各个地区的地理特色。

人们通过长期的农业生产实践，积累了丰富的经验和原始的微生物学知识。主要表现在肥料的制作和利用上。南宋时期，陈旉在《农书》中提出了“地力常新壮”理论，正是这种理论和实践，先民们把大量条件恶劣的土地改造为良田，并保持了地力的长盛不衰。明清时期，肥料的制作和利用受到了高度的重视，出现了凡是种田总以“粪多力勤”四个字为原则。

民间流行着这样的谚语：“庄稼一朵花，全靠肥当家”、“地不说话，不留也罢，收成之时，分出高下”，通俗易懂的阐述了肥料在农业生产中占据着重要的地位。勤劳的先民在几千年的劳动中领悟了肥料的作用并积累的丰富的制作和使用经验。

1. 肥料的主要种类

人畜粪便

施肥

中国古代的肥料统称为“粪”，而粪字的含义有一个演变过程。在甲骨文中，“粪”字是“双手执箕弃除废物”的形状，后来人们把包括人畜粪便在内的废弃物用于土地，“粪”就逐渐演变为肥料和施肥的专属称谓。

人畜粪便是我国最早使用并且使用最为广泛的肥料。可谓取之于田，归还于田，还可以减少对江河塘湖的污染。《氾胜之书》中提到，用人类的粪便需要进行腐熟之后才能使用。

草木灰

在“刀耕火种”的时代，人们为了清除田地里的树木杂草，于是放火焚烧，焚烧过后把灰烬翻入土中。之后逐渐发现翻埋过草木灰的田地格外肥沃，于是草木灰便成为施用方法最简单最常用的肥料之一。

草木灰是通过植物焚烧后制成的，所以其间包含了植物应有的所有矿物质，其中丰富的“钾”元素，是促进植物生长的重要

元素。在田间施用不仅可以增加底肥和营养土的有效养分，促进根系生长，还有起到防治病虫害的作用。草木灰性属碱性，而我国的土壤大多成酸性，所以草木灰的施用很好的中和了土壤中的酸性物质，达到了改良土壤的作用。

绿肥

《汜胜之书》中说道，耕地时把杂草翻压在土下，经过腐烂成为肥料。这说的是自然生长的青草作为绿肥。《齐民要术》中初次记载栽种的绿肥，这种绿肥指的是绿豆或小豆，并且指出绿豆做绿肥最好。因为绿豆、小豆等豆科植物的根部有根瘤菌能固定空气中的氮素，现在社会种植的绿肥大多是紫云英、苕子、茹菜、蚕豆、田菁、柽麻、竹豆、猪屎豆等。

绿肥

蚕沙

在古代，养蚕业是很普遍的农家副业。《汜胜之书》中提到“蚕矢”，指的是“蚕沙”，蚕沙就是蚕粪、蚕蜕和蚕食桑叶剩下的残渣。人们发现养蚕之后的蚕沙倒进地里有很好的肥地作用。

蚕矢

饼肥

古人食用和照明都用的植物油，油料作物榨油之后的残渣除了给牲口做饲料以外，还可以作为肥料使用。由于榨油之后的油渣在收纳的时候一般都团成饼状，于是形象的成为“饼肥”。

陈墙土

农家的住宅和厩舍等，随着时间的推移都会毁坏废旧，于是，农民拆去旧居，兴建新舍。拆下来的墙土运到地里做田土，无意中发现撒过陈墙土的地非常肥沃，于是把陈墙土也列为肥料之一了。

饼肥

有谚语说道：“十年墙土赛豆饼，肥土不如瘦屋基”，可见陈墙土作为肥料来说其肥力可见一斑。从另一个方面来说，年代越久远的墙土肥力越高。这是因为通常用来砌墙的土大多是黏土，黏土中磷、氮、钾含量很高，但是处于植物不易吸收的形态。做成墙土后，经过多年风吹日晒雨淋，其中的有机质得到发酵，变成了植物易于吸收的硝酸钾。

熏土

王祯《农书》中记载了“火焚”的制作工艺：用泥土和草木堆放在一起用火烧制，待火灭土冷时用碌碡碾碎。这说的就是我们通常说的熏土。也有农民发现炕土、灶土也有一定的肥效，于是，炕土、灶土也可化为熏土。熏土开创与北方，后来南方的农民也效仿制作熏土为肥料。

熏土

河塘泥

河塘泥

五代时期的吴越，十分注重农田水利建设。越王曾在各地设了“撩浅军”，专门负责疏浚河塘，并把河塘中的淤泥挖掘起来，填铺到附近的农田去充当田土。王祯《农书》中曾记载，元代时期，江浙地区的农民自创了一种挖掘沟港内淤淀肥泥的工具。农民们乘船在河塘中，用竹夹把肥泥抄泼到岸边，待风干凝固后裁成块，担去与大粪一同作为肥料。这是因为河塘中有大量鱼虾粪便、水草、微生物等，经过长时间的沉淀和发酵后变成泥，河塘泥中含有大量有机质，因而可以作为一种非常易得、优质的肥料使用。

五代时期的吴越，十分注重农田水利建设。越王曾在各地设了“撩浅军”，专门负责疏浚河塘，并把河塘中的淤泥挖掘起来，填铺到附近的农田去充当田土。王祯《农书》中曾记载，元代时期，江浙地区的农民自创了一种挖掘沟港内淤淀肥泥的工具。农门们乘船在河塘中，用竹夹把肥泥抄泼到岸边，待风干凝固后裁成块，担去与大粪一同作为肥料。这是因为河塘中有大量鱼虾粪便、水草、微生物等，经过长时间的沉淀和发酵后变成泥，河塘泥中含有大量有机质，因而可以作为一种非常易得、优质的肥料使用。

骨灰

在明代后期，根据史料《天工开物》及徐光启手稿中记载，江西农民首创使用骨灰作为肥料。这种肥料是将猪、牛等动物的骨骼烧红后浸入粪缸，片刻后取出捣碎，研成粉末，盛在篮中。插秧时，用秧根蘸取骨灰后再插入田间。因为动物骨灰中含有大量的磷，所以骨灰可以称之为“磷肥的鼻祖”。

2. 肥料制作的方法——堆肥和沤肥

顾名思义，堆肥和沤肥就是把制作肥料的材料堆积在一起发酵或在池中沤制。古代先民们发现，“堆积物”（粪类、蒿草）附近的植物总是生长的特别茂盛，于是开时有意识的使用堆积物对田地进行补充。到了春秋战国时代，《荀子·富国》中说道“掩地表亩，刺草殖谷，多粪肥田，是农夫众庶之事也。”于是，“多粪”和“肥田”被联系到一起。《齐民要术》中最先提出肥料积制的方法，就是“蹋粪法”。秋收后，农民把田地里废弃的农物秆茎、碎叶、谷糠壳等收集后铺在牛舍中，让猪、牛充分的踩踏并混粪尿，之后扫取堆制积肥。

养猪积肥图

沤肥是宋、元时代常用的肥料制作方法。普遍使用于中国的南方地区。陈旉《农书》及王祯《农书》中记载，南方的农民常常在自家屋子前后或田间地头开凿一个深池，把粪草等放在其中窨沤，窨熟之后的肥料施到田地中，肥田效果非常可观。

3. 肥料的使用方法——基肥、种肥、追肥

基肥是指在播种前或移植前施入土壤的肥料。智慧的古代先民在很早以前就学会了使用基肥，并且通常使用绿肥作为基肥。《氾胜之书》中提到，以杂草为绿肥压青改土。《齐民要术》中记载，在五六月的时候种植绿豆、小豆、胡麻等作为绿肥，七八月的时候翻埋到土里作为基肥使用。基肥的作用主要是供给作物整个生长期所需养分。

追肥

种肥是指下播种同时施下或与种子拌混的肥料。在中国古代有一种“溲种法”，指的是用动物的骨骼或者缫丝时煮茧的水，加入动物粪便搅拌成浆糊，之后把浆糊附着在种子的表面后风干，接下来再次拌附，连续 7 次后，每粒种子的外面都包了一层厚厚的“包衣”，这样的种子播撒到地里后，经过水分的溶解能即使的给发芽的种子提供养料。

追肥是指在作物生长中加施的肥料。在古代农业文献的记载并不全面，只针对少数几种植物进行了记载，《氾胜之书》中记载，在麻高一尺的时候进行追肥。《齐民要术》中记载的 30 余种作物只提到了韭菜需要追肥。可见，追肥是根据特定的农作物在特定的时期根据特殊的需要而进行的。

三、修治垦壁，人和也——因地制宜　改造良田

在我国古代，人们很早就对土地有了认识，商代，甲骨文中就出现了“土”字。到了战国时期，人们对土壤取得了比较明确的认识，能够根据地势、土壤颜色、质地和性状等对土壤进行了分类：按地势不同将土壤分为平原、丘陵、山地三大类。按土壤的色泽和质地分为“五土”，即息土、赤垆、黄堂、斥埴、黑埴。

土地是农业耕作最重要的资源，随着社会的发展，人口不断增加，而平原的土地又很有限，于是先民们创造出了各种土地利用形式，将不毛之地改造为良田。

沟洫台田示意

1. 盐碱治理

早在 2 500 多年前我国劳动人民就在广袤的盐碱地上开拓垦殖耕作生息，在改良利用盐碱土的长期斗争中积累了丰富的经验。战国时期，人们从生产实践中逐渐积累了很多土壤学的知识，同时，对盐碱地的特性也进行了充分的了解，从而创造了用水洗盐碱地的改良盐碱土技术。当时人们兴修水利，把含有丰富泥沙和有机质的水资源通过渠道引入盐碱地进行淤灌，之后逐渐发展成为改良盐碱地的一个重要手段。黄河下游有大片盐碱地（古称“斥卤”）不能利用，一位名叫史起的人，带领人们挖灌排水渠，利用漳水灌溉洗盐，使邺郡种上水稻，盐碱地长出好庄稼。民间流传着“邺有圣令，时为史公，决漳水，灌邺旁，终古斥卤，生之稻粱”的民歌。

深翻压盐

明清时期，对土壤的改良更加重视，开始了大规模的盐碱地改良。据明代袁黄《宝坻劝农书》记载：“濒海之地，潮水往来，淤泥常积，有咸草丛生，其地初种水稗，斥卤即可，渐可种稻。”把大片盐碱不毛之地，通过种植耐盐植物和水利土壤改良等措施，转化成为丰产田。沟洫台田早在元代就开始利用，明清时期得到完善，台田有利于降低水位，防止返碱。远观沟洫台田犹如龟背，不但有利于排水还有利于雨水淋盐，这是滨海地区改良盐碱地的一个重要措施。深翻压盐和绿肥治碱技术是改良盐碱地的又一重要措施。光绪年间，农民们掘地埋碱，再造了万亩良田。道光年间，大面积种植苜蓿，苜蓿能暖地不怕盐碱，几年之后，土壤中的碱性逐渐降低，苜蓿还能作为绿肥肥地，这种方法比深挖埋碱省力，所以被广泛利用。

盐碱地的治理使北方的许多不毛之地化为沃田，在那个靠天靠地吃饭的年代养活了无数的饥民。毫无疑问，盐碱地的治理是我国古代劳动人民在改土造田方面的光辉成就之一。

2. 与水争田

秦汉时期，长江流域曾经是一片荒芜质地，东汉后，战乱频繁，于是北方人民纷纷南下，尤其在唐代“安史之乱”后，更多的人们为躲避战乱而迁徙南方，于是，长江以南的人口发幅度增加，田地也越来越紧张了。为了生存下去，人们开始“与水争田”和“与山争地”的行动。于是山地、河滩、水面等得到了很好的利用。

“圩田岁岁镇逢秋，圩户家家不识愁，夹路垂杨一千里，风流国是太平州。”南宋诗人杨万里曾作诗称赞太平州的圩田。圩田又称围田，在王祯《农书》也称之为柜田，是在濒湖地区围水而成的一种田制。圩田指的是筑堤挡水、围水造田的方法。人们将低洼处湖泊、河滩等的滩地围筑起来，开辟成田地，是与水争田的主要形式之一。据沈括在《万春圩图记》中记载：“江南大都皆山地，可耕之土皆下湿厌水，濒江规其地以堤，而艺其中，谓之圩”。圩田的特点是内围田，外围水，水高于田，旱可灌，涝可排。三国时期，孙吴由于军事需要开始在江淮地区大规模屯田，并在“屯田”中筑堤防水，“屯营栉比，廨署棋布”，形成了圩田的雏形。南朝，圩田有了新发展，太湖地区呈现出“畦畎相望”、“阡陌如秀”的景象。唐代，是圩田发展的兴盛时期，无论在建设规模还是防洪、排灌工程的兴建数量上都有大幅的提高。五代时期，在太湖流域发明了“塘浦制”，七里十里一横塘，五里七里一纵浦，纵横交错，横塘纵浦之间筑堤作圩，使水行于圩外，田成于圩内，形成棋盘式的塘浦圩田系统。北宋时期，随着政治中心的南移，南方人口剧增，迫切需要增加耕地，圩田成为开发江南广大低洼地区的重要形式。圩田多用于种植高产的水稻，改变了太湖地区生态环境，使江南地区成为鱼米之乡，造就了“苏湖熟，天下足”的局面，使大量沿江沿湖滩涂变成了万顷良田。

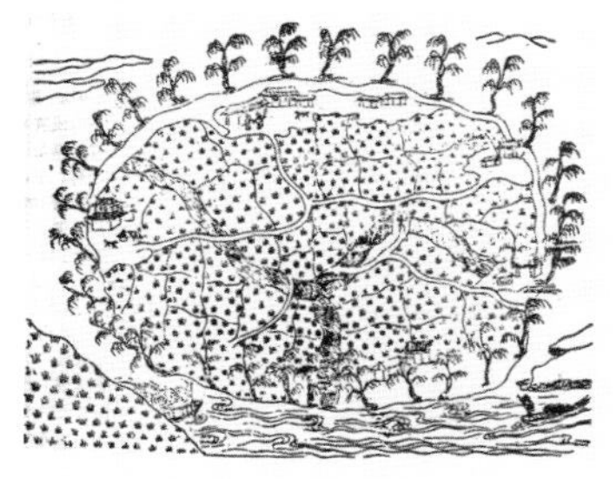

围田

架田是由我国发明的世界上最早的人造耕田。架田又称葑田，是一种古老的土地利用形式，最早追溯到宋代，陈旉《农书》中记载，在湖泊水深的地方，用木头绑成木排，做成田丘的样子，浮在水面，用具有菰根盘绕的泥土放在木排上后种植庄稼。架田浮在水面上，随水上下，不会被水淹没，这足以体现了我国古代先民的智慧。架田在当时有许多优点：一是不占土地；二是不缩小水面；三是不影响渔业生产，而且可充分开发利用自然资源，促进生态平衡；四是随水上下，没有旱涝之忧；五是投资少而收益颇丰。架田的发明给江南开辟了一中新的造田方法，增加了大量的耕田，体现了先民们与水争田的智慧。

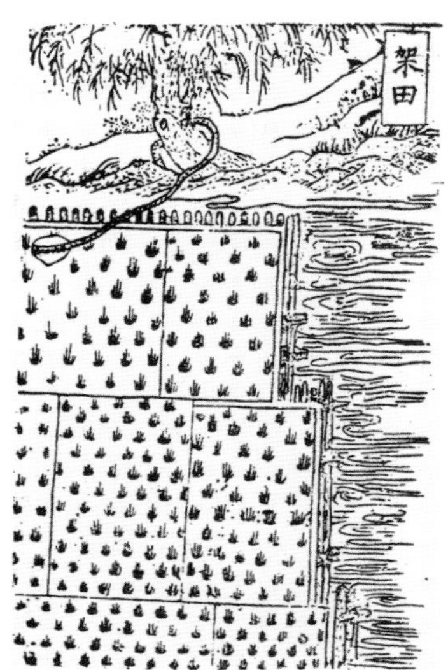

架田

五代时期有一本叫《玉堂闲话》的书中曾记载了一个菜地被盗的案子。广东番禺县有个农民到县衙告状，称自己的一块菜地被人盗走了，要县官做主，帮他追回菜地。县官觉得这件事情蹊跷，调查后发现，原来这个被盗走的菜地是一种飘浮在水面上，由泥沙自然淤积在水草根部而形成的耕地，人们将它开发利用，称为葑（fēng）田。从天然形成的葑田中得到启发，人们让做好的木架浮在水面上，里面填满带泥的菰（gū，嫩茎称“茭白）根，等水草生长填满框架以后就成为了人造耕地。不过这种人造耕地在宋代仍然叫葑田，元代以后才被叫做架田。为了防止架田飘走或者被偷走，人们会用绳子把它拴在河岸边；在天气恶劣的时候，又将他停泊在避风的地方，等雨过天晴再放回宽阔的水面。

涂田指的是在海边将涂滩开垦成田地。在浙东沿海地区，海潮夹带着泥沙沉淀在海滨，民户在沿海岸边筑墙，或者立桩抵抗潮泛，开垦成田称之为涂田。由于海滩盐碱含量很高，不能马上种植庄稼，种植之前的必须做“脱盐”的工作。在开垦过程中要修筑海堤，防止海潮的侵袭，同时设有排水和灌溉设施，或开挖沟洫作为条田用于淋洗盐碱或灌溉。明朝徐光启《农政全书》中描写的：“初种水稗，斥卤既尽，可为稼田。”指的就是把斥卤（盐碱）之地，通过种植耐盐植物和水利土壤改良等措施，转化成为丰产田。无疑，这是我国古代劳动人民在改土造田方面的光辉成就之一。

除此之外，还有柜田、沙田等典型与水争田的土地的利用形式。

3. 与山争地

梯田是在坡地上分段沿等高线建造的阶梯式农田。梯田是智慧的古代劳动人民为适应严酷的自然环境而创造的农耕史上一大奇迹，是治理坡耕地水土流失的有效措施，具有显著的蓄水、保土、增产作用。

西汉时期，在蜀地（今重庆地区彭水县）出现了梯田的雏形，这时的梯田改良了过去以往的畲田耕作法。畲田是唐代出现的一种粗放型的耕作形式，指的是在播种之前将山地上的杂草放火烧去，灰烬留作肥料，然后耕种。这种田顺坡而建，没有埂堤，因此水土流失比较严重。而梯田的建造方式具有很好的的水土保持作用，在南方的丘陵之地大大提高

梯田

云南元阳梯田

了耕种面积。方勺在《泊宅篇》中说福建人“垦山陇为田，层起如阶级”。南宋初年的《三山志》中记载：“闽山多于田，率危耕侧种，塍级满山，宛若缪篆”。

关于梯田的记载，最早见于南宋范成大《骖鸾录》，“岭阪上皆禾田，层层而上至顶，名‘梯田’”。明朝徐光启《农政全书》：“此山田不等，自下登陟，俱若梯磴，故总曰梯田”。宋代，是我国古代梯田发展史上的黄金时期，这一时期，随着经济重心南移，梯田在江南得到了大规模开发并被广泛使用，以形状层层而上至定，状似梯阶而得名。方勺在《泊宅篇》中说福建人“垦山陇为田，层起如阶级”。据南宋初年的《三山志》中记载：“闽山多于田，率危耕侧种，塍级满山，宛若缪篆”，可见，北宋中后期梯田的修筑和使用取得了极大的进步。随着梯田的兴修，陂塘也开始大量修建。陂塘，用我们今天的话说，就是山区的小水库。农民们选择一个合适的制高点，筑起堤坝，拦蓄雨水或溪流，然后再修渠道浇灌陂塘下的梯田。陂塘的发明建造给梯田带来了更大的益处，使得梯田成为南方地区的主要形式。

梯田按田面坡度不同可分为：水平梯田、坡式梯田、复式梯田、隔坡梯田。水平梯田指沿等高线把田面修成水平的阶梯农田，这是最常见的一种，也是保水、保土、增产效果较好的一种；坡式梯田指山丘坡面地埂呈阶梯状而地块内呈斜坡的一类旱耕地。它由坡耕地逐步改造而来。为了减少坡耕地水土流失量，则在适应位置垒石筑埂，形成地块雏形，并逐步使地埂加高，地块内坡度逐步减小，从而增加地表径流的下渗量，减少地面冲刷；复式梯田指因山就势、因地制宜在山丘坡面上开辟的水平梯田、坡式梯田、隔坡梯田等多种形式的梯田组合；隔坡梯田是沿原自然坡面隔一定距离修筑一水平梯田，在梯田与梯田间保留一定宽度的原山坡植被，使原坡面的径流进入水平田面中，增加土壤水分以促进作物生长。

4. 防灾减灾

我国土地幅员辽阔，从古至今都以农为本，有着悠久的农业历史，对自然有着极强的

清・大禹治水图

依赖性。常言道："风调雨顺，国泰民安"。五千年的华夏农耕文化中，农业生产遭受了各种各样自然灾害的侵袭，有"三岁一饥、六岁一衰、十二岁一荒之说"。自然灾害对农业生产存在严重的威胁，所以历代君王的治国之道都是"重农"。于是促使了救灾制度的形成。

春秋战国时期，管仲在著作《管子》一书的《度地》篇中提到水、旱、风雾雹霜、疫病、虫等五种主要灾害，说明了先民对自然灾害有了新的认识。

我国是世界上河流众多的国家之一，长江、黄河孕育了伟大的中华民族，但频繁的水患也给人民带来了深重的灾难。长江的水灾早在汉代就有所记载，唐代至清朝 1 300 多年约有 200 多次大水灾，黄河则以多泥沙、易淤、易决和易徙而闻名。除此之外，地形条件造成的雨量分布不均和祖祖辈辈毁林开荒也造成了水灾的频繁发生。在有文献记载的 2 000 多年里，仅黄河下游洪灾泛滥决口就高达 1 593 次，大改道 26 次，平均一年一次泛滥决口，不到百年就要改道一次。因此黄河有"三年两决口，百年一改道"之说。据史书记载：1117 年（宋徽宗政和七年），黄河决口，淹死 100 多万人。1642 年（明崇祯十五年），黄河泛滥，开封城内 37 万人，被淹死 34 万人。黄河的暴虐给中华民族带来了深重的灾难。于是，古代的劳动人民运用智慧和血汗与江河水患做了几千年的搏斗，建造了一批堪称世界奇迹的水利工程，如：商周时期的井田制；战国时期的芍陂、漳水十二渠、都江堰和郑国渠；西汉时期"元为而治"和"与民休息"政策的实施使"用事者争言'水利'"成为历史上水利事业的兴盛时代；

隋唐时期黄河、汾河河曲地带、龙门下引黄灌溉、江浙海塘、太湖湖堤和长江堤防等工程的相继完工更是开启了水患治理的新篇章。

我国最早对于农业自然灾害的防治始于尧帝时期。传说尧在位时，黄河流域经常发生自然灾害，于是，尧帝召集部落首领会议，征求能平息水害的能人，众首领推举鲧负责这项工作。鲧治水的方法是采用堤埂把居住区围护起来以障洪水，九年而不得成功，最后被放逐羽山郁郁而死。舜帝继位以后，任用鲧的儿子禹治水。禹总结父亲的治水经验，利用水自高向低流的自然趋势，顺地形把壅塞的川流疏通。把洪水引入疏通的河道、洼地或湖泊，然后合通四海，从而平息了水患，使百姓得以从高地迁回平川居住和从事农业生产。后来禹因此而成为夏朝的第一代君王，并被人们称为“神禹”而传颂与后世。

雕塑・大禹

“散吏驰驱踏旱丘，沙尘泥土掩双眸。山中树木减颜色，涧畔泉源绝细流。处处桑麻增太息，家家老幼哭无收。下官虽有忧民泪，一担难肩万姓忧。”这是南宋隆兴元年（1163 年）时任平江主簿的王梦雷在亲眼目睹湖南大旱引起饥荒，农民颗粒无收、生活无着的凄惨景象后写下的一首《勘灾诗》。夏朝初期，农业得到大规模的发展，人们放火烧山，开荒垦地森林面积大规模减少，于是周朝以后干旱现象日趋严重，随着人口的增长、农耕的发展、定居生活的普遍化，对部分地区自然资源的开发逐渐超过了其所能承受的最大限度，造成水土流失、土地沙化。到了春秋战国时期，旱灾已经成为主要自然灾害。《管子・度地》云：“善为国者，必先除其五害。”可见早在上古时代，人们就已经把水、旱等自然灾害与治国联系在一起了。于是，历代政府对旱灾都非常重视，不断的完善救灾制度。主要举措有：一是灾前预防。西汉政治家晁错在《论贵粟疏》中曾提出通过“务民于农桑、薄赋敛、广蓄积”等方式“以实仓廪，备水旱”，强调的是使人民能够有一定的粮食储备，体现的是重农以防灾的思想。二是济救灾。《周礼・地官・大司徒》总结了“荒政十二条”，包括发放救济物资、轻徭薄赋、缓刑、开放山泽、停收商税、减少礼仪性活动、敬鬼神、除盗贼等。三是移民就食。与自发形成的流民潮不同，移民是历代政府组织受灾民众到条件相对较好地区就食的一种救灾方式，这在汉魏以后比较常见。四是保护植被，改良作

南阳汉代祈雨

汤帝庙

物，改进农耕技术。如著名的“代田法”兴修水利，以排水为主的古代沟洫不得不被灌溉的沟渠所代替。秦国的商鞅废除沟洫，取而代之的是兴修水利灌溉工程。战国时期，著名的灌溉渠道工程有期思——雩娄灌区、都江堰、郑国渠等十多处。

相传商朝建立不久，就遇到了从未有过的天下大旱，一连数年，黎民百姓生活在水深火热之中，眼看着刚刚建立起来的商朝面临亡国的可能。爱民如子的汤王寝食难安，天天召集文武大臣商议解决的办法。当时，巫祝的言行在朝廷的政治决策中起着重要作用。巫祝说只有“以人为祈”，上天才可以下雨。“以人为祈”就是要把一个活生生的人放在大火上烧死，来祭奠上天。汤王是仁义圣君，不忍百姓牺牲，于是决定自己亲自祭祀上天。汤王在桑林设坛求雨，在祭奠七天七夜之后，如果还不下雨，汤王就跳进烈火中献身以此感动上苍。汤王虔诚地在祭台上祈拜上天，七天之后仍然滴雨不下，就在汤王纵身扑向大火的瞬间，终于感动了上苍，一声惊雷划破长空，天空中乌云骤起，顿时大雨倾盆，整个中原大地，笼罩在茫茫大雨之中。

自古以来，病虫害是田间地头的主要危害。宋代文学家苏轼曾用：“上翳日月，下掩草木，遇其所落，弥望萧然。”以及“宦游逢此岁年恶，飞蝗来时半天黑。”来形容当时蝗灾的可怕。宋人庄绰在《鸡肋编》里写道：“自靖康丙午岁……斗米至数十千，且不可得……人肉之价，贱于犬豕，肥壮者一枚不过十五千……老瘦男子谓之饶把火，妇人少艾者名之下羹羊，小儿呼为和骨烂：又通目为两脚羊。”这段文字，血淋淋的记载了草根树皮吃干净了之后，人吃人的现象。蝗灾主要是由于干旱而产生的，蝗虫极喜温暖干燥，有“旱极而蝗”、“久旱必有蝗”的记载。由于蝗灾的频繁发生，受灾范围、受灾程度堪称世界之最。因而中国历代蝗灾与治蝗问题的研究成为历代统治阶级最忠实的问题之一。然而，智慧的先人们在很早就已经发明了防治病虫害的有效措施。春秋时期，虫害的发生非常频繁，据《春秋左传》记载，螟、蝗为当时的主要虫害。据《周礼·秋官篇》记载，当时的政府部门设置了专门治虫的官职如“剪氏”、“蝈氏”等。这一时期的虫害的防治方法有 3 种：人工防治、深耕翻土、药物治虫。其中药物治虫主要以莽草、襄荷、牡鞠等有毒性植物点燃后薰杀，或用石灰、草木灰等含有碱性的矿物质洒杀。

治卵生蝻

唐朝时期，在我国的黄淮地区蝗虫的危害极大。宰相姚崇依据古防治害虫的经验提出了用火驱烧蝗虫的方法。夜间在田间开沟并把火堆点在沟旁，利用虫类的趋光性将蝗虫赶入沟中埋杀。

宋代发明了掘卵治蝗的技术，在蝗虫为害之前就将蝗虫杀灭。灭蝗的胡熬过又得到了进一步的提升。这个时期还制定了我国最早的治蝗法规，据《救荒活民书》记载，首次以“法”的形式鼓励人民与蝗虫作斗争，根据治蝗的成效对百姓和官员进行奖励。南宋时期又公布了我国第二道治蝗法规“淳熙敕”。

明清时期，治理虫害的措施又有了新的突破。在药物治虫上发明了用砒霜毒杀害虫的方法。在植物治虫上，发明了用烟从的茎、叶脉等剪成两三寸长插入土中，烟草中含有的毒素尼古丁具有很强的杀虫作用。在治理虫害的所有措施中“养鸭治蝗”可谓是一大发明创造。据陈经纶的《治蝗笔记》记载，40 只鸭子可治 4 万只蝗虫，同时，蝗虫还可作为养鸭子的饲料，营养丰富，吃了蝗虫的鸭子体格健壮产肉产蛋量得到大幅提升，可谓是一举两得。

养鸭治蝗

农牧结合·桑叶养羊

青田“稻田养鱼”

四川峨眉出土汉代稻田养鱼模型

侗乡“稻鱼鸭复合系统”

5. 天人合一

生态农业是中国传统农业中最具有生命力的代表，最大限度地协调了人与自然、环境之间的关系，蕴藏了朴素的生态学思想，提倡了天人合一的观念。《补农书》中记载，“人畜之粪与灶灰脚泥，无用地。一入田便将化为布、帛、菽、粟。”中国传统农业将废物的再利用发挥到了极致，实现了“来之于土，归之于土”。这种“天人合一”的观念催生了中国古代许多特色的生态农业技术，如：农牧结合、稻鱼共生系统、侗乡稻鱼鸭复合系统、哈尼稻作梯田系统等。

农牧结合是我国传统农业的优良传统之一，春秋战国时期初步形成了农牧区的区域划分，农区以农为主，农牧结合，牧区以牧为主，牧农结合的局面，最大程度的利用自然资源，变废为宝，形成了健康的生态循环系统。明清时期，江南地区出现了许多农牧结合的新形式，主要有 3 种：以农副产品养猪，以猪粪肥田；以桑叶养羊，以羊粪壅桑；以螺蛳水草养鱼，以鱼类肥桑。

稻鱼共生系统又名“稻田养鱼”，它是种植技术和养殖技术的“套种套养”。稻田养鱼始于东汉，最早记载于曹操的《四时食制》，到明清时期极为盛行。据清光绪年间《青田县志》记载，青田方山乡龙现村稻田养鱼以延续了近千年的历史。经过近千年的积累、发展和完善，成为了流传至今的一种生产方式。稻田养鱼利用了生物共生互惠的原理，将水稻和鱼有机的结合起来。水稻通过光合作用制造有机质和氧气供鱼生存，而鱼呼出的二氧化碳可以提供给水稻进行光合作用。鱼类在水田中的游动、翻搅促使了水田的流动为水稻的根系提供了氧气，浑水易于吸收太阳的热量，使水稻能得到足够的温度。水田中滋生的浮萍、草类、微生物等为鱼提供了丰富的饵料，鱼粪则作为很好的肥料营养水稻。稻鱼共生系统实现了丰稻、肥鱼，形成了稻田生态系统的良性循环。

稻鱼鸭复合系统兴盛于贵州黔东南地区侗族人的聚居地从江侗乡。高效的资源循环再利用的生态系统，为鱼类提供了良好的生存环境和丰富的食物，鱼、鸭则为稻田清除虫害和杂草，不但降低了水稻虫害的发生，在提高水稻的产量的同时能鱼鸭双收。清晨，农民把空腹不喂的小鸭带到稻田里，任其自由活动，觅食虫子和杂草。但是，放养鸭子如何放养也有一定的原则。主要是根据田中鱼的大小和田水的深浅来定，以鸭子的大小和放养数量不构成对鱼的生存威胁为基本原则。鸭子可吃掉秧苗上部的虫子和一些较大的杂草，防治虫害的同时又能除草。当地人称稻田中的鸭子为“钻秧鸭”，民间还流传着一种叫“破鸭头”的习俗。每到需要薅草、割田埂草的时节，当地农户就要择吉日良辰宰杀“钻秧鸭”中的领头鸭或第一只，以敬奉禾苗对鸭子的“养育之恩”，并预祝秋收时节稻鱼丰收。

云南元阳哈尼族梯田

哈尼稻作梯田系统，直观地展现了云南红河哈族尼先民们在自然与社会双重压力下、顽强抗争、繁衍生息的漫长历史。据《尚书》记载，早在 2 300 多年前的春秋战国时期，哈尼族先民“和夷”在其所居之“黑水”（今四川省大渡河、雅砻江、安宁河流域）已经开垦梯田，进行水稻耕作。自 1 200 多年前唐朝初期的哈尼族在红河南岸哀牢山区定居下来并开垦大量梯田之后，梯田文化就成为整个哈尼族的灵魂。哈尼族在梯田的耕作上有一套合理、科学的制度。梯田的选址很关键，找不怕风吹、向阳、平缓、无病虫害、雀鸟不来吃又终年保水的肥沃坡地，开成台地后先种三年旱地，待其土熟，再垒埂放水把它变成梯田。可是梯田的建造最大的难题是如何挖的平整，在古代没有任何测量仪器，于是聪慧的哈尼族祖先想到了一个放水平田的办法解决了这个问题。然而梯田中最关键的因素“水”的难题又是是如何解决的呢？于是哈尼族发明了一套严密有效的用水制度，从开沟挖渠、用工投入，到沟权所属、水量分配、沟渠管理和维修等，无不精心经营。如水源管理则发明了“水木刻”。这是根据各家权益设置的划有不同刻度的横木，安放在各家田块的入水口，随着沟水

哈尼稻作梯田系统

流动来调节各家各户的用水，如此公平合理而又科学的管理，保证了每块梯田都能得到充足的水量供给。对水田稻作来说，除水之外最重要的就是肥。哈尼族利用村寨在上，梯田在下的地理优势，发明了“冲肥法”。每个村寨都挖有公用积肥塘，牛马牲畜的粪便污水贮蓄于内发酵，春耕时节挖开塘口，从大沟中放水将其冲入田中。

在哈尼族中流传的《天、地、人的传说》中说道：大鱼创造了宇宙天地和第一对人，男人叫直塔，女人叫塔婆；塔婆生下22个娃，其中老三是龙，龙长大以后到海里当了龙王，为感激塔婆的养育之恩，向塔婆敬献了三竹筒东西，其中一筒里盛有稻谷种。也就是说，哈尼族认为，自开天辟地以来便有了稻子。说明哈尼人是最早驯化野生稻的民族之一，水稻种植是哈尼人古老的生产内容。千百年来，哈尼族将哀牢山区三江流域的野生稻驯化为陆稻，又将陆稻改良为水稻，在得天独厚的生态环境中，使三江流域成为人类早期驯化栽培稻谷的地区之一。

质朴无华　千古流韵

——传统农具

传统农具陈列（中国农业博物馆，以下简称农博）

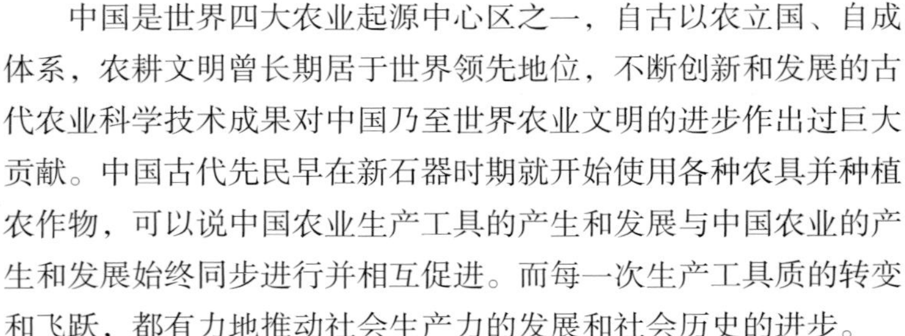

中国是世界四大农业起源中心区之一，自古以农立国、自成体系，农耕文明曾长期居于世界领先地位，不断创新和发展的古代农业科学技术成果对中国乃至世界农业文明的进步作出过巨大贡献。中国古代先民早在新石器时期就开始使用各种农具并种植农作物，可以说中国农业生产工具的产生和发展与中国农业的产生和发展始终同步进行并相互促进。而每一次生产工具质的转变和飞跃，都有力地推动社会生产力的发展和社会历史的进步。

中国古代农具的发展历史大体可分为 5 个阶段。第一个阶段是原始农业时期。农业生产粗放，农具以石、骨、蚌、木为主要材料，典型代表是“耒耜”和“石犁”。第二个阶段是沟洫农业时期，也称为“铜石时代”。农具材料仍以木、石、骨等为主，有少量青铜农具用于生产器，为后来铁制农具的发展奠定了基础。第三个阶段是精耕细作农业成型时期。这个时期冶铁业兴起，使中国农具史上出现了一次大的变革，“铁制农具”成为典型代表。第四个阶段是精耕细作农业扩展时期。铁制农具更加普及，种类增加，质量也大为提高，成为“民之大用”。第五个阶段是精耕细作农业持续发展时期。这一时期，即 1840 年鸦片战争以前，中国农具形制已基本定型，种类齐全，形式多样的农具共存，且南北相互交流融合。随着钢铁冶铸技术的发展，农具部件的创造改进方面也有较大进步。在中国古代农具史上，影响最大的是犁具和牛耕的发明，它们的出现是我国农业生产技术和农用动力的一次革命。

传统农具陈列（农博）

中国农业历史悠久，地域广博，民族众多。各地自然条件和经济发展水平不尽相同，生产、生活方式也有很大的区别，就地取材、灵活多用、适应性强、品种丰富就成为中国传统农具最突出的特点。

传统农具蕴含着科技的进步、历史的变迁和经济的发展，奠定了建立疆域辽阔、统一集权的封建大国的坚实基础。它们作为中华农业文明的载体，见证了中华农业文明的灿烂与辉煌，也对世界农业文明的发展产生了深远影响。

一、最古老的农业工具—— 耒耜

耒耜为先秦时期（公元前 221 年前）的主要农耕工具，形状像木叉，是传说中由神农氏炎帝发明的中国最早的两种翻土播种用农具。据《易经・系辞》记载，神农“斫木为耜，揉木为耒，耒耜之利，以教天下”。即说神农教天下百姓学制耒耜，并用其翻耕土地种植农作物。

骨耜 （浙江省余姚河姆渡新石器遗址出土）

耒作为最古老的挖土工具，最早是由挖掘植物的尖木棍发展而来。在尖木棍下端安上一块便于脚踏的横木，脚踏使之容易入土，这便是单尖耒。后来衍生出双尖耒，提高了挖土的功效。单尖耒的刃部又发展成为形似铲子的板状宽刃，就成为木耜。简单说：耒是耒耜的柄，耜是耒耜下端的起土部分。后来在不断地使用中，神农发现弯曲的耒柄比直直的耒柄用起来更省力，于是他将“耒”的木柄用火烤成省力的弯度，制成曲柄，大大减轻了劳动强度。由于木制板刃不耐磨，容易损坏。人们又逐步将它改成石质、骨质或陶质的，损坏后，还可以更换，这就是后来犁的雏形了。

耒耜是我国先秦时期黄河中下游地区的主要农具。目前，中国已发现最早的农耕遗址，如河北省武安县磁山遗址、河南省新郑县裴李岗遗址出土的石铲（耜），其年代距今 8 000 年左右，大都属于耜耕农业阶段。

耒耜的使用，不仅深翻了土地，改善了地力，提高了耕作效率，而且将种植由穴播变为条播，使谷物产量大大增加。可以说有了耒耜，才有了真正意义上的“耕”和耕播农业。它促进了农业生产的发展，奠定了农业的基础，为人类由原始游牧生活向农耕文明的转化创造了条件。小小的耒耜挖掘出中华农业文明的源头功不可没，而“始作耒耜”的神农炎帝，也被后人尊为开创中国农耕文化的始祖。

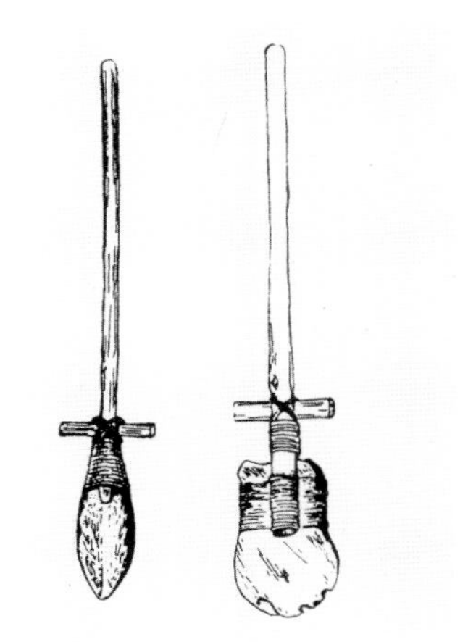

木耜安装

二、领先世界的古代耕地农具——曲辕犁

曲辕犁

曲辕犁是耕地翻土的重要工具，最早出现在唐代江东地区。传统耕犁在全世界有 6 种，即地中海勾辕犁、日耳曼方形犁、俄罗斯对犁、印度犁、马来犁和中国曲辕犁。其中，最先进的是中国曲辕犁。因为曲辕犁的床、柱、梢、辕四大部件构成框形又称为框形犁。

在我国，耕犁最早出现于新石器时代晚期，由耒耜逐步改进发展而来。石犁是我国耕犁的祖先，在距今 5 000 年左右的浙江吴兴邱城遗址中已发现有三角形石犁。新石器时代石犁和商周时期青铜犁的出现，标志着中国古代在农业机械制造方面的飞跃。但是，由于受材料和动力条件的限制，石犁和青铜犁的使用范围不广，生产作用有限。至春秋战国时期，由于牛耕的出现和冶铁业的兴起，铁犁普遍应用，牛耕铁犁才得以配套使用。尤其是犁具上重要部件铁犁铧的发明使用，大大提高了耕地效率和质量。铁犁铧的发明是一个了不起的成就，它标志着农业生产进入一个新的阶段。

木犁（农博馆藏）

发展到汉代，铁犁的结构与部件基本定型，具备犁架、犁头和犁辕，用牛牵引，不仅能挖土，而且能翻土、成垄。犁具上除了装有铁犁铧，还装有先进的犁壁装置和能调节耕地深浅的犁箭装置，使犁铲破开的土块毫无阻碍地滑过犁壁。欧洲的耕犁直到公元 11 世纪才有犁壁的记载，比中国要晚近 1 000 年。汉代的犁因犁辕又直又长，被称为直辕犁。直辕犁分双辕和单辕，牵引方式基本上是二牛抬扛式。耕地时缺乏灵活性，调头拐弯都不方便。

公婆犁（农博馆藏）

至唐代，传统耕犁进行了重大改进并取得巨大成就，那就是江东犁的出现。为适应江南水田面积小，操作需灵活、转弯方便，江东犁在江东地区应运而生。江东犁较之直辕犁，增装了犁评，改进了犁壁，加置了犁槃，其中最重大的改进就是将犁辕由长直改为短曲，故又称“曲辕犁”。由于犁辕缩短，使犁架变小变轻，操纵灵活，便于回转，同时只需一牛牵引，节省了人力和畜力。

曲辕犁的出现是我国农耕史上的重要成就，是我国耕作农具成熟的标志。中国耕犁至此基本定型。17 世纪欧洲人才开始使

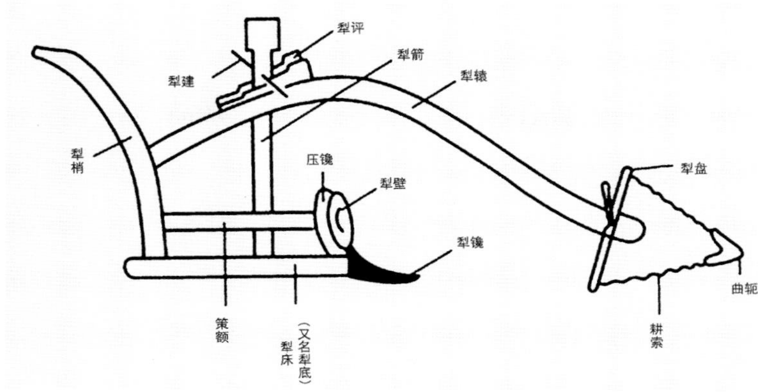

唐代曲辕犁结构示意图

用铁犁，比中国晚了 2 300 年左右。根据史料记载，在整个古代社会，我国耕犁的发展水平一直处于世界农业技术发展的前列。

三、世界上最早的播种机 ——三脚耧

耧车是播种用的农具。早在公元前 2 世纪，中国人就发明了耧。在一脚耧和二脚耧的基础上，公元前 1 世纪又创造发明了三脚耧。

三脚耧

三脚耧，由种子箱、排种器、输种管、开沟器以及牵引装置构成。据东汉崔寔《政论》记载说："三犁共一牛，一人将之。下种挽耧，皆取备焉。"耧车下有三个开沟器，一牛牵引耧，一人扶耧，种子盛在耧斗中，耧斗与空心的耧脚相通，耧脚在平整好的土地上开沟进行条播。一次播种三行，行距一致，下种均匀。开沟、下种、复土三道工序一次完成，既灵巧合理，又省工省时，故其效率达到"日种一顷"，大大提高了播种效率和质量。

据史书记载，三脚耧是汉武帝时期搜粟都尉赵过发明的。当时主管农业的高官赵过为缓解人多地少的矛盾，曾大力推广代田法。采用此法，"用力少而得谷多"，一般可增产 1~2 斛，在今河南、山西、陕西和甘肃西北部等地区得到普遍推广。代田法最大的特点就是改变了播种方式，用高效的条播替代了原来的撒播。为适应这种生产方式，赵过又总结前人经验，独具匠心地发明了新型播种机具——三脚耧。

三脚耧

在 2 000 多年前，三脚耧就可以将播种的开沟、下种、覆盖三道工序由统一机具连续完成，而现代最先进的播种机也不过能

三脚耧（甘肃）

连续完成四道工序。难怪汉武帝曾经下令在全国范围里推广这种先进的播种机呢。即使到现在，三脚耧在我国南、北方的农村至今还有使用。三脚耧的大规模使用，标志着我国传统农业开始进入精耕细作的新时代。

三脚耧应该是世界上最早的播种机，西方到1566年才制成条播机，比中国晚了1800年左右。创造出这样先进的播种机，是我国古代在农业机械方面取得的重要成就。

农业高官——农学家赵过

赵过是西汉农学家，汉武帝末任搜粟都尉（相当于现今农业部的高级官员）。《汉书·食货志》记载了有关他在农业生产动力、技术和工具三个方面的创造，为中国早期的农业生产做出了巨大的贡献。

据《汉书·食货志》载：汉武帝南征北战，大兴土木，疏于农业，以致国库空虚，朝野不安。武帝悔征伐后开始重视农业，任命赵过为搜粟都尉。赵过在任期间竭力推导代田法，有计划、有步骤地进行了试验、示范和全面推广等一系列工作。在其主持下，发明制造了三脚耧，改进了其他耕耘工具，为顺利推广代田法创造了良好的生产条件。代田法在三辅地区广泛使用，还推广到今河南、山西、陕西及甘肃西北部等地，都收到了劳动生产率提高和增产增收的效果。 同时赵过又大力推广牛耕，用耦犁（二牛三人）的办法，使铁犁和牛耕法逐渐普及。在此基础上，东汉时期牛耕法又取得了进一步的发展，为后世的犁耕技术奠定了基础。

赵过所推行的这种耕作技术，是中国古代劳动人民创造出来的一种适应北方干旱地区的旱作农业耕作法，其主要功能是蓄水保土，提高产量，也是中国古代一种水土保持耕作法。赵过和他所创造的新农具和新耕作技术，在我国古代农业科学技术的发展史上占有重要的地位。在我国农业史上像赵过这样有独特创造和贡献的高级农业官员是不多见的。

四、精耕细作的代表之一 ——耖

耖也叫“水田耖”，是在耕、耙地以后用的一种把土弄得更细的农具，是中国南方水田耕作中一种精细平整水田田面的重要工具。

耖为木制，下部有列齿酷似梳子，两端齿间有拴缆绳的缆鼻，上部有框形横把。耖田时牛在前拉，人随后扶耖。耖把向后扳，可将田泥壅起带走；向前推，可放下所壅之泥。据元代王祯《农书·农器图谱》中记载：“疏通田泥器也。高可三尺许，广可四尺。上有横柄，下有列齿，以两手按之，前用畜力挽行。一耖用一人一牛。有作连耖，二人二牛，特用于大田，见功又速。耕耙而后用此，泥壤始熟矣。”

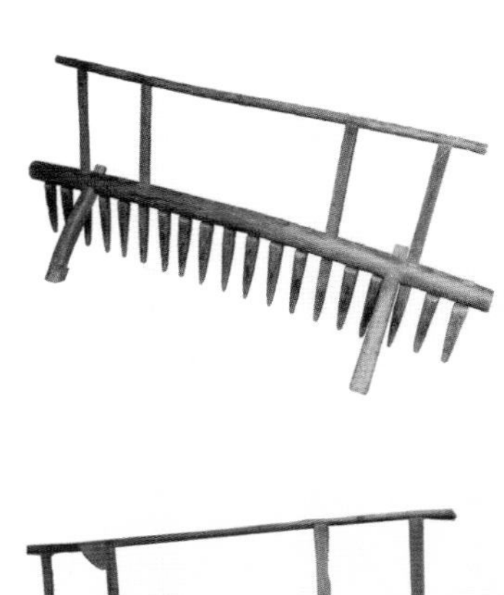

耖

秦汉时期，我国的长江流域尚未充分开发，水田采用的是“火耕水耨”的粗放耕作，水稻产量极低。如遇田畴不平，水流低处，高处干涸。等水稻抽穗扬花的时节，极易遭旱，高处的禾苗就会因缺水而旱死，收成更是不保。经历几百年的发展，到唐代，“耕而后耙……爬（耙）而后有砺礋（lì zé）焉，有碌碡焉”的耕—耙—砺礋的水田整地技术开始形成，从这时起，我国南方水田耕作方式走上了精细化的道路。

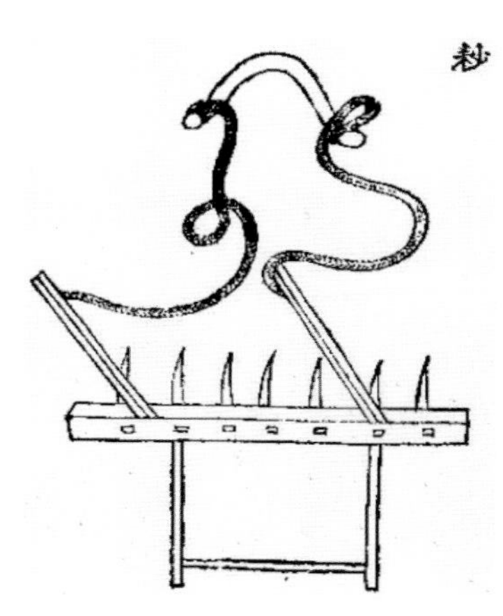

王祯《农书》耖

及至宋代，耖已普遍使用，极大提高了生产率。南宋《耕织图》中有诗句“巡行遍畦畛，扶耖均泥滓。”描述当时田间扶耖劳作的景象。耖的主要功用就是打混泥浆，将田泥赶平，以使庄稼吃水均衡，避免旱涝不均。耖田，也叫“赶耖”，是水田插秧前的最后一道工序。耖田质量的好坏不仅影响水田的灌溉、排水，而且影响插秧的质量和秧苗的返青速度，也可以说耖田的质量直接影响一年的收成。

由于耖在平整土地上能达到更高的要求，更适于水田操作，

耖田

《天工开物》水车

翻车（农博陈列）

所以逐步取代了砺礋和碌碡，以“耕、耙、耖”为特点的水田耕作技术体系便在这一时期全面形成。

耖是南方水田精耕细作的代表性农具之一，在农业生产中发挥着巨大的作用。耖也是这一时期中国农具发展水平的代表之一，后传至东亚其他地区，对世界农业生产技术的提高产生过巨大影响。

五、水利机械的鼻祖——龙骨水车

现在在农村，用水泵解决了地势较高的农田灌溉问题。而在水泵没有发明之前，勤劳智慧的中国人民早已发明和利用龙骨水车对较高地势的农田进行灌溉了。

龙骨水车是一种灌溉工具，又叫“翻车”、“踏车”、“水车”、“水蜈蚣”等，是我国古代最著名的农业灌溉机械之一。根据动力的不同，龙骨水车有下列几种，人力龙骨水车、畜力龙骨水车、风力龙骨水车和水转龙骨水车。因为其关键构造的形状像龙骨，所以称它为龙骨水车。据《后汉书》记载，龙骨水车是由公元2世纪时汉灵帝的“掖庭令”毕岚发明的。最初龙骨水车并未运用到农业生产上，而是被安置在都城洛阳一座大桥的西面，用来给市郊南北大道洒水的。三国时期，魏国著名的工匠马钧对龙骨水车进行了较大的改进，并把它应用到农业灌溉上。他制作的龙骨水车，可以脚踏，也可以手摇，轻便自如，大人小孩都可以

手摇水车（浙江省永康县）

操作。凡在临水的地方都可以使用，最重要的是可以连续提水，并可以灌溉高地，效率很高，被水田区的农民广泛采用。但汲水量不够大，后世对它进行了很多革新。

龙骨水车最初是利用人力转动轮轴灌水，后来由于轮轴的发展和机械制造技术的进步，人们还发明了以畜力、风力和水力作为动力的龙骨水车，并且在全国各地广泛使用。在元代王祯《农书》里就记载有很多种，如水转翻车、牛转翻车、驴转翻车、高转筒车，构造比较复杂，效率也比较高。尤其是其中水车链轮传动、翻板提升的工作原理，至今还在很多方面应用着。

龙骨水车结构合理，可靠实用，近 2 000 年来，一直在农业生产上起着较大的作用，并被一代代流传下来，直到近现代还在我国一些乡村使用。随着电机水泵的普遍使用，龙骨水车才完成了历史使命，逐渐退出历史舞台。

直到 16 世纪，欧洲才仿制中国龙骨水车的模式制作出第一架龙骨水车。作为世界上最早的提水灌溉工具之一，中国龙骨水车开辟了人类使用水利机械的先例，促进了人类农业的进步，它对世界机械科技发展产生过积极的影响。

龙骨水车陈列场景（农博）

我国三国时期最优秀的机械大师——马钧

马钧，字德衡，三国时期魏国扶风（今陕西省兴平县）人，生活在东汉末年。马钧从小口吃，不善言谈。但是他很喜欢思索，善于动脑，同时注重实践，勤于动手，尤其喜欢钻研机械方面的问题。

马钧发明创造的新织绫机、指南车、“水转百戏”、龙骨水车等对当时生产力的发展起了相当大的作用。尤其是龙骨水车的发明和广泛推广应用开辟了人类使用水利机械的先例。

马钧当时在魏国作一个小官，经常住在京城洛阳。当时在洛阳城里，有一大块坡地非常适合种蔬菜，只因无法引水浇地，一直空闲着。马钧看到后，就下决心要解决灌溉上的困难。经过反复研究、试验，他终于创造出一种翻车，把河里的水引上了土坡，实现了老百姓的多年愿望。这种翻车，“其巧百倍于常”，用时极其轻便，连小孩也能转动。它不但能提水，还能排涝，改变了农业生产靠天吃饭的落后局面，成为粮食丰收的保证。从那时起，一直被我国乡村历代所沿用。

马钧在兵器学方面的精深研究堪比诸葛，在兵器制造方面也有不少发明。他改进诸葛亮发明的连发射远器——连弩，使连弩的威力增加五倍；改进制作轮转式发石车可以连续把几十块砖瓦射出几百步远（一步约合 1.45 米），这在当时说来，威力是相当大的。

马钧在手工业、农业、军事等方面有很多发明创造，是三国时代最优秀的机械制造家，在我国古代几千年的历史当中也不多见，堪称一代机械大师。

六、朴实无华的大块头—— 碌碡

碌碡

碌碡（liù zhou）又称碌轴、碌滚或磙子，它是农民用来碾轧场地和碾麦脱粒的石制农具，也可以说是最古老的脱粒机。收割时用于粮食脱粒，也用于压碎土块和压平地面等，在我国北方广泛使用，是农村场院中最常见的传统农具之一。

碌碡的历史悠久，我们的祖先 1 000 多年前就会制作和使用碌碡。北魏《齐民要术》中记载：青稞麦在“治打时稍难，唯伏日用碌碡碾”。明代宋应星《天工开物》也记载：凡稻刈（yì）

获之后，离稿取粒。束稿于场二曳牛滚石以取者半。……凡服牛曳石滚压场中，视人手击取者力省 3 倍”。碌碡材质多为石制，形如类似圆柱体，一端略大，一端略小，适宜围绕一个中心点旋转。碌碡两端凿有圆脐眼，装上木框子用以牵引。碌碡的表面有光滑的也有带棱的，也称为粗碌碡和细碌碡。脱粒时，先用粗碌碡碾压，颗粒大都脱掉后，再用细碌碡轧，这样颗粒就脱得更彻底了。碾地时先用粗碌碡把地面压碾结实，在用细碌碡压光滑，方便晾晒、碾压粮食。

碌碡

这个看似普通而又笨重的石质农具有着通用的规格。它的材质需结实坚硬且不易风化腐蚀，一般可用花岗岩、石灰岩或片麻岩等石材进行加工。经有经验的工匠放样后凿出母胎，然后进行细部加工，再由木工根据碌碡的通用规格制作木框。木框是碌碡基本的配套工具，由横梁、边梁和圆木销子组成，在边梁上凿长方洞，榫（sǔn）接而成。碌碡不能单独使用，有了配套的木框，才算是完整的碌碡。碌碡笨重不易搬用，而木框是可以灵活拆装的。在北方农村，用完的碌碡随意放置在场院，农民收工的时候，只把木框带回家。

拉碌碡脱粒也是件有技巧的活，中午阳光强烈的时候才是打

云南省寻甸县农村碌碡作业（选自《云南物质文化·农耕卷》）

现代收割机

场的好时机。粮食经过暴晒，干燥易裂容易脱粒，这时候进行脱粒效率高，颗粒脱得净。只是人或畜要忍受烈日的暴晒。在晒谷场上多是用人力拉碌碡，因为人们担心牲畜的屎尿弄脏了粮食，因此很少用畜力拉碌碡。偶尔用畜力拉碌碡，也要给牲畜戴上“笼嘴”，还要蒙住眼睛，防牲畜吃粮食，也防其偷懒。

数千年来，碌碡一直被最广泛应用。直到20世纪70~80年代，碌碡仍然是我国广大农村最常见的碾压脱粒农具。随着农业机械化的进步和普遍使用，作为原始脱粒机的碌碡渐渐退出了打谷场，逐渐退出了让人们的视线。但作为传统文化的重要符号，碌碡永远留在我们的记忆中。

七、粒粒皆辛苦——稻桶

方形稻桶

20世纪70年代以前，在早稻、晚稻收割时节，在我国南方地区总能看到有农民围着一个木桶甩打稻谷，这被打的木桶就是稻桶。稻桶，又称禾桶、掼桶，是一种传统的脱粒工具，曾在我国浙江、江苏、安徽等南方地区广泛使用。

脱粒是水稻收获过程中最重要的环节之一。传统的脱粒工具有稻桶、连枷、稻箪、碌碡等很多种。据记载，我国在明代就已经开始使用稻桶。

稻桶不同于连枷、碌碡，它不是在晒谷场使用，而主要在稻田里使用。我国南方多种植籼稻，籼稻有自然落粒的习性，且南方收稻时多雨，割下的水稻要马上在稻田里进行脱粒。所以，稻桶就成为我国南方地区最主要的脱粒工具，而北方则以碌碡为主。

圆形稻桶

稻桶体积较大，份量也较重。一般呈方形（也有圆形），上大下小，有底无盖，四角安有拉手，齐腰高，呈一个倒梯形，全部用木板制成。稻桶底部装有二根两头微微上翘的粗壮平行木档，俗称“稻桶拔”或“拖泥”，为的是方便在水稻田里拖行，同时也可以减少对压在稻桶底下作物的损害。与稻桶搭配使用的还有尺寸相符的稻床和遮拦，是专为方便脱粒而制作的。稻床扣在稻桶里，农民手攥稻把，高高举起，把稻穗头重重甩打在稻床上，稻穗头经过与稻床的撞击，谷粒会纷纷落下，散落到稻桶里。遮拦高高地围在稻桶的3个侧面，以防打稻时谷粒向桶外飞扬迸溅出去。

背稻桶到田间

田间打稻

稻桶不仅要坚固耐用还要适于水田使用。由于稻桶经常浸泡在泥水中，为防木质腐烂，要将做好的稻桶经刷满桐油浸润后才能使用。每年稻桶使用前还要放入水塘中浸泡几天，让木质充分膨胀密实不留缝隙，以防使用时渗水，影响稻谷质量。

打稻时，双手攥紧稻子的末端，向上挥过头使劲在稻床上甩打。打稻不但要有把子力气还是个技巧活，那就是打一下一定要抖三抖，把浮挂在稻把上的谷粒抖下来，避免再甩起来时，谷粒满天乱飞。用稻桶脱粒后的水稻，净谷多，秕谷、稻叶很少。在没有出现脱粒机之前，千万斤稻谷就是靠农民一甩一甩得来的，劳动强度之大不言而喻。“谁知盘中餐，粒粒皆辛苦。”稻桶见证了粮食生产的艰辛。

稻桶另一个用途就是当作容器。稻谷收成后，晒干、扬净，装进稻桶后方便储藏。此外，它还能搭戏台用。那就是村里请剧团演戏的时候，如果没有戏台，各家把自家的稻桶背出来，整齐地倒扣在广场上，再铺上木板就成了最结实的戏台。

现在，除了那些散落在山脚的小块梯田，还依然使用稻桶进行脱粒，其他地方已是现代机械的天下了。

《悯农》

《悯农》是唐代诗人李绅所作的五言古诗。悯农共有三首，均是反映劳动人民生活疾苦，描述劳动艰辛、劳动果实来之不易，流传非常广泛。其中《悯农一》写道：“锄禾日当午，汗滴禾下土。谁知盘中餐，粒粒皆辛苦。”描述农民烈日当空仍在田地里除草，一滴滴的汗水滴落在土地里。又有谁能知道盘中餐的来历，每一粒都是这么的辛苦。诗中句浅而意深，强烈表达了古人的悯农之情，告诫人们应该珍惜食物，不要浪费。

八、史上最早的高科技产品——旋转式扬谷扇车

旋转式扬谷扇，是一种用于去除稻麦壳的风扇车，又称风

风扇车（农博馆藏）

柜、扇车、飏车、扬车、扬扇、扬谷器。其功能是将经过舂、碾后的糠、麸，或经过脱粒、晾晒后的秕谷、稗草除去，应该是粮食粗加工的最后工序。

《天工开物》风车

在我国西汉晚期墓葬和东汉墓葬中都有陶制扇车的模型。据记载，早在公元前 2 世纪，中国人就根据手摇扇子产生气流的原理发明了旋转式扬谷扇车。在《天工开物》中绘有闭合式的风扇车。风扇车操作时，一般两人配合，一个人负责将谷物用畚斗倒入风箱斗里，另一个人左手打开活动门，右手握住风箱摇手柄用力摇，将秕谷、稗草从风箱出口处随风扇出，饱满结实的谷粒从风箱肚下的出粮口出来，落入箩筐内，从而实现谷杂分离。用这种风扇车，加工质量和加工效率都大大提高，有记载说一位普通工 1 天就可加工 27 立方米的谷物。而且它还占地小，不受天气影响，易操作，所以一经发明就被广泛推广使用。直至 20 世纪 70—80 年代，这种风扇车还是我国农村随处可见的最主要清选谷物的机械。

旋转扬谷风扇在 1700—1720 年，由荷兰人带入欧洲。直到 18 世纪初，西方才有了自己的扬谷扇车，比中国晚了 2 000 年左右。在此之前，欧洲人多是用扬锹向空中借风力扬或用簸箕筛，劳动繁重效率低下。

旋转式扬谷扇车综合利用了流体力学、惯性、杠杆等原理，人为地强制空气流动，在世界农具史上堪称是“高新科技”产品，具有划时代的意义，对西方农业革命具有极其重要的影响。位于风腔中央的进气口，是旋转式风扇车工作的关键。现代离心

风扇车

式压缩机的工作原理就是仿效它的工作原理发展而来。而离心式压缩机是现代工业中如化工工业、石油精炼、制冷等行业离不开的关键设备。

"前有召父，后有杜母"——杜诗

杜诗，东汉河南汲县人。杜诗曾任南阳太守7年，"政治清平，以诛暴立威，善于计略，省爱民役"，"政化大行"。在此期间，他还做了两件在科学技术史上有意义的事：一是兴修水利；二是制做水排。

东汉时期，南阳的农业和水利都比较发达，水利事业进一步兴盛。杜诗时任南阳太守，主持修治陂池，广开田池，促进了当地农业生产的发展，使郡内富庶起来。随着农业的发展，农业生产工具的制作和生产亟须改进和提高。杜诗经过实际考察，发明了一种利用水力鼓动风箱的工具"水排"用于冶铸。水排即是水力鼓风机，以水力传动机械，使皮制的鼓风囊连续开合，将空气送入冶铁炉，铸造农具，用力少而见效多。有风就有铁，鼓风技术对于生铁冶铸的发展有着极重要的意义。

鼓风装置由人力驱动（人排）发展到用畜力（马排）和水力驱动（水排），是东汉冶铁技术的重大创新。由于杜诗的倡导，水排至迟在公元1世纪上半叶于南阳地区已较多使用。《后汉书·杜诗传》说杜诗"造作水排，铸为农器，用力少，见功多，百姓便之"。水排的功效不仅比人排，就是比马排也高出3倍之多。

这种先进技术的应用，大大节省了开支和民力，得到百姓的交口称赞。因为在西汉时期，南阳太守召信臣为当地的农田水利建设作出了杰出的贡献，人们非常爱戴他，称之为"召父"。鉴于杜诗的成就，人们将他与召信臣相提并论，称杜诗为"杜母"，赞誉他们为"前有召父，后有杜母"。

手磨 河北（农博馆藏）

九、北方面食习俗的助推器——石磨

谷物收获脱粒以后，要加工成米或面才能食用。我们的祖先在粮食加工方面发明了不少机械，如磨、碾、碓、扇车、罗等。其中磨，是最常见的把米、麦、豆等加工成面的工具。

在石磨发明之前，我们的祖先一直都是"麦饭豆羹"、"豆饭

推磨砖雕（宁夏泾源宋代遗址出土）

藿羹”的粒食习俗。一直到春秋战国末期，木工祖师爷鲁班发明能将米、麦、豆等谷物加工成粉的石磨，才改变了这个习俗。由于石磨的诞生，还促进了小麦的大面积种植，从而影响到我国北方地区以面食为主的饮食习惯。可以说石磨是我国北方面食习俗的助推器。

磨，最初叫硙（wéi），到了汉代以后才称为“磨”，并于汉代迅速发展及广泛应用。磨是用两扇有一定厚度的扁圆柱形的石块制成。下扇中间装有一个短的铁制立轴，上扇有注入谷物的圆孔即磨眼。下扇固定，上扇可以绕轴转动。两扇中间是一个磨膛，膛的外周制成一起一伏的磨齿。谷物通过磨眼流入磨膛，在两片圆石滚动过程中被研磨形成粉末，再从夹缝中流到磨盘上，过罗筛去麸皮等就得到面粉。上扇侧壁有磨柄，便于用力推动磨扇。

1968 年底，我国考古界在河北保定满城汉墓中发现了石磨实物。这个石磨是由一个石磨和铜漏斗组成的铜、石复合磨，距今已有约 2100 年，是我国迄今发现的最早的石磨。石磨的结构原理在春秋战国时期已基本定形，尽管以后出现了尺寸相当悬殊的石磨，也只是磨齿形状不断变化发展。磨齿从形状多样且极不规则的洼坑状，发展为辐射状分区斜线型。石磨发展到成熟阶段，磨齿主要分为八区斜线型和十区斜线型。

石磨开始以人力或畜力为主要动力，到了晋代，我国发明了用水作动力的水磨。到了 20 世纪 70 年代，人们巧妙地将古老发明和现代化技术结合起来，创造出用电动机驱动的石磨，包括

鲁班

片式石磨和辊式石磨。节省了劳动力，减轻了劳动量，极大地提高了生产效率。至今，石磨已流传了 2 600 多年，一直是农村地区制粉、制浆的主要生产工具，现在一些农村仍在使用。

在我国漫长的农业史中，石磨曾经是粮食加工的主要工具，是一种具有划时代意义的谷物加工农具，在我国农业发展史上占有重要地位。石磨的推广也使得我国粮食加工工艺一直处于世界领先水平。

土木工匠的祖师爷——鲁班

公输班是我国古代的一位出色的发明家，因为是当时的鲁国人，所以人们又尊称他为鲁班。2 000 多年以来，他的名字和有关他的故事，一直在广大人民群众中流传。

现今木工师傅们用的手工工具，如锯、钻、斧子、刨子、铲子、曲尺、画线用的墨斗等，据传说，都是鲁班发明的。鲁班善于观察，很多发明都是从日常生活和生产实践中得到启发后，经过反复研究和试验才成功的。鲁班从丝茅草叶边的锯齿状和蝗虫板牙上的利齿得到启发发明了锯；从母亲裁衣服用的粉袋划，发明创造了划线用的墨斗；受农人用耙子把地耙平的启发发明了刨子。难怪从古至今我国的土木工匠们都尊鲁班为祖师爷。

鲁班还发明了粮食加工的工具石磨，两千多年来在我国农村曾经广泛使用。不要小看了这个简单的石磨，它的出现不仅使麦子成为主粮，也影响到我国北方大部分地区以面食为主的饮食习惯。

锯的运用

除了土木工具，鲁班还发明制作了会飞的木鸢和攻城用的云梯及钩拒。会飞的木鸢不只是传说，在《墨子·鲁问》上是有明文记载的："公输子（鲁班）削竹木为鹊，成而飞之，三天不下。公输子以为至巧。"

鲁班不仅土木制作技艺高超，使用工具的水平也不一般。据传，鲁班爷用斧最灵巧，谁要想跟他比一比使用斧子的本领，那就是不自量力。这就是成语"班门弄斧"由来。

十、现代蒸汽机的鼻祖——水力磨面机

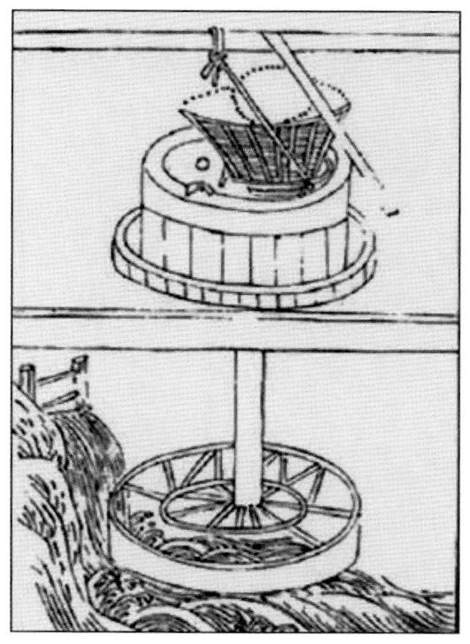

《农书》卧轮水磨

石磨是最常见的把谷物等加工成面的工具，开始是以人力或畜力为主要动力，后来又发明了用水力做动力磨面机具——水碓和水磨，这些机械效率高，应用广，是农业机械方面的重要发明。

大约在公元530年，晋代杜预、崔亮等人发明并制造出水磨，在历史上又称"杜崔水磨"。这种水磨的结构简单，其动力部分是一个卧式水轮，在水轮上安装一个主轴，主轴与磨的上扇扇柄相连，流水冲动水轮，从而带动扇柄转动。下扇固定不动，靠两个磨盘之间的摩擦力把谷物磨成面。从机械角度来看，它是由水轮、轴和齿轮联合传动的机械。

水力磨面机的动力部分有两种形式，一种是卧式水轮，一种是立式水轮。从古代绘画中的卧轮水磨、立轮水磨和立轮式水转大纺车可见，人们根据当地水利资源、水势高低、齿轮与轮轴的匹配原则，来决定安装卧轮还是立轮的。卧式水轮水磨适合于安装在水的冲动力比较大的地方。假如水的冲动力比较小，但是水量比较大，可以安装立式水轮水磨。这两种形式的水磨，构造比较简单，应用很广。

钦定《授时通考》中的水转连磨

随着机械制造技术的进步，后来人们发明一种构造比较复杂的水磨，一个水轮能带动几个磨同时转动，这种水磨叫做水转连机磨。水轮转动通过齿轮带动中间的磨，中间的磨一转，又通过磨上的木齿带动旁边的磨。这样，一个水轮能带动多个磨同时工作。王祯《农书》上有关于水转连机磨的记载。

水力磨面机的基本工作原理是靠一个连接于曲柄的传动杠带活塞做不停的往复运动，它是靠水滚带动轮子驱动活塞，这也是现代蒸气机的工作原理，可以说水力磨面机是现代蒸汽机的鼻

中国农业博物馆陈列的水转连磨模型

祖。13 世纪，欧洲人才使用这项技术，比中国晚了 700 年左右。水轮的发明和发展是技术史、也是人类文明史进步的标志。

博学多才的祖冲之

祖冲之（429—500 年）是我国南北朝时期杰出的数学家和天文学家。祖冲之从小接受家传的科学知识，对自然科学、文学和哲学都有广泛的兴趣，特别是对天文、数学和机械制造更有强烈的爱好和深入的钻研并作出了突出贡献，是一位历史上少有的博学多才的人物。

祖冲之成功创制的当时最科学、最进步的历法——《大明历》沿用至今，这是祖冲之科学研究的天才结晶，也是他在天文历法上最卓越的贡献。为了纪念祖冲之的功绩，1967 年，国际天文学家联合会把月球上的一座环形山命名为“祖冲之环形山”，将小行星 1888 命名为“祖冲之星”。

在数学上，祖冲之推算的圆周率精准度到小数第 7 位，成为当时世界上最先进的成就，比欧洲要早 1 000 多年，这一纪录直到 15 世纪才由阿拉伯数学家卡西打破。祖冲之入选世界纪录协会，创造了中国纪协世界之最。他还著有《缀术》数学书，被收入著名的《算经十书》中，作为唐代国子监算学课本。

在机械学方面，他重造指南车，发明定时器、欹器等，也制造了很有用的劳动工具。祖冲之在“连机碓”和“水转连磨”的基础上加以改进，把水碓和水磨结合起来，创造了一种粮食加工工具，叫作水碓磨，生产效率大大提高，至今我国南方一些农村

水碓示意图

还在使用着。祖冲之还利用轮子激水前进的原理设计制造过一种千里船，一天能行一百多里。

总之，祖冲之不仅是我国历史上杰出的科学家，而且在世界科学发展史上也有崇高的地位，是世界科学史上一位划时代的伟人。

十一、重型机械锤的先祖——水碓

水碓（duì）是以水力做动力进行舂米的机械，又称机碓、水捣器、翻车碓、斗碓或鼓碓，是脚踏碓机械化的结果。历史上最早提到水碓的是西汉桓谭的著作。从《桓子新论》一书看来，早在公元前后（约公元前 50—23 年），水轮带动杆碓，已非新奇之事。公元 129 年，汉顺帝采纳了尚书仆射虞诩（xǔ）的建议，在陇西羌人住地开挖河漕、建造水碓，以满足军粮加工的需要。由此边远地区遍布“水舂河漕”，“用功省少，军粮饶足”。

《天工开物》水碓

水碓的动力机械是一个大的立式水轮，在延长的水轮轴上装上一列凸轮或拨板，拨用板拨动碓杆端末，使碓上下自由运动。每个碓用柱子架起一根带有圆锥形碓头的木杆（即碓杆），碓头下面石臼里放上准备加工的稻谷。以水力流动推动水轮转动，水轮轴上的拨板拨动碓杆的梢，使碓头一起一落地进行舂米。由于流水不断，水碓可以昼夜加工，功效比小小的脚碓大上十几倍。

《天工开物》碓

水碓大多设置在村庄附近的溪畔河边。根据水势的高低大小，人们采取不同的措施设置水碓。如果水势比较小，可以用木板挡水加大水流的速度，增强碓的冲动力。按水力的大小决定带动多少的碓。设置两个碓以上的叫做连机碓，常用的都是连机碓，一般都是 4 个碓。《天工开物》绘有一个水轮带动 4 个碓的画面。立式水轮是水碓中最常用最经济的动力机具。

脚踏碓

随着经济的发展和生产方式的进步，水碓技术也不断改进和提高。晋代杜预制造出由一个大水轮驱动数个水碓的连机碓；南北朝刘宋时期的祖冲之制造出一个大水轮同时驱动水碓与水磨的水碓磨。这些成就表明我国古代水碓技术的大发展。从水碓工作原理来讲，杜预发明的连机碓，可以称为蒸汽锤出现之前所有重型机械锤的直系祖先。西方到了 18 世纪，才出现水碓的复制品锻锤。

唐代以后，水碓记载更多，其用途也更加广泛。大凡需要捣碎之物，如药物、香料、乃至矿石、竹篾纸浆等，都可使用省力功大的水碓进行加工。水碓已使用了 2 000 多年，一直是农村地区主要的生产工具，在农业生产和人民生活中发挥了巨大作用。

在漫长的落后的农耕时代，水碓是人类赖以生存的重要的生产、生活工具。

江西景德镇土矿遗址中，留下用以捣碎泥土的水碓

十二、解放战争中的无名英雄——独轮车

在没有机械动力运输工具之前，担、筐、驮具、车是农村主

手推车（农博馆藏）

清代独轮车

要的运输工具。担筐主要在山区或运输量较小时使用。车主要在平原、丘陵地区使用，运输量较大。其中汉代就已出现的独轮车是我国农村使用最悠久、最广泛的运输工具。

独轮车是一个以人力推动的小型运载工具，又称为鸡公车、手推车、平车、二把子车、羊角车、土车子。河北等地的手推车，车架为平顶，适合运输各种物品；山东等地的二把子车，中间装有立架，两边载物或坐人；四川等地使用的鸡公车，车轮位于车架最前端，直径较小，重心低，适于在丘陵地区使用。江南等地使用的羊角车，前头尖，后头两个推把如同羊角。

有关独轮车的最早描述，是在 2 世纪汉朝墓地壁画及砖墓浮雕中发现绘有推着独轮车的人。据《三国志》记载，三国时期的诸葛亮为发明独轮车作出过重要贡献。231 年，诸葛亮率重兵赴祁山攻打魏国，为解决蜀地道路崎岖运输不便的困难，发明木牛流马用于军事物品的运输。战时，木牛流马发挥了巨大作用，助诸葛战胜了对手。从结构上看，木牛流马类似独轮车。三国以后，独轮车被广泛使用。

最初的独轮车车轮多为木制，有大有小。将车盘分成左右两边，可载物，也可坐人，但两边须保持平衡。在车把之间，挂有“车绊”，驾车时搭在肩上，可以省力。在《天工开物》中描绘并记述了南北方独轮车之驾法：北方独轮车，人推其后，驴曳其前；南方独轮车，仅视一人之力而推之。

在狭窄的路上运行，中国独轮车的运输量比人力负荷、畜力驮载大过数倍，通常能够一次负担起6个人的重量。而且它并不是把重量施加在拉动者身上，而是把重量平均分布在拉动者与车轮上。

独轮车的标志就是只有一个车轮。车子是单轮着地，不需要选择路面的宽度，可以在乡村田野间劳作，又方便在崎岖小路和山峦丘陵中行走。独轮车在推行中极易倾覆，推车人要有娴熟技巧才能驾驭。奇怪的是，中国古代人用它载物、载人，长途跋涉而平稳轻巧，成为中国最经济、运用最广泛的交通工具，让后人赞叹不已。

经过不断改进与技术革新，独轮车在结构上已改成双轮，或三轮、四轮的，轮子有铁木结构的胶轮，或钢料结构的胶轮，由人力、畜力发展成机械动力推拉。

支前民工支援前线

不要小看了这小小的独轮车，就是它，在解放战争时期再立奇功。陈毅元帅有一句名言："淮海战役的胜利是人民群众用小推车推出来的。"运粮食，运炮弹，枪林弹雨中、刺刀火线中，小推车和人民解放军一起坚定向前，那小车指的就是这种手推独轮车。直到 20 世纪 60—70 年代，仍然承担农村主要运输任务的独轮车。由于实现了村村通公路，才渐渐退出历史的舞台。

独轮车在中国发明使用了 1 000 多年后，于 1170 —1250 年才传到欧洲，引起了巨大反响。独轮车的车辕长短、平斜，支杆高低、直斜以及轮罩之方椭，设计的既美观又符合力学原理，在中国乃至世界交通运输史上堪称一项重大发明创造。

诸葛亮与木牛流马的故事

三国时期，诸葛亮率大军攻祁山，共收 14 寨，因粮草奇缺，与魏军展开对峙。剑阁是粮草必经之路，山路奇险，牛马行动不便，粮草迟迟不到。几十万大军驻扎在边郊荒野，粮草预断，诸葛亮心急如焚。此时诸葛亮一边用缓兵之计拖延开战时间，一边命将士砍伐硬木，偷偷地教人制造"木牛流马"。"木牛流马"是一种木制的牛马形体、可行走的运输器具，用于搬运粮草非常便利。司马懿得知蜀兵用"木牛流马"转运粮食，人不大劳，牛马不食，即命兵将抢得三五匹"木牛流马"，并照样造成 2 000 匹投入运送军粮，魏营军士无不欢喜。哪知此举正中诸葛之计。数日后，蜀军得报，魏兵用"木牛流马"往陇西搬运粮草。诸葛亮即派王平率 1 000 名精兵利用"木牛流马"口内舌头的机关施计把魏军"木牛流马"连同军粮抢回，大败司马懿，司马懿只得自叹不如。

第5部分 冠绝古今 巧夺天工

——古代水利

水利是农业的命脉。自古以来，我国都十分重视农田水利建设。由于原始社会生产力低下，人类没有改变自然环境的能力，只能逐水草而居，择丘陵而处；靠渔猎、采集和游牧为生；对自然的水只能趋利避害，消极适应。进入奴隶社会和封建社会后，随着铁器的发明与应用，生产力得以发展，人们开始在江河两岸发展农业，建设村庄，于是，便产生了以浇灌、防护、排涝等为内容的与农业相关的农田水利活动。

夏朝时，我国人民就掌握了原始的水利灌溉技术。西周时期已构成了蓄、引、灌、排等初级农田水利体系；春秋战国时期，都江堰、郑国渠等一批大型水利工程的完成，促进了中原、川西农业的发展；其后，农田水利建设由中原逐渐向全国发展；两汉时期主要在北方有大量发展，如六辅渠和白渠，同时一些大型灌溉工程开始跨过长江；魏晋以后继续向江南推进；到唐代基本上遍及全国；宋代更是掀起了大兴水利的热潮；元明清时期的大型水利工程虽不及宋前之多，但地方兴建的小型农田水利工程数量却越来越多。各种形式的水利工程在全国几乎到处可见，发挥着显著的效用。

一、漕粮航运兼利灌溉的运河工程

1. 世界上最长的人工运河——京杭大运河

京杭大运河，是世界上里程最长、工程最大、最古老的运河之一，北起北京，南到杭州，经北京、天津两市及河北、山东、江苏、浙江四省，贯通海河、黄河、淮河、长江、钱塘江五大水系，全长约 1 794 公里（1 公里即 1 千米，全书同），其航程是苏伊士运河的 16 倍，巴拿马运河的 33 倍，是中国重要的一条南北水上干线，至今已有 2 500 多年的历史。其部分河段依旧具有通航功能。

京杭大运河沿线是我国最富庶的农业区之一，其开凿与演变大致可分为 3 个时期。首期为运河的萌芽时期，春秋吴王夫差十年（公元前 486 年）开凿邗（hán）沟（联结长江和淮河的中国古代运河，为我国最早有明确记载的运河。又名渠水、韩江、中渎水、山阳渎、淮扬运河、里运河）以通江淮；战国时期又先后开凿了大沟和鸿沟，将江、淮、河、济四水相互联通。第二期，主要指隋代时的运河系统，分为永济渠、通济渠、邗沟和江南河 4 段。第三期，元定都大都（今北京）后，为将粮食从南方运至京都，先后开凿了 3 段河道，将过去以洛阳为中心的隋代横向运河修筑成以大都为中心、南下直达杭州的纵向大运河。

京杭大运河图

明清时期，在维持元代运河的基础上，开始重新疏浚元末已废弃的山东境内河段，从明中期到清前期，完成了泇口运河、通济新河、中河等运河工程，并在江淮间开挖了月河。

作为我国南北水上交通的大动脉，京杭大运河在历史上发挥了巨大作用，促进了沿岸城市和农业的发展。目前，京杭大运河的通航里程为 1 442 公里，主要分布在山东、江苏和浙江 3 省。

小典故

“楚河汉界”与“判若鸿沟”的由来

鸿沟是古代最早沟通黄河和淮河两大水系的人工运河。当年楚汉相争，曾以鸿沟为界，东楚西汉。中国象棋盘上的“楚河汉界”即由此得来。后亦借指疆土的分界。《史记·项羽本纪》：“项王乃与汉约，中分天下，割鸿沟以西者为汉，鸿沟而东者为楚”。明代沉采《千金记·延烧》：“楚汉争锋不得宁，鸿沟画界各相吞”。清代王士禛《荥泽渡河》诗之二：“渺渺星槎去楫登，鸿沟极目气飞腾”。唐代欧阳询《用笔论》：“若枯松之卧高岭，类巨石之偃鸿沟”。陈志岁的《蒋介石》：“民天才略试兵家，输却江山剩海涯。未许鸿沟分圣土，台澎故故系中华”。

“鸿沟”这个名词到了今天，引申为两个人在思想上有分歧，价值观有距离等。如称界限分明为“判若鸿沟”。

2. 连接湘漓助秦拓疆岭南的灵渠

公元前 221 年，秦始皇下令征伐岭南，并命令史禄凿渠于公元前 218 年，在今广西壮族自治区兴安县境内开凿灵渠，以通粮道。灵渠也叫“兴安运河”、“湘桂运河”和“秦凿河”，它与陕西的郑国渠、四川的都江堰并称为“秦代三大水利工程”，有着“世界古代水利建筑明珠”的美称。

灵渠长 30 多公里，宽 5 米。开凿时，以石堤筑成分水铧嘴

灵渠

和大小天平，将湘江隔断，再在铧嘴前分凿南北两条水渠。

灵渠修成后，在历史上曾起到过重大的作用。秦始皇在渠成当年（秦始皇三十三年，公元前 214 年）即平服岭南。灵渠的开凿，不仅连接了长江与珠江两大水系的交通水路，同时，也提高了当地的农田灌溉能力，为南北经济文化交流创造了良好的条件。

3. 沟通黄淮海连缀燕赵腹地的“五渠”

河北平原位于黄河之北，太行山之东，燕山之南，东临渤海。这里河流纵横，水道众多，南部多为黄河故道，流向由西南向东北；中部之水多为西东流向，源出大行山；北部诸河为北南流向，发源于燕山；均流入渤海。因流程短水量少，不便航运，东汉末年，曹操从政治和军事两方面的需要出发，在各河之间凿渠沟通，先后凿成白沟、平虏、泉州、新河、利漕等五条水道，史称“五渠”。其中前四渠的穿凿，主要用于军事，利漕渠的开凿则是出于政治的需要。五条渠道连缀一起，水源得到了调剂和集中。五渠的贯通，有效地改良了这一带的水上交通，也巩固了曹操的军事和政治地位。

二、灌溉田圃泽润农桑的水利工程

1. “天下第一塘”——安丰塘

安丰塘，又称期思陂，古称芍陂（què bēi），位于安徽省寿县，是我国古代淮河流域著名的水利工程，也是我国水利史上最早的大型陂塘灌溉工程，为 2 500 多年前春秋时代楚国相国孙叔敖主持修筑。

孙叔敖辅佐楚庄王成为春秋五霸之一，与他重视兴修水利、发展农业生产的富民强国政策分不开。司马迁在《循吏列传》中说他在楚为相期间，政绩斐然，“施教导民，上下和

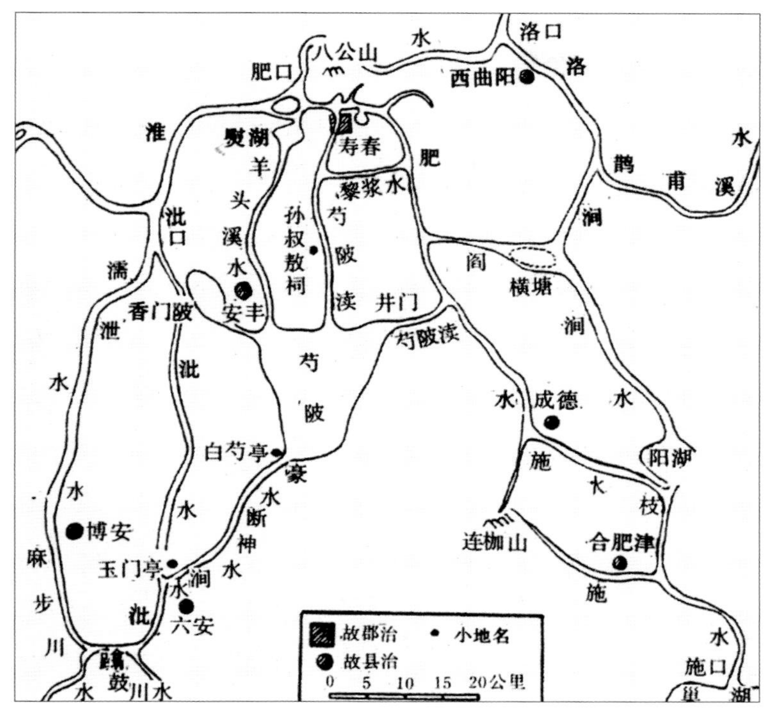

安丰塘

合，世俗盛美，政缓禁止，吏无奸邪，盗贼不起”，而他个人生活也极为俭朴，经常是“粝（粗）饼菜羹”、“面有饥色”。为相 12 年，死后却两袖清风，一贫如洗。

安丰塘，与漳河渠、都江堰和郑国渠并称为中国古代四大水利工程。它的建造对后世大型陂塘水利工程提供了宝贵的经验。虽经历史沧桑，诸多变化，但仍“纳川吐流”，在农田灌溉、水路运输、屯田济军、治理淮河等方面，发挥了重大作用。素有“天下第一塘”之称，曾被誉为“世界塘中之冠”。

2. 华北平原大型灌溉工程——引漳十二渠

引漳十二渠（又称西门渠）在魏邺地，即今河北磁县和临漳一带，司马迁认为“西门豹即发民凿十二渠，引河水灌民田”，但《吕氏春秋·乐成》则认为，该渠为魏襄王时（约在西门豹后 100 年）邺令史起所建。后人一般认为“西门豹溉其前，史起灌其后”。

引漳十二渠是战国（公元前 403—前 221 年）初期以漳水为源的大型引水灌溉渠系。灌区在漳河以南（今中国中部河南省安阳市北）。渠首在邺西 9 000 米，相延 6 000 米内有拦河低溢流堰 12 道，各堰都在上游右岸开引水口，设引水闸，共成 12 条渠道。漳水浑浊多泥，可以灌溉肥田，提高产量，邺地因此而富庶。东汉（公元 25—220 年）末年，曹操按原形式整修，并将此改名为“天井堰”。

东魏天平二年（535 年）天井堰改建为“天平渠”，并成单一渠首，灌区扩大，后也称为“万金渠”。渠首在现在安阳市北 20 公里，漳河南岸。隋代（581—618 年）、唐代

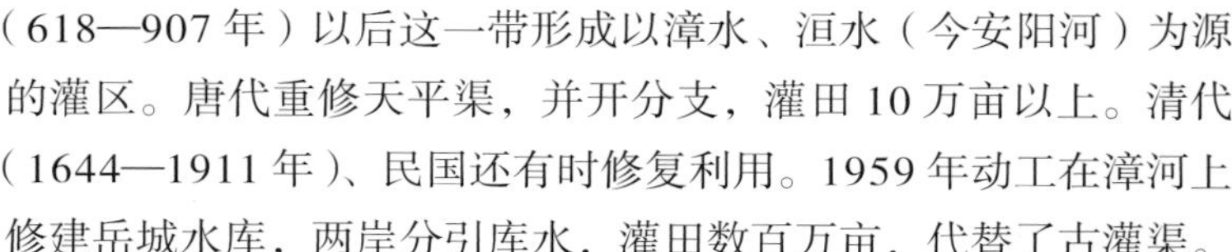

（618—907 年）以后这一带形成以漳水、洹水（今安阳河）为源的灌区。唐代重修天平渠，并开分支，灌田 10 万亩以上。清代（1644—1911 年）、民国还有时修复利用。1959 年动工在漳河上修建岳城水库，两岸分引库水，灌田数百万亩，代替了古灌渠。

3. 世界文化遗产——四川都江堰

都江堰

都江堰坐落在成都平原西部的岷江上，位于四川省成都市都江堰市灌口镇，是当今世界留存年代最久，以无坝引水为特征的宏大水利工程，也是著名的风景名胜区。

秦昭襄王 51 年（公元前 256 年），蜀郡守李冰和儿子在前人治水的基础上，采用中流作堰的方法，在岷江峡内用石块砌成石埂——都江鱼嘴（也叫分水鱼嘴），将岷江水流四六分为两支（东水叫内江，供引渠灌溉之用；西水叫外江，为岷江的正流）；又在灌县城附近的岷江南岸筑了离碓。离碓东为内江水口，称宝瓶口，具有节制水流的功用。夏季岷江水涨，都江鱼嘴淹没了，离碓就成为第二道分水处。内江自宝瓶口以下进入密布于川西平原之上的灌溉系统。四川平原遂“旱则引水浸润，雨则杜塞水门……水旱从人，不知饥馑，时无荒年，天下谓之天府也”。

被人们称之为“八字格言”的“乘势利导、因时制宜”原则，是治理都江堰工程的准则，而治水“三字经”则更是人们治理都江堰的经验总结和行为准则。“深淘滩，低作堰，六字旨，千秋鉴，挖洒沙，堆堤岸，砌鱼嘴，安羊圈，立湃阙，凿漏罐，笼编密，石装健，分四六，平潦旱，水画符，铁椿见，岁勤修，预防患，遵旧制，勿擅变”。

4. 关中最早出现的系列沟渠

黄河流域关中地区最著名的沟渠有郑国渠、白渠、六辅渠、灵轵渠、漕渠和成国渠。

郑国渠位于今天的泾阳县西北 25 公里的泾河北岸，战国末年（公元前 246 年，秦始皇元年），由韩国水工郑国主持兴建，是最早在关中建设的大型水利工程。它西引泾水东注洛水，长达 150 多公里，可灌田四万余顷。此渠建成后，为充实秦国的经济力量和统一全国创造了雄厚的物质条件。

郑国渠

白渠建于汉武帝太始二年（公元前 95 年），因是采纳赵中大夫白公的建议而建，故名“白渠”。这是继郑国渠之后又一条引泾水的重要工程。它首起谷口，尾入栎阳，注入渭河，中袤

200 里[1]，溉田 4 500 余顷[2]。广大群众对白公深为爱戴，将其编成歌谣广为传颂："郑国在前，白渠起后，举臿（chā，同锸，意锹；"举臿"指凿渠者）为云，决渠为雨。泾水一石，其泥数斗。且溉且粪，长我禾黍。衣食京师，亿万之口。"后来白渠与郑国渠合称为"郑白渠"。

为了使郑国渠周边"高昂"之地得到灌溉，汉武帝元鼎六年（公元前 111 年），左内史倪宽主持在郑国渠上游南岸开凿了 6 条小渠，引郑国渠以北的冶峪、清峪、浊峪等几条小河来灌溉郑国渠傍的高仰之田。这 6 条人工小渠统称为"六辅渠"。倪宽在六辅渠管理方面创造性地制订了"定水令"，做到了节约用水，增加灌溉面积。此举在我国农田水利管理史上是一个重大的进步。

汉武帝时，自今陕西眉县东北的渭水北岸，引渭水东流经今扶风南，武功、兴平、咸阳之北，至灞、渭会合处东注入渭水。三国魏卫臻征蜀时，征集民工又自陈仓（今宝鸡市东）引汧水东流，和汉郑白渠相接，总称"成国渠"。

① 1 里，不同朝代长度不同，秦汉 1 里约为 416 米，三国时期约为 430 米，到清光绪时期，由于尺的变化，约为 576 米，民国十八年，修改为 500 米，即 2 里为 1 千米，全书参照此换算

② 现代 1 顷（公顷）为 1 万平方米。古代由于公制量具误差和其他一些原因，各朝代对于亩的大小定义有所差别。所以顷的大小也有变化。秦代 1 顷约为 3.3 万平方米，隋代约为 2.4 万平方米，唐代约为 2.9 万平方米，清代约为 3.07 万平方米，全书参照此换算

小故事

郑国修渠，意在疲秦

主持修建郑国渠的水工郑国，原是韩国派往秦国的细作（"间谍"），本意是通过劝说秦王兴修水利工程，消耗其人力与物力，让其无暇布置东征。后来韩国的阴谋被识破，秦王一怒之下要杀郑国。郑国辩称："开始我确实是为当奸细而来，但是，这条渠修好后是韩国受益吗？顶多为韩国争取几年的国祚（zuò，指福利），却能为秦国创建万世大作"。秦王听后，认为有理，于是，开渠工程得以继续进行。渠成之后，灌溉田地 4 万余顷，从此，关中变沃野，再无凶年；秦国也因此而富强，卒并诸侯。

5. 太湖流域塘浦圩田系统

太湖地区，长期以来，都有"锦绣鱼米乡"的赞称。但是，在上古，还是地势卑湿，土质较差，被称为"下下地"。后来，太湖地区的土著和外来移民，积极治水营田，在低洼平原，开河筑塘，排除潦水，围湖围海，兴筑圩田；在高亢和丘陵地区，修筑陂塘堰坝，防洪蓄水。使太湖地区成为水网密布，土地肥沃，阡陌相连，桑禾相蔽的殷阜之区。自此，太湖平原形成了水网平原、水网圩田平原、湖荡平原和湖荡圩田平原。

圩田

“圩”原指中部低凹、四围高卯的地形，也是湖区常见的地形。历史上对圩田的开发，大体上可分为4个阶段：春秋战国至唐前期为圩田缓慢发展期，唐中后期至五代为圩田迅速发展期，宋代为圩田体制转型及膨涨发展期，元明清为局部地区圩田发展期。圩田的修建对太湖地区生态环境的改变影响很大，促进了农业生产力的发展。

6. 宁夏名渠

早在2 000年前的秦、汉时代，宁夏平原就开始引用黄河水灌溉。

明朝以前，宁夏的水利建设主要集中在面积较大、耕地较多的银川平原，建有两个灌区，即以秦渠、汉渠为主的河东灌区和以汉延、唐徕为主的河西灌区。除此之外，还在卫宁平原上建成了具有一定规模的灌溉系统，开辟了卫宁灌区。

秦渠，位于宁夏平原黄河以东，因始凿于秦而得名。渠口在青铜峡北，引黄河水向东北流经吴忠市到灵武市。

汉朝时期，宁夏平原的地位更为重要。为对付强大的匈奴，汉武帝在西北边陲实行大规模的军屯和移民实边政策，先后将100多万内地居民迁徙到五原、朔方（两郡都在河套一带）、酒泉、张掖、北地等西北边郡，并开始扩大和增加宁夏平原上的灌溉工程。在河东，开辟了新渠“汉渠”或曰“汉伯渠”。这条渠道的引水口在秦渠渠首上方，它绕过秦渠的南面和东面，到富平北面回注黄河；在河西，则由郭璜在东汉顺帝永建四年（129年）时主持穿凿开辟了“汉延渠”。

河西还有一条渠叫“唐徕渠”，又名“唐渠”，始建于唐武则天年间，后代曾多次整修。渠口开在青铜峡旁，经青铜峡、永宁、银川、贺兰等县向北流去，到平罗县终止，全长322公里，有大小渠道五百多条，灌田90万亩，居银川平原十四条大渠之首。

清朝，宁夏平原的水利建设也有不少成就，特别是康熙、雍正、乾隆三代，相继穿凿了“大清”、“惠农”、“昌润”等一批重要的渠道。由于清朝除修旧渠外，又凿成一批新渠，因此，当时宁夏平原上新旧渠道多达30多条，加上支渠，形如蛛网。民国时期，宁夏水利也略有兴建，开了一条规模较大的云亭渠，渠长50多公里，灌溉农田2 000多顷。

7. 中国第一条地下水渠——龙首渠

龙首渠是在汉武帝元狩到元鼎年间（公元前120—前111年）根据庄熊罴的建议而修建的，是中国历史上第一条地下水渠，也是洛河水利开发历史上的首创工程，还是今天洛惠渠的前身。修建龙首渠时，由于渠道必须经过的商颜山土质疏松，渠岸极易崩毁，不能采用明渠的施工方法，所以，人们就发明了“井渠法”，征调了一万多民工，从地下挖穿商颜山，开通了从征县（今澄城县）到临晋（今大荔县）的渠道。因在施工中挖出恐龙化石，所以取名“龙首渠”。由于井渠未加衬砌，井渠通水后，黄土遇水坍塌，最终还是导致了工程的失败，渠成不久即遭湮废，未能实现流灌万世的初衷。但是，远在2 000多年前，在龙首渠的开挖过程中，就已表现出当时水利测量水平和施工技术的高超。

8. 古代西域的明渠

南疆大型水利工程的兴建，应当是从汉武帝时屯田西域开始的。西汉后期，随着屯田区的扩大，地面灌渠的建设进一步发展起来。

汉武帝时，在天山南麓、塔里木盆地北缘的轮台，有溉田 5 000 顷的水利设施，在今若羌县（中国县域土地面积最大的县）东也有一相当完整的汉朝灌溉网，总干渠从米兰河引水，下分 7 条支渠。干渠和支渠上建有总闸和分闸。渠道怀抱米兰古城。历三国两晋南北朝到隋唐，西域的灌渠建设进一步扩大，无论在高昌还是巨丽城，都修有一定规模的灌溉渠道。唐朝时期，吐鲁番地区还设置了水官，专门负责统筹水利建设和管理。

到了清朝，在天山南北所建的灌渠更多，政府在修浚旧渠的同时，又穿凿新渠，开展大规模水利建设。其中，最重要的是为引伊犁河支流哈什河（喀什河）之水而修建的 170 多里新支渠。此渠被命名为“通惠渠”。

据记载，全疆共有干渠 900 多条，灌田面积 1 100 多万亩。

9. 设计巧妙的井渠——坎儿井

西域的农田水利设施中，还有一类是坎儿井，它是以地下水为水源的自流灌溉工程，是雪山前沿、气候特别干燥的斜坡地最理想的水利设施。其兴建历史可追溯到西汉时期。

位于天山南麓的吐鲁番和哈密两盆地，是最理想的修建坎儿井的地区。那里地下蕴藏着丰富的雪水。盆地有一定的坡度，凿渠将盆地北缘的地下雪水开发出来，进行自流灌溉。由于这里雨量极为稀少，且气候干燥，蒸发量是降雨量的 100 多倍，所以，如果采用明渠灌溉，渠水大多会被蒸发；如果采取地下坎儿井方式引水，则能很好地解决渠水蒸发问题。

坎儿井

坎儿井又称“井渠”，由竖井、暗渠、明渠等几部分组成。每条坎儿井的长度，由一两里到一二十里不等。明渠将从暗渠中引出的地下水导入农田，灌溉庄稼。后来，当地群众又发展了坎儿井的结构，创建了具有蓄水、晒水和便于统一调配农用水的“涝坝”，使坎儿井工程更臻完备。

目前，吐鲁番和哈密两盆地的坎儿井共有 1 000 多条，暗渠的总长度约 5 000 公里，可与历史上的万里长城和京杭大运河媲美。

10. 六朝的湖塘泾浦

三国时，吴国兴建的重要农田水利工程，当推今江苏句容县的赤山湖。它是一座蓄水防旱的灌溉工程。后经多次扩建，到唐朝时称“绛岩湖”。当时，江南另外还修建了一个位于今溧水县南 20 余里的大型水利工程——浦里塘。此外，在句容至云阳（今江苏丹阳）间还凿了一条水道——破冈渎，该水道虽是运粮渠道也有灌溉之利。

两晋时，在曲阿（今江苏丹阳）城西，拦蓄溪水成湖，修建了“练湖”或“练塘”。继练湖之后，又在曲阿修建了“新丰塘”。

南朝时，在吴兴和长兴两地，也相继建成了两座规模较大的水利设施，分别是“吴兴塘”和“西湖”，溉田面积达 3 000 顷。由于太湖下游地洼水多，洪涝的威胁十分严重。南朝时吴兴人姚峤（jiào）经过 20 多年的调查研究，拟订了一个由德清县东十余里地远的苎溪向东南排水入杭州湾的方案。该方案曾在刘宋时期付诸实施，但因工程量太大未能完成。几十年后的梁大通二年（530 年）继续施工，才得以实现，使得“吴兴一境，无复水灾”。此项工程是太湖流域以排水为主要目的而兴建的最早最大工程。

11. 著名的古代大型水利工程——木兰陂

木兰陂位于福建省莆田市区西南 5 公里的木兰山下，木兰溪与兴化湾海潮汇流处，始建于北宋治平元年（1064 年），是当时福建最大的引水工程，也是国内现存最完整的古老陂坝工程之一。它将木兰溪的水源引入莆田南北洋平原，灌溉 16.5 万亩良田，兼有工业用水、航运交通、水产养殖等综合社会效益，为我国五大古陂之一，对莆田的经济文化发展，尤其是对农业生产的发展起着至关重要的作用，至今仍保存完整并发挥其水利

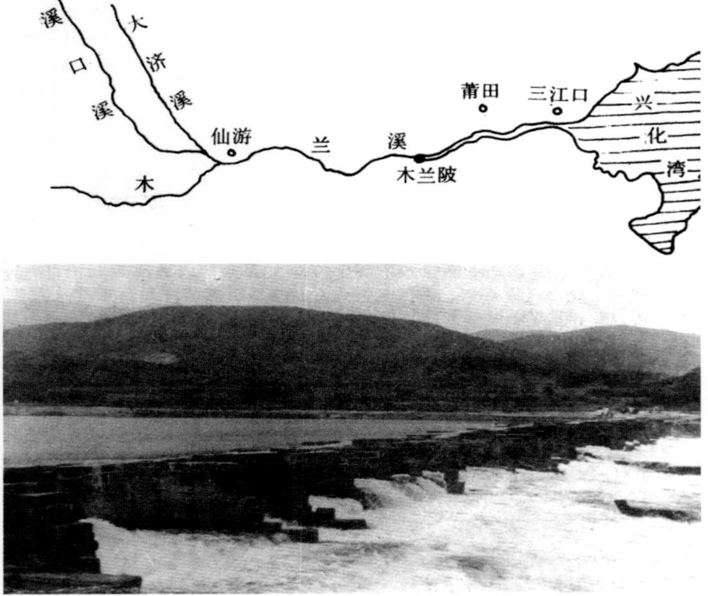

木兰陂

效用。

木兰陂工程分枢纽和配套两大部分。枢纽工程为陂身，由溢流堰、进水闸、冲沙闸、导流堤等组成。溢流堰为堰匣滚水式，长 219 米，高 7.5 米，设陂门 32 个，有陂墩 29 座，旱闭涝启。堰坝用数万块千斤重的花岗石钩锁叠砌而成。这些石块互相衔接，极为牢固，经受 900 多年来无数次山洪的猛烈冲击，至今仍然完好无损。配套工程有大小沟渠数百条，总长 400 多公里，其中南干渠长约 110 公里，北干渠长约 200 公里，沿线建有陂门、涵洞 300 多处。整个工程兼具拦洪、蓄水、灌溉、航运、养鱼等功能。1958 年，在陂附近兴建架空倒虹吸管工程，引东圳水库之水到沿海地区，使木兰陂的灌溉和排洪能力大大提高，灌溉面积从原来的 15 万亩，增加到 25 万亩。

小故事

钱四娘投溪殉陂，李宏移址修陂成功

当年木兰溪两岸的兴化平原，频遭上游冲下的洪水和下游漫上的海潮侵害。相传有一位长乐妇女钱四娘，目睹当地百姓受灾之苦，于北宋治平元年（1064 年）携来巨金动工截流筑堰。因水流湍急，建起来的陂堰很快被山洪冲垮。钱四娘悲愤至极，投入溪洪以身殉陂。此后，与钱四娘同邑的进士林从世携金 10 万缗来莆继续筑陂，也因水流过急仍未成功。北宋熙宁八年（1075 年），侯官人李宏又捐资筑陂，他总结前两次失败的教训，在和尚冯智日的帮助下，重新勘察地形水势，把陂址改择在水道宽、流水缓、溪床布有大块岩石的木兰陂今址，经过 8 年的苦心营建，至北宋元丰六年（1083 年），终于大功告成。

12. 关中三大“惠渠”

到近代，西部地区开始建造坚固的混凝土拦河大坝，从泾、渭、洛等河引水入渠。从 20 世纪 30 年代开始，在著名的水利专家李仪祉主持下，在关中首先兴建中国最早的新式农田灌溉工程泾惠、洛惠、渭惠三渠。

泾惠渠以泾水为水源。1930 年开工，主要工程有三：一是在泾阳县张家山建混凝土滚水坝一座，以便将一部分泾水拦入引水渠。二是凿引水渠 11 230 米，内有三隧洞，最长的为 359 米。引水渠前段 1 800 多米为石渠，有很强的抗冲刷作用。后段为土渠。引水渠末端建有淀沙池、退水冲沙闸和进水闸。三是在灌区修建灌溉渠道，共修灌溉干渠、支渠 370 公里。整个工程于 1935 年完工，实灌泾阳、高陵、临潼等县农田 59 万亩。

洛惠渠是在西汉龙首渠基础上修建的新渠系，以洛水为水源。开工于 1934 年，主要工程有：拦河大坝一座，砌成弓面向上的弧形。凿引水隧洞 5 条，其中铁镰山隧洞长 3 070 米。引水渠全长 20 多公里，渠上也建有淀沙池、退水冲沙闸和进水闸。由于洛惠渠的工程特别艰巨，再加上经费困难的影响，直到 1938 年李仪祉先生病逝仍未完工。这一工程计划溉田 50 万亩。

在三大“惠渠”中，规模最大的是渭惠渠。这条渠道以渭水为水源，建于渭水中游的北面，1935 年动工。它也是有坝取水工程，拦河坝建在眉县西面的魏家堡。在北岸开渠引水，建有六孔引水闸。进水闸下游设有淀沙池、排洪冲沙闸和进水闸。渭惠渠计划灌溉渭北的眉县、扶风、武功、兴平、咸阳五县 70 万亩农田。

与建三大惠渠同时，在关中和汉中，李仪祉还修了一批较小的冠以“惠”字的灌渠，如眉县的梅惠渠，周至的黑惠渠，户县的涝惠渠，长安的沣惠渠，沔县的汉惠渠等，加上三大惠渠，合称“陕西八惠”。

三、镇海伏波安民溉田的堤塘工程

1. 中国古代三大土木工程之一的鱼鳞塘

我国的杭州湾因地理原因，形成了闻名于世的钱塘江海潮。每逢海潮兴起，潮流头高达十多米，其汹涌澎湃和排山倒海之势，显示其无坚不摧的力量。钱塘江海潮一方面是一道壮观的自然景观，另一方面也摧毁着堤岸，成为危及人民生命、财产的灾祸。

从五代时期开始，人们就开始在钱塘江边筑堤以抵御海潮袭击。吴越王钱镠（liú）用竹笼装碎石筑堤，并在堤内打下十余行被称为“滉（huàng）柱”的木桩，用以削弱海潮的冲击力，保护石堤不直接被潮水冲撞，减少江涛的危害。北宋大中祥符五年（1012 年），杭州守臣用土和柴薪筑堤，兴建了柴塘；景佑四年（1038 年），又改用块石筑堤，于是便有了最早的块石塘。

鱼鳞石塘即是吴越王钱镠为防钱塘江潮汐之患而筑。石塘修筑得十分巧妙，人们先是将条石纵横交错，然后在条石之间凿出槽榫，用铸铁将其嵌合起来，合缝处用油灰、糯米浆浇灌。为了加固塘基，清代开始，人们将一根根的“梅花桩”、“马牙桩”钉死在石塘下面。因为塘面状似鱼鳞，所以叫鱼鳞石塘。鱼鳞塘与长城、京杭大运河并列为我国古代三大土木工程。

小故事

杜伟长受骗，延修月堤

杜伟长（1005—1050 年，无锡人）在担任转运使（地方行政官）期间，有人建议从浙江盐场以东，退后几里修筑一道月牙形石堤，以避开汹涌的潮水。大多数水工都认为这个办法可行，唯独有一个老水工认为不可，暗地里告诉同伙“要是移了堤，每年没有水患了，你们靠什么吃，靠什么穿？”众人听后，虽明知月牙堤的好处，但都不愿意危及个人的即得利益，于是，便随声附和，反对修筑月牙石堤。杜伟长没有察觉他们的计谋，花费巨资，但仍未能解决江堤的溃决。直到后来他发现了月堤的好处，才下令修筑了月堤，江涛的危害逐渐减少。但是，月堤还是没有滉柱好，只是滉柱不耐腐蚀，耗费太多，所以难以再立。

2. 先天下之忧而忧，后天下之乐而乐的范公堤

范堤，是指范公堤，位于勒勒江苏苏北沿海，长江口北，北起阜宁，南到吕四，全长大约300公里，海堤5米，堤底宽10米，堤面宽3米，为范仲淹（北宋著名的政治家、思想家、军事家和文学家，世称“范文正公”）倡导所筑。当地老百姓为纪念范仲淹首倡和促成这一捍海堰工程，从明代以后，即将阜宁至吕四的海堤统称为“范公堤”。

范仲淹

堤堰修成后，百姓受益显著，“来洪水不得伤害盐业，挡潮水不得伤害庄稼”。外出逃荒的百姓也纷纷回归家乡。

小故事

范公修堤，名垂千秋

宋代天禧年间（1017—1021年），范仲淹刚过而立之年，调至泰州西溪（今东台）任盐仓监。因海潮泛滥，危及百姓安全，范仲淹上书泰州知州张纶，建议急速修复捍海堰。当时，有人责怪范仲淹越职多事，还有人以筑海堰后难以排水，极易出现积潦而予以反对。谁知张纶熟知水利，言道：“涛之患十之九，潦之患十之一，筑堰挡潮，利多弊少。”于是采纳了范仲淹建议，奏请朝廷批准，并命范仲淹负责修筑泰州捍海堰。

宋代天圣二年（1024年），范仲淹征集兵夫四万余人兴筑海堰，时值隆冬，雪雨连旬，潮势汹涌，拍岸而来，兵夫因惊慌失措，四处逃散而陷入泥泞中淹死200余人。有人趁机上书朝廷，反对修堰，于是朝廷决定暂行停工，并派淮南转运使胡令仪到泰州查勘实情。胡令仪系河南开封人，曾于宋代淳化、至道年间（990—997年）任如皋县令，深知古捍海堰年久失修，农田、盐灶和百姓生命财产难以保障。察看实地后，胡令仪与张纶联名奏明朝廷，捍海堰工程获准继续开工。

天圣四年（1026年），范仲淹的母亲谢氏去世，范仲淹离任回籍守孝。其间，范仲淹数次致信张纶，请其无论如何要将捍海堰修成，并表示若有事故，朝廷追究，他愿一人独担其咎。

天圣五年（1027年），张纶担任捍海堰工程指挥，于当年秋季开工，翌年春季完成。

第6部分 走向山川江河

——古代渔猎

在原始社会，由于生产力低下，我们的祖先为寻找食物而奔波于山川江河。自然界中丰富的鱼类、动物资源是人类的主要食物来源，因此，捕鱼和狩猎活动是早期人类谋生的主要方式。这个时期在历史上被称为“渔猎时代”。这个时代开始于人类早期，结束于奴隶社会早期，时间长达数十万年之久。原始社会的渔猎工具主要有矛、弩、弓箭、网、钩、镖、叉、笱、舟船等。

在漫长的渔猎竞争生活中，人类学会了生火和熟食，学会了创制、改进渔猎工具。渔猎工具的使用，大大增加了猎物的数量，提高了渔猎效率。并使人类在大自然的面前，获得了前所未有的自信。

渔猎工具的改进和提高，一方面提高了人类的生存竞争力；一方面也加速了水生鱼类和陆上动物物种的减少和灭绝，从而迫使人类从渔猎为主转向以采集野生植物为主，并在实践中逐渐懂得了如何培植可食植物，如何人工养殖鱼类，以及如何驯养动物，这为原始农业的产生奠定了基础。

农业的发明，使狩猎活动在生产实践中日益退居次要地位，而越来越变成一种消遣和娱乐，并受到比较严格的限制。而原始畜牧业则从原始人类的狩猎活动中发展起来，驯养繁殖动物逐渐代替狩猎而成为主要的谋生手段。随着捕鱼技术和工具的发展，进而带动了古代养鱼业的快速发展，成为古代社会经济的重要组成部分。

荷塘渔猎汉画像砖（四川彭县出土）

一、渔　业

人面鱼纹彩陶盆（仰韶文化陕西半坡遗址出土）

你可知道人类食用鱼类的历史有多长吗？10万年之久，也许更长。在狩猎和采集活动不足以维持生活时，我们的祖先开始把生产活动从陆地扩展到了水域，利用水生动植物作食物，出现原始的捕捞活动。据考古学家发现证明，10万年前，居住在山西汾河流域的"丁村人"已捕捞青鱼、草鱼、鲤鱼和螺蚌等水生动物食用。1.8万年前，在北京周口店"山顶洞人"的捕捞物中，有长达80厘米的草鱼和河蚌。原始人类除了采集植物和猎取野兽以补充能量外，在各个水域中广泛捕捞可食鱼类也是他们获取食物的最主要手段。

网纹彩陶罐（马家窑文化）

1. 原始捕捞

捕捞始于原始社会。我国地处亚洲温带和亚热带地区，水域辽阔，鱼类资源丰富，原始先民大多依水而居，因此，为捕鱼业的发展提供了有利条件。原始人在岸边、沟滩等浅水处用脚踩手捉，或围堰截水的方式"竭泽而渔"捕捞鱼类，获取食物。除了用手捉鱼，我们的祖先还使用木棒打鱼、尖棍刺鱼、石块砸鱼、弓箭射鱼的方式捕捉鱼类。这种古老的捕鱼习俗，近代在鄂伦春、纳西族及高山族等原始民族中仍可以看到。

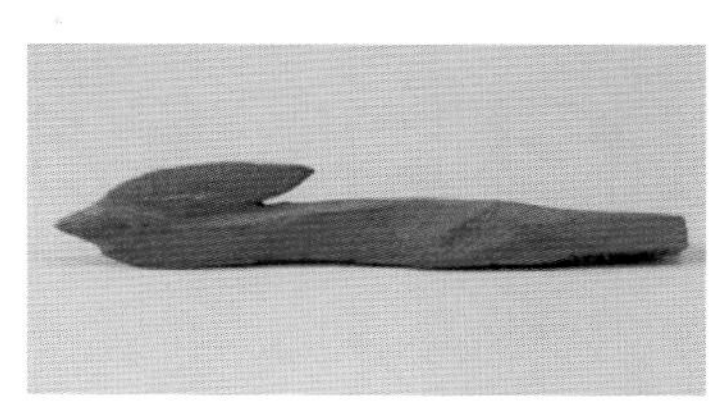
河姆渡遗址出土的带有倒刺的鱼镖，长8.6厘米

在长期的捕鱼过程中，原始先民逐渐了解并掌握了鱼类的生活规律和活动习性，发明了鱼叉、鱼镖、鱼钩和鱼网、鱼笱多种捕鱼工具，掌握了钓鱼、叉鱼、网鱼等多种捕鱼方法。距今7000年前，居住在今浙江余姚的河姆渡人已经能够利用木舟，划行到更开阔的水域进行捕鱼生产。距今大约6 000年前的陕西半坡人就已经使用动物骨头磨制的鱼钩钓鱼了，在半坡遗址出土的骨质鱼钩制作精巧，其锋利程度，甚至可与现代钓钩相媲美。5000年前，居住在今山东胶县的三里河人，开始大量捕捞海鱼。三里河人有很高的捕鱼技术，能捕获长约50厘米、游速极快的蓝点马鲛鱼。

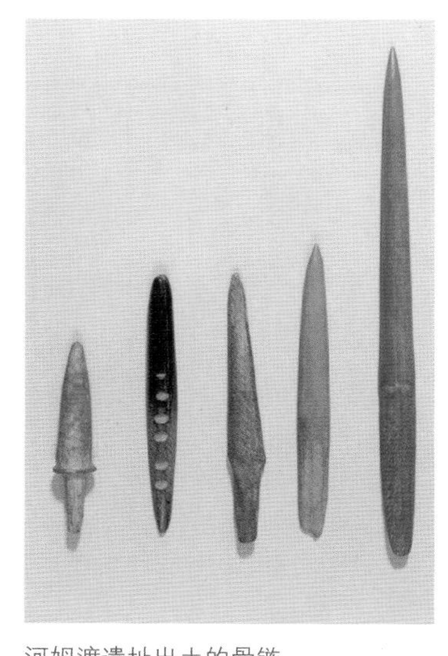
河姆渡遗址出土的骨镞

距今3 000年前已经使用钓钩、鱼梁（人工鱼梁）、竹笱、潜（人工鱼礁）、鱼网等多种方法捕鱼，反映了捕鱼业的繁荣。据我国最早的一部诗歌总集《诗经》记载，当时捕食的鱼类有鲂（fáng，鳊鱼）、鳏（guān，鲲鱼）、鳢（lǐ，乌鱼）、

弓箭射鱼（引自清代《台湾风俗图·中华农器图谱》第一卷490页）

渔猎归来东汉画像石（江苏省邳县收集）

竹罩罩鱼的汉画像石（山东微山县两城镇出土《汉代农业画像砖石》71页）

鲿（cháng，黄颡鱼）、鲨、鲤、鲔（wěi）、鲦（tiáo）、鲟（xún）、嘉鱼等10余种大中小型鱼类。《尔雅·释鱼》记载的更多，达20余种。

渔（漁）yú 甲 金 篆

笱（gǒu）是一种竹制的捕鱼器具，竹笱口大颈小，腹大而长，颈部装有细竹的倒须。把鱼笱放置在鱼梁上，捕鱼时用绳子缚住笼尾，鱼随水流进入笱中，进去就出不来了。《诗经·小雅·小弁》："无发我笱。"早在4 600年前，浙江吴兴钱山漾人已经使用鱼笱。如今，这种捕鱼工具在许多地方依然使用。

在距今2 000年前，罩鱼就已经是一种常见的捕鱼方法。罩，是一种用细竹编成的筒形捕鱼工具。《尔雅·释器》李巡释云："篧（zhuó），编细竹以为罩，捕鱼也"。《淮南子·说林训》曰："钓者静之，罛者扣舟，罩者抑之，罣者举之。为之异，得鱼一也"。其中的"罩者抑之"，即渔夫将罩举起，看见水中游动的鱼儿，立即将罩对准鱼儿扣下。罩鱼还是一项集体的围猎活动，称为"围水而渔"。参与活动的至少要十几个人以上，一字排开站在水中，齐头并进，赶得鱼无空隙可逃，只好被渔人罩获。

潜是一种古老的捕鱼方法，早在3 000年前的周代就已经使用。潜，就是往水中某些水域集中投入若干树枝、柴草等物，形成掩护体，鱼遂来躲藏、保暖及觅食，于是用竹箔围拦捕取。潜是后世人工鱼礁的雏型。

梁是中国古代捕鱼设施，又称鱼梁、渔梁。在溪流、河汉或浅滩处，用石块或竹、木等材料筑成坝堰横截水流，中留缺口，使捕捞对象随水流入网内或鱼篓内进行捕捞的设施。春秋战国时代前已有鱼梁及鱼笱（gǒu），《诗经·邶风·谷风》："毋逝我梁，毋发我笱。"意即别到我修筑的鱼坝去，也别碰我编织的捕鱼篓。南宋诗人陆游《初冬从文老饮村酒有作》诗："山路猎归收兔网，水滨农隙架鱼梁。"描述了一幅农人在山涧水溪渔猎的画面。现代著名作家沈从文在《从文自传·女难》一文中对鱼梁有这样的描述："水发时，这鱼梁堪称一种奇观，因为是斜斜的横在河中心，照水流趋势，即有大量鱼群，蹦跳到竹架上，有人用长钩钩取入小船，毫不费事！"

扳罾（引自《三才图会》）

坐罾（引自《三才图会》）

2. 古代常用捕鱼方法

（1）结绳为网——网捕

工欲善其事，必先利其器。打猎捕鱼以接济生活，这是原始人的基本技术，而要发展这种生产力，工具的发明和改革是至关重要的。传说中华人文始祖伏羲氏发明鱼网，教民捕鱼，创造了最早的渔业。《易经·系辞下》："古者包牺氏之王天下也……作结绳而为网罟，以佃以渔"。古人将捕鸟兽的网叫"网"，捕鱼的网叫"罟"。

外饰网纹的彩陶舟形壶（陕西北首岭遗址出土仰韶文化）

新石器时期渔网被广泛应用于的渔猎活动中。在半坡出土的陶器上，绘有方形、圆锥形渔网，反映出半坡人在距今 6000 年前已根据不同的水域，利用不同形状的渔网捕鱼了。

陶质的网坠（浙江乐清白石出土）

周代是渔业发展的重要时期，捕鱼工具有很大改进。《诗经·国风·新台》："鱼网之设，鸿则离之。"描写了用渔网捕鱼活动的篇章。先秦以前的网具有罛（gū）、罭（yù）、汕（shàn）、罾（zēng）等各式网，用于捕捉大、中、小型不同鱼类。罛是大鱼网，《诗经·卫风·硕人》："河水洋洋，北流活活。施罛濊濊，鳣鲔发发。"意思是：黄河之水浪滔滔，北流之水哗哗响。施设鱼网水声闹，鲤鱼鲔鱼闹翻腾。罭是捕捉小鱼的细网，因此也称百袋网。《诗经·豳风·九罭》："九罭之鱼，鳟鲂。"汕，古代称为撩罟，现在称抄网。《诗经·小雅》："南有嘉鱼，烝然汕汕"。抄网是比较原始的囊袋状有把式的小型网具之一，主要用于内陆淡水，作业规模小。罾是一种用木棍或竹竿做支架的方形鱼网，其"形如仰伞盖，四维而举之"，系敷网类渔具。"设鱼网者宜得鱼"，网捕具有捕捞量大的特点，发明网罟捕

扠网（引自《三才图会》《中华农器图谱》第一卷 499 页）

撒网（引自《三才图会》《中华农器图谱》第一卷 498 页）

鱼是人类渔业史上的一大飞跃。

到了唐宋，网具种类更多，网捕技术更趋成熟，网捕量也更大。唐代陆龟蒙在《渔具诗·网》曰：大罟纲目繁，空江波浪黑。沉沉到波底，恰共波同色。牵时万鬐入，已有千钧力。尚悔不横流，恐他人更得。“大网罟”属敷网，是布设在江中的鱼网，每当鱼群终于此，即拉起网纲，鱼群便落入其中。

鱼网是一种行之有效的捕鱼工具，从其发明伊始，至今仍在广为使用，是使用时间最久远的一种捕鱼工具。“设鱼网者宜得鱼”。网捕具有捕捞量大的特点，发明网罟捕鱼，是人类渔业史上的一大飞跃。

（2）投竿而求诸海——垂钓

钓鱼一项陶冶身心、休闲娱乐的传统活动项目，是古代文人雅士隐居山林或休闲时常见的一种消遣方式。唐朝诗人柳宗元的《江雪》:“千山鸟飞绝，万径人踪灭。孤舟蓑笠翁，独钓寒江雪。”寄寓了作者的超然境界。

但在秦汉以前，钓鱼还只是人们谋生的手段。竿钓的利用历史很久，在历史文献《庄子》、《竹书纪年》中就有“投竿而求诸海”、“投竿东海，旦旦而钓”的记载。《诗经·季风》有“籊籊（tì）竹竿，以钓于淇（qí）”的诗句。（淇河是黄河的一条支流，位于今天的河南省北部）这表明了春秋战国时期，人们已经用长而细细的竹竿在江河中垂钓了。出土于四川省乐山市麻浩崖墓的汉代石刻，是关于竿钓的最早图像资料。石刻上一人单腿跪地，手持鱼竿垂钓，其前游弋着一尾鳍很长的鲤鱼，由于鲤鱼太大，鱼竿已呈弯曲状。

骨鱼钩（陕西西安半坡遗址出土，《中华农器图谱》第一卷 94 页）

早期鱼钩都用骨、牙料磨制而成，分有倒刺和无倒刺两类。陕西省西安半坡遗址出土的鱼钩出土最早，且制作精巧，其锋利程度可与现代钓钩相媲美。商代的渔业区主要在黄河中下游，捕鱼工具有网具和钓具等。1952 年，在河南偃师二里头早期商宫

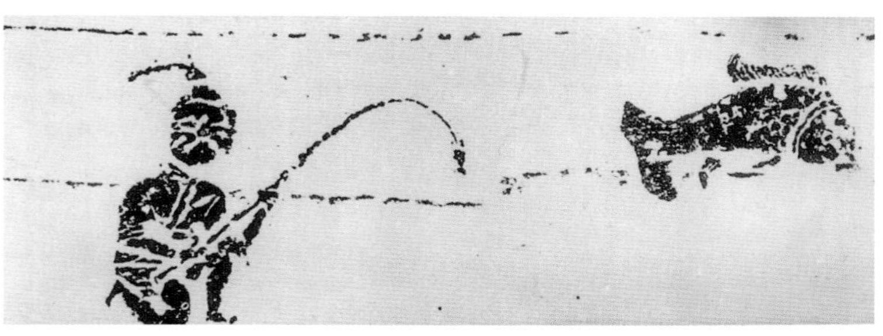

垂钓石刻（四川省乐山市麻浩崖墓出土，《汉代农业画像砖石》73 页）

遗址出土有一枚钩身浑圆，钩尖锐利，顶端有一槽，用以系线的青铜鱼钩，这是中国出土的最早的金属鱼钩。

随着生产力的发展，制作鱼钩的材料也不断发展。到春秋时代，随着铁器的使用，鱼钩开始用铁制。由于铁质坚固，同时来源较多，铁鱼钩逐渐取代了骨质鱼钩。铁制鱼具的广泛使用，推动了渔业的发展。

宋代哲学家邵雍《渔樵问答》对竿钓渔具曾作了详细的讲述："钓者六物：竿也，纶（线）也，浮（漂）也，沈（坠）也，钩也，饵也。一不具，则鱼不可得。"他所说的六物，至今仍是竿钓的基本钓具。随钓鱼工具的改进，捕鱼能力也有相应的提高。

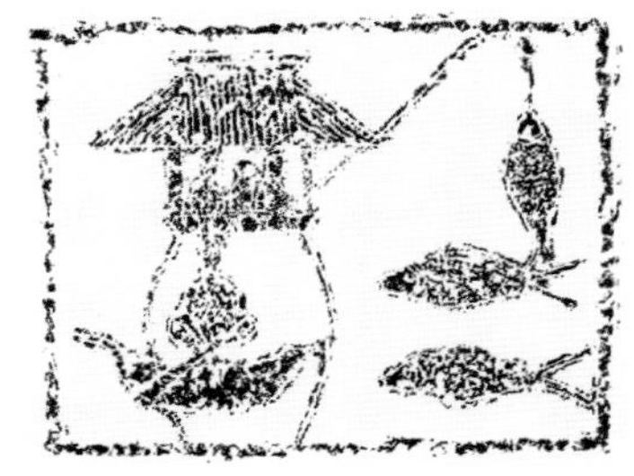

钓鱼汉画像石（滕州出土）

（3）驾舟捕鱼

河岸、浅溪的鱼类资源是有限的，要想捕捉到更大更多的鱼，人类还必须借助某种水上交通工具，才能航行到水的深处去捕鱼。原始人类通过观察飘落在水中的一片落叶、一根枯折的树木，发现乘坐漂浮在水面的树木或竹子可以到达河湖中央，于是将树木加工成独木舟、将竹子扎成竹筏。萧山跨湖桥、余姚河姆渡、吴兴钱山漾、杭州水田畈等遗址出土的船体、船桨，证明在新石器时代长江下游杭州湾地区的水上航行已经相当普遍。这种航行不仅仅局限于内河湖泊，而且早在河姆渡时期就已经发展到海上了。当时捕鱼很可能是乘船至江湖之中，用骨镞射鱼和用木矛叉鱼。如果没有舟船这种海上交通工具，距今 5 000 年前，居住在今天山东胶县的三里河人也不可能捕捉到长约 50 厘米、游速很快的蓝点马鲛鱼。

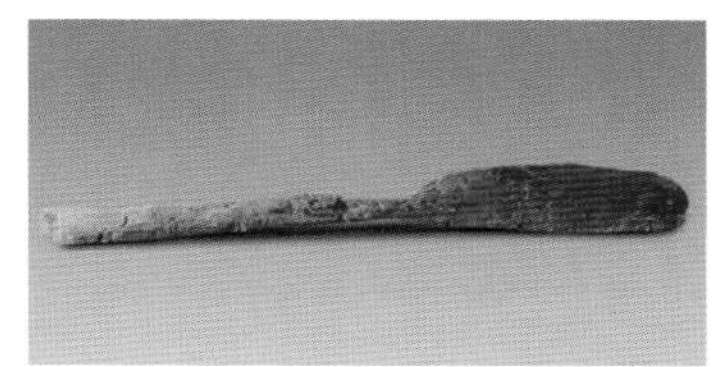

木桨残长 62.0 厘米、柄宽 3.5 厘米、桨叶长 27.8 厘米、厚 2.0 厘米（浙江余姚河姆渡遗址出土）

殷商时期，独木舟与浮筏逐渐演变成为木帆船，从殷墟出土的甲骨文"舟"字说明，当时的船体已具备后世木帆船的雏形。西周时，长于海上活动的越人造船术已相当高明，造出的船有"扁舟、轻舟、楼船、戈船"等效能各异的渔船，他们甚至"以舟为车，以楫为马"。到了春秋时代，海洋捕捞已经广泛使用船只，《管子·禁藏篇》载："渔人之入海，海深万仞，就彼逆流，乘危百里。宿夜不出者，利在水也"。说明当时的渔船、网具和捕捞方法都已相当进步。

宋元时期的海船已实行带有几只小船捕鱼的母子船作业方式。据宋周密《齐东野语》载，宋代捕马鲛鱼的流刺网有数十寻长，用双船捕捞，说明捕捞已有相当规模。到了明代，渔船的制

独木舟（浙江萧山跨湖桥遗址出土）

春秋时代，已经广泛使用有桨的木板船（东汉木船画像石拓片，四川郫县出土）

古代渔船

造规模更大。太湖水域已经有了“宽如数亩宫，曲房不见水”，装载量达 2 000 石（石是古代的容积单位，大约相当 120 斤大米的体积）的六桅大渔船了。舟船的发明和使用，使人类获取食物资源的途径从“陆上”一下子跨越到了“海上”，扩大了人类的捕鱼活动范围。

（4）驯养水獭、鸬鹚捕鱼

在古代，人们不仅通过制造工具来捕捞鱼类；而且会利用动物的某种特性，加以驯养来捕捉鱼类，为人类服务。

水獭四肢短，趾间有蹼，喜欢栖息在湖泊、河湾、沼泽等淡水区，是一种水陆“两栖动物”。《说文》曰：獭“如小狗也，水居食肉。”水獭的一生几乎都是在水里生活的，嗜好捕鱼，一旦发现猎物，即迅速扑捕。《礼记·月令·孟春之月》：“东风解冻，蛰虫始振，鱼上冰，獭祭鱼，鸿雁来。”是说天气转暖，水獭将捕的得鱼陈列在水边，犹如祭祀一般，称为“獭祭鱼”。

水獭生来就有捉鱼的天性，原始人类加以驯养就可用来捕鱼。唐代笔记小说集《西阳杂俎》记载唐宪宗元和末年（大约 800 年），在均州的郧乡县（今湖北十堰）有个 70 多岁的老百姓，养了 10 多只水獭，靠打鱼维持生活。隔一天放出去一次，快要放出去的时候，先把水獭关在深沟的闸门里，让它们挨饿，然后才放它们出来，不受撒网收网的劳累，可是却得到很多的收入。主人如果拍巴掌招呼它们，所有的水獭全都到来，在主人的身边和膝前呆着，驯顺得象守门的狗。在民间，渔民还会称呼水

陶缸（仰韶文化遗址出土，腹部绘有《鹳鱼石斧图》）

獭为“鱼猫子”、“水猫子”，聪明伶俐的水獭只要经过半年训练，就可以成为一只为渔民效劳的捕鱼能手。

鸬鹚捕鱼

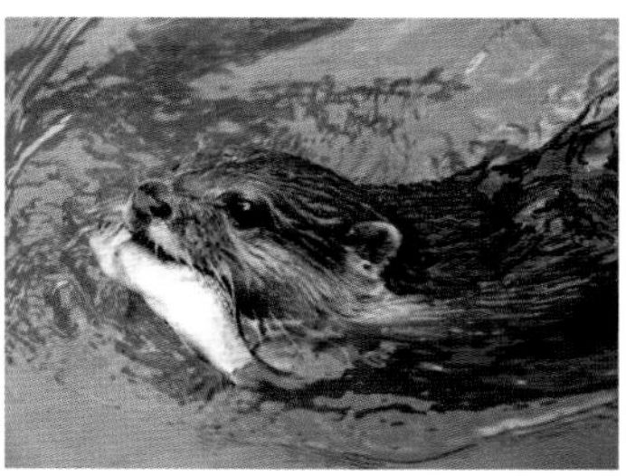
水獭捕鱼

鸬鹚是一种水鸟，俗称鱼鹰、水老鸦。野生鸬鹚体长最大可达 100 厘米，喙扁而长，善于潜水捕食鱼类。鸬鹚驯养和鸬鹚渔业，起源于先秦时期的三峡巴民族。巴人以鱼鹰捕鱼为业，也称“巴人鱼凫部”，是原始社会时期峡江地区以捕鱼为生的一个古老民族。出土于四川郫县的东汉画像石，渔船上一人掌舵、一人撑篙、一人纵使鸬鹚，描绘了秦汉时期巴蜀地区繁荣的鸬鹚捕渔业。唐朝诗人杜甫：“家家养乌鬼，顿顿食黄鱼”，就是描写长江沿岸巫山人养鸬鹚捕鱼的情况。北宋沈括（1031—1095 年），《梦溪笔谈》也记载：“蜀人临水居者，皆养鸬鹚，绳系其颈，使之捕鱼，得鱼则倒提出之，至今如此。”

鸬鹚捕到猎物后，一定要浮出水面吞咽，所以，渔民们在放出鸬鹚之前，一定要先在鸬鹚的脖子上套上一个草圈，这样，就可以防止鸬鹚将捕获的猎物吞下肚子。鸬鹚捕到鱼后，跳到渔民的船上，在渔民的帮助下将嘴里的鱼吐出来。鸬鹚很贪食，一昼夜它要吃掉 3 斤[①]重的鱼。一条 35 厘米长，半斤重的鱼它能一口吞下。鸬鹚吃饱后就不愿意下水，为使鸬鹚愿意下水，渔人一般不让其吃饱，使其有饥饿求食感，才利于捕鱼。在我国南方江河湖海中，常能见到驯养的鸬鹚帮助渔民们捕鱼。

3. 趣味渔法

渔法是长期从事鱼类捕捞的渔民，在捕捞活动中总结出来的各种捕鱼方法。古人云：“授人以鱼，不如授之以渔”，是说送给别人一条鱼能解他一时之饥，却不能解长久之饥；如果想让他永远有鱼吃，不如教会他打鱼的方法。除了一些常规的渔法之外，我们的祖先还发明出一些行之有效的、有趣、智能的渔法，真可谓之“穷极其趣”。

罧（shēn）是距今 3 000 多年前的周代创造的一种捕鱼方法，也叫做“槮”、“潜”。《说文》：“罧，积柴水中以聚鱼也。”就是将一些柴木堆放在水中，引诱鱼类藏匿栖息于缝隙间，成为鱼类繁殖生长、索饵和庇敌的固定场所，进而围而捕取。罧成为后世人工鱼礁的雏型。

小篆罧

① 1 斤现代为 500 克，秦代西汉时期约为 256 克，东汉魏晋时期约为 224 克，隋唐北宋时期约为 640 克，南宋以后至清代约为 600 克，全书参照此换算

罾（引自上海博物馆藏宋代名画）

声诱渔法。獄是汉代发明的渔法。在捕鱼时先敲打船板，利用声响驱赶鱼群而入网捕鱼，这是声驱结合网具捕鱼的最早记录。在捕鱼技术上，东晋时期出现一种叫鸣根的声诱渔法。捕鱼时用长木敲击板发出声响，惊吓鱼类入网。

拟饵。钓鱼要使用适宜的饵料，这是人们普遍了解的。据王充《论衡·乱说》篇载，东汉时期还创造了采用拟饵的新钓鱼法，用真鱼般的红色木制鱼置于水中，以之引诱鱼类上钩，这成为后世拟饵钓的先导。

画鱼法。此外，还有一种奇特罕见的"画鱼法"，苏辙《栾城集》中记有"吴人以长钉以杖头，以杖画水取鱼，谓之'画鱼'"，自注说是在"湖洲道中作"。

"鱼笼笑滩"法。明清时期，在太湖地区还有一种颇为有趣的捕鱼法，称作"鱼笼笑滩"。即利用鱼有逆水溯流的习性，在溪流中放入倒丝竹笼，再破竹横其上，借风、水激竹作响，鱼闻声即避下，遂陷笼中就擒。欲避灾，反罹难，可笑！故以此名之。

明代，东海黄鱼汛时，人们根据黄鱼习性和洄游路线，创造了用竹筒探测鱼群的方法，用网截流捕捞。声驱和光诱也是常用的助渔方法。

唐代渔法之多超过历代，除承袭前代的渔具、渔法外，还驯养禽兽鸬鹚、水獭捕鱼。机械起放罾网也已使用，据唐代《初学记》载，"罾者，树四木而张网于水，车挽之上下"。这种用机械代替人力起放大型网具的方法是一项较突出的成就。

4. 历史小故事

（1）"敝笱在梁，其鱼鲂鳏"的故事

"敝笱在梁，其鱼鲂鳏"出自《诗经·齐风·敝笱》，原文如下："敝笱在梁，其鱼鲂鳏。齐子归止，其从如云。敝笱在梁，其鱼鲂鱮。齐子归止，其从如雨。敝笱在梁，其鱼唯唯。齐子归止，其从如水。""敝笱在梁"，意为破鱼篓摆在梁上啊，鱼儿看了不害怕，文姜要回齐国啊，仆从多如云雨。这是一首春秋时期流行于齐国的诗歌，讲述了这样一个故事。

公元前694年春，鲁国国君鲁桓公畏惧齐国势力强大，要前往齐国修好。夫人文姜要一起去齐国，看望同父异母的哥哥齐襄公。文姜与齐襄公关系暧昧，民间早有传闻。鲁国大臣申繻（xū），因而向桓公婉言进谏道："女有夫家，男有妻室，不可混

淆。否则必然遭致灾殃。”桓公不加理会，带着文姜，由大批随从车骑簇拥着前往齐国做国事访问。在齐国他发觉文姜与齐襄公通奸，就责备文姜。文姜把这事告诉了齐襄公，齐襄公派公子彭生将鲁桓公害死在回国的车中。

鱼笱本来是一种竹编的捕鱼工具，摆在鱼梁上，本意是要捕鱼，可是篓是如此地敝破，大鱼、小鱼，各种各样的鱼儿都能轻松自如游过，那形同虚设的“敝笱”还有什么价值？捕鱼需要有严密的渔具，治理国家更要有严密的法律，才能“法网恢恢，疏而不漏”。诗歌除了讽刺鲁桓公的无能无用外，也形象地揭示了鲁国礼制、法纪的敝坏。

（2）齐国发展渔业民富国强

距今 2 000 多年前，周武王灭商建立周朝后，因开国功臣姜太公（姓姜名尚，字子牙）有功，周天子将齐地封予姜太公，建立齐国。齐国位于渤海之滨（在今山东省东北部），地瘠民贫，人民生活困难。姜尚受封齐地后，因地制宜，号召人民发展渔业生产。《史记・齐太公世家》记载：“太公治国，修政，因其俗，简其礼，通商工之业，便鱼盐之利，而人民多归齐，齐为大国。”姜太公尊重当地民风民俗，简政从俗，再用周礼予以同化。他主张充分利用这种得天独厚的海洋资源，使其转化为有利于国计民生的物质财富。由于齐国大兴渔盐之利，致力于发展海洋经济，为齐国打下了非常好的基础，使人民生活得以改善，人心多归向齐国，齐国因而强大。

春秋战国时期齐国的海域

鱼尊

齐国在东部开发中非常重视海洋，把海洋产业作为重要产业，使渔盐业及沿海交通贸易发展到很高的水平。《国语・齐语》：“鱼盐之利，通输海内。”渔业成为齐国经济的重要支柱。齐国由于“通鱼盐之利，国以殷富，士气腾饱”而成为“海之王国”，食盐和海产品为齐国富国强兵提供了经济保障。

到春秋时期，随着捕捞工具的改进，捕鱼能力有了很大提高。《管子》曾有记载：“渔人之入海，海深百仞，就彼逆波，乘危百里，宿夜不归。”由于有了较好的渔船，捕鱼作业已经能离开海岸进入较深的海域中，海运和对外商业贸易也发展起来，在桓公时期就“通齐国之鱼盐于东莱”，“国多财则远者来，地辟举则民留处”。由于齐国富足，远方的百姓都归附于齐国，在齐国定居下来。由于兴渔盐之利，齐国由地薄民寡的一个小国一跃而成为经济富庶、人口众多的强国，进而崛起成为春秋霸主、战国

铜鬲春秋时期炊具（出土于临淄区齐都镇葛家庄，现藏于齐国历史博物馆）

七雄之一。

（3）姜太公钓鱼——愿者上钩

姜太公像

喜爱钓鱼的人都知道，鱼竿、鱼钩、鱼饵是钓鱼的必要准备，可是大家知道吗？在古代有一个奇人却用鱼钩钓来了君王，而成就了自己的抱负。

话说商朝末年（大约距今3000多年前），姜尚（名望，字子牙）年近70，却怀才不遇，只当了一个下大夫（古代的职官名）。他来到渭水边（黄河的第一大支流，由陕西省潼关汇入黄河）隐居，天天钓鱼。他钓鱼与众不同，竿短线长，钩直无饵。一天，一个打柴人来到溪边，见太公用不放鱼饵的直钩在水面上钓鱼，便对他说："老先生，像你这样钓鱼，100年也钓不到一条鱼的！"太公举了举钓竿，说"对你说实话吧！我不是为了钓到鱼，而是为了钓到王与侯！"

太公奇特的钓鱼方法，终于传到了西伯侯姬昌（周文王）那里。姬昌就主动跟他交谈，并向他请教治国兴邦的良策。姜尚说：要治国兴邦，必须以贤为本，重视发掘、使用人才。求贤若渴的姬昌，认定此人正是他所要寻访的治国大贤。于是，亲自把姜尚扶上车辇，一起回宫，拜为太师，尊称"太公望"。

姜太公自遇到周文王后，英雄便有了用武之地。他从此放下钓竿，辅佐文王和武帝，推翻了商纣王的暴政，建立了周朝的天下。后人称这件事为"姜太公七十遇文王"。白居易在《渭上偶钓》诗中评论得最中肯："昔日白头人，亦钓此渭阳。钓人不钓鱼，七十得文王。"意思是姜太公在渭水钓鱼，实际上是等待时机。

姜尚是中国古代著名的军事家、政治家。先后辅佐了六位周王，寿至139岁。因是齐国开国始祖，而尊称"太公望"，民间称其"姜太公"。

（4）里革断罟匡君

在中国古代文献中，不光有保护环境的思想，还记载有严格执行环境保护法令的故事。《国语·鲁语上》："宣公夏滥于泗渊，里革断其罟（渔网）而弃之。"说的是春秋时期（公元前608年—前591年），在一个夏天鲁国国君鲁宣公到泗水（发源于山东蒙山南麓）撒网捕鱼，大夫（古代官名）里革出来干涉，说根据祖先规定的制度"夏三月，川泽不入网罟"（在每年夏天鱼类生长季节，不能到河里捕鱼），鲁宣公的做法违反了古制。里革不但把鱼网割断扔进水里，而且大声向鲁宣公宣讲古训："且夫山不槎（chá）蘖（niè），泽不伐夭，鱼禁鲲鲕（èr），兽长麑麇，鸟翼鷇（kóu）卵，虫舍蚳（chi）蝝（yuán），蕃庶物也，古之训也。"为了保护草木鸟兽鱼虫，使之繁衍生息，山上再生出来的树条不得再砍，水中未长大的水草不能割，捕鱼不捕小鱼，捕兽不捕幼兽，不能摸鸟蛋破壳卵，不能破坏未成形的幼虫，这是为了使万物繁殖生长。现在正当鱼类孕育的时候，却不让它长大，还下网捕捉，真是贪心不足啊！

宣公听了里革的规谏，不仅不恼，还立即向里革认错："我有过错，里革便纠正我，这不是很好的吗？他使我认识到古代治理天下的方法"，并重用了敢于直言劝谏的里革。这里的古训可以理解为就是法令，能以保护环境的法令制止君王的违法，说明古人对环境保护是多么的重视！

匡君，有匡辅君主之意。汉字"匡"是由一个倒塌了一面墙的方框和一个王组成。方框，指一个封闭、独立、安全的系统，如国家。当它的一面墙被推倒之后，说明这个系统受到了严重破坏，处于其内部的王的统治地位遭到威胁，随时都有被推翻的危险，这时极需王的忠于者竭力保卫其地位，所以匡具有挽救、辅佐之意。里革通过割断渔网来纠正鲁宣公，在古代是一种匡君救国的行为。

（5）鹬蚌相争，渔翁得利

鹬是一种长嘴水鸟；蚌是一种有贝壳的软件动物。一天，鹬鸟迈着两条又长又细的腿在河滩上寻找食物，突然看见一只河蚌。鹬鸟悄悄地走去，伸出了它的大嘴巴，猛的捉住了甲壳内的蚌肉。河蚌突然受到了袭击，急忙将坚硬的甲壳闭合，甲壳像把钳子似的紧紧夹住鹬的长嘴巴。鹬鸟用尽全身力气想拉出蚌肉来。河蚌却死死地夹住鹬的长嘴巴。

鹬蚌相争，渔翁得利

鹬鸟和河蚌谁也不肯相让，相持不下，双方争吵起来。鹬鸟威胁河蚌说："你若不张开甲壳，今天不下雨，明天也不下雨，你会被晒死在这里的，赶快张开甲壳吧！"河蚌也不甘示弱地说："我就是不张开甲壳，我把你狠狠地夹住，你今天拔不出来，明天也拔不出来，你非憋死在这河滩上。"鹬鸟和河蚌互不相让，死死地纠缠在一起。正在这时，一个老渔夫从河滩路过，看见鹬蚌相争，没有费多大力气，把两个一起抓住，高兴地拿走了。

“鹬蚌相争”是战国时谋士苏代游说赵惠王时所讲的一则寓言故事。当时赵国正在攻打燕国，苏代认为赵国和燕国争战不休，不过是“鹬蚌相争”而已，必定让秦国得“渔翁之利”。今天这篇寓言告诉人们，比喻双方争执不下，两败俱伤，让第三者占了便宜。

5. 捕鱼民俗

（1）渔民的捕鱼经——渔谚

渔民晾晒鱼鲞

洄游是鱼类生命活动中的重要现象，鱼类通过洄游得以完成其生活史中诸如生殖、索饵、越冬、成长等各个重要环节。处于洄游时期的鱼类，往往集合成群，向一定方向做有规律的运动，能在一定时期、一定地点大批出现，因而形成了捕捞的旺汛。渔民在长年累月的捕捞实践中，掌握了这种洄游规律，适时地出海捕捞，而且把这种规律总结成简明扼要的谚语，世代相传，成为一种“捕鱼经”。

小黄鱼是一种暖水性近海洄游鱼类，在每年春分前后集群进入近海渔场产卵，在产卵期间会发出叫声，谷雨前后发得最旺，直到立夏前后产卵完毕，又洄游去外海。所以，渔民就有“春分起叫攻南头”、“清明叫，谷雨跳”、“正月抲鱼闹花灯，二月抲鱼步步紧，三月抲鱼迎旺风”、“岸上桃花开，南洋旺风动”、“癞司（蛤蟆）跳，黄鱼叫”等谚语。渔民还从节气迟早和水温寒暖，来判断鱼发的好坏。小黄鱼一般在清明前后是旺发期，但是小黄鱼是一种暖水洄游鱼类，天气暖得早，平均气温高，鱼发就有希望比较好，因此，渔民中又有了“二月清明鱼似草，三月清明鱼似宝”、“二月清明鱼迭街，三月清明断鱼卖”等谚语，意思是说清明在二月份，天暖得早，鱼发得好，捕的鱼多得像草一样迭满街；如果清明节在三月里，捕点春鱼就像宝贝一样，街上“断鱼卖”。

大黄鱼，一般是在立夏前后开始进入近海集群产卵，直到夏至结束，所以又有“大黄鱼勿叫，小满水勿旺”、“落洋夏至鱼满舱，上洋夏至吭鱼鲞”、“洋生花开黄鱼来”、“山景好（天时暖）渔汛好，大麦黄、渔汛旺”、“大麦秆，鱼眠床，麦秆收起好晒鲞”，说明到了“洋生花开”、“大麦黄”、“山景好”的季节和气温，就是大黄鱼旺发的先兆。

（2）查干湖冬捕

查干湖，位于吉林省的西北部，是吉林省最大的内陆湖泊。

查干湖，蒙古语为“查干淖尔”，意为“白色圣洁的湖”。查干湖的自然资源丰富，除了盛产鲤鱼、鲢鱼、鳙鱼、鲫鱼等鱼类资源，还是天然植物和野生动物的天堂，是国家级自然保护区。

查干湖祭湖醒网仪式

传说成吉思汗西征时到过查干湖，从此蒙古族世代生活在这里，并以渔猎为生。查干湖冬捕已有久远的岁月了，冬捕前要举行祭湖醒网等仪式，据说这一习俗延续到现在已有几百年的历史了。届时，震天的锣鼓，轰鸣的法号骤然响起，身着紫红色蒙古袍的喇嘛吹奏着海螺、牛角号；身穿蒙古袍落腮虬髯的族人首领带领数十名族人；蒙古族少女手托洁白的哈达；鱼把头带领数十名渔工拉着装满冬捕鱼具的爬犁伴着传统的鼓乐跳着、舞着，威武地进入祭湖醒网场地。渔把头左手端起盛满醇香奶酒的大木碗，面对苍天圣湖高声诵祭湖词，随后双膝跪在冰面上，用右手中指沾酒分别弹向天空、地面，然后将碗中的酒倒入湖面凿出的冰洞，众喇嘛也边诵经文边将供桌上的供品抛入冰洞。渔把头接过哈达系绕在插满松柏枝的敖包上，蒙古族青年欢跳着将手中的糖果抛向人群，将桶里的牛奶酒向天空、地面。在喧闹的鼓乐声和炸响的鞭炮声中，在查玛舞的跳动中，人们从积雪里向湖中急驰而去。冬捕是蒙古族马背民族在冰天雪地里独具韵味的一项渔猎活动。

鱼把头咏醒网词

收网

查干湖从每年的 12 月中旬开网至次年的 1 月中旬收网，鲜鱼总产量可达 100 多万公斤。数九寒天，冰天雪地，雪花漫天席卷，近千人冰上作业，几十辆机动车昼夜运输，每天数万斤鲜鱼脱冰而出，其规模之大，产量之多，堪称奇观。2009 年，查干湖冬捕又以单网产量 16.8 万公斤刷新了吉尼斯世界纪录。2008 年，查干湖冬捕被列为国家级非物质文化遗产。查干湖保护区目前正积极申报世界非物质文化遗产，将这千年冬捕习俗更好地保护沿袭下去。

丰收

（3）谷雨时节出海打鱼习俗

谷雨是农历二十四节气的第六个节气，每年 4 月 19—21 日视太阳到达黄经 30° 时为谷雨，源自古人“雨生百谷”之说。对于地处北方的黄海渔民来说，这时冬天游往深海和南方海域避寒的对虾、黄鱼、带鱼、青鱼、鲐鱼、鲳鱼、鲍鱼……又先后游回黄海、渤海觅食和产卵了。正如当地渔谚所说：“谷雨一到，百鱼上岸”。山东荣成一带海域是鱼群必经之地，这时鱼群多、鱼儿大，是捕鱼的黄金季节。于是，渔民在痛痛快快地过了谷雨

祭海

谷雨节

蒸馍

节后，便可连续出海一个多月了。这也就是山东沿海渔民如此看重“谷雨节”的来由。

渔民在出海前，还要举行祭海活动。祭海是为了祈求海神保佑渔民出海平安，鱼虾丰收。谷雨这天，家家香烟缭绕，鞭炮连天。渔民抬着整猪至海边设供，祭海祈丰收，保平安。祭毕，他们或盘坐船长家的坑上，或在渔港码头、海边沙滩欢聚，大块吃肉，大碗喝酒，划拳猜令，尽情痛饮，必欲一醉方休。谷雨节要喝个痛快，这是渔村古俗，据说这样才能一年百事如意。倘若把剩酒带回家去，这一年便会触霉头的。

传统的谷雨节，盛况有如过年。节前几天，家家忙着杀鸡宰鸭，买肉打酒，妇女们还要蒸制象征吉庆的红枣大馍。手巧的妇女还得用面团做成白兔、蒸熟。谷雨清晨，待出海捕鱼归来的丈夫提着大鱼进家时，便出其不意地把白兔塞进他怀里。“打个兔子腰别住”是本地的古老风俗，她们让丈夫怀揣象征吉祥的白兔，祝福亲人出海平安、捕鱼丰收。

在我国北方沿海一带渔民们，过谷雨节已有2000多年的历史，到清朝道光年间（1821年），易名为渔民节。今天，随着经济的发展，往日的谷雨节已经演变为集观光旅游、经济技术贸易洽谈和海洋渔业博览为一体的大型综合性盛会。

（4）赫哲族人与大马哈鱼的不解之缘

赫哲人世代居住在东北地区北部的松花江、黑龙江和乌苏里江沿岸，是一个以捕鱼为生的民族。他们曾因穿鱼皮衣而被称为“鱼皮部”。赫哲人居住的三江口一带盛产各种鱼类，尤以鳇、鲟和鲑鱼（大马哈鱼）著称，这种特殊的地理环境及独有的渔业生产资源，为赫哲人从事捕鱼生产创造了得天独厚的条件。

大马哈鱼，又称鲑鱼，属洄游性鱼类。每年中秋之后，马哈鱼从鄂霍茨克海峡游到乌苏里江、黑龙江，在这里繁衍。幼苗在江水中越冬，翌年 5 月开始离开家乡，游回遥远的鄂霍茨克海，在大海中生活 3~5 年后，便长成体重达 5 公斤的鱼，再成群结队游回它们出生的江河再繁衍后代，便结束自己的一生。赫哲族人说，马哈鱼洄游时是一群群的，几乎铺满了江底。所以，在捕捞之际，渔民们连夜下网拦截，不然过了这个“村”，就没这个“店”了，如果捕不到，它们会一直游向大江有河流后而死去。

身穿鱼皮服的赫哲族人

赫哲人对大马哈鱼有着深厚的情感，可以说，赫哲族人是大马哈鱼养大的。在过去，他们吃的是大马哈鱼，穿的是大马哈鱼皮做的衣裳。甚至以吃大马哈鱼的次数来计算自己的岁数，吃过几次大马哈鱼就是几岁。渔民们每当捕到大马哈鱼时，破腹取籽，一条大马哈鱼有 3 500~5 000 粒鱼子，足有 1 公斤重。大马哈鱼子有豆粒般大，晶莹透明，像一颗颗玛瑙，含有丰富磷酸盐、钙质和维生素 A、维生素 B 等物质；鳇鱼子则是黑色的，略小于芝麻，两种鱼子撒上盐便可食用，咬碎后，犹如吃鱼肝油丸。

大马哈鱼去鳞剥皮，从脊背上割下厚厚鲜嫩的鱼肉，剁成肉泥，加少许盐，用水搅拌，然后做成大马哈鱼肉丸子，汆入滚开的水中，是最鲜美的吃法。还有一种吃法就是将鱼肉剁成方块放在碗里，加上调料葱姜蒜清蒸，吃起来也非常香。

赫哲族的“网滩”鱼宴极为丰饶而又别具边陲风味，人们把在江边野餐称为赫哲族鱼宴，尤其是有客人到来时，“网滩”上来时，鱼宴之丰富常令来者大快朵颐、赞叹不已。

赫哲族制作桦树皮船

烤塔拉哈

二、养　鱼

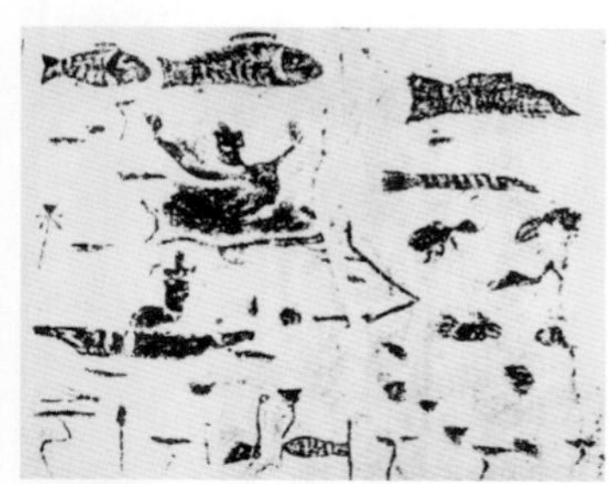
采莲汉画像砖（四川新都县出土）

现在，我们从市场上购买的淡水鱼类和海水鱼类大多数都是人工养殖的。那么，人工养殖鱼类的历史从何而起呢？

我国人工养鱼肇始于商、周时期。《陶朱公养鱼经》是我国最早的养鱼文献。从《齐民要术》中，得知其主要内容包括选鲤鱼为养殖对象、鱼池工程、选优良鱼种、自然产卵孵化、密养、轮捕等，是中国最早的一部养鱼专著。从捕捞天然鱼类到人工饲养，从靠天吃鱼到人工养鱼，人类可以完全控制鱼的生长发育成活，是人类渔业史的一大进步。

捕鱼画像石（山东省微山县两城镇出土）

1. 池塘养鱼

中国以池塘养鱼著称于世。汉代（距今 2 200 多年前）是中国池塘养鱼的起始时期，开始利用小水体（人工挖掘的鱼池、天然形成的池塘等）进行人工饲养。至武帝初年，上至王室、豪强地主，下至平民百姓都从事池塘养鱼经营。《西京杂记》说，汉武帝在长安筑昆明池，用于训练水师和养鱼，所养之鱼“以给诸陵祠，余付长安，市鱼乃贱”，除了祭祀之外，多余的鱼都在长安市场上销售，鱼的价钱变贱。《史记 · 货殖列传》有“水居千石鱼陂——此其人皆与千户侯等”。意思是一个以大池养鱼的

池塘人工养鱼（《中国古代农业科技史图说》167 页）

元代售鱼

人，每年卖鱼的利润，相当于一个千户侯的收入。可见贩鱼获利之丰厚。自此，汉代进入大面积的淡水养殖历史。在汉画像砖中，我们经常可以看到田庄中多有鱼塘，塘中多养鱼。达官贵族常利用苑圃池沼养鱼以供观赏和享用。

汉至隋唐时期主要以人工池塘饲养鲤鱼为主。鲤鱼具有分布广、适应性强、生长快、肉味鲜美和在鱼池内互不吞食的特点。同时有着在池塘天然繁殖的习性，可以在人工控制条件下，促使亲鲤产卵、孵化，以获得养殖鱼苗。海水养殖、河道养鱼，始于明代。河道养殖的特点是将河道用竹箔拦起，放养鱼类，依靠水中天然食料使鱼类成长。

宋元明清时期主要饲养四大家鱼青、草、鲢、鳙，在养殖技术上有较大程度的提高，养殖区域也随时间在不断扩展。这是中国古代养鱼的鼎盛时期。

2. 稻田养鱼

中国的稻田养鱼历史悠久，大约在东汉末年就已出现。魏武《四时食制》中称："郫县（今成都西北）子鱼，黄鳞赤尾，出稻田"。1978 年，陕西勉县东汉墓出土了一件红陶水田模型，左边为塘库，内塑有草鱼 3 条，鲫鱼 3 条，鳖 3 只，蛙 1 只，田螺 2 只，被认为是稻田养鱼的证据。到了唐代，据《岭表录异》载，广东一带将草鱼卵散养于水田中，任其取食田中杂草长大，"既为熟田，又收渔利"。用这种水田种稻无稗草，所以被称为"齐民"的良法。

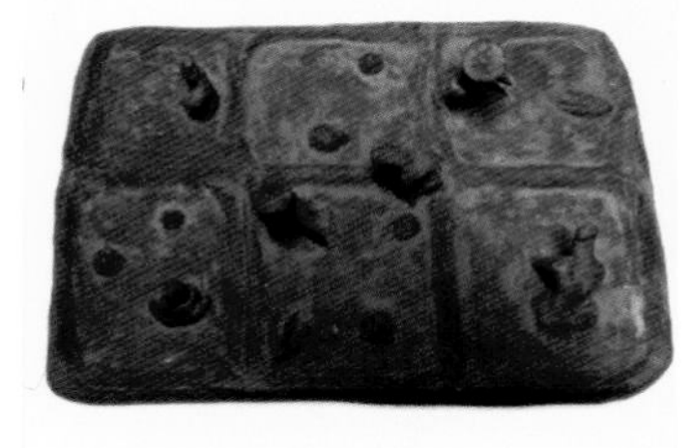
汉代四川峨眉县稻田养鱼模型

青田县龙现村稻田养鱼

若从东汉末年算起，由此可以推算我国稻田养鱼已经有 1 800 多年的历史了。而龙现村所在的青田县及其邻近的永嘉县也已经有 1 200 年的稻田养鱼历史了，村里家家户户房前屋后都有鱼塘，现在村里人还有送出嫁女儿田鱼（鱼种）作嫁妆的习俗。利用稻田水面养鱼，既可获得鱼产品，又可利用鱼吃掉稻田中的害虫和杂草，排泄粪肥，翻动泥土促进肥料分解，为水稻生长创造良好条件，一般可使水稻增产一成左右，获得鱼米双丰收。此外，由于稻田养鱼将水稻种植业与水产养殖业结合起来，互相利用，形成新的生态农业，因此具有较好的经济效益和社会效益。

世界农业遗产是人类文化遗产的一部分，世界农业遗产保护项目是对全球重要的受到威胁的传统农业文化与技术遗产进行保护。2005 年 6 月 9 日，联合国粮农组织为浙江省青田县龙现村的稻田养鱼举行世界农业遗产的挂牌仪式，从此龙现村成为全球首批四个重要的农业遗产保护点之一。龙现村正是以其“稻田养鱼”的历史、文化、生态、经济价值，被联合国粮农组织所关注的。

3. 中国人的当家鱼——“四大家鱼”

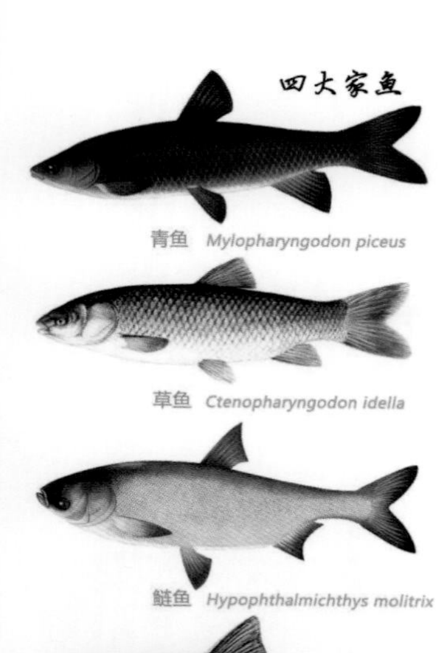

四大家鱼

四大家鱼，指人工饲养的青鱼、草鱼、鲢鱼、鳙鱼。四大家鱼都属于鲤形目，鲤科。鲢鱼又叫白鲢、跳鲢。在水域的上层活动，吃绿藻等浮游植物；鳙鱼的头部较大，俗称“胖头鱼”，又叫花鲢。栖息在水域的中上层，吃原生动物、水蚤等浮游动物；草鱼俗称鲩、东北人称为草根。生活在水域的中下层，以水草为食物；青鱼栖息在水域的底层，吃螺蛳、蚬和蚌等软件动物。四大家鱼生活在淡水中，分布在水的下层、中层、中上层。由于它们具有生长周期短、抵抗力强的特点，经过人们 1 000 多年来的饲养经验，因此，被选定为池塘混养高产的鱼种。

中国是世界上最早养殖四大家鱼的国家之一。在唐代以前，鲤鱼是最为广泛养殖的淡水鱼类。但是因为唐皇室姓李，所以鲤鱼的养殖、捕捞、销售均被禁止，渔业者只得从事其他品种的生产。唐代末期，中国人开始饲养草鱼。由于大江中草鱼、青鱼、鲢、鳙等的繁殖期大致相同，渔民捕得草鱼苗时，也会捕得其他几种鱼苗，成为中国养殖草鱼、青鱼、鲢、鳙这 4 种著名鱼类的起始。

北宋时，四大家鱼在更广泛的区域养殖，在长江、珠江的养殖逐渐兴盛起来。根据周密（1232—1298 年）《癸辛杂志》的记载，四大家鱼鱼苗的捕获、运输、筛选、贩卖已经达到专业化程度，而且，宋代产生了四大家鱼混养技术并迅速普及。混养技术不仅充分利用了养殖资源，提高饵料的利用率，同时丰富了鱼户的产品结构，降低了生产的风险。

一直以来，四大家鱼都是中国人饭桌上的当家鱼、大众水产品。尽管近几年水产品市场上种类日益丰富，但“四大家鱼”的江湖地位还没有消失，还没有退出大众的餐桌！

4. 中国古人培育的观赏鱼——金鱼

金鱼是中国特有的观赏鱼。金鱼起源于我国野生的橙黄色鲫鱼，是由鲫鱼演化而成的观赏鱼类。到宋代（960—1276 年）金鱼进入家养时期。人们开始用池子养金黄色鲫鱼，金鱼的颜色出现白花和花斑两种。北宋开宝年间（968—975 年），吴越刺史丁延赞在嘉兴城西北一个池子发现金鲫鱼，称该地为金鱼池，后建为金鱼院，成为一方名胜。

金鱼

金鱼是历代宫廷不可缺少的观赏鱼类。北宋政治家、文学家、思想家王安石曾在诗中写道："珠蕊受风寒天下暖，锦鳞吹浪日边明"，从诗中可见当时宫廷游钓金鱼的盛况。苏东坡在杭州任职时的诗作"我识南屏金鲫鱼，重来附栏散斋余"，也说明了杭州寺院内饲养的金鱼为文人骚客所喜爱。宋高宗赵构（1107—1187 年）建都杭州后，在德寿宫中建有养金鱼的鱼池，在高宗皇帝的倡导下，杭州的达官贵人养金鱼成风。据宋岳珂《桯史》记载，有的官吏到四川赴任，还专门用船装金鱼随任蓄养，可见当时的盛况。由此也出现了专门蓄养贩卖金鱼的人，并在蓄养过程中逐步培育出不少新品种，如金色、玳瑁色金鱼等。

金鱼饲养在明清时期发展更为普遍，进入了盆养和人工选择培育新品种的阶段。明代本草学家李时珍《本草纲目》中说，"宋始有蓄者，今则处处人家养玩矣"，"金鱼有鲤鲫鳅鳖数种，鳅鳖尤难得，独金鲫耐久，前古罕知"，当时金鱼的花色品种之多已难胜计。明代张谦《硃砂鱼谱》所载有 24 种颜色，鱼尾有 3 尾、5 尾、7 尾和 9 尾的。至清末时期，根据金鱼各个部位的不同特征，已出现了许多不同的品种。

中国金鱼以其斑斓的色彩、动人的姿态，受到世界各国人们的喜爱。根据日本学者松井佳一（1934 年）的研究，中国金鱼传至日本的最早记录是 1502 年。17 世纪中国金鱼才输入欧洲，输入最早的国家是葡萄牙。1665 年，中国金鱼也传到了英国皇家，至 1853 年，伦敦动物园已建成世界上第一个鱼族馆，主要饲养金鱼供游客观赏。金鱼传到美国是在 1874 年。现在世界各国的金鱼都是直接或间接由我国引种的。

北京饲养金鱼已有年头了，据说早在元代京城的太液池等处饲养金鱼，还在崇文门外、天坛北面，有一处京南低洼之处建立了金鱼池。到了明代时，京城养金鱼之风为最盛。到清代时，这里有了上百个养鱼池，随之也形成了专门饲养金鱼的行业。他们将最好的品种进贡于朝廷，余下的金鱼就上市叫卖，成为那时王公贵族、大小官员、商贾以及平民百姓在自家庭院中不可缺少的摆设，无论是大宅院及普通小院落里都有鱼缸陈设，养金鱼在京城中蔚然成风。

三、狩　猎

距今大约300万年前，原始人类为了获取食物就开始了狩猎生活。肉食是早期人类的重要食物，“食其肉、饮其酪、衣其皮”，野生动物为人体提供必需的衣食来源，因此，他们在实际生活中将狩猎作为主要的谋生手段。

在飞禽猛兽的自然界生存下来，除了合群互助之外，很重要的是人能制作和使用狩猎工具。我们的祖先就地取材，山野中的石头、木棒，稍加打磨就成为早期人类猎杀动物的工具。到大约1万或2万年前左右，由于采集、狩猎经济的长期发展，人口也逐渐增长，使野生动植物资源遭到越来越严重的破坏，导致严重的生存危机。采集、狩猎已难以养活越来越多的人口，于是人们被迫不断地改进狩猎技术，提高狩猎效率。

农业的发明，使狩猎活动在生产实践中日益退居次要地位，而越来越变成一种消遣和娱乐，受到比较严格的限制。而在游牧民族那里，狩猎却是人们重要的生产活动，也是不可或缺的娱乐方式。

嘉峪关黑山岩画《狩猎图》

1. 狩猎工具

我们的祖先在长期的狩猎活动中积累了丰富经验，他们根据猎物的不同特点制造狩猎工具和选择各不相同的手段。猎取体形大小类似野兔的小动物时，用罘网兔罟；猎取鹿类等体形较大并善于奔跑的动物时，或用弓箭远射、或用车辆追赶。猎杀草食性动物，用钝椎击杀；猎杀危险的肉食性动物，则用利刃刺杀。若要活捉走兽，便投掷飞石索缠住兽腿；若要活捉涉禽，便寻找机会弋射缚之。猎取体形较小的鸟类，用带长柄的网；猎杀体形较大行动敏捷的雉类，则用弓箭。充分反映出古代人的聪明才智。

铜壶第一层左侧饰有两个竞射者，一个引弓待发，另一个箭刚离弦。在靶旁有一个佩剑举旗的裁判。图下方还有5人执弓挟箭，准备竞射。第二层右侧为弋射和习射图，天上飞鸟成群，地上有4人仰射飞鸟。第四层饰猎人持矛追杀禽兽的图案。生动地反映了春秋战国时期生产、生活、军事、礼俗的多个侧面。

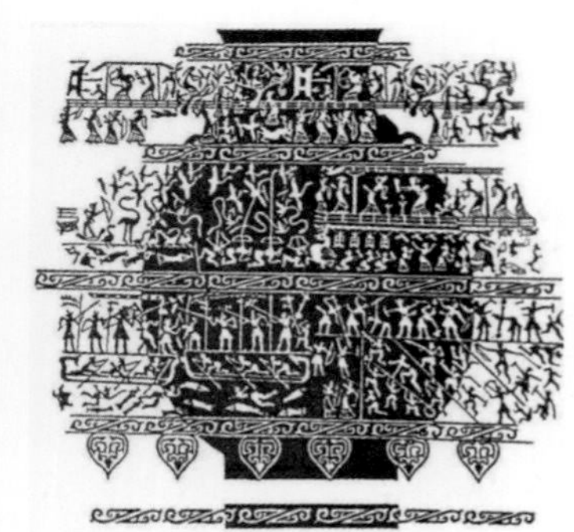

战国采桑宴乐射猎攻战纹铜壶

砍砸器、刮削器

1964 年，考古工作者在陕西蓝田遗址发现了砍砸器、刮削器、大尖状器、手斧和石球等，说明距今近百万年前的蓝田人已能制造石器来猎杀动物，只不过这些石器非常简陋而已。在距今 60 万年前，山西芮城匼（kē）河遗址，除发现砍砸器、刮削器、尖状器外、还有石球出土。旧石器时代的早期遗址贵州观音洞，出土有 3 000 多件石器，多数是刮削器、也有少量的砍砸器和尖状器。

山西丁村尖状器

矛

在原始社会，人们用锋利的石器将木棒一端削尖，打制成的刺杀工具叫做矛。距今 1.8 万年前，猎取大型野兽是周口店“北京人”的经常活动。在其遗址中，有野猪、斑鹿、肿骨鹿、德氏水牛、梅氏犀、三门马、狼、棕熊、黑熊、中国鬣狗等，当时“北京人”狩猎的主要工具是木矛，是由木棒加工而成的。木矛在狩猎活动中用于近距离的投刺。

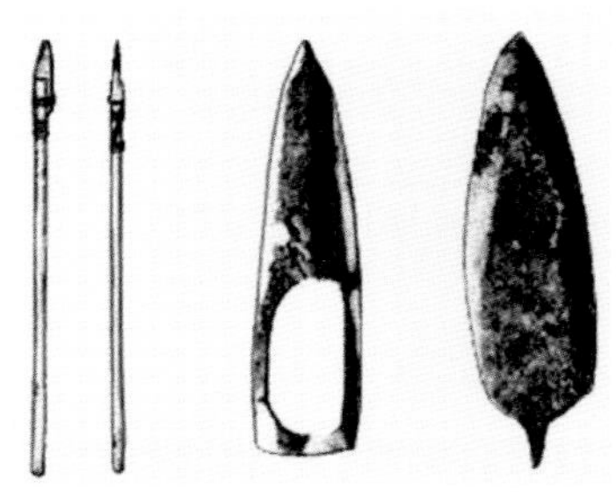
山东大汶口遗址出土的骨矛、石矛及复原图

原始人手中的矛，随着狩猎经济的发展，其矛头也由旧石器时代晚期的石矛，发展到新石器时代的骨矛。与木矛相比，用石头或动物骨角制造的矛头，绑缚在长木柄上，更加锋利、尖锐，也更具杀伤力。通过臂膀有力的刺杀，石矛、骨矛既能猎捕林中奔跑的兽类，也能刺杀水中游弋的鱼类。

到商朝时期，青铜冶炼技术的进步，使青铜主要用于铸造矛头，大量用于战争。曾在殷墟侯家庄出土了一层成捆的青铜矛，

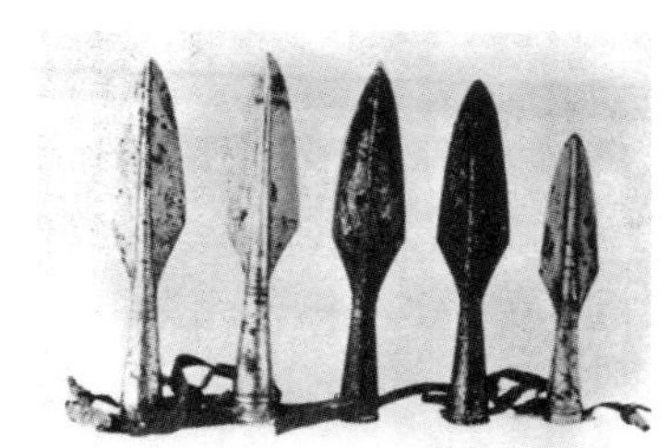

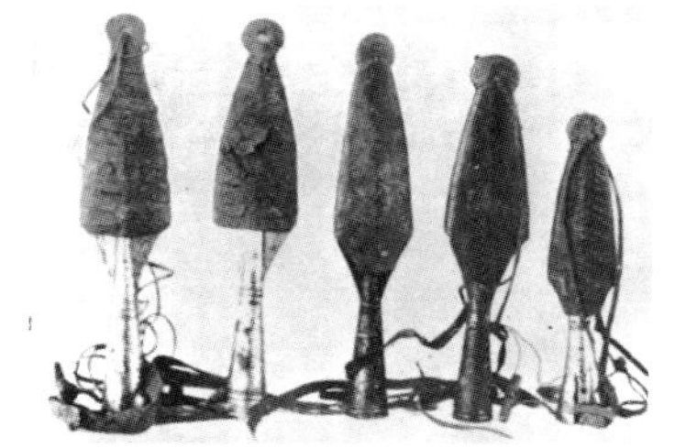
激打头

《皇清职贡图》中费雅喀人手持激达行猎

俄国画家巴夫里斯笔下手持“激达”的那乃（赫哲）勇士

每捆10支，共700余支，可见那时青铜矛的制造量已经很大了。战国时期出现了铁矛。据《荀子·议兵篇》记载，那时南阳一带出产的铁矛，质地优良，刺在人身上，就像黄蜂一样凶，蝎子一般狠。西汉时骑兵是军队的主要兵种之一，专供骑兵使用的长矛，全长一丈八尺，称为“稍（shuò）”。这种长矛稍一直到唐代仍被看作重要兵器，不许民间持有。

在使用火器之前，弓箭和扎枪是达斡尔族、赫哲族猎民们狩猎生产最主要的工具。赫哲族将汉族人使用的扎抢叫做“激达”，铁制激达抢头长短不一，长度大约在15~30厘米，扁平尖锐，两边有锋利的刃，安在两三米长的硬木柄上，用它来猎获野兽或自卫。凡是猎捕大兽，必须有两个以上勇敢、力壮的人拿着扎枪才行，否则，很容易被野兽伤害。在火器传入之前，激达是刺杀野猪、熊、虎、鹿等大野兽最得力的狩猎工具。

石球

飞石索

投石索狩猎（《中国古代农业科学技术史》）

经过漫长的摸索，史前人终于打制出与砍砸器、刮削器等性能完全不同的另一类石器——石球。根据考古报告，距今75万~100万年前的蓝田人，已经懂得打制和使用石球。50万年前的北京猿人，10万年前的丁村人所生活的环境里，也都有石球出土，大者1 500克，小者200多克。据考古人员分析，这些石球是旧石器时代原始人类从事狩猎活动使用的投掷工具。

原始人将石球用藤索系起，制成“飞石索”，作投掷的猎具。在狩猎中借力抛出，其投程远，利用旋转力缠、击野兽，将其猎获。中国旧石器中期和晚期，飞石索已用于捕猎野马、野牛、犀牛、大象等大型哺乳动物。

石球在狩猎过程中是如何使用的呢？据研究，早期的狩猎民在使用石球时，除了直接用石球砸向动物外，还可能用另外两种方式从事狩猎，一是绊绳索；一是飞石索。绊绳索是用一根长木杆栓一条5~6米的绳子，在绳的另一端拴上石球，当遇到野兽时，猛地向野兽抛去，绳索接触野兽后，石球借助惯性，迅速地缠绕其身体，以达到擒获的目的。飞石索即是绳子两端各捆绑一个石球，有单股、多股、三股飞石索之分，可以远距离投向野兽，缠绕并击伤之。射程可达五六十米，远的可达百米。

许多处于原始状态的民族，在历史上都使用过“飞石索”。居住在中国大西南的纳西族和普米族，过去就曾使用过飞石索。他们用一根60厘米长的绳子，绳子一端有一个指扣，以便于用手握住。另一端拴一个石球，或者分成两股，每股绳头上系着一个石球。使用时，摇动右臂，使球与索以手臂为中心旋转，达到一定速度时，对准一定方向和目标，球索就沿抛物线飞越而出，击伤或绊倒野兽。

现代武术器械中“流星锤”就是以飞石索为雏形制造的。流星锤用金属造就，粗壮呈棒槌形，狼牙张扬，杀气腾腾，以一个链子系住尾端，需要力大无穷者抡臂挥之，是武侠小说中经常出现的暗器。

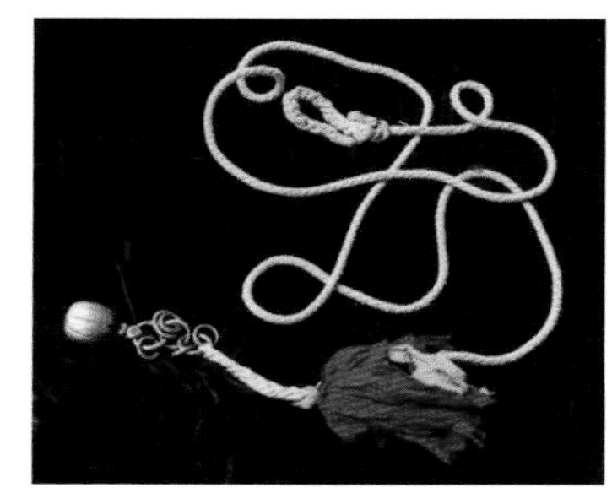

现代武术器械“流星锤”

单

“单”，在现代汉语词典中意为单独、单一、不复杂等义。但在古代，“单”是一种打猎工具，也可用作杀敌的武器。从甲骨文、金文的单字看，其状像带杈的木棍形，可以用来刺击或抵挡野兽；在丫杈两端和分叉处各捆上石头，以增加袭击的力量，也可以甩出去击伤猎物。这种狩猎工具可能是在“飞石索”的基础上发展而来的。

“单”这种狩猎工具盛行于原始时代，后世罕见。但现今，单字其本义已渐消失，罕为人知。单，如今既可单用，也可作偏旁。凡从单取义的字皆与狩猎或战斗的工具等义有关。

以单作义符的字有：獸、蘄。

以单作声兼义符的字有；战（戰）、彈，撣。

以单作声符的字有：鄲、闡、嬋、憚、殫、禪、癉、簞、蟬、觶、驒、鼉。

、（甲骨文）；、（金文）；（小篆）。

弹弓

说到弹弓，在我们儿时的印象里，好像就是男孩子们手里的游戏玩具。在一根“丫”字形的树枝桠上系上皮筋，皮筋中段系

小孩子玩的弹弓

上一包裹弹丸的皮块。皮筋拉力越大，弹弓的威力也越大。

在古代，弹弓是用来打猎的工具。弹弓的原理与弓箭的原理相同，都是利用弹射力来进行发射，只是弹弓用的是弹丸，而弓箭用的是箭矢。春秋时期，越国的国君勾践向楚国的射箭能手陈音询问弓弹的道理，陈音在回答时引用了《弹歌》。歌曰："断竹，续竹，飞土，逐宍（ròu）。"意思是：去砍伐野竹，制成弹弓；打出泥弹，追捕受伤的猎物。形象地描写出了包括制造工具在内的狩猎活动过程。《弹歌》是一首远古民歌，反映了原始社会狩猎的生活。

在古代传说中，泰山诸神爱好狩猎，其猎必用弹弓。《西游记》、《封神传》中的二郎神是泰山诸神之一，常携猎犬，挟弹弓，终日驰猎。长孙晟是隋朝著名军事将领，善弹射。《隋书·长孙晟列传》："性通敏，略涉书记，善弹工射，矫捷过人"。一日，有鸢群飞，隋文帝对长孙晟说："公善弹，为我取之。"结果长孙晟十发俱中，鸢鸟纷纷应声而落。弹弓虽小，也非雕虫小技，练得一流射术并不容易。

弹弓的威力相对于弓箭来说要差很多，即使用于打猎，也只能是猎取飞禽和兔子之类的小型动物。但由于弹弓比弓箭轻便易携带，使用起来也比较方便，且近距离的杀伤力也不弱，因此在民间流传较广。

在甲骨文中，弹字写作 B，为一张弓，弦中部有一小囊，用以盛放弹丸。这种形状的弹弓，在中国一直广为流行。近代北京天桥的杂耍艺人中有打弹者，有的就使用这种弹弓，而西双版纳

现代都市人放松身心的弹弓射击训练

和缅、泰北部的傣族人，可能至今仍用这种竹弹弓。也许，先民最初发明的只是发射小石子或泥弹丸的弹弓，之后进一步摸索，才将弓用于射箭，于是产生了弓箭。

弓箭

我国是世界上最早发明弓箭的国家。在山西朔县峙峪遗址出土的石箭镞，说明在距今约 2.8 万年前，峙峪人已经用石头打磨的箭头的弓箭射杀野兽。考古人员在遗址中还发现了野马、野驴、水牛、羚羊、披毛犀、虎、狼等脊椎动物化石 5 000 多件。大约两万多年前，我们的祖先在长期的狩猎活动中，发明了弓箭这种狩猎工具。

弓箭的普遍推广是从新石器时代开始的。河姆渡遗址有 1 000 多件骨镞出土，西安半坡遗址有 300 件骨镞和石镞出土。钱山漾遗址出土的石镞，形制规整，磨制锋利，中脊起棱，有翼带挺，是所见史前制作最精良的石镞之一。

弓由弹性的弓臂和有韧性的弓弦构成；箭包括箭头、箭杆和箭羽。镞（箭头）由石、骨、蚌等材料制成。弓弩发于身而中于远也。弓、弦、箭是很复杂的工具，发明这些工具需要有长期积累的经验和较发达的智力才能完成。关于弓箭的发明，中国古人有独特的理论，即“弓生于弹”，弹指弹弓。弓箭比旧式的投掷武器射程远、命中率高，而且携带方便。由于有了弓箭，猎物便成了日常食物。弓箭的发明，代表着人类狩猎能力的提高，是人类改进工具增强征服自然能力的重要标志。

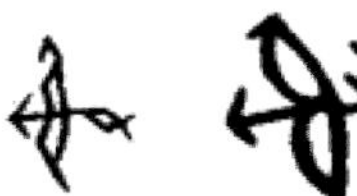

甲骨文　金文　小篆

射的甲骨文、金文、小篆

弓箭是原始人的狩猎工具，也是作战的武器。在江苏省邳县大墩子遗址的一座墓中，发现死者的腿骨有被射入的一枚石镞，可见那时弓箭的力量还是相当大的。由于弓箭属抛射型武器，杀伤力远比刀、剑等手兵器强，弓箭也逐渐由狩猎的工具演变为作战的重要武器，大大提高了战斗力。正如恩格斯所说的那样：“弓箭对于蒙昧时代，正如铁剑对于野蛮时代和火箭对于文明时代一样，乃是决定性的武器。”

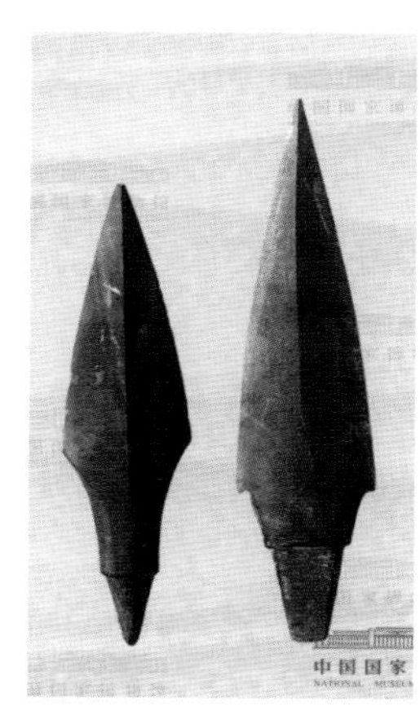

石镞（新石器时代后期）长 11.8~14 厘米（浙江省吴兴县钱山漾出土）

中国古代六艺有“礼、乐、射、御、书、数”，其中“射艺”包含射箭和弹弓两项技艺。在古代，善射的英雄受到人们的尊敬，如汉朝的李广“射石没羽”，北齐的斛律光“射落大雕”，北周的长孙晟“一箭双雕”，唐朝的薛仁贵“三箭定天山”，宋代的岳飞可以“左右手射”等等。到了魏晋南北朝时期，射箭出现了专业的比赛，在《魏宗室常山王遵传》里边，曾经记载了这样一

采桑（西晋嘉峪关墓壁画）

桑树下一童子手持弓箭驱逐飞鸟保护桑树，一童子手提筐采桑，构图简明饱满

猎鹿（西晋嘉峪关墓壁画）

壁画以娴熟流畅的线条勾划了一男骑马射鹿的情景，长角鹿在前面奔跑，猎人弯弓搭箭已近在咫尺的场面

件事：当时的北魏孝武帝在洛阳的华林园举行了一次射箭比赛，他把一个能容两升的银酒杯，悬于百步之外，让19个人进行竞射，射中者即得此杯。这是我国历史上最早的奖杯赛。

小故事

百步穿杨

春秋、战国时期，射箭运动普遍开展，射箭能手也比较多了，以楚国的养由基“百步穿杨”、“射穿七札”最为出名。

据《左传》记载，养由基是楚国的一员小将，在晋楚鄢陵的战役中，他一箭射死晋国的大将魏锜，遏止了晋军的进攻，受到楚共王的赏赐。楚军中另一员小将潘党也是一个神射手，他不服养由基的射技，便找养由基比赛射箭。在射圃中立了靶子，站在百步之外，两人射了10箭，都是箭箭中的，分不出输赢。有人出了个主意，在靶场边的杨树上，染红了一片叶子，两人都射这片叶子。结果，潘党没射中，养由基却一箭射中杨叶。潘党又提出第二项比赛，射胸甲。潘党叠了5层甲，一箭洞穿。养由基又增加了两层，射穿了7层胸甲。百步穿杨需要射箭的准确性，即要有足够的力量，又要有精良的器械。养由

东汉习射

基射穿 7 札的箭法，不但显示了春秋时代射箭技术的进步，同时也反映了当时社会生产力的提高。

弋射

弋射是一种古老的射猎方式。就是用系着绳子的箭射猎飞鸟，它是以箭矢的牵引把绳子抛射到空中，靠绳子束缚飞鸟脖颈、羽翼的办法来获得猎物。

弋射收获（东汉画像砖，四川省大邑县出土）

画面上部为弋射图，图中有两个姿势不同的猎人，在池塘边射猎空中的大雁

《淮南子·说山训》："好弋者先具缴（zhuó）与矰（zēng），好鱼者先具罟与罛，未有无其具而得其利。"意思是：喜欢捕鸟的要先准备好缴和矰，喜欢打鱼的要先准备好罟和罛，没有不准备好工具就能实现目的的道理。缴和矰，是古代一种射鸟用的拴着丝绳的箭，是捕鸟的工具；罟和罛是打渔的工具。因此，弋射又称作"缴射"。

《诗经·郑风·女曰鸡鸣》通过一对夫妇晨起时的絮语，描写了 2 500 多年前的一个生活场景。"女曰鸡鸣，士曰昧旦。子兴视夜，明星有烂。将翱将翔，弋凫与雁。"妻子说：鸡叫了。丈夫说：天还没亮呢。妻子又说：看天空中，启明星多么灿烂。丈夫答道：该去弋猎那翱翔的野鸭和大雁了。

弩

"弩生于弓，弓生于弹"，弩是在弓的基础上创造出来的。由于受到体力的限制，人拉开弓不能持久，为了延长张弓的时间，更好地瞄准猎物，我们的祖先发明了弩。《庄子·胠箧》云："夫弓、弩、毕、弋机变之知多，则鸟乱于上矣。"

傈僳族在阔时节上举行射弩比赛

弩弓手瞄准射击

相传黄帝作弩，说明弩在原始社会末期就发明了。《韩非子·说林篇》说："羿执鞅持杆，操弓关机。"这里提到的"机"就是弩机，而羿是传说中黄帝时代的人。弩主要由弩弓和弩臂组成。《吴越春秋》："横弓着臂，施机设枢。"弓上装弦，臂上装弩机，两者配合而放箭。与使用弓不同，弩除了借助弩手一人的臂力开弦之外，随着技术的发展，还可使用腰、腿等外力张弦，因此弩的射程比弓更远。

伏弩（也称地箭），其结构与弓箭一样，发箭不依仗人力，而借助机械的力量而自动发射的狩猎装置。伏弩力强而及远，较弓更加猛烈。猎人经常将其设置在大型野兽出没的丛莽间，使虎豹等误踩其机而中箭，由此可见其力之强。赫哲人把地箭称"色日迷"。捕兽时，在野兽经常通过的地方，把地箭绑在树干或支架上，把弓拉开，弓弦挂在板机上，槽子里装进一枝铁尖箭，再用一根长细绳，一头拴在板机上，另一头拴在兽路的另一侧，使这个机关线横拦兽路。野兽从这里通过时，碰线拉动板机，箭发命中。北方多山林，毒蛇猛兽不时出入伤害老百姓，居住在山林里的打猎人，多埋伏设伏弩来自卫。一直到民国初，赫哲人、鄂伦春人打水獭、貂等小野兽都在用伏弩（地箭）这种工具。

春秋时期，弩成为一种常见的兵器在使用。《孙子兵法·作战》中即已将弩和甲盾等一起列为重要的作战物资。到战国时期弩更是广泛的运用于军事之中。《孙膑兵法》中称：弩"发于肩膺之间，杀人百步之外。"三国时期，诸葛亮制作了著名的"元戎弩"，史载这种连弩"以铁为矢，矢长八寸，一弩十矢俱发"。弩应用于战争中，具有很强的杀伤力。在这个时期内，弩甚至有取代弓之势。

在现代反恐中，弩这种传统的武器装备也可发挥不可替代的作用。据了解，反恐突击队员使用的强力弩弓可穿透15厘米厚的树木，主要用于隐蔽突击作战、解救人质，是特战队员有效的攻击性武器。

捕猎网

用网捕兽猎鸟是古代狩猎的重要手段。传说中华人文始祖伏羲氏发明网罟，教民捕兽捕鱼，创造了最早的渔猎业。《易经·系辞下》："古者包牺氏之王天下也……作结绳而为网罟，以佃以渔"。古人用绳索编结成网，既网禽兽，又网鱼虾。捕兽的网谓之"网"，捕鱼的网谓之"罟"。

据文献记载，古代无论集体田猎、个人狩猎、捕兽、捕鸟等，都经常使用到网。《礼记·月令》云："田猎罝罘、罘、罗、网。"古代田猎有时使用网的场面很大，司马相如在《子虚赋》中曰：楚王田猎"列卒满泽，罘网弥山。"士卒排满草泽，捕兽的罗网布满山岗。扬子云《长杨赋》云汉成帝田猎时，"张罗、网、罝、罘，捕熊罴（pí）、豪猪、虎豹、狖玃（yòujué）、狐兔、麋鹿。"因此，捕兽收获不菲。

（1）捕兽网

罞网、罝网、罘网、蹄网、笼网都是捕兽网。罞（máo）网是一种较大的定置捕鹿网。《尔雅·释器》云"麋网谓之罞。"罝（jū）网可能是一种较小的定置捕兔网，《诗经·周南·兔》："肃肃兔罝，施于中林。"。罘（fú）网是一种较大的捕兽网，《子虚赋》云："列卒满泽，罘网弥山。"索套网，又名"蹄网"。网分大小，既可系马、虎，也可系兔类。《战国策·赵策三》："人有置系蹄者而得虚，虎怒，决蹯而去。"笼网是先秦时期就发明的捕兽网。宋兆麟先生《最后的捕猎者》引高士奇《扈从东巡日录》中说，猎者捕貂"先设网穴口，后以烟熏之，貂畏烟出奔，即入网中"，以烟熏的方法将貂诱入网中捕获。笼网小巧，猎人常随身携带，用于捕貂、狐狸、野猫、鼠类、兔类等。

捕鸟网

（2）捕鸟网

用网捕鸟也是猎鸟的重要手段。罗、毕、罿、罻都是捕鸟网。罗是用丝线制作的捕鸟网，《王风·兔爰》："有兔爰爰，雉离于罗。"这句话的意思是兔儿跑掉了，野鸡却陷入猎人的网中。《战国策·东周策》还记述了罗网放置的方法，"譬之若张罗者，张于无鸟之所，则终日尹所得矣；张于多鸟处，则又骇鸟矣；必张于有鸟无鸟之际，然后能多得鸟矣。"网要放在鸟经常飞过的地方，才不至于把鸟吓跑。"毕网是一种长柄的捕鸟小网，《诗》："毕之罗之。鸟罟有毕。"《小雅·鸳鸯》："鸳鸯于飞，毕之罗之。"左思《吴都赋》云"毕、罕琐结"（毕、罕均为捕鸟网）。罿（chōng）网，一种比较大的捕鸟网。《庄子》曰：'峭格罗络'，谓张网周施。罿、罻，皆捕鸟网也。"罿网除了用于捕较大的雉类外，也捕大而高飞的鸿雁等。司马相如《上林赋》云"蒙鹖苏"，蒙也指使用网捕。

被网住的鸟

华夏民族在很早就发明罗来捕鸟，"古者芒氏初作罗"，传说伏羲的臣子——芒氏发明罗这种捕鸟工具。甲骨文（罗），是

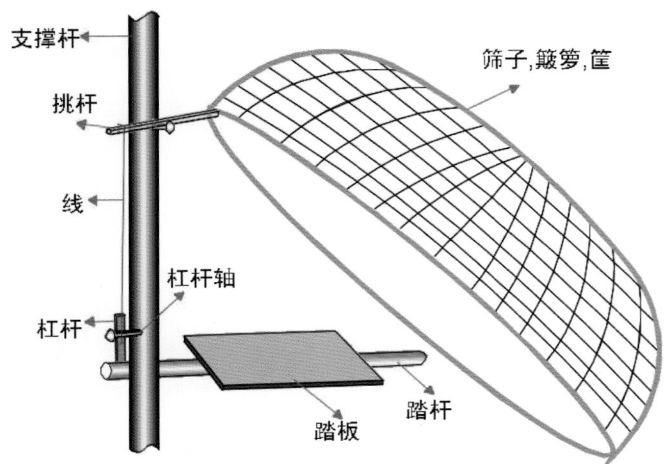

自踏式扣鸟装置

由（网，捕鸟的罩具）和（鸟）组成，表示小鸟被罩在网罩里。我国古代曾经还有一个善于用网捕鸟的部落，后来形成了古罗子国。《周礼·夏官·罗氏》“罗氏掌罗乌鸟。”在距今三四千年以前的夏商时代，善于罗网捕鸟的罗人便活动于河南熊山南280里的罗山，这里人烟稀少，森林稠密，鸟类麇集，罗人以猎获鸟类作为其主要的食物来源。

过去，民间捕鸟的工具都是就地取材，箩、筛、匾都可。每到寒冬腊月，冰雪覆盖着大地，麻雀之类的小鸟难以觅食，一些小孩于是在空地上用小木棍支起一只筛子，筛子下面撒上一把谷或米，并在小木棍上系上一根绳子，小孩拉着绳子躲在远处麻雀看不见的地方，待那些麻雀飞进筛子下觅食时，躲在一旁的小孩将绳子一拉，棍倒筛落，麻雀被扣在筛子下面了。这种捕鸟的方式，在鲁迅的小说《少年闰土》中就有过描述。

小故事

网开三面

汤，商朝（约公元前1562—约前1066年）的创立者。又称武王、武汤、成汤、天乙。汤是契的十四代孙，商部落首领。他在伊尹等人的辅助下灭夏，建号为商，确立奴隶制国家，生产得到迅速发展，已能用多种谷类制酒，手工业能制造精美的青铜器和烧制白陶，交换逐渐扩大，出现了早期的、规模较大的城市，成为当时世界上的文明大国。

司马迁在《史记·殷本纪》中，告诉了我们“网开三面”的故事：商汤还在做诸侯的时候，有一次在野外，看见一个人张开围捕禽兽的大网，嘴里还念念有词：“愿天上飞的，地下跑的，四方的鸟兽皆进我的网中！”商汤笑着对那人说：“你想把天下的禽兽都捕尽吗？”并建议他撤掉三面网，只留一面，然后又教他这样祷告：“想往左的请往左，想往右的请往右，剩下那些命该绝的，就到我的网里来吧。”商汤“网开三面”，恩及禽兽的故事很快就被人们传了出去。各地诸侯听到后，都十分感慨地说：“商汤不但关心老百姓，还关心禽兽的生死，他的德行真是很高啊！”商汤得到诸侯、百姓的纷纷拥护，后来势力越来越大，最终推翻了腐败的夏王朝，建立了商朝政权。

这则“商汤网开三面”故事警示后人：举事以为人者，众聚之；举事以自为者，众去之。众之所聚，虽弱必强，众之所去，虽大必亡。人心向背是关系到国家存亡的大事。与强大的夏王朝相比，商只是一个小小的方国，但却能击败强大的夏朝，靠的就是以德治国、以德服心。

猎枪

猎枪由于射程远、杀伤力大、准确性强，迅速取代其他工具，而成为猎人主要的狩猎工具。

鄂温克猎手

鄂温克人除了原始的狩猎工具外，最爱的莫过于枪了，作家迟子建在小说《额尔古纳河右岸》写道：我们最早使用的枪是“乌鲁木苦得”，就是打小子弹的燧石枪，这种枪射程短，所以有时还得使用弓箭和扎枪。后来从俄国人手中换来了打大子弹的燧石枪，也就是“图鲁克”。接着，别力弹克枪来了，它比图鲁克要强劲多了。20 世纪初，猎区出现了俄国造的“别日弹”枪，射程达 500 米。这种快枪的出现使猎人单独狩猎成为可能，再后来传入连珠枪，“七九”枪和“三八”式、“九九”式也相继传入鄂温克族地区。

赫哲族人最早接触到的火器是火绳枪，赫哲语称“富他莫”，大约在 19 世纪 40 年代从汉族地区传入。火绳枪枪身很长，只发射铅砂，一次只发射十几颗，由于它引火慢，射程远，杀伤力不大，不适合打大野兽。洋炮枪比火绳枪传入稍晚，放枪的速度提高了很多倍，而且不怕雨水淋。俄国造的“别拉弹克”枪，清末传入赫哲族中。其射程远、穿透力大、大大提高了杀伤力。

岜沙——最后的火枪部落

侗族猎枪手

“别拉弹克”枪在赫哲人中曾广泛使用。从俄国传入的连珠枪可连续发射，在子弹头上锉“十”字，子弹射中猎物后发生爆炸，大大提高了狩猎效率。后来，又相继传入“套筒枪”、“毛瑟枪”、“三八式”枪等。

2. 狩猎方法

在远古的狩猎活动中，人类不仅使用各种工具猎捕禽兽，还注意利用引诱和伪装等方法去排除狩猎障碍，以获得较多的猎物。狩猎的方式多种多样，有火攻、围猎、伏猎、网捕、索套、隐蔽、引诱等，有时是几种方法同时使用。用火攻法时，先纵火焚烧草木，使野兽难以逃脱，最后捕获之。

诱猎

到了猎季，猎人在野兽经常出没的区域，定期或不定期的投放一些食物，诱使它们进食，然后猎捕。猎人用食物来诱猎野兽的狩猎方法，叫投饵诱猎。在有些地方，也叫“打喂子”。

通过观察猎物的生活习性，猎人模仿禽兽的鸣叫声来“诱敌”，以捕获猎物。随着狩猎技术的不断发展，又发明制作了简便的拟声工具。埙是古代用陶土烧制的吹奏乐器，先民以埙声模仿禽鸟鸣声，作为诱捕的工具。埙源于古代先民的狩猎工具——石流星（球星飞弹）。

现在的孩子们用埙吹奏音乐

“哨鹿”，是我国北方少数民族发明的一种诱猎方法。狩猎时，猎人潜伏在密林草丛中，戴上假鹿头，口中吹自制的鹿哨，吹出模仿雄鹿求偶时发出的“呜呜”声；或者用桦树皮做的“狍叫子”，吹出狍羔的“叽叽”音，引诱鹿狍以便猎杀。鹿哨和狍哨都是用桦树皮做的拟声工具。清朝的木兰围场，根据地形和禽兽的分布，划分为 72 围。每次狩猎开始，先由管围大臣率领骑兵，按预先选定的范围，合围靠近形成一个包围圈，并逐渐缩小。头戴鹿角面具的清兵，隐藏在圈内密林深处，吹起木制的长哨，模仿雄鹿求偶的声音，雌鹿闻声寻偶而来，雄鹿为夺偶而至，其他野兽则为食鹿而聚拢。等包围圈缩得不能再小了，野兽密集起来时，大臣就奏请皇上首射，皇子、皇孙随射，然后其他王公贵族骑射，最后是大规模的围射。

战国漆奁彩绘狩猎

狩猎场描画着猎人手牵套绳之犬，追逐前方仓皇逃窜着的一头奔鹿

鄂温克人有时外出狩猎时，还爱携带一头已经驯化好的“诱鹿”。将这头鹿角上缠着带子，或者皮条，然后放入野鹿之中，当野鹿与其角斗时野鹿就会被缠住。猎人乘机致野鹿于死地。而

穴猎是利用熊等动物喜欢藏洞的特点，用各种方法挑逗猎物出洞，趁机猎杀。

鸟媒、鸡媒，是人类利用动物特性而发明的一种巧妙的引诱方法。猎人将捕获的鸟、雉加以驯养，以引诱野鸡、野鸟上当，从而达到捕获的目的。人们把这种鸟和鸡，叫作鸟媒、鸡媒。距今 1700 多年的西晋潘岳《射雉赋》徐爰注：“猎者，少养雉子，至长狎人，能招引野雉，因名曰媒。”鸡媒，又称囮（é）子、雉子。鸡媒皆雄性，以小野鸡驯育而成，拔掉翘尖，不易飞走。秦岭南坡的山阳县郧岭一带的猎人，猎取山鸡前，先驯养一只雌山鸡，叫作“山鸡繇子”。此时猎人在高坡处建一茅棚，并用树枝伪装起来。猎人藏进棚中后，放出山鸡繇子。片刻间，即可招来一群雄山鸡。猎人于此时轻吹口哨，山鸡繇子听到后退至棚后。猎人随即开枪，一枪可击毙数只山鸡。这种猎取山鸡的方法，俗称“打棚”。

利用鸟媒、鸡媒狩猎，在远古是很盛行的，古诗文里也屡见不鲜。唐代陆龟蒙《江墅言怀自和》述：“鸟媒呈不一，鱼寨下仍重。”《和吴中书事寄汉南裴尚书》：“三泖凉波渔蕝动，五茸春草雉媒娇。”刘禹锡《历阳书事七十韵》：“游鱼将婢从，野雉见媒警。”宋代梅尧臣《与二弟过溪至广教兰若》诗：“道逢张罗归，鸟媒兼死悬。”至今，在长江三峡地区仍有人沿用养活鸟以为媒，招引野鸟来捕之的古老捕鸟方法。常用的诱鸟有黄雀、燕雀、交嘴雀、蜡嘴雀、朱顶雀、金翅雀、太平鸟等。

伏猎

伏猎，是猎人在飞禽走兽经常出没的地方，预先选好狩猎地点，然后埋伏隐蔽，等候鸟兽自动接近，然后猎杀的方法。伏猎既可猎捕野兽，又能猎捕野禽。只要地点选择得当，隐蔽得法，往往会有不小的收获。猎人的耐心是伏猎成功的关键。

在野鸭的飞迁期，或在野鸭栖息活动处，采取预先埋伏的方法，然后射猎。为了使野禽很快接近埋伏的猎人，有时采取哄赶的办法。为了不把野鸭赶飞，赶鸭的猎人在上游距离野鸭群大约 400 米的地方活动，鸭群发现上游有人，威胁安全，就离开栖息的沙洲、岸边，顺水向下，游进了埋伏猎人的射程。有时也会利用诱鸭来引诱野鸭，能把鸭群引诱到猎人的枪口下。

陷阱

陷阱是猎人为捕捉野兽，狩猎时挖的坑穴。陷阱是一种古老的狩猎方法，大约在旧石器时代中、晚期就出现了。《周礼·雍氏》疏：“陷阱。谓坑也。穿地为坎，竖锋刃于中，以陷禽兽也。”猎人通常会在猎物出没的地方挖置陷阱，为了迷惑野兽，陷阱上面通常要覆盖伪装物，野兽不小心踩在上面就会掉到坑里，从而轻松获得猎物。

非洲的一些土著人通常在野兽经常出没的地方掘出深坑，在坑底埋上有尖锋的木桩，在坑的上面盖上伪装用的草叶，当野兽坠入陷阱以后，人们合力抛扔大石，将野兽打死。非洲人的这一狩猎方法为“落井下石”，这一成语提供了非常形象的说明，也为我们研究陷阱的使用方法提供了依据。从民族学资料来看，所谓落井下石原本是古代的一种狩猎方法。

用陷阱猎熊，是过去满族人常用的狩猎方法。满族称熊为“勒付”，俗称“黑瞎子”，

这是一种捕鸟的夹子，专门对付大一点鸟

一种捕捉水鸟的夹子，专门藏在水里，并在周围撒下诱饵来诱夹那些水鸟

陷笼活圈

其全身皆是宝。陷阱的发明是狩猎经济时代人类智慧的结晶。在当时社会生产力原始落后的情况下，它为人们捕获野兽，尤其是捕获大型野兽提供了一种行之有效的方法。

犬猎

狗有敏锐的嗅迹和跟踪猎物的本领。在捕杀猎物时，狗是猎人狩猎的得力助手。蒙古族有使用猎狗“台格”打猎的习俗。第一次出猎调驯猎狗时，先往狗鼻子里灌狐狸热血，使其与狐狸和狼成为冤家对头。如果是专门猎取狐狸和狼的猎犬，还要禁忌猎捕兔子。否则在追逐狐狸时，一旦遇到兔子就会失去主要目标。猎人们选一个叫作“红喜鹊”的能见红色的日子出猎。到达狩猎地点后，先祭祀神“玛乃汗”。蒙古人认为野鹿、豺狼、虎豹都是上天的牲畜，只有在出猎之前进行祭天，祈求上天赐下“狩猎之福”，才能得到猎物。“……把那无法管束的黑熊赐给我们，把那无法追逐的青狼赐给我们，把那无法前走的黄狐赐给我们，啊，总管野兽的玛乃汗腾格里！”祭祀之后，猎人们开始打猎。一个猎手，一般都牵两只以上猎狗。近十名猎手的狗，加起来就有三四十只。他们排列前进在宽三五华里的地段，见到猎物后就撒狗。每只猎狗平均一天能抓到两三只狐狸。用猎狗打猎，不以

狗是猎人狩猎的得力助手

鄂伦春猎人（复原图）

猎狗所抓到猎物之多少进行分配。仍按传统习俗，凡参加者都能分到一份猎获物。

生活在中国西南的羌族人有“放狗”猎獐的习俗。獐子生活在海拔 3 000~4 000 米的高山林间地带，公獐腹部肚脐处生长的麝香，以其特殊的药用价值，数百年来成为猎手们的主要猎获对象。猎人常将 2~5 只猎狗带到獐子习惯出没的地带，猎狗按猎物的足迹、气味搜寻，当它们中的任何一只发现猎物时，立即向同伴和主人发出追击猎物的呼叫，所有的猎狗采取合围的方式追捕猎物。猎人向合围方向靠近，并随时准备端枪向突围逃窜的猎物发起攻击。在紧张激烈的围猎活动中，猎狗与獐子长时间地奔跑角逐于密林沟壑之中，猎狗们在后边穷追不舍，多数时候獐子最终被追上树。这种扣人心弦的场面，猎人们叫“关起”，故羌寨流传有“看见狗关树，官都不想做”的谚语。每当獐子被狗“关起”，猎人只须近将其击毙或用绳勒死，获取猎物。

羌族狩猎者

鹰猎

鹰猎，就是架鹰出去狩猎。满族是以射猎著称的民族，其先祖肃慎先民们很早就懂得捕鹰，经驯化后，用来帮助猎户捕获猎物，俗称“放鹰”。架鹰打围时，要先请一些“赶杖人”，由他们拉开散兵线，用木棍边敲打树干边大声吆喝，把猎物轰赶出来。赶杖人事先在山上选好伏击圈（又叫翁圈），其地形状如手镯，留一个出口叫“杖口”。鹰把式先架鹰在杖口边占据制高点，登高远眺，为了“高”，这样易于发现山鸡、野兔等猎物，也有利于鹰自上而下俯冲攻击。

五代胡環出猎图册（部分）

驯化猎鹰捕猎，是满族人的祖先女真人的古老习俗。鹰是一种高傲的动物，想把一只新捕获的鹰驯好需要十几天。驯鹰的过程分为拉鹰、熬鹰、跑绳 3 个阶段。吉林省永吉县土城子乡渔楼

纵鹰猎兔（西晋甘肃嘉峪关墓室壁画）

图绘两个猎人放猎鹰追赶一双野兔，兔子在奔跑中回首还顾

法国人贺清泰（1735—1815 年，入华耶稣会修道士）在 1783 年所绘白海冬青

满族人古老的传统技艺鹰猎

村，过去是清朝满族的世居地，也是为清廷驯养、进贡猎鹰之地，因此，这个村也被称为“鹰屯”。满族的猎手都有铁打的规矩，就是春夏不留鹰。到了春天，把养熟的伙伴不舍地放归自然，让它去求偶筑巢、生儿育女繁殖后代。只有这样，猎鹰才能不绝，鹰把式才能生存。

满族人爱鹰，就不得不提到“海东青”。“海东青”是分布在我国黑龙江、吉林等地的鹰（学名矛隼），满族的先祖肃慎族人称其“雄库鲁”，意为世界上飞得最高和最快的鸟。传说十万只神鹰才出一只“松昆罗”，满族话意思是天雕从亨衮河飞来的。汉语把它译成“海东青”。早在唐代，“海东青”就已是满族先世靺鞨朝奉中原王朝的名贵贡品。唐代大诗人李白曾有诗：“翩翩舞广袖，似鸟海东来。”海东青是一种猛禽，捕捉和驯化很不容易，民间常有：“九死一生，难得一名鹰”说法。

在金元时期，甚至有这样的规定：凡触犯刑律而被放逐到辽东的罪犯，谁能捕捉到海东青呈献上来，即可赎罪，传驿而释。因此，当时的可汗贝勒、王公贵戚，为得名雕不惜重金购买，成为当时一种时尚。

内蒙古额尔古纳鄂温克族原始狩猎岩画

岩画中一群猎人围猎一只犴，表现了鄂温克族“尤那克塔”集体狩猎的场面，具有浓厚的原始时代集体生产的气息

围猎

围猎，是指由多人合围打猎的集体狩猎方式。达斡尔人集体围猎时，多以“哈拉”（氏族）为单位，由一名经验丰富的“阿围达”（围猎长）统一指挥进行。具体方法就是参加围猎的众人

按圆形分布，把预定的猎场包围后，慢慢搜索前进，逐步缩小包围圈，最后将被围困的貂、狍、鹿、野猪等动物射杀。集体打围不仅可以提高狩猎生产的效率，而且保证人身安全。

早先，鄂伦春族集体出猎是由家庭成员组织进行。自枪支传入后，这种集体打猎活动打破了家庭界限，由临时自发组成的“打围”小组“昂阿”取而代之。每到适当时候，猎人们便互相走家串户，相约进山。猎人们首先推举一位德高望重、经验丰富的“塔坦达”为“昂阿”首领。一路上，“昂阿”成员一切听从首领的指挥。一旦猎犬发现了猎物的踪迹，“塔坦达”指挥若定，猎人们齐心协力，包抄围攻，最终驯服强悍的野兽。捕猎活动结束，所有捕获物在全体成员之间平均分配，而领头人“塔坦达”往往只要一份最差的兽肉，因此，猎人们对“塔坦达”非常敬重。

嘉峪关黑山岩画

百戏与逐猎（高句丽，吉林吉安墓壁画）

画面下部绘山林逐猎。右面是向左驰逐的猎队，左端为布置包抄的猎手，期间是一群正在仓皇奔突的野兽。在围猎场面上端还穿插有夹击野猎、只身弋射和从鹰逐雉等场面

契丹族是生活在马背上的游牧民族，“朔漠以畜牧射猎为业，犹汉人之劭农，生生之资于是乎出”。围猎是契丹族的游牧而伴存的民族习俗之一，在民间广为流行，皇室和贵族们也崇尚这种习俗。契丹族的皇帝和贵族们大都精于骑射，喜好行围打猎，通过围猎培养和训练骑射的技艺，保持传统的民族习尚，“四时各有行在之所，谓之‘捺钵’”。

满族打围时，族寨之人各拿出一支箭、10 人中立一总领，其他 9 人无论发生什么情况都得听命于总领。金代的猛安谋克制和清代的八旗制便是由此发展而来。清廷入关后，仍把围猎活动当成是练兵的主要活动之一。由 10~30 位狩猎人组成的打猎活动，称之为“打小围”。猎前先选一处围场，猎人分两翼慢慢靠近，然后把野兽及飞禽赶出来射杀之。打火围是女真时期的狩猎法，由部落酋长率本族猎手到选定的山莽，祭完猎神后，放火烧山，然后凭风势火威追剿猛兽。火熄猎毕，用 9 头肥硕的野牲谢天，之后众猎手刮洗燎肉，围火共享“天火肉”。

3. 古代帝王狩猎

当人类社会进入阶级社会、国家产生后，狩猎已经不仅仅是人们谋生的主要手段，而成为王侯贵族的一种娱乐方式，同时又与祭祀、诸侯会盟、征战演习等联系在一起，并且形成了一种制度。

在古代，帝王狩猎是一项隆重的大典，四季各有专称。春天打猎为搜，夏天打猎为苗，秋天打猎为狝，冬天打猎为狩。

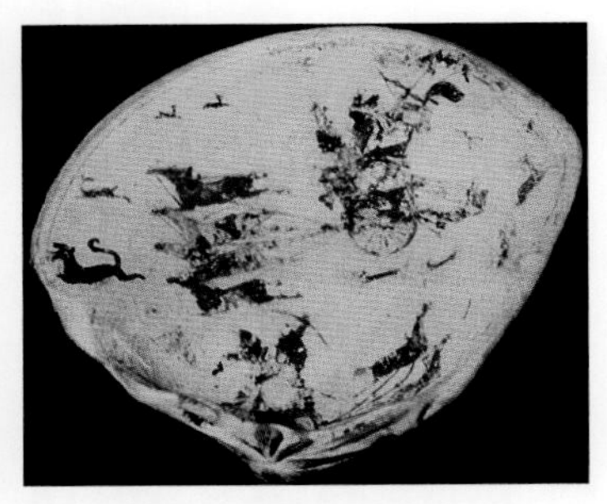

西汉贝壳彩绘狩猎（现藏于美国克利夫兰博物馆）

上图下方绘两人于空场逐鹿，鹿似无路可逃，举首哀鸣。下图绘一御手驾四马战车飞驰前进。前有黑犬引路，远方数鹿奔逃。下方为一骑士，左手擎弓，箭已射出。前面有两奔马，远方有鹿与飞鸟

唐代壁画《狩猎出行图》（局部）

1971年陕西乾县乾陵章怀太子（李贤）墓出土。整个画面有四五十骑，旗帜招展，骏马奔腾，显示了唐代贵族狩猎场面的热烈壮观

《左传·隐公五年》："故春搜、夏苗、秋狝（xiǎn）、冬狩。"四时田狩，作为礼仪制度被后来的统治者沿袭了下来。

在战国之前，狩猎是军事大典，为练兵的综合演习，《史记·魏公子列传》记载赵国在边境上集结了大批的军队。魏王以为是赵军要进攻魏国，便要调兵遣将以为防备。魏公子无忌的情报灵通，得知是赵王狩猎，这才免去了一场惊慌。一个诸侯王的狩猎就和打仗一样，说明了其规模之大。随着军事战术的变化，狩猎不再作为阅军的大典，而变成为帝王的娱乐。

春秋战国时期，楚国的"子虚"出使齐国，齐王为向楚使夸耀齐国的广大富强而为之举行了规模宏大的狩猎活动。西汉文学家司马相如在《子虚赋》："王车架千乘，选徒万骑，畋（tián）于海滨。列卒满泽，罘（fú）网弥山。掩兔辚鹿，射麋脚麟。骛于盐浦，割鲜染轮。射中获多，矜而自功。"描述了齐国国王指挥千辆兵车、选拔上万名的骑手，在东海之滨的打猎活动和楚国国王的狩猎和游猎活动。

汉武帝刘彻是最喜欢狩猎的，"以驰逐野兽为乐"。上林苑是汉代皇家猎苑，汉天子"乘镂象，六玉虬，拖蜺旌，靡云旗，前皮轩，后道游。孙叔奉辔，卫公参乘，扈从横行，出乎四校之中。鼓严簿，纵猎者，河江为陆，泰山为橹，车骑雷起，殷天动地，先后陆离，离散别追"。观看士卒们忽前忽后捕捉禽兽，察看将帅指挥队伍的各种姿态。之后，天子就在昊天台上摆下酒宴，奏乐歌舞，"千人倡，万人和"。司马相如在《上林赋》中描绘了汉天子率众臣狩猎的宏大场面。公元前11年秋，胡人派使者来长安朝见汉成帝。为了显示大国风范，夸耀大汉帝国疆域辽阔、物产丰富，汉成帝让他们在长杨宫中尽展捕猎本领，随意猎取。杨子云《长杨赋》云汉成帝刘骜田猎时，"张罗、网、罝、罘，捕熊罴、豪猪、虎豹、狖玃、狐兔、麋鹿。"于是长杨宫内人兽相搏，场面相当壮观，使亲临观看的汉成帝得意至极。

以狩猎为乐，在唐代皇族之中最为盛行，唐太宗李世民甚至还把弓不虚发、箭不妄中的狩猎放在与国家统一、国泰民安同等重要的地位，提出了他的著名的人生观——三乐之说："大丈夫在世，乐事有三：天下太平，家给人足，一乐也；草浅兽肥，以礼畋狩，弓不虚发，箭不妄中，二乐也；六合大同，万方咸庆，张乐高宴，上下欢洽，三乐也。"齐王李元吉更是痴迷："我宁三日不食，不可一日不猎。"喜爱狩猎，擅长骑射，是当时上层社会的主流时尚，诗人王维的《观猎》描写的就是唐代帝王在渭川

狩猎的场景：

风劲角弓鸣，将军猎渭城。草枯鹰眼疾，雪尽马蹄轻。
忽过新丰市，还归细柳营。回看射雕处，千里暮云平。

清乾隆皇帝狩猎

辽金时期，南海子就是皇家的游幸之所。元代，在此营建皇家猎场。据《元史》记载："冬春之交，天子或亲幸近郊，纵鹰隼搏击，以为犹豫之度，谓之飞放。"大地回春后，天鹅、大雁陆续从南方飞来，栖息在水泊很多、水草丰茂的南海子附近。皇帝在文武百官的簇拥下来到南海子晾鹰台附近，待发现有猎物之后，由骑兵飞马报告皇上，然后众兵士擂鼓将天鹅惊起，皇帝亲自放出海东青追逐。这项活动一直延续到明清两代仍很盛行。乾隆四年（1739 年）有诗描述道："积学满郊垌，三冬农务停。鸣笳齐队伍，布令疾雷霆。马足奔如电，鹰眸迅似星。山禽味鲜洁，飞骑进慈宁。"

弘历射鹿

帝王秋狝也不是纯粹地为行猎取乐，在古籍《国语》（相传由春秋时左秋明所著）中就有"秋狝以治兵"的说法。清王室起于我国北方的长白山麓，世以狩猎作为练武和谋生的手段，"无辐耕猎，有亭征调"。后来，为了防止八旗军贪图安逸，荒废骑射，清王室恢复了古代狩猎阅军制度。特别是康熙、乾隆两朝，更为重视狩猎，每年都要进行 1~2 次大的狩猎活动。据《东华录》记载，康熙二十二年（1683 年）开辟了热河木兰围场，把木兰秋狝定作一项大典，集蒙古各部在木兰围猎并进行塞宴。康熙曾告诉他的臣下说："有人谓朕塞外行围，劳苦军士，不知承平日久，岂可遂忘武备！军旅数兴，师武臣力，克底有功，此皆

乾隆盛京围场狩猎（朱嘉凡作）

清宫廷画家郎世宁绘《哨鹿图》

清朝台湾原著民狩猎风俗

鄂温克男孩

勤于训练之故也。”康熙把几次平定叛乱的功绩，归功于围猎训练之勤，这说明他本人确是从练武出发进行狩猎的。康熙晚年曾对他的近臣说：“朕自幼至老，凡用鸟枪、弓矢获虎一百三十五，熊二十、豹二十五、猞猁狲十、麋鹿十四、狼九十六、野猪一百三十二。哨获之鹿凡数百，其余射获诸兽，不胜计矣。”所以“木兰秋狝”也称木兰习武，藉以训练八旗将士，成为清廷的定制。

乾隆时还能保持“皆因田猎以讲武事”之风。乾隆四十七年（1782年）御制《仲春幸南苑即事杂咏》诗自注：“予十二岁时，恭侍皇祖于南苑习围。盖我朝家法，最重骑射，无不自幼习劳。今每岁春间，仍命皇子、皇孙、皇曾孙辈学习行围，所宜万年遵守也。”直到乾隆朝，满清贵族仍然遵循祖宗法度，通过狩猎训练子孙的骑射技艺。其后的几个帝王便把木兰围场作为避暑娱乐之地了。

4. 少数民族狩猎习俗

鄂温克男人都是优秀的猎手，他们一般在5岁起就用弓箭和木枪做狩猎游戏，12岁起就跟长辈到猎场积累狩猎经验，到了14岁后他们便开始单独狩猎了，他们掌握了多种多样的狩猎方法，也积累了丰富的狩猎经验。

鄂温克族猎人擅长于划着桦皮船潜伏在水边伺机射杀岸上的野兽，桦皮船速度快、响声小、不易被动物发现，能够靠近动物，捕猎效果很高。同时，他们还擅长于使用驯养的猎犬协助狩猎，猎犬在鄂温克族狩猎生产中发挥着举足轻重的作用，尤其是在使用弓箭和扎枪狩猎时，其协助作用显得更加重要，是追猎的得力工具。即使现在，鄂温克人也一直保留爱护猎犬的风俗与禁忌。犴滑雪板是北方游牧民族冬季打猎的主要工具，便于雪上快速滑行追逐猎物。鄂温克人把下面钉着有犴皮或野猪皮的滑雪板叫“金勒”，光板的叫“卡亚玛”。据说，在列拿河时代，使鹿鄂温克人就使用滑雪板，猎人在11、12岁就开始学滑雪，每人都备一副滑雪板。天气好时，一天可以滑走80公里，最好在雪比较硬的地方滑行。

云南少数民族除农牧业生产外，采集和狩猎也是其生活来源的重要补充，信奉“绿的就是菜，动的就是肉”。各民族采用的狩猎方法多种多样，除利用猎枪、弓箭、猎狗、鸟网、粘胶、扣捕、诱饵等方法外，还驯养媒鸟和鹰隼等辅助捕鸟，尤其是趁候

弓箭是古代蒙古族狩猎的工具

冬猎季节，鄂伦春猎手

鄂伦春老猎手祭拜山神

猎手在分割打到的野猪肉

鸟迁徙时，在它们途径的，俗称“打雀山”、“鸟吊山”处点火诱捕，每年捕获大量的候鸟。

狩猎常常是集体活动，虽然也有个人出猎的，但往往是利用零星的时间，收获不大，集体出猎是三五人，并选出一个当头，由他指挥狩猎。各少数民族都有将捕获的动物由全寨人共同分享的习俗，陌生人如遇到分配时，也有一份。彝族、傣族人打到猎物，还要先割下一块肉来祭祀山神，然后再平分享用。相邀饮宴，平分猎物，既是氏族社会留存下来的古老遗风，也体现了共同分享劳动成果的淳朴的劳动思想。

各少数民族在长期的狩猎活动中，还逐渐对常见鸟类具有了一定的分类知识，并产生了朴素的自然保护意识。例如，居住在怒山山脉的傈僳族在猎捕雉类时，不会猎杀他们认为是“野鸡王”的个体，认为这样才能保证这里以后还会有野鸡。实质上保护了雉类中最善斗的雄鸟，维持了种群繁殖所需的优秀基因。苗族在诱捕画眉鸟时常常只捕捉雄鸟，而将雌鸟放回山林。因为，一则雌鸟的鸣唱声不娓娓动听，二则保持画眉鸟的自然繁殖力。在他们的观念中，只有这样做，今后才能继续捕获画眉鸟。

5. 生态保护理念

在向自然界索取资源时，中国人很早就懂得了一定要有节制，要注意时令，要按一定的季节进行捕鱼、猎兽的生产活动。

早在先秦时期，就有“以时禁发”的措施，禁是保护，发是利用，即在一定的时间内和一定的程度上采集利用野生动植物，禁止在萌发、孕育、和幼小的时候采集捕猎，更不允许焚林而搜、竭泽而渔。

在《吕氏春秋》中，对自然资源的保护规定得更为具体，称为“四时之禁”，“孟春之月……命祀山林川泽，牺牲无用牝。禁止伐木。毋覆巢，毋杀孩虫。胎夭飞鸟。毋麛毋卵。孟夏之月……继长增高，毋有坏堕，毋起土功，毋发大众，毋伐大树。……驱兽无害五谷，毋大田猎”。在规定的季节中，禁止随便进山砍树，禁止割水草烧灰，禁打鸟猎兽，禁止捕捞鱼鳖。对打猎、捕鱼、伐木、孕育、放牧以及取火、烧炭都有明确的季节、月份限制，将保护环境与祭祀天地、祖先并列为国家大事。

周文王临终之前嘱咐武王要加强山林川泽的管理，保护生物，因为国家治乱兴亡都要仰仗生态的好坏。他说：“山林非时不升斤斧，以成草木之长；川泽非时不入网罟，以成鱼鳖之长；不麛不卵，以成鸟兽之长。是以鱼鳖归其渊，鸟兽归其林，孤寡辛苦，咸赖其生。”（《逸周书·文传解》）显然古人已经懂得在向自然界索取资源时，一定要有节制，要注意时令，要按一定的季节进行捕鱼、猎兽的生产活动。

《秦律·田律》规定：“春二月，毋敢伐树木山林及雍堤水，不复月，毋敢业草为灰，取生荔，麛（卵）彀，毋……毒鱼鳖，置肼罔，到七月而纵之。……邑之近皂及它禁苑者，麛时毋敢将犬以田。”秦律大意是，从春季二月起，不准到山林中砍伐树木，不准堵塞林间山道。不到夏季，不准进山砍柴、烧野草作肥料，不准采集刚发芽的植物或取获幼兽、鸟卵和幼鸟（掏鸟蛋），不准毒杀鱼鳖，不准设置捕捉鸟兽的陷井和网罟。到 7 月，才可以解除上述禁令。其他还有住在养牛马之处和其他禁苑附近的人，当幼兽繁殖时不准带着狗去狩猎。

这些关于保护山林、水道、植物、鸟兽和鱼类的法律规定，在世界上都属于较早的。中国以后的各朝代的法律也都有关于环境保护的类似规定。

畜牧为天下饶

——古代畜牧

我国是世界上畜牧业发展最早的国家之一。在长达百万年之久的劳动过程中，原始人类逐渐积累了经验，改进了工具，使人类有了捕捉活动物的可能。人们逐渐将一些暂时吃不完的动物放在天然地洞内或用栅栏圈养起来，以备捕捉不到野兽时食用。随着生产力的提高，圈养的动物越来越多，而且长期的狩猎生活使人们逐渐认识到某些动物的生活习性，于是将它们人工驯养进而驯化成家畜，这样便开始了初期的畜牧业。随着时间的推移，原始狩猎开始向畜牧业过渡，使畜牧业逐渐成为人类社会的重要生产部门。

一、六畜兴旺

自从原始狩猎之后，伴随着原始畜牧业的产生，人类便开始了驯养家禽家畜的历史。相传伏羲教会人们圈养猎物，“养六畜，以充牺牲”。在早期驯养的家畜中，除了猪、羊、鸡等食用动物外，还有马、牛、狗等使役性动物。在中国古代的文献上，很早便有了种

放牧图

"五谷"、驯"六畜"的文字记载。

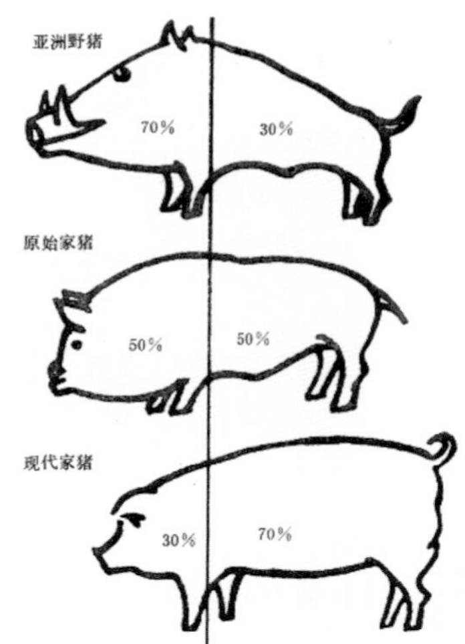

猪驯化后躯体演变示意图

1. 六畜之首——猪

猪是原始社会中最早由人类驯化饲养的家畜之一，与人类生活极为密切，为六畜之首。野猪是家猪的祖先，在人类的驯化下，逐渐进化为原始家猪。我国迄今发现的最早的家猪，一般认为源自距今约 8 000 年前的河北武安县磁山遗址。在人类驯养的条件下，猪的体质形态发生了很大变化。

先秦时期，养猪以放养为主，并已有了圈养的经验。到了汉代开始以圈养为主，或圈养与放牧结合。因为圈养既有利于肥育，也有利于积肥。与此同时，创造了"麻盐肥猪法"，就是把盐、麻和糖经过加工做成精饲料喂猪。南北朝时期，发明了仔猪补料法以及冬天分娩仔猪护理技术，大大提高了仔猪的成活率。在繁殖技术上提倡多胎高产，强调饲养肥猪要圈干食饱、少喂勤添，并以苜蓿等青饲料为主，适当搭配精料，并减少肥猪运动以育肥。在母猪选择方面，选嘴短无柔毛的猪为良母猪。《农桑辑要》中记载："肥豕法：麻子三升，捣千余杵，盐一升，同煮后，和糠，三斗饲之，立肥。"这些经验推动了养猪业快速发展起来。清代时，广东猪传入英国，与当地猪杂交，育成了著名的猪种大约克夏。现今世界上许多著名猪种几乎都含有中国猪的血统。

宁乡花猪

2. 辛勤耕者——牛

牛的驯养是从新石器时代开始的，当时有黄牛和水牛两种。由采猎向农耕经济过渡的时期，人们养牛是为了食其肉用其皮骨。夏、商、周时，牛大量用作牺牲，祭祀天地鬼神，祭品牺牲二字也是以"牛"为旁首。当时名为祭祀，牛实际上仍被当作肉食。牛作为役畜，先用于拉车，后用于耕地。在新石器时代后期牛已用于拉车，此后相沿不绝。春秋时代，牛始用于耕田，当时还发明了穿牛鼻技术。战国时，随着铁制农具的发明，以牛耕田在当时的秦国已很普遍，汉代赵过推广的用牛耕地逐渐普及全国。此后，用牛耕地一直沿袭至今。

在商代，人们已经掌握了牛的饲养管理规律，在暮春和夏秋季节有青草时采取放牧的办法，在穷冬和初春采取圈养的方法。西周时期养牛业有了大的发展。随着耕牛的出现，人们对牛的驯养更加重视。春秋战国时期，出现了牲畜饲养管理方面的法律。

牛

耕牛

南阳牛

秦国对养牛健壮者实行奖励，并有《宁戚相牛经》等专著问世。

18 世纪以后，随着农业机械化的发展和消费需要的变化，除少数国家的黄牛仍以役用为主外，普通牛经过不断的选育和杂交改良，均已向专门化方向发展。西班牙等国家还培育成一种强悍善斗的斗牛，主要供比赛用。在我国，鲁西黄牛、晋南牛、延边牛、秦川牛、南阳牛是我国五大名贵牛种。

小知识

牛的象征意义

世界上有许多以牛为图腾崇拜物的国家和民族，如古埃及人、波斯人视公牛为人类的祖先。据《山海经》记载：炎帝牛首人身，实际上，其部落是以牛为图腾。牛在印度教中被视为神圣的动物，因为早期恒河流域的农耕十分仰赖牛的力气，牛粪也是很重要的肥料，牛代表了印度民族的生存与生机。

牛在中国文化中是勤劳的象征。古代就有利用牛拉动耕犁以整地的应用，后来人们知道牛的力气巨大，开始有各种不同的应用，从农耕、交通甚至军事都广泛运用。战国时代的齐国还使用火牛阵打败燕国，三国时代蜀伐魏的栈道运输也曾用到牛。

由于牛很容易和力量联系在一起，也有许多体育俱乐部或体育比赛采用它作为自己的队名、队标或是吉祥物。某些与牛肉、牛奶等餐饮、养殖业有关的公司很自然地在其名称、商标中使用了家牛形象，而有些关系不太密切的公司，像是功能性饮料红牛、超级跑车制造商兰博基尼亦使用了公牛的形象。

3. 人类挚友——狗

狗是被人类最早驯化的动物，它第一个走进家畜之列，在世界各民族史上均不例外。狗最先被驯服是由于狩猎的需要，在狩猎的基础上驯化而来。在我国，狗的驯化早在新石器时代就有，并从距今七八千年的新石器时代一直到商周时期都是先民的主要家畜。我国家狗的祖先，被认为是起源于中国的野生狼，只要把中国狼与家狗的头骨对照便可发现两者极其相似。

狗最初是专做祭祀用的，后来逐渐用于看田、守户、牧羊、狩猎等。甲骨文中便有狗的象形文字，记述当时驯狗狩猎的情景。在商代以前，狗主要作为祭献庙堂的牺牲，用于肉食。《孟子》记述：“鸡豕狗彘之畜，无失其时，七十者可以食肉矣。”除了食用外，春秋时期也已将狗用于军事当中，作为驻戍关隘以防敌人偷袭的报警作用，是名副其实的警犬，开我国警犬利用历史的先河。历代统治阶级为发展养狗业，设置了狗官和养狗的机构。汉代养狗业兴盛，皇宫设“狗中”和“狗监”的官职，扩大养狗的规模。给汉武帝推荐司马相如的杨得意和音乐家李延年就做过“狗监”的差使。唐代皇帝还专门为狗兴建一座华丽宽敞的“狗坊”，当时“弄狗”、“走狗”、“斗狗”成为帝王将相茶余饭后的娱乐。元代时还设有狗的驿站，作为传递信息的交通工具。近一个世纪以来，狗逐渐开始作为宠物出现在人们的家中。

狗的进化

狗

4. 沙场勇士——马

中国是最早开始驯化马匹的国家之一。中国家马的祖先是野生马种，其前一代为三门马，它们都曾生存在中国北方广大地区。中国南方马种则起源于云南马，它们的化石分布在以四川、云南为中心的广大地区。马作为主要家畜驯养，有着十分悠久的历史。据考古发现，距今 6 000 年左右，野马已被驯化为家畜。远在先秦时期，马作为主要家畜已普遍饲养并作为祭祀的供品。对马的驱驾和役用，可视为养马业高度发展的标志。

蒙古马

牧马画像石

在相当于夏代的河南二里头遗址内已发现大量家马遗骨。在《世本·作篇》中已有“奚仲作车”、“相土作乘马”的记载，说明夏时已经驱马驾车了。商代时车马已用于军事。《淮南子·本经训》有“汤以革车三百乘，伐桀于南巢”的记载，可见此时养马业已有大规模发展。周时，随着畜牧业的发展，相马术已经出现。如《周礼·夏官·校人》中，根据马的品质，将马分为六类，分别为：种马（从事繁殖作种用）、戎马（用于战争）、齐马（用于礼仪）、道马（用于驱驾拉车）、田马（用于田猎）、驽马（用于各种杂役）。说明周人养马已有了丰富的经验。汉时，相马术更加成熟。在长沙马王堆汉墓中出土的《相马经》帛书，是罕见的珍贵史料，它对马的形体的观察及其生理机能的变化做了系统的总结。马所特有的奔跑属性被人类认识以后，逐渐作为交通工具——驿马，用来千里送信；战马则用来驰骋沙场。唐代的畜牧业中尤以养马业最为发达。唐代的马籍和马印制度，把良

马术

马、驽马、强马和弱马区分开来，一方面显示了当时相马术的进步，另一方面也为马的良种繁育提供了有利条件。

如今，随着生产力的发展，动力机械的发明和广泛应用，马在现实生活中所起的作用越来越少，马匹主要用于马术运动和生产乳肉，饲养量大为减少。但在有些发展中国家和地区，马仍以役用为主，并是役力的重要来源。

山羊

5. 吉祥之物——羊

羊作为家畜的出现，可追溯到新石器时代中期，现代的绵羊、山羊，都是由野生绵羊、山羊经人类长期驯化而来的。经各地考古工作者发掘证明，我国的绵羊、山羊绝不是仅起源于一个地区，或在一个地区驯化后逐渐扩展开来，而是先后在几个地区各自发展起来的。

汉代出土绿釉羊圈

我国古代，羊是吉祥、美好的象征。商代甲骨文卜辞中，羊同“祥”，吉祥即吉羊。羊作为家畜，主要为肉食，夏商时期祭祀大典宰杀牛、羊，饲养牲畜已有相当大的规模。战国时期，畜牧业相当发达，大量饲养羊和其他小畜供作肉食。东汉时期（公元前 112 年），汉武帝为鼓励民间养畜，实行“官假母畜，三岁而归”的宽松政策。当时的养羊能手——卜式养羊致富后，对国家抗击匈奴慷慨捐助，后为汉室牧羊有功，汉武帝封他为司农卿。这时的羊除供肉食外，还用其毛供纺织之用。北魏贾思勰所著《齐民要术》一书，第六卷为养羊篇，比较系统地记载了选种、繁殖、牧羊、剪毛和疾病治疗等方面的经验。隋朝时，养羊业和民间羊毛手工业已相当发达。唐代地毯业相当发达，用毛毯铺地，做挂壁、坐垫等，在宫廷和寺院用毛织物装饰占一定地位。宋朝时，黄河流域居民大批南迁，把原来中原一带的绵羊带到江南太湖周围各地，选育成现在的湖羊。

湖羊

6. 善斗将军——鸡

我国是世界上最早养鸡的国家之一。家鸡的起源和进化也经历了缓慢而久远的演变过程，它是由野生的原鸡驯化而来的。在我国，野生的原鸡分布于云南、广西和海南。过去根据达尔文的观点，认为我国的家鸡是由印度或东南亚传入的，事实并非如此。我国考古学家在西安半坡村、新郑裴李岗新石器时代中期遗址中，发掘出家养鸡骨的残骸，这证明我国早在五六千年前就已开始养鸡了。殷商时代，畜牧业很兴盛，六畜都已具备，那时鸡的命运也同其他家畜一样，主要用于祭品，其最终目的是为了肉食。周代设有“鸡人”官职，专门掌管祭祀、报晓、食用所需的鸡。春秋时期鸡已经被列为六畜之一，《吴地记》和《越绝书》记载，吴王夫差和越王勾践辟有专门的养鸡场“鸡坡”和“鸡山”。鸡肴在古代很有讲究，《礼记》与《楚辞》中已经有了“濡鸡”、“露鸡”等鸡肴的名称，汉代以来关于鸡的食用方法和营养价值的记载也是屡见不鲜。至魏晋南北朝时期，养鸡技术更加成熟，《齐民要术》已列专章加以总结。唐代以后直至今天，鸡依然是广大农村饲养的主要家禽。

陕西西安出土的汉代灰陶鸡

斗鸡

此外，鸡与其他家畜有所不同，我国历史上存在有斗鸡习俗，斗鸡、斗蟋蟀是中国古人生活的一大特色。我国斗鸡习俗始于周代，兴于宫廷，后传入民间，虽出于娱乐，但也利于鸡种优选技术经验的积累。

二、兽医技术

中国畜牧兽医技术有着悠久的历史，是畜牧业生产经验的结晶，是我国民族文化遗产的重要组成部分。当“神农尝百草，医方兴焉”，原始先民就积累起医学知识，保护自身健康。家畜既为人所饲养，同样也会得到原始医学的保护。几千年来，中国的兽医技术不仅对我国畜禽的繁衍起了保障作用，一千多年前传到国外后，对世界的兽医学发展也产生了很大的影响。

1. 科技史上的一朵奇葩——兽医学

自有畜牧业，也就有了兽医的活动。最早还没有文字的时候，交流兽医医术经验依靠口头传授。“兽医”一词，始创于我国的周代，据《周礼 · 天官》记载，“兽医掌疗兽病，疗兽疡。凡疗兽病，灌而行之，以节之，以动共气，观其所发而养之。凡疗兽疡，灌而刮之，以发其恶，然后药之，养之，食之”。意思是说：兽医的职掌是治疗内外科兽病。治疗内科病，采用口服汤药的方法，缓和病势，节制它的行动，借以振足它的精神，然后观察它的表现和症状，妥善调养。治外科病，也是服药，并且要手术割治，把脓血恶液排出，然后再用药治，让它休养并注意调养。说明当时兽医已经比较发达，开始有了内外科的区分，并且还有了诊疗的流程，重视护理。

北魏时期治疗马呼吸阻塞示意图

中国兽医学有自己独特的体系，《黄帝内经》一书一直有效地指导着兽医临床实践，该书中还记载有以防为主的医疗思想。秦汉时期兽医学有了进一步的发展，我国最早的一部人畜通用的药学专著是汉代的《神农本草经》，书中特别提到“牛扁疗牛病”等兽病。汉朝的《居延汉简》和《流沙坠简》中记有兽医方剂，并开始把药做成丸剂给马内服。由此可见，我国古代兽医学和中医学源于一体。同时，秦时出现了“厩苑律”，是世界上最早的畜牧兽医法规，在汉代尚有修订和沿用。

喻氏兄弟行医图

晋代《肘后备急方》中有治六畜“诸病方”，记有灸熨和“谷道入手”的诊疗技术，对于用黄丹治脊疮等十几种病，提出了疗法，同时在该书中还记载有应用类似狂犬病疫苗，以防治狂犬病。《齐民要术》有畜牧兽医专卷，记有家畜疾病治疗技术方法 40 多种。

唐代的兽医学也很发达，有一支专门的兽医队伍，已经有了兽医教育的开端。在太仆寺内就有专职兽医 600 人，尚乘局中有 70 人。政府还在太仆寺内设立兽医教育机构，“兽医博士四人，教授生徒百人”，这是世界上最早的兽医学校。隋代兽医学的分科已经更加完善，关于病症的诊治、药方和针灸都有专著。此后各代，都有不少专门的兽医著作出现。比较著名的有唐代李石编著的《司牧安骥集》，对于兽医理论和技术都有比较全面的论述，书中对马病的诊断和治疗有比较系统的论述，对后世的兽医著作影响很大，它也是我国最早的一部兽医教科书。宋、元两朝，兽医的医疗措施又有创新。当时已经有官办的兽医院、尸体解剖检验所和兽医药房。明代喻氏兄弟编著了著名的《元亨疗马集》，内容丰富，是在国内外流传非常广泛的一部中兽医古典著作。

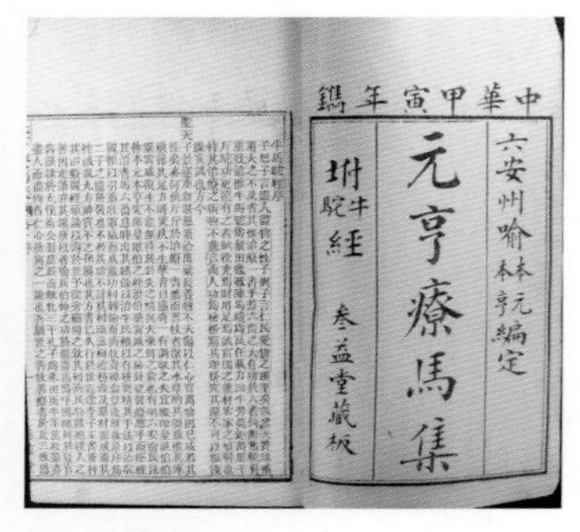
中華甲寅年鐫
六安州喻本元編定
元亨療馬集
附牛駝經
叁益堂藏板

《元亨疗马集》

兽医针灸术是我国兽医学中的主要医疗技术之一，距今 3 000 多年前已有文字记载，西汉刘向著《列仙传》中，记有马师皇（相传是黄帝时的兽医，善医马，后世尊为兽医鼻祖）用针“针其唇下及口中和甘草汤治愈”的记载。这说明中兽医“方不离针，针不离方”的传统由来已久。中兽医针灸疗法在 1 000 多年前流传到国外，它在世界兽医学中仍然是一种独特的、非常有价值的医疗技术，对世界兽医学产生了重要影响，是我国科学技术史上的一朵奇葩。

2. 家畜外形鉴定学的光辉成就——相畜术

中国古代家畜的选育是通过观察家畜的外部形态、体质情况、部位比例等，以判断其生产性能，这种从生产实践中总结出来的选种方法，古人称之为“相畜术”。先秦时期出现的《六畜相法》就是古代家畜选育技术的总结。外部特征和内部机能之间存在密切的关联，把这些内在的关联归纳为规律，用以鉴别家畜的优劣，并把它用于家畜种群的选育，为畜牧业的发展服务，就是古代相畜术的本质。

中国早期的原始相畜术可以追溯到夏商西周时代，殷商卜辞中卜问采用何种毛色牲畜的记载多次出现，说明家畜的外型已引起当时人的重视。春秋战国时期，由于农业生产和各国征战的需要，对于马匹和耕牛的需求也越来越大，要求有优良的畜种，相畜术由此发展而来。

伯乐相马

春秋战国时代是相畜术发展的黄金时期，出现了很多著名的相马学家，由于个人判断良马的角度不同，当时也形成了许多相马的流派，我国历史上最有名的相马专家当属相马专家孙阳，人称伯乐，相传他著有《相马经》一书，奠定了我国相畜学说的基础，可惜早已失传，但至今“先有伯乐，后有千里马”的故事仍人尽皆知。同期另一著名的相畜学家是卫国的宁戚，相传他著有《相牛经》，其相牛的宝贵经验一直在民间流传，对后来牛种的改良，起过很大的作用。

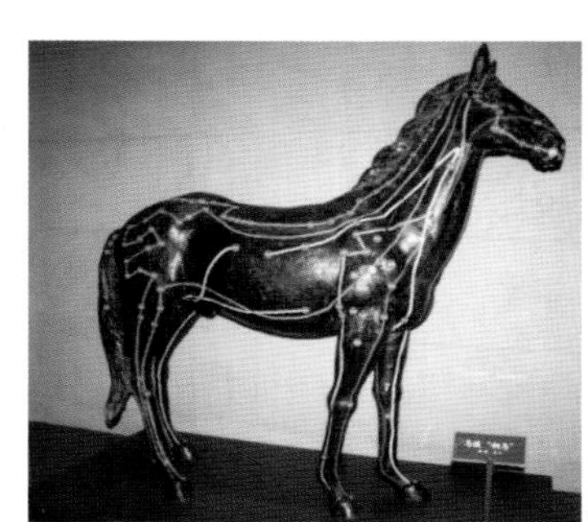
马援铜马

汉代相畜术进一步发展，出现了完整的相畜著述《相六畜三十八卷》和铜马式。当时最著名的相马专家当推马援，他继承了汉朝四代名师的相马经验理论，并且多年亲身从养马和从军的实践中得到了很多丰富的经验，在汉武帝东门京铜马法的基础上，制成了高三尺五寸、围四尺四寸的铜马立于洛阳宫中。铜马法的出现，使得相畜术有了直接的形体模型，变得易于掌握和操作，是我国当时在畜牧兽医学上的一大成就，在西方此类铜制良马模型在 18 世纪才出现。魏晋南北朝时期，我国相畜术得到了进一步的发展，这和当时畜牧业的发展是分不开的，农学家贾思勰所著的《齐民要术》中有大量相畜方面的内容，涉及相牛、相马、相羊、相鸡、相鸭等，相畜方法也有较大进步。

古代的相畜术对于后世家畜品质的提高起了很大的作用，至今在广大农村仍在应用。我国在家畜外形鉴定学上的成就领先于世界，西方现代的外形学说，源于古罗马和西欧各国，但它的起源晚在我国之后。

徐悲鸿名画《九方皋相马》

小故事

相马能手九方皋

春秋战国时代有很多著名的相马学家，除了相马专家伯乐外，九方皋也是一位有名的相马专家，当代大画家徐悲鸿善于画马，以“相马”为题材的《九方皋》便为其杰出之作。相传伯乐在晚年推荐了相马能手九方皋给秦穆公，秦穆公让九方皋替他去选好马，3个月后九方皋回来了，穆公问他说：是什么样的马？他回答说：是一匹黄色的母马，等派人牵来一看，却是纯黑色的公马。穆公非常不高兴，认为既是相马专家，为什么连公母不分，黄黑不辨呢。伯乐知道后说：“若皋之所观，天机也，得其精而忘其巍，在其内而忘其外，见其所见，不见其所不见，视其所视而遗其所不视，若皋之相马，乃贵乎马者也。”（精、内，叫做天机，虫、外，是指马的公母毛色等外部形态）。后经实地测验，证明九方皋选的的确是一匹稀有良马。后来，由这个故事还生发了一个成语：“牝牡骊黄”。这说明我国古代相马专家选择良马，不仅重视外表形态，而且特别重视马内在的体质。

3. 提高用马效能的伟大智慧——蹄铁术

中国是世界上最早发明蹄铁术的国家。蹄铁是马匹管理上不能缺少的东西，“无铁即无

蹄铁

马蹄铁

蹄，无蹄即无马”这句谚语便可以充分说明蹄铁的重要性。“马蹄铁”又称“马掌”，是在马、牛等牲口的蹄上装钉的铁制蹄型物。马的蹄子有两层构成，和地面接触的一层是约 2 厘米厚的坚硬角质，上面一层是活体角质。马蹄和地面接触，受地面的摩擦和积水的腐蚀，会很快的脱落，钉马蹄铁主要是为了减少对马蹄的磨损。马匹装蹄铁后能提高其工作效率，矫正肢势，防止蹄病。汉昭帝讨论国事的记录《盐铁论》中，有关于马的护蹄的记载，其中“革鞋”就是用皮革制的马鞋，用以保护马蹄，是我国史书上首先出现的护蹄技术。

《齐民要术》提出“削蹄治蹄漏”这一观点，可见我国修蹄技术和修蹄工具，应在此之前产生。大量的历史文物证明，修蹄技术在北魏之后日趋完善，如唐《百马图》，唐代的昭陵六骏，其马的蹄与其以前的马有明显区别，蹄明显是经过修整的。

明朝《增补文献考·经籍志》记载：过去没有蹄铁，用编葛护蹄。尹弼商东征建州时，冰冻冻伤马蹄，使其前进受到影响，尹用铁片制成圆的马蹄形，分两股钉在马蹄上，蹄钉像莲实形，头尖尾大，各蹄 8 个，在冰上行走可防滑，行军成功，从此以后，人们用马时，冬夏均把蹄铁装上，远行不伤马蹄，很便利。这是我国史书上第一次出现蹄铁使用的完整记录。

中国发明蹄铁术后世界各国竞相模仿，当今各国的蹄铁术也是受到当时我国蹄铁术的影响加以改良而成的。

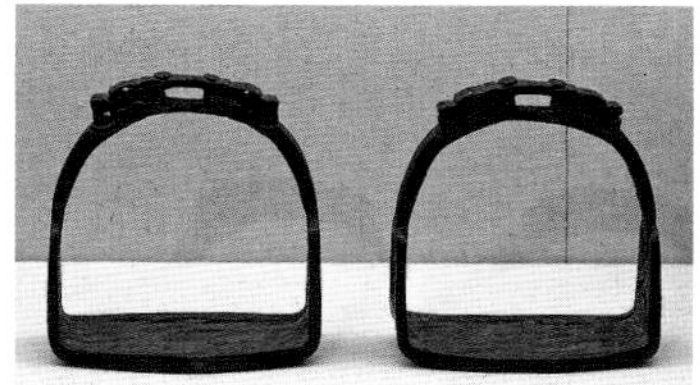
马镫

4. 骑兵史上革命性的进步——马镫的发明

我国也是最早发明马镫的国家，早在西周时期就已经开始使用了。这一发明是受登山时使用的皮草绳环得到启发的，古人攀登山崖，没有现成的梯子，偶尔也利用皮草绳打成环，再踩着环上去。但是皮草绳环不能用骑马，因为人从马上摔下来就会被绳环拖住，奔跑的马会把人弄伤，很危险。于是骑士们就对绳环加以改进，用铜或铁打成两个吊环形的脚蹬，悬挂在马鞍两边的皮带上，这就是马蹬。最早的马蹬是长沙古墓出土的陶骑俑上的，它是西晋时期的文物。马镫的产生和使用，标志着骑乘用马具的完备。在军事上，马镫的发明使骑兵上下马迅速，人骑在马上不易落地，控制战马也更自如，使复杂的战术动作和列阵的训练变得更容易。在日常生活中，也使许多没有经过正规训练的人也能很方便地上下马和驾驭马，骑马者的姿势也由以往的踞坐式改为挺身直腿。当时所谓“骑士之风”较之“乘车之容”则更潇洒大

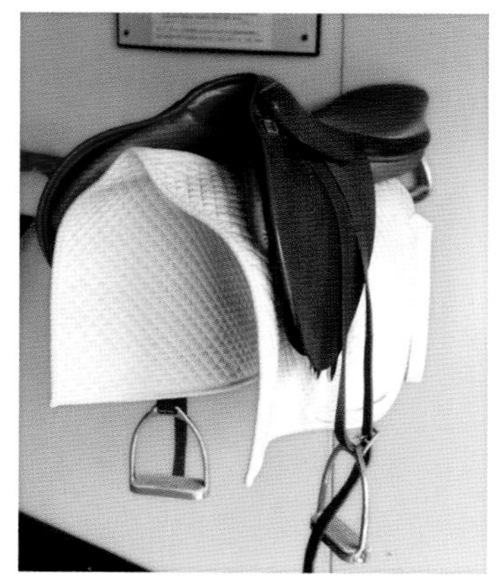
马镫

方。隋唐以后的马镫形制改进的更为实用，其镫柄变短，镫体上部呈圆弧形，踏脚处改为微有弧曲的宽平沿，便于乘者蹬踏。

马镫通过东西贯通的丝绸之路逐渐向西方传播。唐代时，拜占庭才出现了马镫，以后又传到了欧洲，使欧洲人突然发现它的巨大优越性。欧洲人林恩·怀特说："只有极少数的发明像脚镫这样简单，但却在历史上产生如此巨大的催化影响。""像中国的火药在封建主义的最后阶段帮助摧毁了欧洲封建制度一样，中国的马镫在最初阶段帮助了欧洲封建制度的建立。"

三、畜种改良

畜种改良技术是一门古老的学问，在我国有着悠久的历史，北魏贾思勰的《齐民要术》有详细的记载。随着畜牧业的发展和饲养技术的进步，我国古代各族劳动人民非常重视畜禽的选种和良种繁育，强调通过选种、杂交等提高种性，使畜禽经济性状朝着人们需要的方向发展。在前代的基础上，我国古代畜种改良技术不断取得进步。

1. 世界兽医史上的伟大创举——去势术

去势术，也称阉割术，在古代广泛用于马、牛、羊、猪和鸡的管理、育肥和选优汰劣。公畜去势后，性情变温驯，不再互相踢啮争斗，能使役用年限延长，役力增加，肉用畜的肉质变得肥嫩细香，羊毛细软，使劣种不能传代，为选优汰劣、培育优良畜种创造有利条件。它的发明，是畜牧兽医科学发展史上的一大创举，是中国古代领先于西欧的一项技术。

早在夏商时期，阉割家畜的技术已经出现，但那时还处在萌芽的阶段中。到了西周春秋时期，阉割术的应用范围有所扩大。在《周易·大畜》和《周礼·校人》古代文献中，就有阉割猪和马的记载。《易经》记载"豮豕（fénshǐ）之牙吉"，意思是说阉割了的猪，性格就变得驯顺，虽有犀利的牙，也不足为害。说明那时人们完全认识到阉割可以改变牲畜的性格，取得选优汰劣和增加肉源的作用。去势术到汉朝已经普遍应用到各种家畜，并且有了改进，原来用"火骟法"改为"水骟法"，使手术时少出血，伤口愈合快。河南方城的汉墓中出土的阉牛画像石"拒龙阉牛图"，说明我国在 1 800 多年前已有了牛的"走割法"。北魏时期，去势术有了很大的进步。据《齐民要术》记载，小猪生下第三天便"掐尾"，60 天后便阉割，这样可以防止因尾巴接触伤口引起破伤风发生死亡。此外，书中还

河南方城汉代阉牛画像石

介绍了用布包裹羊的精索，用锤砸碎以达到阉割的目的。这种去势术至今在北方的偏远农村仍在使用。

国外畜牧兽医界对我国猪的阉割技术经验十分重视。在丹麦哥本哈根农牧学院所筹建的一所兽医博物馆里，陈列了很多兽医器械，其中有一件是用于给 3 周龄小猪阉割的工具，它是清朝时期由一位瑞士商人从中国带到欧洲去的。丹麦哥本哈根农牧学院兽医系主任佛里德瑞克·埃尔文斯教授认为：“中国人民高度发展的文明，在很多方面走在欧洲文化的前头。中国和欧洲之间很早就有了接触。中国兽医器械的发现，说明中国兽医器械的制造对欧洲同类器械制造的影响是深远的。李约瑟的巨著《中国科学技术史》一书中的记载，已说明了这一点。”

2. 畜禽繁育的宝贵经验——选种

约南北朝时期，我国古代繁育技术已形成选种原理，居于世界领先地位。古人已经懂得利用选优去劣的人工选择法和因地制宜的选择方法进行选种。《齐民要术》中已总结了古代牛、马、羊、猪、鸡、鸭、鹅的选种经验，为后世提供了宝贵的经验。

《齐民要术》总结了选择良种母畜的经验，提出了一条简便易行的方法，那就是经常到市场上去购买那些已经怀孕即将生产的马、牛、羊、猪等母畜，这些母畜生下仔畜后，细心观察喂乳期间仔畜长得好坏，由此对母畜进行选择，存优去劣，好的留种，劣的淘汰卖掉。

齐民要术

古人提出的选种原理，不仅受到本国人的重视，而且受到外国科学家的高度重视。伟大的生物学家达尔文，非常重视中国古代的选择原理和人工选择的经验。他在《物种起源》一书中说：“我看到一部中国古代的百科全书，清楚地记载着选择原理。”有人考证，达尔文所说的中国古代的百科全书，指的就是北魏贾思勰著的《齐民要术》。达尔文在《动物和植物在家养下的变异》一书中，再次提到中国这部古代的百科全书，并且引用了有关绵羊人工选择的经验。他说：“改良它们的品种，在于特别细心地选择那些预定作为繁殖之用的羔羊，给予它们丰富的营养，保持羊群的隔离”。对于羔羊的选择，《齐民要术》提出：“常留腊月、正月生羔为种者上，十一月、十二月生者次之”。从理论上阐明了母羊怀胎期间的膘情、羊羔喂奶以及饲草状况，作了因时制宜的分析。在中国的西北牧区，现在仍选留冬羔作种，足以证实了《齐民要术》总结的选种经验是有科学根据的。

3. 杂交优势的典型——骡子

杂交示意图

早在春秋时代，我国就已经有了杂交育种的记载，繁殖骡子则是运用远缘杂交原理的典型例子。通过远缘杂交，培育优良品种的最早记载出现在《齐民要术》一书中。上面记载："以马覆驴，所生骡者，形容壮大，弥复胜马。然必选七八岁草驴，骨目正大者，母长则受驹，父大则子壮。"当时已经阐明，远缘杂交可使生物发生变异和产生杂种优势。公马和母驴交配出生的骡子比马还壮。但母本要选体形大的驴，父本要选强壮的马，这样可以得到强壮的后代。这种后代耐粗饲、耐劳、适应性及抗病力强，耐力大而能持久，寿命长于马和驴。明代《本草纲目》上记载："牡马交驴而生者为'駃騠（juétí）'"，现在俗名"驴骡"，个体比其母大，和其父差不多，耐粗饲，适应性及抗病力强，耐力大而能持久。《齐民要术》还揭示了远缘杂交后代骡不育的事实，即"草骡（母骡）不产，产无不死。养草骡，常须防勿令杂群也。"书中总结了中国古代劳动人民利用杂交优势及杂交后代不育的经验，确定公母畜适当比例，以利繁育。

4. 中西合璧的良种——杂交猪

杂交猪示意图

当今世界猪的品种系列中，英国的约克夏猪和丹麦长白猪等品种闻名于世，许多国家纷纷引进以改良当地的猪种。但是在它们对世界养猪业做出重要贡献的背后，我们应该承认早期的中国猪种功不可没。英国生物学家达尔文说："中国猪在改进欧洲品种中，具有高度的价值。"中国猪种以其早熟、多产仔、易育肥、肉质鲜美等特点而享誉世界。汉代以来，随着海上交通事业的发展，广东地区的猪经过海道外传。古罗马就利用中国猪，对罗马本地的猪进行改良，育成了罗马猪。当时的罗马统治者，对于猪肉要求特别高，本国猪肉质差、生长慢，不能满足其要求，因而利用中国优质猪来改良他们的本地猪种，并逐渐育成了罗马猪。这一事实见于英国大百科全书之中，书中说："早在两千年前，罗马帝国便引进中国猪种，以改良他们原有的猪种，而育成罗马猪。"

18世纪初英国开始引入中国广东猪。英国约克夏的本地猪，经过与广东猪的杂交，丢掉了本地猪种的一切粗糙特征，代之而饲养的是具有体躯丰满平滑、早熟易肥、肉质鲜美，含有中国猪血统的杂交猪最开始还被叫作“大中国种猪”。

前苏联学者库列硕夫教授说：“欧洲粗糙不良的猪，由于在中国猪的直接影响下，呈现了多产性，提高了肉用品质，因此所谓欧洲创造了育种畜牧业的这种观点是没有根据的。实际上正如众所共睹的那样，中国劳动人民所培养的古代家畜品质，对欧洲养猪业起了巨大的作用。”

四、饲养和繁殖技术

为了满足畜牧经济的要求及人类生活的需要，在长期的摸索过程中，人们还总结出了一套畜禽饲养、育肥经验。例如，我国的畜禽催肥术及家禽的人工孵化技术，均处于世界领先行列，被世界各国争先效仿。

1. 畜牧商品化的产物——催肥术

畜禽催肥术的出现，反映了家畜饲养商品化程度。催肥术的主要特点在于强制性，即通过人工努力，增加喂饲次数，限制运动和光照等环境，迫使畜禽向着有利于人类的方向发展。

北京鸭

北京鸭味美可口早在明代已为人们所认可，这是由于发明了填鸭肥育技术、改善了鸭的肉质的缘故。北京鸭在孵出后六七十日就开始填肥，每天给两次肥育饲料。在肥育期间，不在舍外放饲，同时在肥育舍的窗格子上挂上布帘，把屋子弄成半明半暗。用高粱粉、黑麸等调制成条状填料，强制填入鸭的口内，逐日递增填料分量，这样鸭子在肥育期的两周到四周间，就可增加体重2~3 千克，肥育完成，可增重到 4.5~6 千克，肉味特别鲜美。

在猪的快速育肥上，汉代便发明了“麻盐肥猪法”，麻子含油量很高，猪很容易吸收油脂而致肥。《农政全书》还介绍了用“贯仲三斤，苍术四两，黄豆一斗，芝麻一升，各炒熟共为末，饵之，十二日则肥”的药物肥猪法。另外，《农政全书》还记载了将猪圈分成若干小猪圈，每个小猪圈内放一头猪，使其运动量减少，以达到催肥的效果。

2. 家禽养殖业的伟大创新——人工孵化技术

我国是世界上最早发明家禽人工孵化技术的国家之一。早在 2 000 多年前，我国便开始使用人工孵化。汉代已有将鸭蛋由

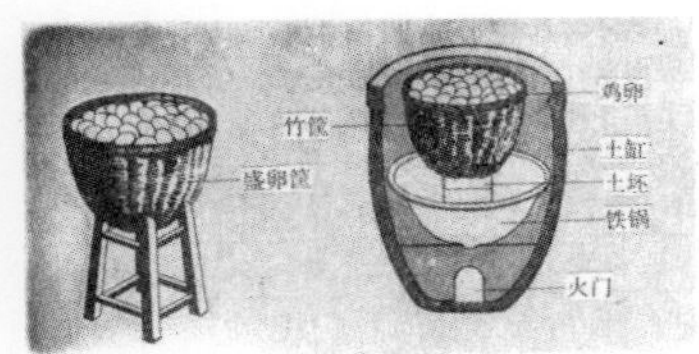

人工孵化

现代人工照蛋

母鸡代孵的寄孵技术，宋代的《尔雅翼》一书中记载“以牛矢妪而出之”方法，是用牛粪发酵所产生的热能进行孵化，这是人工孵化最早掌握的一种间接加温的方法，以后又发明了炒谷、炒麦为热源的方法。随着孵化经验的积累，自宋代以来，各地产生了多种形式的孵化方法，主要有坑孵、缸孵和桶孵等较大规模的孵化方法。人工孵化技术到明清已相当普及，并发展为专业化的行业，出现了“哺坊”，专门从事人工孵化，进行商品化生产。清末创造“照蛋”法，即在暗室壁上开孔，利用阳光照蛋，观察胚胎发育的情况，并根据胚胎发育的程度施以相应的温度进行孵化，开创了家禽人工孵化的看胎施温技术。

我国人工孵化技术的特点是设备简单，不用温度调节设备，也不需要温度计，却能保持比较稳定的温度，成本很低。发展至今，在我国的一些农村仍在用土法孵化方法进行人工孵化。我国的人工孵化方法为大规模的家禽人工孵化奠定了基础，对世界各国家禽的人工孵化起了很大的推动作用。

成汤作醢

——农产品加工

民以食为天。大自然总是毫不吝啬给人类的馈赠，为人类提供了丰富多样的食物来源。而我们的祖先十分珍视这些馈赠，充分运用自己的聪明才智，对各种食物来源进行加工处理，不仅有效抵抗了食物的自然腐坏，满足了最基本的生存需求，还创造出许多独具民族特色、地域特色的食物种类，形成了“五谷为养，五果为助，五畜为益，五菜为充”的合理膳食结构，发展出了历史悠久、灿烂辉煌的中华饮食文化。

一、食不厌精——农作物加工

1. 主食加工

主食是中国饮食结构中能量的主要来源。想要了解主食加工，就不得不说一说一件对主食加工具有重要意义的加工工具——石磨。2 000 多年前，我国出现了圆形石磨，相传为春秋战国时期的鲁班所发明。石磨的出现，使人们能够将大米加工成年糕、汤圆，将小麦加工成馒头、面条，将大豆加工成豆腐、豆浆，促进了小麦、大豆等谷物的大面积推广种植，对中国农业文明和饮食文化产生了深远影响。直至今日，我国的农村仍有使用石磨进行粮食加工的。

战国秦汉时期，石磨的推广使人们的饮食由粒食为主变为面食为主，主食日益精细化

山东嘉祥出土庖厨画像石

和多样化。西汉史游《急就篇》有“饼饵麦饭甘豆羹”一语，几乎涵盖了当时主要的主食种类。其中，“饼”指用小麦粉或米粉做成的食物，不同于今天饼的概念；“饵”指用米或米粉做成的食物；“麦饭”指磨碎的麦子蒸制而成的饭；“甘豆羹”是以豆和米合煮成的粥类食物。

饼在秦汉时期已经成为十分重要的食品，当时已经出现卖饼的商人，饼的种类也很多，刘熙的《释名》中就记载了胡饼、蒸饼、汤饼等各种类的饼。西晋束皙《饼赋》有“充虚解战，汤饼为最”的论述。唐代饼的种类更加丰富，我们在考古出土的敦煌文献中看到了 20 余种饼的相关记载，还有大量的食品加工工具的记载，如锅、铛、鏊（ào）等。鏊子今天仍然是河西农民用来加工饼的工具。

汉代推磨俑

今天我们所食用的主食基本都能在古代的各种饼中找到自己的源头。东汉时已经出现“酒溲饼”，应该是以酒母发酵的饼，说明当时的人们已经掌握了发面饼的制作技术，馒头应该就是在秦汉时期出现的。贾思勰所著《齐民要术》中记载的“水引饼”，是一种长一尺左右，形如“韭叶”的水煮食物，与今天的面条极为相似。敦煌文献中的“烧饼”、“饸饼”都是将肉或者蔬菜做成馅儿包在面皮内，或烤熟或煎熟，类似于今天的馅饼和包子。饺子是地道的中国传统食品，新疆吐鲁番发现的唐代饺子和馄饨，距今已有 1 300 年的历史了。发展到今天，我国的面食种类十分丰富多样，如北方的饺子、面条、拉面、煎饼等；南方的烧麦、春卷、油条等，并充分利用了蒸、煮、煎、烤、炸、焖等多种加工方式。

东汉庖厨俑

东汉黄釉陶灶

大米不同于小麦，直接蒸食口感甚好，是最为常见的食用方法。除了直接蒸食，大米还可以制作成年糕、米粉、米粥、粽子、汤圆等食物。大米粉加工成的食物在唐朝之前被称为“饵”，到了宋代，“糕”字开始指代大米粉类食物并被普遍使用。粥的历史也十分久远，早在发明陶器的时候，先民们就开始将粮食煮成粥了。粥的本字为“鬻（yù）”，就是在鬲中煮米，热气蒸腾的样子。

《食粥》【宋代】陆游

世人个个学长年，不悟长年在目前。
我得宛丘平易法，只将食粥致神仙。

新疆出土的唐代面点

炒油籽（选自《天工开物》）

2. 食用油加工

我国对油料作物的加工利用有着很悠久的历史。最初，动物油是人们食用油的主要来源，称为脂或膏，脂是固态的动物油，膏是液态的动物油。提炼方法是把动物的油脂剥下来切成块进行炒制，炼出膏，冷却后凝为脂。在周代，脂膏的使用，一是放入膏油煮肉，一是将膏油涂抹后的食物放在火上烤，还有一种就是直接用膏油炸面食。

大约三国时期，我国开始提取和使用植物油。《三国志·魏志》记载孙权攻取合肥时利用芝麻油作为照明燃料；张华的《博物志》记载了利用芝麻油制作豆豉的方法；宋代开始利用油菜和大豆榨油；而花生油则是到了清代才开始出现，是诞生得最晚的植物油。我国宋代已有专门从事生产、贩卖商品油的“油作坊”、“油铺”等，到清乾隆时期，油坊遍及我国各地，东北珲春、江苏如皋等地方志均有记载。

南方榨（选自《天工开物》）

我国古代的油料加工技术主要有舂捣法、水代法、压榨法和石磨法。舂捣法是文献所见最早的制油技术，汉代崔寔《四民月令》记载“苴麻子黑，又实而重，捣治作烛”，就是将大麻籽用杵臼类工具舂捣提取油脂。以舂捣法制油，技术简便、成本低，适合一般家庭自产自用，但仅适用于加工含油量高的油料。水代法是将水加到经过预处理（蒸煮、研磨等）的油料中，利用非油物质对油和水的亲和力不同，以及油、水比重不同而将油脂分离出来。这项技术最早见于元代忽思慧所著《饮膳正要》，用于加工杏子油，此后也用于加工芝麻油、蓖麻油等。水代法也比较适合小规模生产，技术难度低，制取的油杂质少、纯度高，但出油率不如压榨法高。压榨法是先把炒熟的原料倒入槽碾磨，随后将碾碎的油料包放在铁箍里，再将之放入油榨车的木槽内，用木楔打紧加压，榨取食油。压榨法的出现使可加工处理的油料从大麻子、芝麻、苏子等扩大到茶籽、大豆、菜籽、花生等硬度较大的油料，且出油率大大提高，是真正适于大量生产和商品化发展的加工技术。石磨法是将原料蒸熟或炒熟后用石磨研磨出油，但仅适用于容易出油的芝麻，故所用范围有限。

浙江遂昌传统手工榨油

元代王祯《农书》详细记载了中国古代的榨油工具和榨油技术。明代宋应星《天工开物》全面介绍了十余种油料作物的产油率、油品性状以及榨油方法。这表明明代末期我国古代油料加工技术已经趋于成熟。

《菜花》【清代】乾隆

黄萼裳裳绿叶稠，千村欣卜榨新油。
爱他生计资民用，不是闲花野草流。

3. 果品加工

我国古代对水果的加工方式也是多种多样，主要有果干、果粉、果饼、果酒、果油、腌渍果品等。

果干是利用自然干燥或火焙干燥加工而成，当时也称为“果脯”。中国古代干制的果品种类很多，如葡萄干、红枣、栗子等。贾思勰《齐民要术》中记载了当时人们制作葡萄干的方法，是在葡萄中拌入一些蜂蜜和动物脂肪，煮开后捞出阴干而成，与现在的葡萄干加工方法有所不同。元代王祯《农书》记载了“龙眼锦”的制作方法，是将桂圆用梅卤浸泡，晒干后火焙制成的。

橘子收获

果粉，又称“麨（chǎo）”，是将酸枣、杏、李等新鲜水果加工成粉末，类似于现在的酸梅粉和果珍等饮品，既可以用水冲制，也可以拌入其他主食中食用，增进口味。

果饼是用晒压或渍压方法制成。宋代《橘录》已中有橘饼和金橘饼的记载。元代王祯《农书》中记载了柿饼的做法，将柿子去皮，压扁后暴晒，再放入瓮中，等出霜后就可以食用了。

龙眼锦加工

果酒是用水果酿成的酒类。汉代《林邑记》记载有杨梅酿的酒，当时称为梅香酎（zhòu）。葡萄酒在西汉时流行于西域，三国时期曹丕称赞葡萄酒比粮食酿的酒更甜美，唐代葡萄酒十分风靡，有大量赞美的诗句传世。

《凉州词》【唐代】王翰

葡萄美酒夜光杯，欲饮琵琶马上催。
醉卧沙场君莫笑，古来征战几人回。

柿饼制作

果油是古代的说法，类似于今天的果泥，枣、杏、梅等都可作为加工果油的原料，但以枣油较为多见。《齐民要术》中记载了加工枣油的方法，是将枣肉捣烂，过滤后干燥而成。汉魏时期，人们把枣油视为珍贵的食物，常用于祭祀。

腌渍果品主要是用盐、蜜、糖等腌制，也有用灰渍的。《三国志》中有“蜜渍梅”的记载，应该是用蜂蜜腌制的梅子。《齐民要术》中记载的“蜀中藏梅法”就是用盐和蜜同时对梅子进行腌渍处理，而对木瓜进行腌渍时，又使用了灰渍的方法，是将木瓜埋入热灰中进行脱水处理，有时还会添加醋、豉汁、浓杭汁等增加腌渍果品的风味。

《赋枣》【宋代】王安石

种桃昔所传，种枣予所欲。
在实为美果，论材又良木。
余甘入邻家，尚得馋妇逐。
况余秋盘中，快噉取餍足。
风包堕朱缯，日颗皱红玉。
贽享古已然，豳诗自宜录。
沔怀青齐间，万树荫平陆。
谁云食之昏，匿知乃成俗。
广庭觞圣寿，以此参肴蔌。
愿比赤心投，皇明傥予烛。

4. 蔬菜加工

我国是世界上蔬菜资源最丰富的国家，为制作蔬菜食品提供了极为有利的条件。中国人利用蔬菜制作食品，除了供烹调用外，在世界上的最大特点之一是制作腌菜。在古代，蔬菜的种植受季节影响很大，旺季过剩，而淡季则十分缺乏。制作腌菜能够有效延长蔬菜保存时间，缓解淡季蔬菜供应不足的问题。

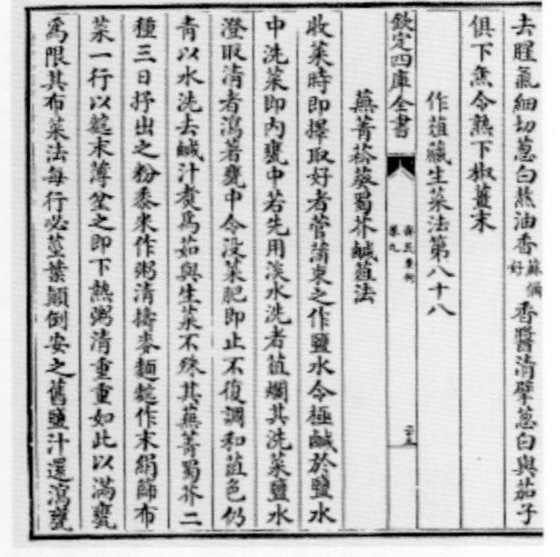
去腥氣細切葱白熬油香蘇好香醬清擘葱白與茄子
俱下盒令熟下椒薑末
作菹藏生菜法第八十八
欽定四庫全書 齊民要術 卷九
蕪菁菘葵蜀芥鹹菹法
收菜時即擇取好者菅蒲束之作鹽水令極鹹於鹽水
中洗菜即內甕中若先用淡水洗者菹爛其洗菜鹽水
澄取清者瀉著甕中令沒菜肥即止不復調和菹色仍
青以水洗去鹹汁煮為茹與生菜不殊其蕪菁蜀芥二
種三日抒出之粉黍米作粥清擣麥麵䴷作末絹篩布
菜一行以䴷末薄坌之即下熱粥清重重如此以滿甕
為限其布菜法每行必莖葉顛倒安之舊鹽汁還瀉甕

魏晋南北朝时期的腌菜制作方法（选自《齐民要术》）

《齐民要术》中记载了数十种蔬菜加工方法，是隋唐以前关于蔬菜加工最为集中、具体的史料。当时北方的蔬菜加工主要采用腌渍作菹（zū）和干制等方法，其中“菹法”使用最广泛。作菹早在先秦时期就已经出现，《周礼》中有许多蔬菜作菹的记载。菹主要是利用食盐使蔬菜生理脱水，或利用乳酸发酵来加工蔬菜。当时腌渍作菹十分讲究辅料的搭配，葱、蒜、姜、椒、橘皮以及酱、豉、醋等都广泛使用。此外，对腌制时间、温度等也有特别要求，反映出当时腌菜工艺已经达到了相当高的水平。唐代杜甫留下了“长安冬菹酸且绿，金城土酥静如练”的诗句。明清时期，蔬菜加工从技术到品种都有了很大的发展。

泡菜制作

《和吴冲卿藏菜》【宋代】梅尧臣

霜前收美菜，欲以御冬时。
备乏且增品，挑新那复思。

菖葅嗜西伯，姜食语宣尼。
未免效流俗，竞将罂盆为。

时至今日我们所食用的很多腌菜、菜干和糖醋小菜等，当时就已经出现，大大丰富当时人们的餐桌，形成了许多独具地方特色的腌菜品种，比如东北的酸菜、四川的泡菜、北方的酱菜等。此外，对淀粉类蔬菜的加工则相对简单，主要是把富含淀粉的蔬菜的根、茎或果实经磨研、过滤、沉淀，制成粉末，如薯粉、藕粉、菱粉等。宋末元初《寿亲养老新书》中就有关于藕粉加工的记载。

摘瓜剪纸作品

《扬州以土物寄少游:此诗为秦观作》【宋代】苏轼
鲜鲫经年秘醽醁，团脐紫蟹脂填腹。
后春莼茁活如酥，先社姜芽肥胜肉。
鸟子累累何足道，点缀盘餐亦时欲。
淮南风俗事瓶罂，方法相传竟留蓄。
且同千里寄鹅毛，何用孜孜饮麋鹿。

（诗中赞颂的全是扬州民间腌渍食品——醉鲫、醉蟹、腌莼、腌姜芽、咸鸭蛋等。）

5. 豆制品加工

汉代以前，大豆和粟并列，是主要的粮食作物。到了汉代，大豆种植虽然仍很普遍，但已逐渐向副食品方向发展，豆类加工食品日益增多。

豆腐是我国古代重要而普遍的菜肴品种，也是世界闻名的中国食物。出现于汉代，相传是淮南王刘安发明的。其制造方法是将黄豆用水泡软，用石磨磨成浆，过滤后入锅煮熟，加卤水提纯，施加压力去水成型。河南密县打虎亭一号汉墓中有一幅豆腐

汉代豆腐制作画像石拓片

古代豆腐制作程序一

古代豆腐制作程序二

古代豆腐乳加工

加工作坊图，形象刻画了磨豆粉、煮豆浆、滤豆渣、点卤水、压制成型的豆腐加工过程。元代郑允端有《豆腐》诗云“种豆南山下，霜风老英鲜。磨砻流玉乳，蒸煮结清泉。色比土酥净，香逾石髓坚。味之有余美，五食勿与传”，描写了豆腐制作的全过程。

豆腐是为人体补充植物蛋白的重要食物，但人们并不局限于原味的豆腐，还创造出了水豆腐、北豆腐、豆腐干、油豆腐、臭豆腐、毛豆腐等多种口味，极大地丰富了我们的餐桌。

2 000 多年来，随着中外文化的交流，豆腐不但遍及全国，而且走向世界。今天，世界人民都把品尝中国豆腐菜看作一种美妙的艺术享受，它就像中国的茶叶、瓷器、丝绸一样享誉世界。20 世纪 80 年代以来，世界饮食营养科学界兴起一股引人瞩目的“豆腐热”，高蛋白、低脂肪的豆腐食品越来越受到世界人民的喜爱，成为科学界一致推崇的美味保健的营养佳品。伴随豆腐加工，豆浆、腐竹、豆腐乳等食品也深受人们欢迎，至今仍是餐桌上十分受欢迎的食物。

豆豉是用煮熟的大豆加盐发酵制成的，在汉代成为日常饮食生活中的重要消费品之一。司马迁在《史记·货殖列传》中记载汉代都市中经营豆豉生意的店铺有的规模极大，汉代长安的七大富商中有两个是经营豆豉的，说明当时的豆豉经营已经高度商业化了。唐代鉴真和尚东渡日本时，把豆豉及大豆发酵技术带到了日本，成为日本人喜欢的调味品，称为“纳豆”。

豆酱是利用豆、麦等谷物发酵而成的调味品。汉代《四民月令》记载一月做豆酱，当时称为“末都”。唐代做豆酱时将豆和麦一起发酵成酱黄，晒干备用，用时加水调盐就可以晒酿成豆酱。酱油的制作方法和豆酱基本相同，只是加水较多。

《蜜酒歌》【宋代】苏轼

脯青苔，炙青蒲，烂蒸鹅鸭乃匏壶。

煮豆作乳脂为酥，高烧油烛甚蜜酒。

二、脍不厌细——禽肉制品加工

1. 肉类加工

宋代大文豪苏轼有《打油诗》云“无竹令人俗，无肉使人瘦。不俗又不瘦，竹笋焖猪肉”，说明蔬菜和肉构成了人们日常饮食生活的重要内容。“菜肴”一词中的“肴”字在古代的意思就是肉食。我国对肉制品的加工方式十分多样，不仅有炙烤、蒸煮等多种烹饪鲜肉的方式，还有干肉、肉酱等多种肉制品加工方法。

东汉卖肉陶俑

早在汉代，我国就已经形成了羹、炙、炮、煎、蒸、濯（zhuó）、脍等多种烹饪方式。羹就是肉汤。炙就是把肉穿成串，在火上烤，类似今天的羊肉串。汉代墓葬的壁画和画像石上经常有炙烤肉串的画面。炮是畜禽不去毛，裹泥后直接在火上烤。煎是把肉放在锅中用火烧熟。蒸就是隔水用蒸汽烹饪食物。濯就是现在所说的炸，将肉放入热油中进行烹饪。脍是把肉细切生吃，《论语》就有“食不厌精，脍不厌细”之说。

东汉绿釉陶烤炉

肉类干制是最古老的肉类加工方式，早在《周礼》一书中就出现了“腊人”的官职，掌管着宫廷所有干肉的制作和烹饪，包括脯（不加姜、桂，只抹盐晒干制成）、腊（切成小块使其全干的肉）、朊 [ruǎn] 肉）、胖（小片干肉）等。孔子收徒也把干肉（束脩 [xiū]）为学费。肉酱主要是把各种动物的肉剁碎，拌曲发酵而成，这种酱称为“醢（hǎi）”。《齐民要术》中对 2 500 多年前的肉类食品加工，从原料、配料、工艺和贮藏等生产技术做了全面的综合叙述，其中的“作五味脯法”记载了多种多样的肉类加工方法。这些加工方式既便于肉类的长期储藏，也便于贩运和携带。

汉代屠宰庖厨酿造画像石线描

火腿，是极具中国风味的腌腊肉制品，主要是用盐对猪腿进行腌制，之后经过自然风干和发酵制成。金华火腿，早在唐代就有记载认为其是火腿中的精品，距今已有 1 000 多年的历史了。因其皮色黄亮、形似琵琶、肉色红润、香气浓郁、营养丰富，在清代被作为贡品供宫廷食用，并远销日本和东南亚各国。此外，宣威火腿、诺邓火腿等都是我国火腿制品中的上品。

“庖丁解牛”的典故

“庖丁解牛”本意是厨师解剖了全牛，现在用来形容经过丰富的实践，掌握了解事物客观规律的人，技术纯熟神妙，做事得心应手。这一成语出自《庄子·内篇·养生主》，同一故事还引申出“游刃有余”一词。

据《庄子·内篇·养生主》记载，梁惠王看到庖丁正在分割一头牛，只见他手起刀落，既快又好，连声夸奖他的好技术。庖丁回答说：“我所以能做到这样，主要是因为我已经熟悉了牛的全部生理结构。刚开始分割牛时，我眼中看到的都是一头一头全牛。而现在，我看到的却没有一头全牛了。哪里是关节，哪里有经络，从哪里下刀，需要用多大的力，全都心中有数。所以，我这把刀虽然已经用了十九年，解剖了几千头牛，但还是像新刀一样锋利。不过，如果碰到错综复杂的结构，我还是兢兢业业，不敢怠慢，动作很慢，下刀很轻，聚精会神，小心翼翼的。”

端午节粽子与咸鸭蛋

江苏句容周代土墩墓群出土咸蛋

2. 禽蛋加工

我国古代禽蛋加工基本使用腌制法。咸鸭蛋和松花蛋是我国最受欢迎的风味蛋，经过历史的演变，还形成了端午节吃两蛋的习俗。著名作家汪曾祺特作《端午的鸭蛋》一文，加以记述。

加工咸鸭蛋既是一种加工方法，也是一种保存措施，至今仍是餐桌上受人喜爱的食品。北魏时期的《齐民要术》一书中详细记载了腌制咸鸭蛋的方法，当时称为“杬（yuán）子法”，利用杬树皮煮汁二斗，趁热放入一升盐，搅拌至融化，等到汁液冷却后放入翁中，再放入鸭蛋，一月左右就可以食用了。2005年，在江苏句容周代土墩墓中出土了一小罐咸蛋，蛋壳保存完好，至今还能闻到一股咸味。出土时陶罐上还有一个盖子，罐子里有封泥，起到了很好的保护作用。这一考古发现将我国咸蛋的腌制历史提前到距今2 500多年，并说明当时的普通百姓已经掌握了咸蛋腌制技术。清代诗人袁枚曾这样写道：腌蛋以高邮为佳，颜色细而油多，高文端公最喜食之。

松花蛋又名皮蛋，或称变蛋，明代称牛皮鸭子。明代的《养余月令》、《物理小识》等书记载了松花蛋的详细加工方法。据

《养余月令》记载，腌制皮蛋，先将菜煮成汁，并放入松针、竹叶数片，等温度降低后与盐、木灰和石灰混合调匀，用来腌制洗净的鸭蛋。每一百个鸭蛋用十两盐、五升木灰、一斗石灰。腌制后装入坛中，三日后取出，上层与底层调换顺序，装入坛中，三日后再次取出调换顺序，如此共 3 次，密封腌制一个月左右就能食用。经过特殊的加工方式后，松花蛋会变得黝黑光亮，上面还有白色的花纹，闻一闻则有一种特殊的香气扑鼻而来。

松花蛋

深红杬子轻红鲊，难得江西乡味美。（杬子即用杬皮汁腌的咸鸭蛋）

——【北宋】杨万里

3. 乳制品加工

乳制品的制作和使用在中国有着悠久的历史。在古籍《释名》、《周礼》和《礼记》中都有相关的记载。但“食肉饮酪”当时被认为是草原游牧民族较为独特的饮食习惯，无法靠蔬菜和水果来补充的维生素和矿物质，都可以从乳制品中获得。而中原及南方地区的人们则很少食用。

敦煌莫高窟挤奶壁画

到魏晋南北朝时期，由于北方游牧民族的大量涌入，对乳制品的推广起到了促进作用，当时的《齐民要术》一书详细记载了多种乳制品加工方法。唐代由于多民族的政治和文化背景，乳制品消费有所提高。到了元代，作为统治者的蒙古族仍旧遵循食用乳制品的饮食习惯，也将这种习惯传播到远在国界南端的云南，形成了极具地方特色的乳扇。但随着蒙古统治的终结，人们对乳制品的利用大为减少。新中国后，为了增强民族体质，牛奶及乳制品的普及达到前所未有的高峰。

清代挤奶桶

我国古代的乳制品加工主要有两类。一是奶酪，又称奶豆腐，是古代最常食用的乳制品。主要是利用发酵加工而成，又可细分为普通奶酪、酸奶酪、干酪、湿酪等。一种是酥，又称酥油，我们称为黄油。制作程序是收集乳酪中上浮凝结的乳皮，煎去乳清，加热水研磨，再加冷水，煎炼成酥，与现代游牧民族传统的黄油加工方法基本相同。酥因加工程度不同又可分为生酥、熟酥、醍醐等，佛教有“醍醐灌顶”的说法，其中的醍醐就是乳制品，相当于我们现在所说的精炼黄油，是最上乘的酥。《涅槃经・圣行品》有“从牛出乳，从乳出酪，从酪出生酥，从生酥出熟酥，从熟酥出醍醐，醍醐最上”的记载。

奶酪制作

《酪羹》【宋代】司马光

军厨重羊酪，飨土旧风传。
不数紫蓴滑，徒夸素鲔鲜。
煼蠡烦捫取，勺药助烹煎。
莫与吴儿说，还令笑茂先。

汉代绿釉陶鱼塘

4. 水产品加工

渔猎经济在原始社会是人们获取食物的重要手段，鱼虾贝类等水产品也成为人类的食物来源之一。水产品因含有大量的蛋白质，容易腐坏变质。特别是鱼汛期，人们捕获的水产品很多，远远超出短期可食用的数量，如果不进行适当的加工处理，就不能保证在其他季节也能食用到水产品。

汉代渔猎画像砖拓片

我国古代从西周开始，创造出多种多样的水产品加工方法，一直延续了两千多年。古人有“腌腊糟藏可久存致远”的说法，就包含了水产品干制、腌制、腊制、糟制等多种加工方法，不仅能大大延长水产品的保存时间，还能丰富水产品的口味。

干制是最传统的水产品加工方法，通过自然干燥，除去水产品中的部分水分，达到抑制细菌繁殖的目的。而腌制主要是利用食盐降低水产品的水分，达到长期保存的目的。宋代欧阳修在《夷陵县至喜堂记》中指出，商贩们出售的干鱼、咸鱼等都是老百姓十分喜欢的食物。东南沿海地区有“咸鱼送饭，鼎锅刮烂”的谚语，咸鱼的美味可想而知。

香港传统虾酱制作

《汉口竹枝词》【清代】叶调元

仲冬天气肃风霜，腊肉腌鱼尽出缸。
生怕咸潮收不尽，天天高挂晒台旁。

酱制是在高温地区，水产品经过长期腌渍保藏，由细菌发酵分解、自然形成的一种发酵食品，虾酱、鱼露就是典型代表。腊制从在周代就已经出现，主要是将鱼用豉汁腌浸后阴干，然后用火烤制而成。唐代两湖地区的鱼腊被作为土特产上贡朝廷，特供皇家祭祀和食用。糟制主要是在腌制中加入酒或米糟，起到加速熟化和增加口感、香气的作用，在《齐民要术》中已经有了较为成熟的糟制水产品技术。

晒制鱼干

《郊庙歌辞·仪坤庙乐章·雍和》【唐代】郑善玉

酌郁既灌，芗萧方爇。
笾豆静器，簠簋芬飶。
鱼腊荐美，牲牷表洁。
是戢是将，载迎载列。

魏晋时期滤醋壁画

三、津津有味——调味品加工

1. 酸

中国饮食讲求五味俱全。何谓五味？酸、甜、苦、辣、咸，排在第一位的就是酸。中国文化中主要的酸味调味品是醋，周代就已经出现。在发明醋之前，古人主要用梅来调制酸味，《尚书》中就有用梅增加汤羹酸味的记载。

山西酿醋作坊
（引自《醋与人类健康》）

醋，古时称“酢”（cù）或“醯”（xī），也称“苦酒”，是以谷物为主要原料，经过淀粉糖化和醋酸菌发酵酿制而成。周代时设有专门掌管食醋及醋渍食品供应的官员——醯人，醋已经在当时贵族阶层的饮食和丧葬等礼仪活动中发挥着重要作用。到汉代，酿醋业已经十分发达，《史记》中记载繁华的大都市中每年酿醋多达千瓮。

陈醋酿造

北魏时期，我国酿醋的工艺已相当完备。贾思勰所著《齐民要术》中专有《作酢法第七十一》一卷，详述了 23 种加工食醋的技术。贾思勰不但明确提出了醋的产生是由于“衣”（发酵剂）的作用，而且指出醋酸菌是有生命的，比欧洲关于醋酸菌是生物还是非生物的争论要早 1 300 年左右。唐代，醋的品类日渐丰富，已经有米醋、蜜醋、麦醋、曲醋、糟糠醋、酒醋、桃醋，以及葡萄、枣等果醋。明代有“五谷、秕糠、水果等原料皆可酿醋”的文献记载。

古人认为，味道酸、有香味的醋是好醋，陈醋颜色偏红，越陈的醋越好。千百年来，中国的老百姓不管烧、炒、炸、烤、爆、煎、拌，都要加些醋，去腥解腻，增进菜肴风味。中国的酿醋工艺约在公元 4—5 世纪传入日本，日本古籍中也称“醋”为“苦酒”、“酢”。今天的日本仍将“醋”称为“酢”，就是酿醋技术传播的极好例证。

醋坛
（引自《醋与人类健康》）

《食荠诗》【宋代】

小着盐醯滋美味，微加姜桂发精神。
风炉饮钵穷家话，妙绝何曾肯受人。

小故事

• 相传，杜康发明酒后，最初把酒糟都扔掉了。后来，他觉得这样太可惜，于是把酒糟积攒起来，掺水泡在缸里。过了二十一天，缸内散发出香味。杜康打开缸，伸手指尝了尝缸中的糟汁，又甜又酸，味道极好。望着这一缸浆水，杜康突发奇想，它是在第二十一日的酉时发明的，就把“酉”和“二十一日”合起来，是为“醋”。

• 唐书《朝野佥载》有这样一个故事：唐朝宰相房玄龄的夫人好嫉妒。唐太宗李世民有意赐房玄龄几名美女作妾，房玄龄不敢接受。唐太宗知道是房夫人坚决不同意后，下令说房夫人若要嫉妒就要死，要是不嫉妒就可以活，并给她准备了一壶“毒酒”。不料，房夫人面无惧色，当场接过“毒酒”一饮而尽。其实，李世民给她的“毒酒”只是一壶醋。后世便有了以“吃醋”寓意男女间因情生妒。

• 唐代军使李景略设宴招待属下将领，判官任迪简迟到了。按规矩，迟到者要罚酒一巨觥，结果倒酒的军吏粗心，把醋瓮当成了酒瓮，给任迪简倒了一巨觥醋。任迪简深知李军使生性严酷，如果说出觥中是醋，倒酒的军吏必死，于是只好把一巨觥醋的一饮而尽。结果，他离席时吐了不少血。军中吏士听说了这件事，都赞扬他爱护兵士。李景略死后，军中使报请朝廷让任迪简为主帅。任迪简从此平步青云，一直官至节度使。他的升官由于起因于喝醋，所以被称作“呷醋节度”。

2. 甜

我国是世界栽培甘蔗最早的国家之一，利用甘蔗制糖的历史也十分悠久。早在两千年前的《楚辞》中就有糖的记载，但当时的糖是由麦芽和米煎熬而成的饴糖。《后汉书·明德马皇后纪》中就有“含饴弄孙”的典故。食用甘蔗最早见于战国宋玉的《招魂》，直到西汉，对甘蔗的利用也仅停留在饮用甘蔗汁的初始阶段。

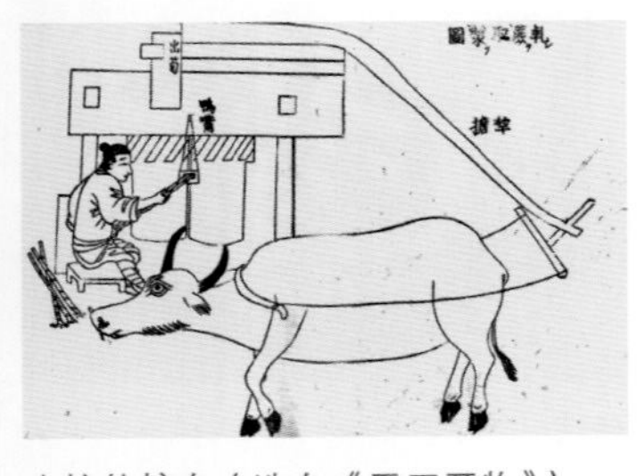

牛拉轧糖车（选自《天工开物》）

东汉《交州异物志》中已有利用甘蔗汁熬糖的记载了。从东汉到南北朝时期，主要生产胶体状的糖蜜、粗制颗粒状的“沙饧（xíng）”和结晶状的“石蜜”等原始制品，当时产于交州的蔗糖还被认为是稀罕的贡品。不过，这时的糖类品质并不高。

制冰糖的过滤器（选自《天工开物》）

到唐朝初年，唐太宗曾派使节到摩揭陀国（古代中印度王国）学习熬糖法，回国后如法炮制，制成的糖色味都超过原产国。明代《本草纲目》不仅记载制糖工艺，还指出当时的蔗糖除了用于烹饪，还直接制成多种多样的甜食，如和果仁、橙橘皮、薄荷之类制成糖缠，和牛乳、酥酪制成乳糖等。明代的《天工开物》一书详细阐述了从甘蔗的选种、育种、栽培、收割，到榨汁、煎熬、结晶、脱色和分离加工的制糖全过程，当时已经出现了用畜力驱动的木质双辊轧糖车等工具和除杂脱色技术。

蔗糖可分为红糖、白糖和冰糖 3 种。古代加工红糖的方法是将甘蔗压出来的汁液，去除泥土和纤维等杂质，然后以小火熬煮 5~6 小时，不断搅拌让水分慢慢蒸发，高浓度的糖浆冷却后凝固成红糖。白糖则是在红糖的基础上进行脱色处理制成，《天工开物》就记载了利用黄泥浆进行吸附脱色的白糖加工方法。冰糖则是将白糖加水溶解后过滤结晶而成。红糖几乎保留了甘蔗的所有成分，虽然杂质较多，但富含较多的维生素和矿物质，营养十分丰富，适合体弱或大病初愈人群食用。白糖经过提纯，质净色白，纯度较高，适合加工各色美食。冰糖经过结晶，纯度最高，不易变质，可单独作为糖果食用，也可作为调味剂，具有滋阴生津、润肺止咳的功效。

“含饴弄孙”的典故

“含饴弄孙”的本义是含着饴糖逗孙子玩儿，现在用来形容老年人生活安适悠闲，尽享天伦之乐。这一成语出自《后汉书·明德马皇后纪》。明德马皇后是东汉时期汉明帝刘庄的皇后、东汉伏波将军马援的小女儿，“明德”是她死后的谥号。

她知书达理、崇尚节俭，贵为皇后却常常穿着普通的粗布衣服，涉及朝政时则识大体、顾大局，不徇私情。汉明帝驾崩后，由马皇后抚养成人的刘炟继位，为汉章帝，尊马皇后为皇太后。汉章帝一上台，就要给马太后的亲属加官封爵，但太后不同意。第二年大旱，有官员上书说这是因为没有加封外戚，遭到了上天的责罚，请求按过去的办法加封外戚。马太后知道后，颁布诏书，指责上书的人是先讨好自己，得到好处，坚决不同意给自己的亲属加封。

马太后语重心长地对汉章帝讲："如今天下连续遭灾，谷价猛涨，我昼夜忧心，坐卧不宁，你应该先解决这些问题。如果万物协调，天下太平，边境安定了，你就可以按自己的想法行事。到那时，我就每天嘴里含着饴糖逗孙子玩，不再过问政事了。"

《又答寄糖霜颂》【宋代】黄庭坚

远寄蔗霜知有味，胜于崔浩水精盐。
正宗扫地从谁说，我舌犹能及鼻尖。

3. 咸

煮海为盐（选自《图解天工开物》）

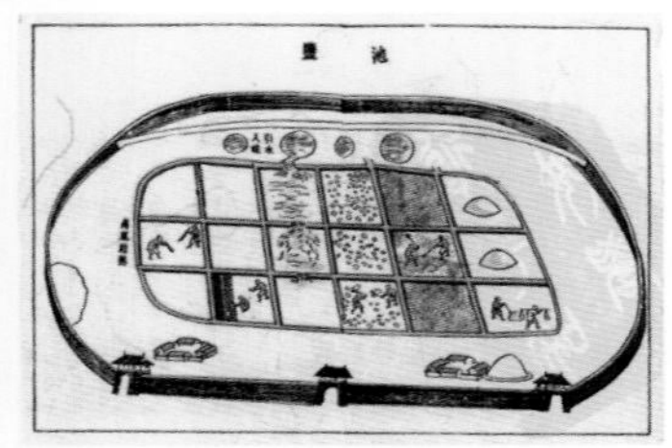
池盐（选自《图解天工开物》）

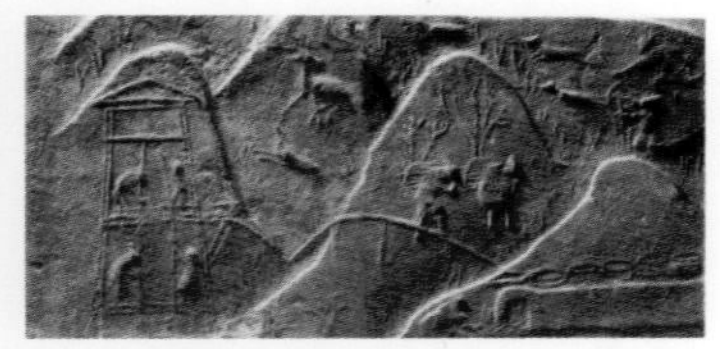
汉代井盐制作画像砖

盐，不仅是人类最早使用的调味品之一，更是人类生活的必需品。人们对酸、甜、苦、辣这四种味道，长期缺少任何一种都不会出现问题，唯独食盐，10 天不吃就会感觉手脚无力、精神不振，长期甚至可能导致死亡。

我国是世界上最早食用食盐的国家，至少有四五千年的历史了。由于地域广阔，盐的种类也很丰富，但最主要的是海盐、池盐和井盐。海盐主要是利用海水煎熬或晒干制成盐。池盐是将含盐的池水引入畦地，风干结晶而成，主要产于山西、宁夏等地。井盐要先开凿盐井，将盐井中的卤水（天然形成或者盐矿注水后形成）汲出后煎炼结晶而成，主要产于云南、四川等地。在古代制盐工艺中，井盐的生产工艺最为复杂，也最能体现中国古人的聪明才智。早在战国末期，蜀郡太守李冰已经在成都平原开凿盐井，汲卤煎盐。但当时的盐井井口大、易崩塌、深度浅，只能汲取浅层卤水。北宋中期，川南地区出现了一种卓筒井，井口仅碗口大小，井壁不易崩塌，且深度增加，标志着我国古代深井钻凿技术的成熟，这一技术在 8 个世纪后才传到西方。此外，我国还有末盐、崖盐、土盐、岩盐等多个品种，满足了我国不同地区对食盐的需求。

自古以来，盐在我国的政治经济领域里都具有十分重要的位置，是国家财政收入的巨大来源，故有"天下赋税，盐利居半"的说法。周代已经出现盐人的官职，春秋战国时期的齐国专门设置了"煮盐官"。司马迁在《史记》中把盐列为与玉石、金、铜、铁等具有同等地位的重要资源。汉武帝时期开始施行盐铁官营，国家垄断食盐的生产和经营。卖盐能够获得暴利，白居易《盐商妇》写道："盐商妇，多金帛，不事农桑与蚕绩。"盐商们只有得到政府的特许才能获得经营权，同时要缴纳极重的税，如果有私自生产和经营的，要受到“割左脚趾”的惩罚。盐铁官营政策在中国历史上时断时续地实行了两千余年。

《梁国吟》【唐代】李白

玉盘杨梅为君设，吴盐如花皎如雪。
持盐把酒但饮之，莫学夷齐事高洁。

诗酒香茗

——茶酒文化

中国茶文化

明代唐伯虎作诗云："柴米油盐酱醋茶，般般都在别人家。"在中国民间，自古就有所谓"开门七件事"的说法，分别指的是：柴、米、油、盐、酱、醋、茶，它们是一个普通家庭每天维持日常生活都离不开的7件必需品。作为开门7件事之一，茶在古代中国人的生活中占据着非常重要的位置，而饮茶之风早在唐代就已经遍及全国。中国是茶的故乡，也是茶文化的发源地。对于茶的发现和利用，在中国已有四五千年历史，而且长盛不衰，传遍全球。如今，茶与咖啡、可可一起成为了风靡世界的三大无酒精饮料，全世界已有50多个国家种植茶树。茶，是中国对于世界的一项伟大贡献，也是我们中华民族的骄傲。

一、南方有嘉木——茶的起源和饮用

中国的茶文化源远流长，那么茶叶到底起源于何时何地呢？根据考证，我们的祖先在

古代茶事

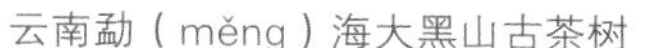
云南勐（měng）海大黑山古茶树

神农尝百草

烘焙茶叶的鎏金银笼子（唐代）

3 000 多年前就已经开始栽培和利用茶树了，中国西南部的云南、贵州、四川等山区是茶树原产地的中心。后来，由于地质变迁以及人为栽培，茶树才开始由此普及全国，逐渐传播到世界各地。传说在三皇五帝时代，神农为了替民众治病，遍尝百草，亲自了解各类草药的特性，一天之内就遇到 72 种毒物。后来，他无意间发现了茶这种植物，吃下去之后便解除了身上的毒性。因此，茶叶在我国最早是作为药物使用的。后来，人们发现这种产于南方地区的嘉木还具有生津止渴、提神醒脑的功效，制茶和饮茶才逐渐形成风气，茶也就成为了大家日常生活中不可缺少的一种饮料。最初，人们从茶树上采摘下新鲜的茶叶直接咀嚼，后来发展为把茶叶放到水中生煮，就像我们现在煮菜汤一样，煮完的茶汤作药用，茶叶则被当成蔬菜一样吃掉。随着时间的推移，人们开始将茶叶制成茶饼在火上炙烤烘干，喝的时候取一部分茶饼捣碎，再用开水冲泡。明代，散茶开始盛行，人们不用把茶叶压成饼再研成末饮用了，而是可以直接在壶或盏中冲泡，就和我们今天饮茶的时候一样。饮茶方式的变化让大家可以更加方便简单地享用茶叶，也就有越来越多的人喜爱上了这种神奇的东方树叶。

《煮茶图》（明代）

小典故

神农尝百草

神农，上古传说中的炎帝，与黄帝并称为华夏始祖。神农对中华民族的生存繁衍和发展做出了重要的贡献，他是农业、医药的发明人。神话中说他牛首人身，身体是透明的，五脏六腑清晰可见。在远古时代，人们吃东西都是生吞活剥，因此经常生病。神农为了解决人们的疾苦，发誓要把所有的植物都尝试一遍，通过观察这些植物在肚子里的变化来判断哪些有毒哪些无毒。他长年累月跋山涉水，遍尝百草，多次中毒，都多亏了茶来解救。但是最后一次由于神农吃下了断肠草，来不及吃茶叶肚肠就一节节断开身亡了。后人为了纪念他的恩德和功绩，奉他为药王神，世世代代传颂着神农尝百草的故事。

二、“茶圣”陆羽与他的“茶叶百科全书”

茶圣陆羽

陆羽，字鸿渐，唐朝复州竟陵（今湖北天门市）人。他婴儿时便被遗弃，由寺庙中的僧人收养，长大后不但相貌平平还有口吃的毛病。但正是这样一个人编写出了世界上第一部茶叶专著——《茶经》，他也因此被人们誉为“茶圣”，祀为“茶神”。陆羽一生嗜茶如命，并且精于茶道，足迹遍及全国各大茶区。公元 780 年，在反复调查和亲身实践的基础上，陆羽研究总结了前人和当时的茶叶生产经验，完成了后来被称为“茶叶百科全书”的《茶经》。《茶经》分为 10 章，共有 7 000 余字，分为上、中、下 3 卷。10 章的题目依次是：一之源、二之具、三之造、四之器、五之煮、六之饮、七之事、八之出、九之略、十之图。在这部著作中，陆羽系统地总结了唐代和唐代以前有关茶叶生产的历史、源流、现状、技术以及饮茶技艺，还把儒、道、佛三教融入饮茶中，首创了中国茶道精神。可以说，《茶经》的出现使得茶叶生产有了比较完整的科学依据，将人们日常生活中普通的饮茶行为上升为一种美妙的文化艺术，它是中国乃至世界现存最早、最完整、最全面介绍茶的专著。历朝历代，我国与茶叶相关的典籍文献数不胜数，但时至今日我们谈及茶或茶文化，依然不能不说到陆羽和他的《茶经》。无怪乎人们要说，陆羽之后，才有茶字，也才有茶学。

《茶经》

小知识

走入英国皇室的正山小种红茶

中国所产的正山小种红茶最早于1610年流入欧洲。1662年，葡萄牙凯瑟琳公主嫁给英皇查理二世时，她的嫁妆里面就有几箱中国的正山小种红茶。从此，红茶被带入英国宫廷，喝红茶迅速成为英国皇室生活不可缺少的一部分。在早期的英国伦敦茶叶市场中，只出售来自遥远中国的正山小种红茶，并且价格异常昂贵，唯有豪门富室方能饮用，正山小种红茶成为英国上流社会的饮品。英国人挚爱红茶，渐渐把饮用红茶演变成一种高尚华美的红茶文化，并把它推广到了全世界。武夷山的正山小种红茶因其卓越的品质，迅速被欧洲人接受，得到了飞速的发展，并一直占据中国出口茶叶的主导地位，成为中国优质茶叶的代表。

正山小种红茶

葡萄牙凯瑟琳公主

3. 绿叶红镶边——乌龙茶

在中国的六大茶类中，乌龙茶可以算得上是独具鲜明特色的品种了。它综合了绿茶和红茶的制法，既有红茶的浓鲜味，又有绿茶的清香。冲泡之后，茶汁是透明的琥珀色，喝起来齿颊留香。关于乌龙茶的产生，还有些传奇的色彩呢。据记载，清朝雍正年间，福建省安溪县有一个退隐将军，姓苏名龙，因为长得黝黑健壮，乡亲们都叫他“乌龙”。一年春天，乌龙上山采茶，遇到一头山獐，他紧追不舍，举枪射击，终于捕获了猎物。把山獐背到家已是掌灯时分，乌龙和全家人忙着宰杀、品尝野味，将茶篓里采摘的茶叶忘得一干二净。第二天早上，大家发现放置了一夜的鲜茶叶已经镶上了红边，还散发出阵阵清香。茶叶炒制好后，滋味格外清香浓厚，一点都没有以往苦涩的味道。这样经过

乌龙茶加工

乌龙茶汤

乌龙茶叶

反复琢磨和试验，终于制出了品质优异的茶类新品——乌龙茶，安溪也就成为乌龙茶的著名产地了。乌龙茶也被称为青茶，是经过杀青、萎凋、摇青、半发酵、烘焙等工序制成的，有“绿叶红镶边”的美誉。乌龙茶主要产于福建的闽北、闽南及广东、台湾3个省，像武夷岩茶、冻顶乌龙、安溪铁观音等等都属于乌龙茶。

白毫银针

4. 如银似雪——白茶

白茶这个清雅芳名的出现，迄今已有880余年的历史了。宋徽宗赵佶（jí）在《大观茶论》中就专门用一节来论述白茶，而它的生产则始于清代嘉庆初年。虽然叫做“白茶”，但并不是说这种茶叶的叶片从内到外都是白色的。白茶外观上的白色来自于茶芽表面布满的一层白色茸毛，这些可爱的小毛毛也被称为“白毫”。正是有了这层外衣，才使得青绿色的茶叶看起来如银似雪。白茶的制作过程自然而简朴，采茶人摘下白茶细嫩的芽叶后，不经过杀青或揉捻等工序，直接将茶叶晒干或用文火烘干，这样才能完整地保留茶叶表面的茸毛，使白毫显露。虽然白茶的制作工艺看似容易，但实际上却很难掌握。如果加工方法不对，珍稀的白茶也会变得普通。中医药理证明，白茶性清凉，具有退热降火之功效。它是茶叶里的瑰宝，一般地区并不多见。白茶的主要产区在福建的福鼎、政和、松溪等地，而浙江省的安吉白茶和贵州省正安白茶也十分有名。

清代云南白茶微炒

5. 黄叶黄汤——黄茶

黄茶的发明是一个偶然，缘自制茶过程中的一个失误，是我国古人在无意中的收获。很久以前，人们在炒青绿茶的过程中发现，如果杀青、揉捻后干燥不足或不及时，茶芽的叶色就会变黄，这对绿茶来说可是品质上的错误。但随着制茶技术的发展人们逐渐认识到，在湿热条件下引起的这种“黄变”，如果掌握适当，可以改善茶叶的香味。制茶者们由此受到启发，经过不断摸索，生产出了茶叶的一类新品种——黄茶。怎么来形容黄茶的特点呢？最恰当的描述应该就是“黄叶黄汤”了，这种特别的黄颜色正是制茶过程中进行闷堆渥（wò）黄的结果。黄茶的制作工艺与绿茶非常相似，都要经过杀青、揉捻、干燥等工序，而最大的区别则在于“闷黄”，这也是形成黄茶的关键所在。按照鲜叶的老嫩，黄茶可以分为黄芽茶、黄小茶和黄大茶，像蒙顶黄

古代安徽黄茶的炒制

芽、平阳黄汤等都属于黄小茶，而安徽皖西金寨、湖北英山等地所产的一些黄茶则为黄大茶。黄茶是我国的特产，湖南岳阳则是中国黄茶之乡。

黄茶茶叶

小知识

黄茶的闷黄

简单来说，黄茶闷黄的过程和黑茶渥堆发酵是相同的，是一种湿热作用。在水和氧的参与下，以一定的热量，使茶叶内部发生一系列的热化学反应，就会产生与其他茶类不同的色、香、味。闷黄时，人们会将经过杀青和揉捻处理后的茶叶趁热用纸包好，或者堆积后用湿布盖上，时间从几十分钟到几个小时不等。茶叶含水量和叶表温度越高，变黄的速度就越快。

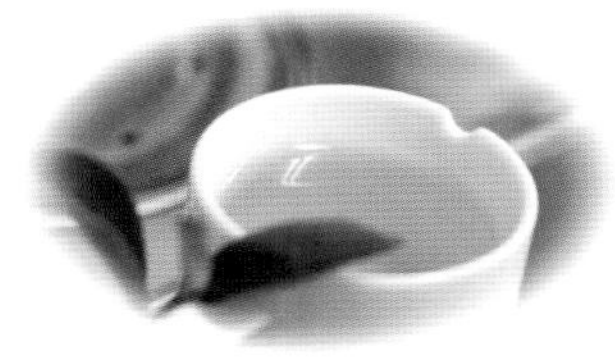

黄茶茶汤

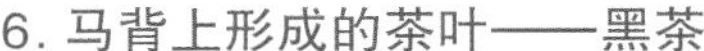

6. 马背上形成的茶叶——黑茶

在英文中，黑茶被叫作“dark tea”，而红茶的翻译却不是“red tea”，而是“black tea ”，大家可千万不要望文生义搞错了。当然，也有人将黑茶译为“brick tea”，“brick”是砖头的意思，这是因为黑茶多半都是紧压茶，硬邦邦的就像砖头一样。

马背上的驮具和茶叶

砖茶、饼茶

渥堆

人工压制普洱茶的石模

黑茶的产生要追溯到唐宋时茶马交易的中早期了。当时，商旅们用马驮着绿茶从四川雅安和陕西的汉中出发，经过 2~3 个月的行程才能抵达西藏进行贸易。由于没有遮阳避雨的工具，雨天茶叶常被淋湿，天晴时又被晒干，这种干、湿互变的过程导致了茶叶在微生物的作用下发酵，产生了品质完全不同的茶品。因此，我们也可以说，黑茶是在马背上形成的。久而久之，人们就在制茶过程中增加了一道渥堆工序，让茶叶在湿热的环境中堆积发酵，这样就产生了黑茶。暗褐色的黑茶不但能够长期保存，而且还有越陈越香的品质。我国西北少数民族人民特别喜爱黑茶，因为他们的日常食物以牛、羊肉和奶酪为主，喝黑茶能够去肥腻解荤腥，因此有“宁可三日无食，不可一日无茶”的说法。

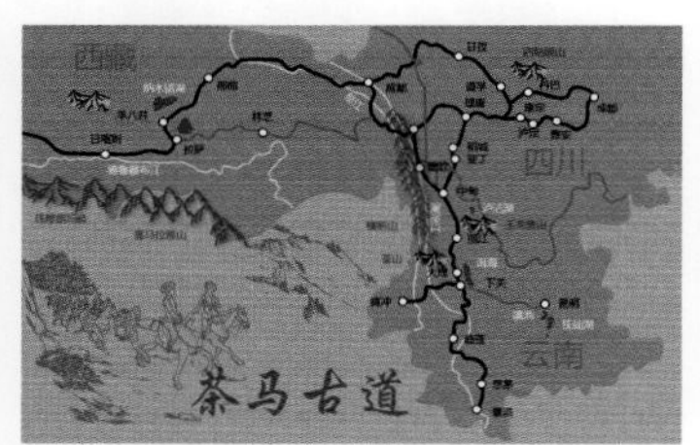

茶马古道线路

小知识

茶马古道

茶马古道存在于中国西南地区，是一条世界上自然风光最壮观，文化最为神秘的旅游绝品线路。它是我国历史上对外交流的第五条通道，与赫赫有名的“丝绸之路”有着同等重要的价值和地位。茶马古道源于我国唐宋时期的“茶马互市”，是汉族与边疆少数民族之间进行茶马贸易交换而形成的交通要道，也是古代中国与南亚地区间重要的贸易通道。茶马古道有两条主要路线：一条为滇藏茶马古道，从云南普洱出发，经大理、中甸到西藏的左贡、拉萨，再到达缅甸、尼泊尔、印度等地。另一条是从四川的雅安出发，经康定、昌都到拉萨，再到达印度、尼泊尔。

茶马古道上的马队

四、名水饮茗

水之于茶，就好比水之于鱼一样，鱼得水活跃，茶得水更有其香、有其色、有其味。如果离开了水，茶叶又从何谈起呢？清代人张大复甚至把水品放在茶品之上，他认为：“茶性必发于水，八分之茶，遇十分之水，茶亦十分矣；八分之水，试十分之茶，茶只八分耳。”意思就是茶的特性是由水来体现的。就算只有八分好的茶，如果水有十分好，就能泡出十分好的茶；但如果十分好的茶，用只有八分好的水来泡，那就只能泡出八分好的茶了。因此，中国历代对泡茶的水都十分讲究，认为水是茶之本，同样的茶叶，如果用的水不同，那么泡出的茶汤就会不同。

茗园赌市图（南宋）

1. 泉美茶香异——泉水

泉水经过很多砂岩层渗透出来，就相当于经过多次过滤，杂质少、水质软、清澈甘美，而且还含有多种无机物。用这样的山泉水泡出的茶，汤色明亮，能充分显示出茶叶的色、香、味。陆羽在《茶经》中就曾经明确指出："其水，用山水上，江水中，井水下。" 这里说的 "山水"，指的就是泉水。茶圣陆羽不但是品茶高手，也是品泉高手，在他看来沏茶用泉水是最好的。我国的泉水资源极为丰富，著名的泉水就有上百处之多。清朝的乾隆皇帝十分风雅，对茶也颇有研究。他还曾经特制了一种银斗，专门用来品试全国的泉水，并按照水的质量排出了高下：济南趵突泉第一，中冷泉第二，无锡惠泉第三，杭州虎跑泉第四。唐代的诗人李中就曾在作品《寄庐山白大师》中写道："泉美茶香异，堂深磬韵迟"。

山泉水

趵突泉

2. 汲来江水烹新茗——江水

除去泉水，江水与河水也都是常年流动的活水，用来沏茶并不逊色。清代著名书画家、文学家郑板桥写过一副有名的茶联："汲来江水烹新茗，买尽青山当画屏"。不过为了避免污浊，还是要选择远离人烟、植被繁茂之地的江河水泡茶才能取得更好的效果。"其江水，取去人远者"，说的就是这个意思。在我国古代，有关江水与茶叶还存在着不少有趣的小故事呢！

据说，宋代的王安石老年患有痰火之症，太医院嘱咐他常饮阳羡茶来调理，而且必须用长江瞿塘中峡的水来煎茶。苏东坡是王安石的门生，正好是四川人，王安石便托他顺路带一瓮瞿塘中峡的水。不久，苏东坡亲自把水送到王安石家里，不料王安石

瞿塘水，阳羡茶

苏东坡像

命人用瓮中的水冲好茶后却勃然大怒，厉声问道："此水何处取来？"苏东坡答："中峡。"王安石叹了一口气说："你在欺骗我，这是下峡之水。"东坡大惊，只好承认自己坐船到了瞿塘下峡才想起老师的嘱托，无奈便取了一瓮下峡的水带了回来。东坡惭愧的请教："三峡相连，都是一样的水，您是怎么辨别出水不对呢？"王安石回答："上峡水急，下峡太缓，只有中峡的水缓急相半，冲出的茶味道才在浓淡之间。你带给我的水冲泡了半天才看出茶色，所以我就知道这是下峡的水了。"

小知识

阳羡茶

江苏宜兴古称阳羡，汉代开始就植茶饮茶，是我国享有盛名的古茶区之一。阳羡紫笋茶产于宜兴，以汤清、芳香、味醇的特点而誉满全国。它不仅深受皇亲国戚的偏爱，而且得到文人雅士的喜欢。茶叶祖师陆羽饮品阳羡紫笋茶后大为赞赏，认为其"芳香冠世产"，可以贡给皇帝。唐代诗人卢仝曾在诗中这样写道："天子须尝阳羡茶，百草不敢先开花"，充分说明了阳羡茶在当时的至尊地位。宜兴阳羡紫笋茶历来与杭州龙井茶、苏州碧螺春齐名，被列为贡品。

栊翠庵品茶

3. 扫将新雪及时烹——雪水和雨水

雪水和雨水被古人称为"天泉"，尤其是雪水，一直是古人推崇的泡茶佳水。唐代白居易的"扫雪煎香茗"，宋代辛弃疾的"细写茶经煮香雪"，元代谢宗可的"夜扫寒英煮绿尘"等，都是在描写用雪水泡茶。曹雪芹的巨著《红楼梦》中有一回，写贾宝玉、林黛玉等到妙玉的栊翠庵饮茶的情节：黛玉因问："这也是旧年蠲（juān）的雨水？"妙玉冷笑道："你这么个人，竟是大俗人，连水也尝不出来。这是五年前我在玄墓蟠香寺住着，收的梅花上的雪，共得了那一鬼脸青的花瓮一瓮，总舍不得吃，埋在地下，今年夏天才开了。"……至于雨水，一般来说，也因时而异。秋雨，天高气爽，空中灰尘少，水味"清冽"，是雨水中的上品；梅雨，天气沉闷，阴雨绵绵，水味"甘滑"，较为逊色；夏雨，雷雨阵阵，飞砂走石，水味"走样"，水质不净。其实无论是雪水或雨水，只要空气不被污染，也都是沏茶的好水。

白雪红梅

五、香飘四海　味存一壶

1.“cha”与“tea”——茶之路

茶叶诞生于中国，而今日世界各地都在饮用的茶叶是通过怎样的途径传播的呢？从记载上看，中国的茶叶大体上是通过广东和福建这两个地方传播出去的，因此，便逐渐形成了两条“茶之路”。一条从广东经陆路输入到东欧，另一条从福建出发由海路传播到西欧。当时，广东一带的人把茶念为“cha”，所以东欧地区茶的音译也是“cha”；而英语中称茶为“tea”，就是根据福建闽南方言中茶字的发音“te”而音译过去的。通过“茶之路”，中国的茶叶与丝绸和瓷器一样源源不断的输出，成为了中国在全世界的代名词。

“茶”在各地的读音：

陆路：	海路：
广东 cha	福建 te
北京 cha	马来 the
日本 cha	斯里兰卡 they
蒙古 chai	南印度 tey
西藏 ja	荷兰 thee
伊朗 cha	英国 tea
土耳其 chay	德国 tee
希腊 te-ai	法国 the
阿拉伯 chay	意大利 te
俄国 chai	西班牙 te
波兰 chai	丹麦 te
葡萄牙 cha	芬兰 tee

波茨坦无忧宫“中国茶亭”

2. 香飘四海——传向世界的中国茶文化

茶文化是以茶为载体的，中国的茶文化既包括了对于茶叶的品饮之道，更蕴含了深刻的思想内涵，人们通过饮茶来修身养性，提升思想境界。而这些茶文化的精髓，也伴随着贸易和文化的交流逐步传播到世界各地。早在唐代以前，中国生产的茶叶就远销各地，首先到达了日本和韩国，然后传到印度和中亚地区。当时，日本遣唐使高僧最澄和尚就将中

日本茶道

南宋建窑禾目天目盏（东京国立博物馆藏）

茶马互市中的马帮贡茶

国的茶树带回日本种植，中国的饮茶习俗由此传入日本。明代，日本开始真正形成独具特色的茶道。人们通过在茶室中饮茶来进行自我思想的反省，于清寂之中去掉自己内心的尘垢，达到和敬的目的。而“和、敬、清、寂”也就成为了日本茶道的基本精神，被称为“茶道四规”。到了明清时期，中国的茶叶传到了阿拉伯半岛；伴随着郑和下西洋，茶叶被传往南洋和波斯湾；而在北方塞外进行的“茶马互市”，使茶叶开始进入蒙古地区。17世纪初期，中国茶叶远销至欧洲各国，当时的很多上层社会贵族绅士都养成了喝茶的习惯。现在，全世界有50多个国家引种了中国的茶籽、茶树；160多个国家和地区的人民有饮茶的习俗；我国的茶叶行销世界五大洲上百个国家和地区；全球饮茶人口达到20多亿。可以说，当今各国的茶树引种和饮茶风尚，都是从我国直接或间接地传播和演变而去的，中国茶文化的精髓已经发展成为东方乃至整个世界的一种灿烂独特的文化。

六、小链接——品茶论诗

《茶诗》【五代晋】郑遨

嫩芽香且灵，吾谓草中英。
夜臼和烟捣，寒炉对雪烹。
惟忧碧粉散，常见绿花生。
最是堪珍重，能令睡思清。

《七碗茶歌》【唐】卢仝

一碗喉吻润，二碗破孤闷。
三碗搜枯肠，惟有文字五千卷。
四碗发轻汗，平生不平事，尽向毛孔散。
五碗肌骨清，六碗通仙灵。
七碗吃不得也，唯觉两腋习习清风生。

《喜园中茶生》【唐】韦应物

洁性不可污，为饮涤尘烦；
此物信灵味，本自出山原。
聊因理郡余，率尔植荒园；
喜随众草长，得与幽人言。

《茶》【唐】元稹

茶。
香叶，嫩芽。
慕诗客，爱僧家。
碾雕白玉，罗织红纱。
铫煎黄蕊色，碗转曲尘花。
夜后邀陪明月，晨前命对朝霞。
洗尽古今人不倦，将至醉后岂堪夸。

《汲江煎茶》【宋】苏轼

活水还须活火烹，自临钓石汲深清；
大瓢贮月归春瓮，小杓分江入夜瓶。
雪乳已翻煎处脚，松风忽作泻时声；
枯肠未易禁三碗，卧听荒城长短更。

中国酒文化

四川彭县出土东汉酿酒作坊画像砖

说起美酒，恐怕大家都不会感到陌生。酒不仅是一种香醇浓郁的饮品，同时也是一种内涵丰富的文化产品；饮酒不仅是一种饮食活动，同时也是一种文化活动；人类酿造了神奇的酒，也就酿造了博大精深的酒文化。酒文化在传统中国文化中具有独特的地位，它源远流长，在华夏民族的历史长河中静静流淌了五千年。古往今来，无酒不成礼、无酒不成宴早已约定俗成、深入人心。或许，酒并不是人们日常生活的必需品，但在中国的社会生活中，酒却具有其他物品无法替代的功能。在几千年的文明史中，酒几乎渗透到社会生活的各个领域，中国的政治、经济、农业生产、历史文化等方方面面都可以在酒文化中找到可贵的资料。

一、酒从哪里来——造酒传说

1. 东方的女酒神——仪狄酿酒

传说仪狄是夏禹时期的一个下臣，也有人说她是大禹的女儿，还有人说她是黄帝的女儿。关于仪狄的身份说法很多，无从

仪狄酿酒

杜康像

杜康庙

猿猴造酒

考证。但绝大多数人都一致认同她是一位女性酿酒师，能酿造出质地醇美的酒醪。秦代的《吕氏春秋》中就有“仪狄作酒”的记载。汉代刘向编辑的《战国策》中还提到，仪狄酿造出甘美浓烈的酒，将它进献给夏禹，但禹喝过之后认为后世的人一定会因为贪饮美酒而亡国，因此疏远了仪狄并下令禁酒。不过根据史书中的记载，仪狄创造的是酒醪，也就是我们今天所说的酒糟、米酒，这是以糯米为原料的黄酒的前身。在西方的神话传说中，他们的酒神是男性，而东方的酒神却选择了仪狄这样一个女性。有趣的是，如今在我国南方很多家庭还有自酿米酒的习惯，而酿酒能手大都是家庭中的主妇。

2. 何以解忧，唯有杜康——杜康酿酒

中国还有一位大名鼎鼎的男性酒神，他就是杜康。杜康造酒的说法在民间广为流传，而且根据记载，历史上确有杜康其人。要说最有名的，莫过于三国时代曹操的乐府诗《短歌行》中的诗句了：“慨当以慷，忧思难忘；何以解忧，唯有杜康”。在这里，杜康已经成为美酒的代名词了，人们因此更加认定姓杜名康的这个人就是酿酒的祖师爷。晋朝人江统的《酒诰》一书说，杜康把没有吃完的剩饭放置在桑园的树洞里，剩饭在洞中发酵后就有芳香的气味传出，而这就是酒的做法。此外，还有一点值得我们注意的是，《说文解字》“酒”这一条目中讲“古者仪狄作酒醪”后，又说“杜康作秫（shú）酒”，明确提到杜康是“秫酒”的初作者。“秫”即黏高粱，也是高粱的统称。按照这种说法，在杜康之前可能已经有酒的存在，但他却是用高粱酿酒的第一人。可是，杜康到底是何时人、何地人、何许人，始终扑朔迷离、没有定论。只是古往今来，各地修建有不少“杜康庙”，人们尊杜康为“酒仙”、“酒神”，供奉其像，顶礼膜拜。

3. 小动物的偶然发现——猿猴造酒

猿猴造酒，可能有人会觉得这个说法太离谱了，但实际上它是有一些科学依据的。达尔文在《生物进化论》中说人类的祖先就是跃下树枝的猿猴，在自然界中猿猴的智商是不断发展的。于是有人提出了这样的猜测：古代森林中果实充足，猿猴以采食野果为生，吃剩后就把果实随便扔在岩洞中。这些果实腐烂时糖分自然发酵，变成酒浆，形成了天然的果子酒。猿猴闻到酒香，品尝后发现味道极美，飘飘欲仙，于是以后便有意采摘野果加以贮

藏，酝酿成酒。1953 年，中国科学院古脊椎动物研究室的专家们在江苏洪泽湖畔双沟下草湾河床发现了一些古猿化石，属于晚期智人，被人们称为“下草湾人”。经研究，下草湾人是吃了含有酒精成分的野果汁，醉倒致死后成为化石的，专家们形象地把这一重大考古发现称作“双沟醉猿”。而关于猿猴造酒，我国历代古籍中也有过不少相关记载。看来，猴子酿酒也并非是无稽之谈，只不过它们可能是无意识酿造出了带有酒味的野果汁吧。

4. 天上的神仙——酒星造酒

我国民间还流传有“酒星造酒”的传说，古人把酒星或酒旗星当作天神，说是酒星酿造了美酒。在中国几千年来的文学作品中，“酒星”还是屡见不鲜的。唐朝大诗人李白在他的《月下独酌·其二》中写道：“天若不爱酒，酒星不在天。地若不爱酒，地中无酒泉”。中国古代天文书籍中，也的确有“酒旗星”、“酒旗星图”的记载，这也是华夏先民在天文学方面的伟大贡献。但是这些星宿和酒的起源风马牛不相及，为什么会有酒星造酒的传说呢？或许这是因为古代科学还不是很发达，人们以为世间的一切包括美酒，都是由天上的星宿主宰的，都是从天上掉下来的吧。

中国星官

二、壶中日月 醇醇酒香

1. 闲倾一盏中黄酒——中国古代黄酒

黄酒是世界上最古老的酒类之一，它起源于中国，是中国所独有的。黄酒选取大米、黍米等谷物为原料，是一种用麦曲或小

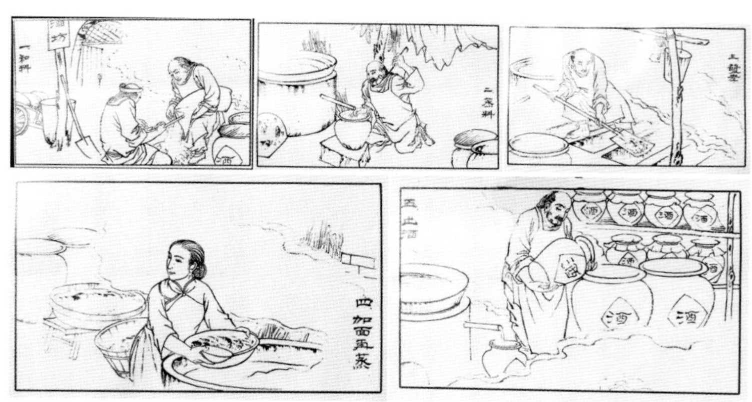

酿酒工艺流程

黄酒酿造

女儿红

曲做原料酿造而成的低度酒。它和啤酒、葡萄酒一起，并称为世界三大酿造酒。大约在 3 000 多年前，我们的先人创造出了酒曲复式发酵法，开始了黄酒的酿制历程。中国传统酿造黄酒的主要工艺流程可以分为这样几个步骤：浸米—蒸饭—晾饭—落缸发酵—开耙—坛发酵—煎酒—包装。传统酿造工艺是一门综合性的技术，如果根据现代学科分类的话，它涉及食品学、营养学、化学和微生物学等多种学科的知识。今天，我国大部分黄酒的生产工艺与传统的黄酒酿造工艺是一脉相承的，有异曲同工之妙。著名的黄酒很多，比如绍兴加饭酒、无锡惠泉酒、山东即墨老酒等。其中，属于绍兴花雕酒的“女儿红”更是美名远扬。很久以前，酒乡绍兴家家都有酿酒的习惯，每当一户人家生了女孩，在满月的时候便把酿得最好的黄酒装在陶制的坛内，密封后埋入地下储藏。等到女儿出嫁时，再从地下取出埋藏的陈年酒，作为迎亲婚嫁的礼品，人们便把这酒叫做“女儿红”。这种习俗代代相传，成为绍兴一带婚庆中不可缺少的风俗。在国内，南方的江浙、福建、上海一带普遍喜好饮黄酒，而北方人平时则多饮用高粱酿造的白酒，这种“南黄北白”局面的形成，大致与我国北方气候干燥寒冷，南方湿暖多雨有关。

酒曲块

拌合了酒曲的糯米

小知识

酒曲与酿酒

几千年来，酒曲一直是中国酿酒的秘诀，用它酿出来的酒甘甜芳香，回味绵长。实际上，酒曲就是发霉发芽的谷粒，它怎么能酿出醇美的酒液呢？现代科学为我们解开了其中的奥秘。酿酒加曲，是因为酒曲上生长着大量的微生物，还有微生物所分泌的酶（淀粉酶、糖化酶和蛋白酶等），酶具有生物催化的作用，可以加速将谷物中的淀粉、蛋白质等转变成糖和氨基酸。而糖分在酶的作用下，才会分解成乙醇，也就是酒精。简单来说，就是在古代的条件下，谷物并不能直接发酵转变为酒。但是当谷粒（如麦子、玉米、稻子等）受潮发霉发芽时，就会自动分泌出一种物质，将谷粒中的淀粉最终转化为酒。中国古人其实并不知道酒曲起作用的真正原理，但他们却从长期实践中认识到了酒曲的重要性，从此口口相传，代代延用。

2. 葡萄美酒夜光杯——中国古代葡萄酒

“葡萄美酒夜光杯，欲饮琵琶马上催。醉卧沙场君莫笑，古来征战几人回。”唐朝王翰的这首《凉州词》脍炙人口，诗句中说到的就是我国古代的另一种佳酿——葡萄酒。葡萄酒的酿制在中国起源很早，《史记》中首次对它进行了记载：公元前 138 年，张骞出使西域，看到“宛左右以蒲陶为酒，富人藏酒万余石，久者数十岁不败”。这里所说的“蒲陶”就是“葡萄”，而“宛”指的是古代“大宛国”，在今天中亚的费尔干纳盆地区域。在西汉中期，中原地区的农民已经引进了欧亚种葡萄并掌握了葡萄酒的酿造技术。但由于葡萄酒非常珍贵，在相当长的时期内仅限贵族饮用，平民百姓可是绝无口福的。葡萄酒是用新鲜的葡萄或葡萄汁经过发酵酿成的，它的酿造过程比黄酒要简单的多。可是由于葡萄的种植受地域和季节的限制，葡萄酒的生产主要集中在我国新疆一带，内地并没有大面积推广。到了唐朝，唐太宗命人攻破高昌国（今新疆吐鲁番地区），引进了马乳葡萄进行种植，并且学来了西域酿造葡萄酒的技术，酿出了芳香酷烈的葡萄酒。由此，葡萄酒的芳名才屡屡出现在文人墨客的诗句之中。伴随着蒸馏技术的出现，元代开始生产葡萄烧酒，也就是今天所说的“白兰地”。到了清末，华侨张弼士在烟台建立了葡萄园和葡萄酒公司——张裕酿酒公司，从西方引进了优良的葡萄品种，并引入了机械化生产方式，从此我国的葡萄酒生产技术走上了一个新的台阶。

张骞通西域雕塑

葡萄美酒

河南安阳北齐石刻，葡萄架下是捧“来通”饮酒的胡人

高昌故城

3. 烧酒初开琥珀香——中国古代白酒

黄酒与葡萄酒都属于酿造酒，是把原料发酵后直接提取或压榨获得的酒。这种酒的度数不会很高，一般不超过 15°。而蒸馏器具出现以后，人们利用不同物质挥发性不同的特点，把酿出的酒再进行蒸馏，使得容易挥发的酒精蒸馏出来，经过冷凝收集，就得到了度数更高的蒸馏酒，也就是中国白酒。白酒的酒液清澈透明，芳香浓郁，因为酒精度较高，所以喝起来有一定刺激性，也被称为烧酒、老白干、烧刀子等。白居易就曾用诗句这样描绘它："荔枝新熟鸡冠色，烧酒初开琥珀香"。李时珍在《本草纲目》中也记载："烧酒非古法也，自元时创始，其法用浓酒和糟入甑（zèng），蒸令气上，用器承滴露。"这里提到的"甑"就是早期的蒸馏器皿，类似于现在我们所用的蒸锅。宋元以后，有关蒸馏酒的记载比较普遍，不少文学作品中都出现了栩栩如生的描述："所取何尝议升斗，一杯未尽朱颜酡（tuó）"、"小钟连罚十玻璃，醉倒南轩烂似泥"……可见，仅饮"一杯"和十"小盅"白酒就可以达到面红耳赤烂醉如泥的地步。13—14 世纪，中国的蒸馏技术还通过"丝绸之路"经阿拉伯传入欧洲。此后，西欧诸国才出现了白兰地、威士忌等蒸馏酒。明清之际，蒸馏酿造已经形成规模，茅台酒、汾酒、绵竹大曲、泸州老窖、洋河大曲等一大批中国名酒声名显赫、饮誉全国。

蒸馏器

绘有聚饮劝酒场面的《番俗图》(清代)

酿酒

剑南春、茅台酒

三、自古佳酿多佳话
——与酒相关的名人轶事

1. 文君当垆——千古爱情佳话

西汉时，四川临邛（qióng）富豪卓王孙的女儿卓文君，守寡不久，十分美貌，很喜欢音乐。当时的大才子、辞赋家司马相如到卓王孙家做客，弹奏了一曲《凤求凰》暗中表达对文君的爱慕之情。文君躲在帘后偷听，也十分喜欢司马相如，但二人却受到了卓王孙的强烈阻挠。于是，卓文君趁夜逃出家门，与司马相如私奔来到成都。因为生活窘迫，文君当掉了自己的首饰，二人开了一家酒铺。卓文君亲自当垆卖酒，司马相如清洗酒器。消息传到文君父亲卓王孙的耳中，为了顾忌情面，只好将新婿、爱女接回临邛，为他们买了田地房屋。“文君当垆”、“相如涤器”便由此而来。李商隐、陆游的诗中也出现过“美酒成都堪送老，当垆仍是卓文君”、“此酒定从何处得，判知不是文君垆”的词句。这个典故流传很广，如今在邛崃（lái）县城里还有“文君井”、“琴台”等古迹，表达了人们对于忠贞爱情的向往。

文君当垆图

文君井

2. 青梅煮酒论英雄——暗藏玄机的双龙会

刘备表面归附曹操后，每天在府里浇水种菜韬光养晦，避免曹操起疑心。一天，曹操以树上青梅成熟为由，煮好酒邀请刘备共同畅饮。席间，曹操谈论起天下英雄来试探刘备。刘备接连指

煮酒论英雄

煮酒论英雄

出袁术、袁绍、刘表、孙策和刘璋等地方豪强，都被曹操一一否决。最后，曹操指了指刘备，又指了下自己，说："今天下英雄，惟使君与操耳！"刘备不觉大吃一惊，手里的筷子掉在地上。这时正好大雨将至，雷声大作。于是刘备假说是因为惧怕打雷才会这样，将内心的惊慌巧妙掩饰过去。青梅煮酒论英雄是《三国演义》里最为精彩的内容之一，这次酒局堪称双龙聚会。曹操的雄霸天下之志表露无疑，而刘备也能随机应变，进退自如。可以说这一场政治交心，双方都是赢家，可谓步步玄机。

3. 曲水流觞——传世名作酒后成

曲水流觞是中国流传很久的一种游戏，"觞"相当于古代的酒杯。古时每年夏历的三月，人们要在水边举行除灾求福的仪式，叫做"祓禊（fú xì）仪式"。之后，大家便坐在河渠两旁，在上流放置酒杯，酒杯顺流而下，停在谁的面前，谁就要取杯饮酒。东晋永和九年（353 年）的三月初三，大书法家王羲之与众多亲朋好友在绍兴兰亭举行"曲水流觞"活动。大家在兰亭清溪两旁席地而坐，盛着酒的觞漂到谁的面前打转或停下，谁就要即兴赋诗并饮酒。最后，王羲之将大家的诗集起来，趁着酒兴用蚕茧纸、鼠须笔挥毫作序，写下了举世闻名的《兰亭集序》。这幅作品被后人誉为"天下第一行书"，王羲之也因此被人

曲水流觞图

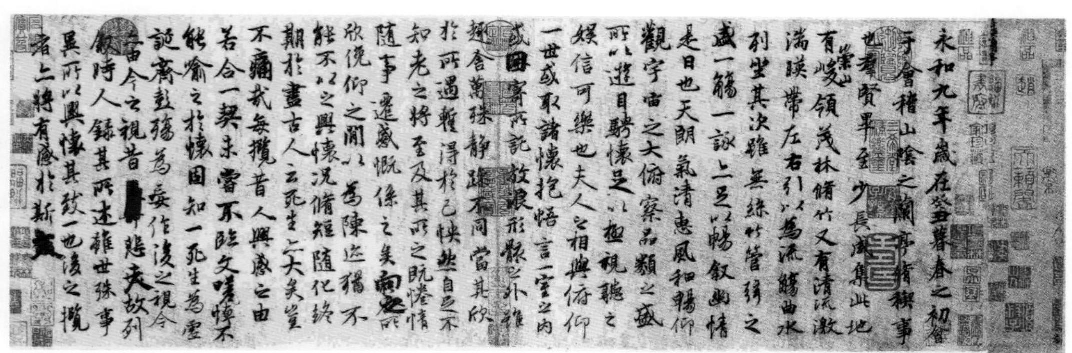

《兰亭集序》

尊为“书圣”。传说酒醒后王羲之也曾经试着再次书写《兰亭集序》，但都比原作逊色，看来这传世名作中也少不了美酒的功劳呀！

4. 饮中八仙歌——独具特色的“醉酒肖像诗”

李白醉酒

青花“饮中八仙”人物大碗

大诗人杜甫写过一首《饮中八仙歌》，可算得上是十分热闹有趣的诗了。诗中描绘的这八位形象各异的酒中仙是唐朝嗜酒如命的八位学者名人：贺知章、汝阳王李琎（jīn）、李适之、崔宗之、苏晋、李白、张旭、焦遂。别看他们都是社会知名人士，但遇到美酒那可是身份形象全不顾了。你看其中年事最高的贺知章，诗中说他喝醉后骑马的姿态就像乘船那样摇来晃去，甚至醉眼朦胧跌进井里还在井底熟睡不醒。最赫赫有名的当属李白，“李白一斗诗百篇，长安市上酒家眠，天子呼来不上船，自称臣是酒中仙”，如此豪气纵横的诗人是不是很可爱？

5. 醉翁之意不在酒——欧阳修与醉翁亭

在安徽省滁州市琅琊山麓坐落着一座亭子，它就是“中国四大名亭”之一的醉翁亭。它的出名，缘于宋代大散文家欧阳修所写的一篇传世之作——《醉翁亭记》。亭子是当时琅琊寺的住持

欧阳修像

醉翁亭

僧人智仙和尚建造的，欧阳修亲自为它命名作记。为什么要取这样一个名字呢？当时，欧阳修被贬官到滁州任太守，经常同朋友到这座亭子里游乐饮酒，还没有喝多少就醉了，而他又是年龄最大的，因此用“醉翁”来命名。《醉翁亭记》可以说是一篇风格清新、词句优美的酒文化佳作，而文中“醉翁之意不在酒，在乎山水之间也”更是成为了脍炙人口的名句。

四、小链接——酒与诗歌

《短歌行》【三国】曹操

对酒当歌，人生几何？
譬如朝露，去日苦多，
慨当以慷，忧思难忘。
何以解忧，唯有杜康。
青青子衿，悠悠我心。
但为君故，沉吟至今。
呦呦鹿鸣，食野之苹。
我有嘉宾，鼓瑟吹笙。
明明如月，何时可掇？
忧从中来，不可断绝。
越陌度阡，枉用相存。
契阔谈讌（yàn），心念旧恩。

月明星稀，乌鹊南飞，
绕树三匝，何枝可依？
山不厌高，海不厌深，
周公吐哺，天下归心。

《对酒》【南朝】张正见

当歌对玉酒，匡坐酌金罍（léi）。
竹叶三清泛，葡萄百味开。
风移兰气人，月逐桂香来。
独有刘将阮，忘情寄羽杯。

《客中作》【唐】李白

兰陵美酒郁金香，玉碗盛来琥珀光。
但使主人能醉客，不知何处是他乡。

《问刘十九》【唐】白居易

绿蚁新醅酒，红泥小火炉。
晚来天欲雪，能饮一杯无？

《春日西湖寄谢法曹韵》【北宋】欧阳修

酒逢知己千杯少，话不投机半句多。
遥知湖上一樽酒，能忆天涯万里人。

第10部分

丝、棉、麻、毛

——衣被天下

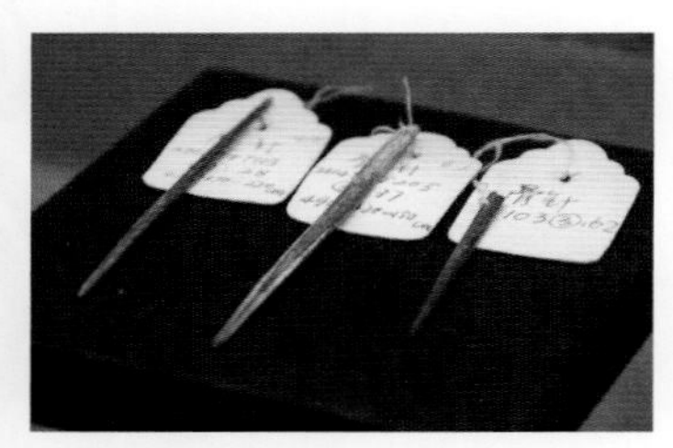
旧石器时期的骨针

云南出土的新石器时期骨锥

“衣、食、住、行”是人们生活中不可缺少的四个基本要素，位于首位的“衣”无疑向我们阐释了它的重要性。所谓“衣被天下”，就是使普天下的老百姓都有衣穿，可见实现大同理想社会的前提，也必是使老百姓有衣服穿。自古以来，“男耕女织”的太平盛世画面就始终是历代统治者所追求的，也是千百年来老百姓们所憧憬的理想生活。

在漫长的历史长河中，中国人衣被的材料从最早的树皮、树叶，到利用天然纤维的葛、麻、丝、毛、棉以及近代开始出现的合成纤维。纺织工具从最早的骨针、骨锥等简陋的纺织工具，到纺车、织机、提花机等纺织机具，再到近现代的纺织作业生产线，人们不断改进和完善纺织技术，逐渐赋予了“衣”以更多的功能。“衣必求暖，然后至丽”，服装服饰不仅成为一种扮靓自身的重要手段，也成为一种职业和身份的象征。如今T台上流光溢彩、衣香鬓影的模特们更带给人们一种视觉盛宴，一种时尚的标杆。

从新石器时代人们尝试将野蚕进行人工饲养，发明原始的缫丝技术，纺纱织帛原始工具的出现，到养蚕技术的不断发展，缫丝技术和工具的不断完善，纺纱织帛科技的不断创新和升华，无不印证了桑蚕丝绸的发展是中国历史上不可磨灭的辉煌篇章。

美轮美奂　桑蚕丝绸篇

中国人对桑、蚕的认识可以追溯到蛮荒的旧石器时期，从

甲骨文上的蚕形文字

甲骨文上的丝形文字

起初用蚕蛹来果腹到利用野蚕吐丝来制丝织帛；从对桑、蚕的原始崇拜到丰富多样的桑蚕文化的形成、从对蚕的野外放养到室内培育；从仅能遮体御寒的简单织物到色彩艳丽、纹样丰富的丝织品的出现；从河南安阳小屯村殷墟遗址出土的大量刻有“蚕”、“丝”、“桑”、“帛”等字样的甲骨文开始，到为数众多的关于栽桑养蚕、制丝织丝经典古籍的出现，从简单的平纹织物的出现到各种刺绣、印花和防染技术的产生，这个漫长而艰难、华美而辉煌的过程绘就了一段令人叹为观止的桑蚕丝绸文化史册。

一、养蚕起源的传说

中国是世界上最早植桑的国家，也是将野蚕驯化成家蚕，最早学会从蚕茧中抽丝并织成柔软顺滑的丝织品的国家。纵观 5 000 多年来中国桑蚕丝绸的发展轨迹，我们不难看出，这是一部绝无仅有的影响着中国历史各阶段政治、经济、文化、社会生活、宗教崇拜、对外交流等方面的恢宏历史篇章，是一部蔚为壮观的文化历史巨著。与桑蚕丝绸发展相伴随的，还有那些流传至今、脍炙人口的美妙故事，如“伏羲化蚕”、“嫘祖始蚕”、“马头娘的传说”、“西荫氏求蚕”、“蚕丛教蚕”、“空桑”、“太阳神树”等，成为桑蚕丝绸文化中不可或缺的无形文化遗产。

1. 伏羲化蚕

远古传说中太昊伏羲氏是三皇之中的人皇，传说中发明了很多东西，开创了人类文明的先河。例如：结网、制衣、取火、作布、化蚕等。尽管这些都只是传说，却说明了早在史前时期，我们的先民们就已经懂得养蚕和简单制衣了。

伏羲氏壁画

2. 嫘祖始蚕

在中国远古时期的先祖中，有一位杰出的女性代表，被认为是养蚕制衣的发明者，是华夏文明的奠基人之一，与炎帝、黄帝同为人文始祖，她就是嫘祖。

在距今 5 000 多年前的巴蜀地区遍布桑树，是西陵氏的领地。一位名叫嫘祖的女子，偶尔发现了桑树上的蚕茧，就放在口中咀嚼，经唾液浸润的蚕茧表面的胶质被溶解，竟然扯出了比蜘蛛丝还结实且韧性很强的丝。聪明的嫘祖受到蜘蛛网的启发，经过千百次的尝试，终于发现了最原始的缫丝办法，并将蚕丝织成丝帛，用丝帛制成了轻柔的丝衣。丝衣穿在身上的舒适度远远好于用树皮、兽皮和葛麻织成的服装。从此嫘祖养蚕制丝的消息不胫而走，轩辕黄帝听闻此事，亲自来到西陵国，向嫘祖求婚，拒绝了很多求婚者的嫘祖欣然答应，成为黄帝的正妃。之后，嫘祖辅佐黄帝，确立了以农桑为立国之本。后世为了感念嫘祖“养天虫以吐经纶，始衣裳而福万民”的功德，将她奉为“先蚕”，即民间的“蚕神”。自此，育蚕治丝茧以供衣服，而天下无皴瘃（cūn zhú）之患。

中国农业博物馆古代农业文明陈列馆农业先贤雕像

黄帝元妃西陵氏嫘祖始蚕

3. 马头娘的传说

关于桑和蚕，民间流传着一个凄婉动人的故事。传说在远古的帝喾时期，蜀地有一女子，父亲被人劫走，由于思念父亲，姑娘整日以泪洗面，夜不能寐。就许诺说，不管是谁，只要将父亲带回，就将自己许配给谁。家中的白马一声嘶鸣，绝尘而去。几天后白马终于载着父亲而归。为了不让自己的女儿承受自己的诺言所带来的后果，父亲杀死了白马，并将马皮晒在院中。谁知一阵风起，马皮将女子裹挟而去。几天后，人们在一棵桑树上发现了化为蚕的裹着马皮的女子，于是人们就将蚕带回家中饲养，而身披马皮的姑娘则被供奉为蚕神，因为蚕头像马，所以又叫作“马头娘”。直到今天，有些养蚕的地区仍然将马头娘奉为“蚕神”进行供奉。

剪纸作品《马头娘的传说》

此外，因为桑树的“桑”字与“丧”同音，这个传说从另一方面也阐释了桑和死亡、丧葬联系在一起的说法。关于这一点，我们还可以从很多现象中得以印证。例如，唐朝以前用来供奉先人亡灵的神主是用桑木制作的，可见古人对桑木的虔诚与崇敬。而“江山社稷”中的“社”字，本意是指古代祭祀土地神的地方，简单的说就是祭坛。祭坛前一般会有神木，而祭坛周围就会遍植桑树。

4. 神秘的桑树

关于桑树的传说很多。最有代表性的首数《山海经》(《海外东经》)中所描述的:“汤谷上有扶桑，十日所浴，在黑齿北，居水中。有大木，九日居下枝，一日居上枝。”我们可以看出扶桑总是与远古先民原始的太阳崇拜紧密联系在一起，认为扶桑是一种体貌巨大的神树，10 个太阳栖息在上面。更让人称奇的是，1986 年在四川广汉三星堆遗址二号祭祀坑出土了罕见的商代晚期的青铜神树，外观上和《山海经》中所描述的神树和栖息在上面的 10 个太阳极为相似。被普遍认为就是神树扶桑。今天看来，也许扶桑是一种现实生活中不存在的神奇巨树，只是上古先民选择了桑树作为神树扶桑的替代品，当作是对神树赖以崇拜的载体。

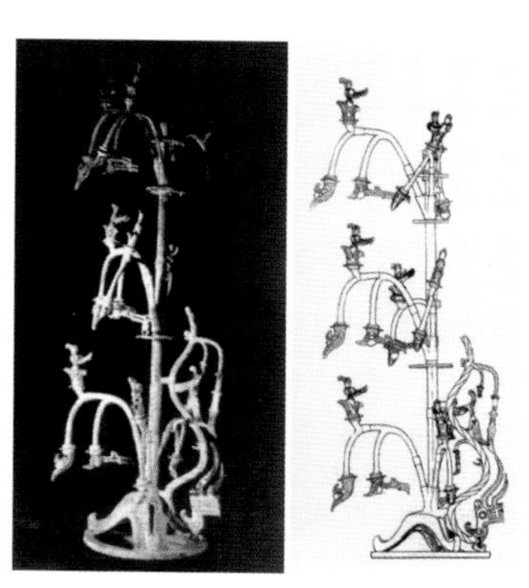
四川广汉三星堆遗址出土的青铜神树

民间关于空心桑树的传说很多，说明桑树本身的含义已不仅仅只是一棵树那么简单，而是一种能够孕育生命的生殖力量的象征。

商代有一个大名鼎鼎的宰相，叫作伊尹。关于他的诞生，就有一个和桑树有关的神奇传说。据说伊尹的母亲是一个采桑养蚕的奴隶，在生产前梦见有神人告知：“臼出水而东走，毋顾”。第二天，果然发现臼内水如泉涌，她赶紧通知百姓们向东奔逃20里，却违背了神仙的告诫，回头看了一眼，发现村落已变成一片汪洋，结果身体瞬间化为空桑。恰巧有一个采桑女发现了空桑中的婴儿伊尹，便带回献给有莘王，有莘王命家奴厨师抚养他。因为伊尹是依水而生的，就起名叫伊，后来被商汤封官为尹（相当于宰相），故以伊尹之名传世。就是这样一个有着不寻常身世的孩子，后来却成为了商代历史上一位有名的思想家、政治家、同时又精通厨艺，被中国烹饪界尊为“烹调之圣”、“烹饪始祖”和“厨圣”。

另外，古代祭坛周围的桑林，据说也是青年男女们约会交合的地方，在这样令人敬畏的地方以这种方式交合，并不意味着亵渎，而是寓意着“天人合一，生命得以延续和旺盛”。可见古人对死即是生的认识和理解。

二、桑蚕起源的考古发现与研究

山西夏县西阴村出土的半枚家蚕化石

浙江余姚河姆渡遗址出土的蚕纹牙雕杖首复制品

浙江余姚河姆渡出土的公元前4080年的蚕纹牙雕复制品

迄今为止，考古工作者发现了大量关于桑蚕起源的文物，关于桑蚕起源的研究也就基于此而展开，从中我们可以梳理出大致的脉络。1926年，考古学家李济在山西夏县西阴村仰韶文化遗址中发现了距今5 600—6 000年的半枚蚕茧化石，上面明显有利刃切割的痕迹。这一发现进一步佐证了远古时期先民曾用石刀和骨刀切割蚕茧，取食蚕蛹来充饥的事实。1958年在距今4 700多年前的浙江钱山漾遗址出土了绸片、丝线、丝带等，这是长江流域发现最早和最完整的丝织品。1984年，在河南省荥阳县青台村的仰韶文化遗址中发现的丝织物中，除了简单的平纹组织织物外，还有一些罗织物，说明当时的织物组织已经不再单一。另外还有浙江余姚河姆渡遗址出土的蚕纹牙雕杖首，上面刻着4条蚕纹，蚕身的节数和家蚕一致，而且是以编织纹作为边饰，可见当时的人们对蚕和织造之间的关系已经有了一定程度的认识。此外，关于桑蚕起源的文物还很多，包括在河北正定等新石器时期遗址中出土的大量陶蚕蛹、纺轮等，都进一步印证了在距今5 000年之前，在黄河流域和长江流域都已经出现了人工饲养家蚕的事实，蚕业生产已有一定规模。

三、揭开蚕丝秘密——古代养蚕制丝技术

嫘祖始蚕尽管只是一个传说，但从一个侧面也能揭示出远古先民们是如何发现蚕吐丝结茧秘密的。先民们在咀嚼蚕茧的过程中发现经唾液浸润，蚕茧表面的胶质被溶解后能扯出韧性很强的丝。后来还发现将蚕茧放在水中加热后，会使蚕茧松散，也更易取出蚕蛹。同时也发现了蚕茧松散后所呈现的蚕丝，质地坚韧而又顺滑。由于当时的人们已经可以结网，或利用简单的工具将葛、麻等植物纤维原料用简单的经纬相织的方法织成葛布和麻布，受此启发，人们开始逐渐尝试用热水使蚕茧松散，牵出蚕丝的头，并一根根的捋出蚕丝，这就是原始缫丝技术的雏形。这样制出的蚕丝被当时的人们利用简单的原始纺织工具织成丝帛，出现了早期的丝织品。

腊月浴蚕

原始先民们无论如何也不会想到，就是这样一个简单的割茧食蛹，为了果腹的行为，却开启了中国几千年桑蚕丝绸的历史。中国养蚕育蚕、制丝织丝技术的发展从此经历了一个从原始到成熟，从成熟到精细的过程。从最早发现野蚕可以吐丝，到人们有意识的将野蚕培育成家蚕，经历了长达一两千年的时间。商周时期，养蚕开始从室外放养转变为室内饲养。在长期的饲养过程中，劳动人民不断总结、改进、完善，逐步形成了一整套完善和成熟的技术，也谱写了一部全面而有价值的蚕桑科技发展史。

1. 从蚕子到丝帛——中国女子的智慧结晶

古籍记载养蚕治丝的过程由浴蚕、下蚕、喂蚕、一眠、二眠、三眠、分箔、采桑、大起、捉绩、上簇、炙箔、下簇、择茧、窖茧、缫丝、蚕蛾出种、祀谢、络丝、经、纬、织、攀花、剪帛等 24 事组成。我们可以从中一览桑蚕农事活动中的纷繁复杂和井然有序，同时还能直观的了解中国桑蚕生产过程中成熟和精细的技艺以及桑蚕文化的精髓，也集中体现了中国古代女子的聪明与智慧。

清明暖蚕

24 事中的浴种活动是古人自然淘汰劣质蚕种的办法。经过腊月浴种的蚕卵，一部分残败的蚕种会被自然淘汰，凡是可以孵

上簇

下簇

化的蚕种都会健康的发育成长，能够保证优质茧丝的收获。为了促使蚕种孵化，要对蚕种进行加温，暖种一般在清明时节进行。长江流域及其以北地区，一般采用室内人工加温或用太阳的光热暖种，而明清时代江浙地方的蚕农大多利用人的体温暖种。历代的蚕农在给蚕喂食桑叶方面积累了丰富而宝贵的经验，很早就总结出在蚕的不同生长阶段喂以不同品种和切成不同大小的桑叶以及按照需要控制给桑的次数。

古时将蚕的成熟称为“老”，成熟后的蚕要被捉到簇上结茧，叫作“上簇”，历代都总结了上簇和上簇加温的方法。例如有“自然拾取法”、“震落上簇法”等上簇法。关于上簇时加温。北魏采用雨天室内上簇，晴天室外上簇的方法；宋代时要在簇下面生炭火加温，促其作茧，且有利于缫丝；元代强调上簇的地方宜高而平，宜通风；明代进一步总结了吐丝结茧时“出口干”的要领，即出茧时用炭火烘。

从蚕茧抽出蚕丝的工艺叫做缫丝。缫出的蚕丝放进含楝（liàn）木灰、蜃灰（蛤壳烧的灰）或乌梅汁的水中浸泡，然后在日光下暴晒。晒干后再浸再洗，这道工序叫做练丝，目的一是为了进一步漂白蚕丝，二是为了去除丝上残存的丝胶，使蚕丝更加柔软，容易染色。未练的叫做生丝，已练的叫做熟丝。练丝的工艺和缫丝相似，汉以前用温水，东汉以后用沸水。

最晚在商周时期人们就已经掌握了缫丝的工艺。最初人们是用冷水缫丝，殷商时已经开始用沸水缫丝。汉唐以后人们发现煮

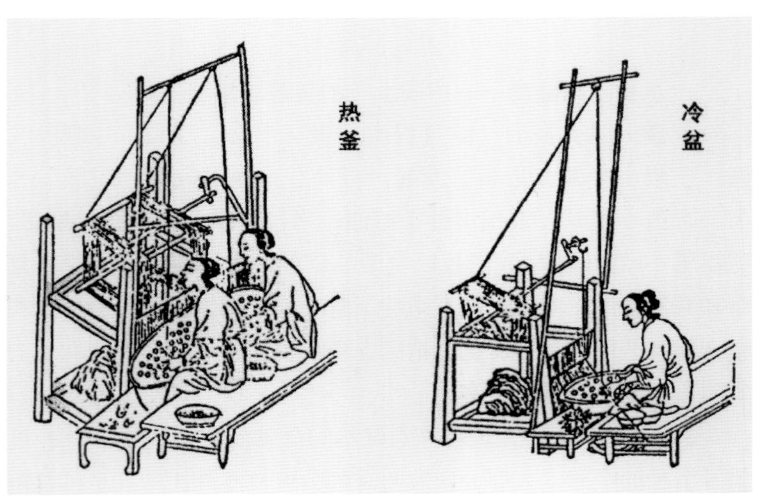

热釜和冷盆缫丝

茧的水温对清除蚕茧丝胶起着关键的作用，总结出煮茧的沸水最好是“形如蟹眼”。宋代以后，煮茧缫丝法根据水温分为热釜缫丝法和冷盆缫丝法两种。在长期的生产实践中，人们进一步总结出缫丝时所用水质、控制水温与去除蚕丝胶质的关系以及使蚕丝增加韧性和减少短丝情况的经验。元代时开始采用先进的熟缫法，北方缫丝车与冷盆结合成为后代缫丝技术的主流。到了明代发明了“出水干”的美丝法，成为提高蚕丝质量的一项重要措施。

缫丝

络丝是指将绕在缫丝车丝軖（kuáng）上的绞状丝，转绕到丝筒上的工序，目的是为了便于加工成经线和纬线。秦汉至唐多用手转籰子络丝（《说文》中将“籰”解释为“收丝者也”），宋代以后则出现了绳拉单籰“扯铃”式络丝车。

络丝纺绩

整经是织造前必不可少的工序之一，其作用是将许多籰子上的丝，按需要的长度和幅度，平行排列地卷绕在经轴上，以便穿筘、上浆、就织。古代整经用的工具叫经架、经具或纼（zhèn）床，整经形式分经耙式和轴架式两种。

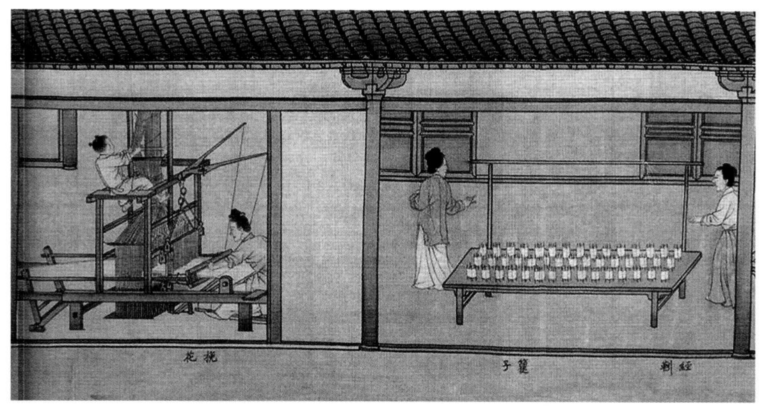

整经、挽花

做纬、织作、下机、入箱

蚕室

抬炉

桑梯

桑钩

2. 从简单到复杂——养蚕治丝工具的发展

从 7 000 年前远古先民们开始利用野蚕缫丝制丝起，就有了提高劳作效率的简单器具和工具。在几千年的栽桑养蚕，缫丝制丝的历史长河中，这些器具和工具从未停止不断完善和改进，至今已经形成一整套贯穿整个桑蚕丝绸生产过程的工具和器具。

按操作功能划分，这些设备、器具和工具被划分为几类。第一类是家蚕孵化和生长的必备设备——蚕室本身及其蚕室内的设备，这是区别于野蚕生长环境的一个重要因素；第二类是桑具；第三类是蚕具；第四类是制丝织丝工具。

商周时期，蚕已在室内饲养。战国时期开始，养蚕已有专用的蚕室。人们在蚕室中育蚕的经验和技术在之后的历代得以不断完善和改进。对于蚕室的选址、蚕室的朝向、室内温湿度的控制、卫生消毒、蚕种病害防治方面均积累了丰富的经验，有的一直沿用至今。此外，养蚕用房还有催青室、簇室、贮桑室等。火

养蚕工具

仓、抬炉是旧时蚕室的一种保温设备。元代王祯《农书》卷二十中说："火仓，蚕室火龛也。凡蚕生室内，四壁挫垒空龛，状如三星，务要玲珑，顿藏熟火，以通暖气，四向匀停。"

古代蚕农植桑除了使用农家常用的犁锄等工具外，还有一些专用的工具，如采桑用的桑几、桑梯，摘取桑叶北有桑斧，南有桑钩。此外，还有盛放桑叶的桑网和桑笼；切剪桑叶时用的桑刀、桑碪和桑夹等。

养蚕器具品种繁多，有承接蚕蛾产卵以留蚕种的蚕连；盛放蚁蚕的蚕筐；盛放蚕的蚕盘、蚕箔；放置蚕盘和蚕箔的蚕架和蚕槌；抬蚕用的蚕网；作为量器和补充桑叶时用的蚕杓；用于养蚕、结茧的用具蚕簇等。

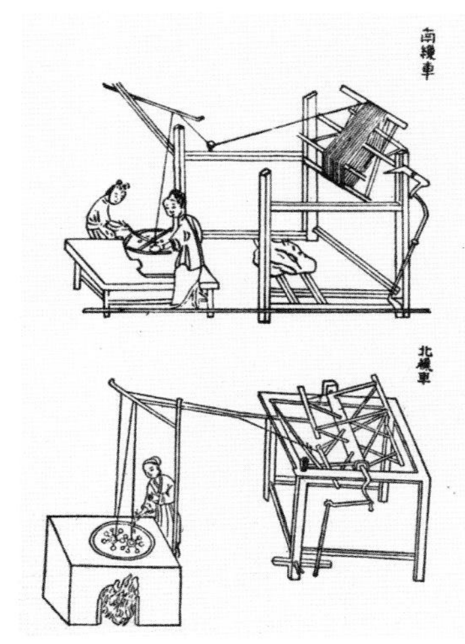

南北缫车

从蚕茧牵引出丝绪，把丝绕到框架上形成丝绞，这个过程就是缫丝。秦汉以前的缫丝使用一些由手工操作的简单器具，方法是缫丝人坐在煮茧的釜边，一边煮茧，一边从煮熟的茧子上抽出丝条，卷取到工字形绕线器的丝框上。汉唐时期采用手摇缫丝工具；宋代出现了较为复杂和先进的脚踏缫车；元代脚踏缫车有南北两种形制；明代《天工开物》记载了南缫丝车和北缫丝车两种不同形式。

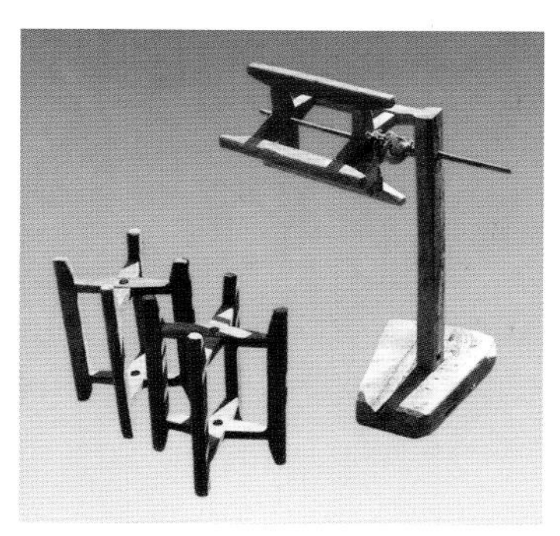

丝籰和络车

络丝工具包括：籰子、络丝车等。络车有南北络车之分。

古代整经用的工具叫经架、经具或纼床，整经形式分经耙式和轴架式两种。楼璹的《蚕织图》中就绘有轴架式整经工具，表明南宋时已普遍使用这种整经工具。

耙式整经

并丝是将两根或两根以上的单丝合并成一根股线，或者将两根或两根以上的股线再合并成一根复合股线的加工过程。捻丝是对丝线进行加捻，提高丝线的强力和耐磨性的过程。新石器时期就已经出现了并丝和捻纱。商代以后这两道工序成为纺织过程中不可缺少的工序。并丝捻丝工具主要有纺锤、纺坠、手摇纺车、脚踏纺车、打线车以及大纺车等。

将松散的纤维拧成线条并拉细加捻成纱的过程叫纺纱，我国最早用于纺纱的工具是纺锤。在全国很多新石器时期的遗址均出土发掘了纺锤的主要部件纺轮，纺锤可谓是我国纺纱工具的鼻祖。

战国时期在纺锤的基础上产生了效率更高的手摇纺车，纺车也被称为軖车、纬车或繀（suì）车。纺车的出现是纺纱工具发展的一个关键突破，脚踏纺车是在手摇纺车的基础上发展而来的。通过变手摇为脚踏，使纺纱女用来纺纱的右手解放出来，大

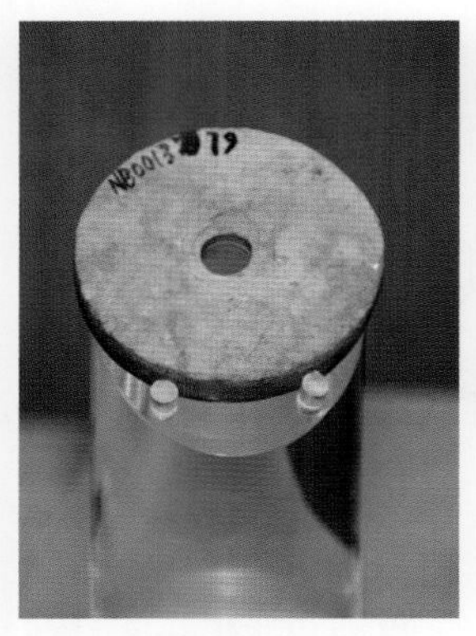

甘肃东乡出土的新石器时期石纺轮

云南元谋出土的新石器时期陶纺轮

手摇纺车

脚踏纺车

云南江川李家山出土的纺织青铜器盖（复制品）

大提高了生产效率。

远古的先民们早期是通过“手经指挂”来编织简单的纺织物的，这是最早期的织作手段。在浙江余姚河姆渡新石器时期的遗址中，人们发现了一些原始无踏板织机——腰机的零部件。如：木质打纬刀、分经棍、综杆等。另外，在云南石寨山遗址还出土了一件汉代铜制贮贝器，它的盖子上有一组纺织铸像，包括了捻线、提经、引纬、打纬、织造以及捧杼供纬等整套工序。表现了织女们使用腰机织布的场景。这是世界上最古老、构造最简单的织机——腰机。

在原始腰机的基础上，大概在战国时期，出现了比腰机更为先进的踏板织机——斜织机，在出土的众多汉画像石上都发现了斜织机，说明汉代时这种织机已经普遍被使用。

织机在历代都得以改进和完善，在上述织机的基础上还出现过水平织机、立织机、罗织机和能织造复杂花纹的多综多蹑的纹织机、专门用于缂丝织造的缂丝机以及能织造大型花纹和动物纹样的，代表我国古代纺织技术史上水平最高和最具代表

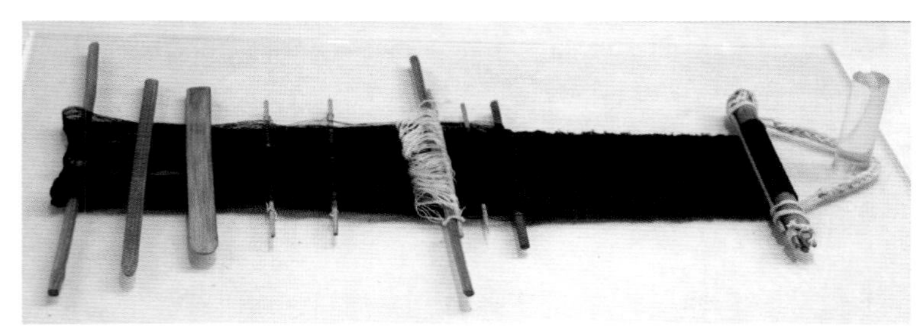

原始腰机

原始腰机

汉代画像石上的斜织机

性的纺织机具——花楼提花机等。纺织机具的每一次改进和完善，都会带来纺织品种的丰富和纹饰水平的提高。此外，少数民族地区在长期的生产实践中也形成了自己特有的纺织技术和相应的纺织工具和机械，成为中国纺织机具大家庭中不可或缺的一员。中国先进的纺织技术和纺织机具传到西方后，对西方纺织技术的发展也产生了极其深远的影响。

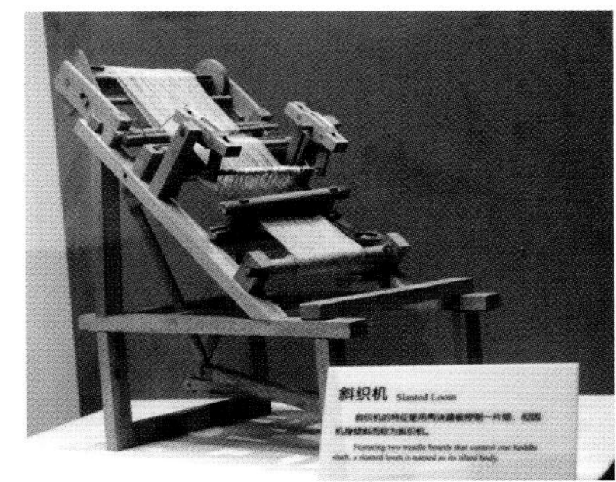

斜织机

小花楼织机

大花楼织机

多综多蹑织机

平织机

缂丝机

绢织机

云南傣族地区织造傣锦的傣锦机

广西壮族地区织造壮锦的竹笼机

《天工开物》中的花机

3. 传世国宝——《蚕织图》

黑龙江省博物馆现存着一件传世国宝，被专家誉为“文物一级甲品之最，视国宝而无愧”。这件国宝曾经被清朝末代皇帝溥仪偷运出宫，被变卖后流落于民间，险些被毁，后来被一收藏家购得，辗转几次，最终被黑龙江省博物馆所收藏。那么这是一件什么样的文物能得到如此之高的评价，又是缘何历尽磨难才得以回归的呢?

这是创作于南宋时期的绘画长卷作品——《耕织图》系列中的《蚕织图》。全长 10.56 米，宽 0.28 米。卷首由缂丝织成，画作装裱极尽奢华，是中国最早的记录蚕织生产的绘画作品。整幅画由 24 幅表现养蚕织丝生产过程的小图组成，由一条长廊将其巧妙的贯穿起来。观之气势宏大，令人赞不绝口。《蚕织图》描绘的是南宋时期蚕农从春蚕吐丝到纺丝成衣工艺生产和流程的一副全景图。整幅画作高度写实，内容详尽，是研究中国丝织技术的最为权威和直观的史料。原画是由当时于潜县的县令楼璹所绘，并被呈送给宋高宗，希望皇帝了解民间的农桑生产情况。这幅画得到宋高宗的高度推崇和嘉许，并由吴皇后为在《蚕织图》上每副画作下面用小楷题写了注解。这幅原作此后被珍藏起来，而宋高宗又命御用画师精心摹画了此图，悬挂于内宫。《蚕织图》原画最终未能流传下来。而宫廷画师所绘的摹本此后曾成为历代皇室的藏品，也成为历代藏家争相收藏的珍品，故画上留有很多名人的题跋和印记。有乾隆、嘉庆、宣统御览之玺和三希堂、御书房等的签印。显示出此画的流传有序。也正是如此，这幅画的价值愈加的不可估量。《蚕织图》和《耕图》在当时受到极高的推崇，以至于朝野争相传诵，从而引发了《耕织图》发展的第一次高潮。后来接

《蚕织图》长卷

连不断地出现了许多《耕织图》，形成了中国绘画史、科技史、农业史、艺术史中一个独特的现象，成就了中国文化遗产的一大瑰宝。

绫

四、美若云霞的丝绸制品

1. 绫罗绸缎——中国古代丝织品种

中国古代的丝织品种种类繁多，不胜枚举。根据丝织品的组织结构、原料、工艺、外观及用途等，大致可以分成纱、罗、绫、绢、纺、绡、绉、锦、缎、绨（ti）、葛、呢、绒、绸等 14 大类。

罗

新石器时代晚期的丝织品组织还相当简单，只有平纹和罗纹组织。在距今 4 700 年左右的浙江钱山漾遗址中曾发现有碳化了的丝绒、丝带和绢片。在河南荥阳县青台村仰韶文化遗址中发现的丝织品中不仅有简单的平纹组织，还有少许的罗织物。商、周时期丝织品的品种和规格有了很大的发展。从殷墟出土青铜器上发现的商代丝绢包裹痕迹可以看出，当时的丝织品已不仅仅是简单的平纹织法，还出现了更加复杂的菱形、方格形、回纹形图案的织物，说明当时已经掌握了简单的小提花技术。这也足以说明，当时的丝织技术已经达到了相当的水平。商代时的丝织品已经有了绮、纱、缣、纨、縠、罗等，在此基础上，西周时期产生了用两种以上的彩丝提花的重经织物“经锦”，而战国时期丝织品的纹饰从几何纹发展为动物纹，色彩更加丰富，丝织技术日益完善。秦汉以后，丝织机得到极大完善，织造工艺更加复杂，织品种类更多，质量更高、图案和花色也更加精美。东汉许慎所撰《说文解字》中，以织物组织命名的丝织物有 19 种，以色彩命名的多达 35 种。在西汉长沙马王堆汉墓中出土的多达 100 多件丝绸织品中，包括服装、鞋袜、手套、香囊、丝带等，品种之多、数量之大、保存之完整都是极为罕见的。其中最为惊艳的就是震惊中外的素纱禅衣的出土，以及起绒锦和大量的帛画。汉代丝织品的纹样也极其丰富，有云气纹、鸟首纹、菱形几何纹、人物狩猎纹等，这些精品的出土都进一步证明了汉代丝织工艺达到了前所未有的水平。唐中期以后南方丝织业高速发展，丝织品的品种、图案、精美程度上都有了进一步的发展，此时，闻名遐迩的缂丝技术也已经出现，唐代织锦技术高度发达，主要分为经

经锦

纬锦

绢

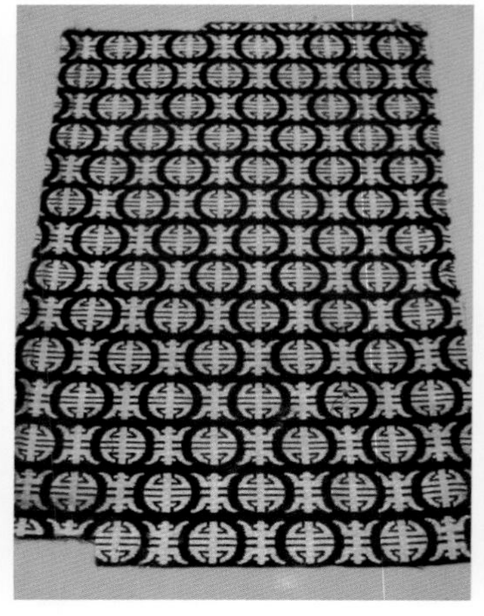
织金

缎

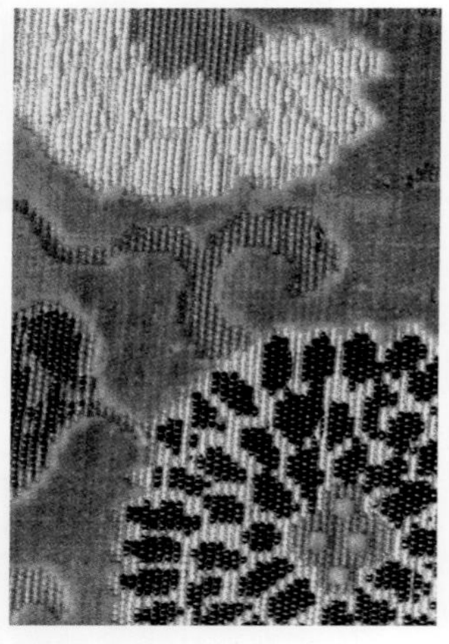
绒

宋式锦

双层锦

妆花

长沙马王堆汉墓出土的素纱蝉衣

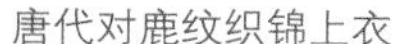
唐代对鹿纹织锦上衣

明末清初褐色绸缎上衣

清代真丝织锦蟒袍

锦和纬锦，四大名锦之一的蜀锦就是经锦的优秀代表，而唐后期出现的纬锦是唐代织锦技术发展的一个重要标志。日本正仓院也收藏了众多唐代的织锦，这些从一定程度上都可以反映出中国唐代织锦技术的高超。除织锦外，唐代印花、绣花、手绘、织金等技术也被运用于丝织生产。宋、元、明、清时期，丝织业继续发展，南方长江中下游地区丝织业发展迅速，成为丝织业生产的主要产地。绫、罗、绸、缎、纱、锦等各大门类的丝织品都有了多样的发展，也产生了众多的代表性丝织品，如广东的粤缎、苏州的幕本缎、云南的滇缎、杭州的杭缎；杭州的皓纱、泉州的花纱、索纱和金钱纱、广东的粤纱；广东的莨绸；吴江的吴绫；杭州的杭罗；南京的云锦、苏州的宋锦和四川的蜀锦等。

我们通常所说的绫罗绸缎是丝织品的总称，实际上中国古代丝织品的种类很多，经过历史的积累和沉淀，每个类别的丝织品工艺不断推陈出新，与外来文化的融合与借鉴，以及技术上的不断改进，都使得丝织品种的种类更加丰富和多元化，产生了很多工艺独特、纹饰多样，图案丰富的具有代表性的优秀丝织品种，经过历史岁月的洗礼不仅没有褪去奢华，反而尽显华美。

（1）古代织锦的活化石——南京云锦

“锦”是代表最高技术水平的丝织物。成都的蜀锦、南京的云锦、苏州的宋锦和广西的壮锦并称为“中国四大名锦”。其中南京云锦更是浓缩了中国丝织技艺的精华，这种技艺至今尚不能为机器所完全代替，被誉为“古代织锦的活化石”。2006 年，南京云锦妆花织造技艺被列入首批国家级非物质文化遗产名录。

关于南京丝织品的文字记载最早可以追溯到 1 500 多年前。东晋大将刘裕北伐灭秦后，将长安百工全部迁到建康（今南京），其中织锦工匠占很大比例。这段百工南迁的史实揭开了南京作为云锦之都的序幕。417 年，东晋在建康设立了专门管理织锦的官署——锦署。北宋时期，南京已成为中国的丝织中心。两宋以后，南京云锦更是获得了前所未有的发展，出现了织金、缂丝、漳绒（天鹅绒）等名贵品种。元代出现了云锦织金饰。明朝

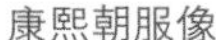

康熙朝服像

乾隆朝服像

清代圆金四合云锦

明代妆花喜字莲

时织锦工艺日臻成熟和完善，并形成了南京丝织提花锦缎的地方特色。清代在南京设有“江宁织造署”。四大名著之一的《红楼梦》的作者曹雪芹出生于当时在南京显赫一时的曹家，曹家和江宁织造署的渊源可谓不一般。曹雪芹的曾祖父曹玺、祖父曹寅、父亲曹顒、叔父曹頫就曾任江宁织造。《红楼梦》中关于服装配饰方面细致生动的描述大概也是因为有此渊源吧。清代的云锦品种繁多，图案庄重，色彩绚丽，代表了历史上南京云锦织造工艺的最高成就。彩色妆花织金饰在明清两代更是达到鼎盛，元、明、清三代，南京云锦的主要用途之一便是制作皇室御用的龙袍。

南京云锦是用传统的大花楼木织机，由拽花工和织手两人相互配合，通过手工操作织造出来的。操作时，拽花工坐在花楼上，织工坐在织机前。这种操作劳动强度大、工艺水平高。老艺人在长期的织造经验中总结出了“一抡、二撳、三抄、四会、五提、六捧、七拽、八掏、九撒”的拽花口诀，而织手则要做到足踏开口、手甩梭管、嘴念口诀、脑中配色、眼观六路、全身配合。

云锦的主要品种有织金、库锦、库缎和妆花四大类，前三类今天已可用现代机器生产，惟妆花的“挖花盘织”、“逐花异色”至今仍只能用手工完成。

（2）“织中之圣”—— 缂丝

缂丝是中国古老而又独特的传统织造工艺，是丝织艺术史上的一朵奇葩。缂丝织造技艺是以生丝为经，熟丝为纬，使用古老的木机和几十个竹制的梭子和拨子，通过“通经断纬”的织法，一边缂，一边穿纬，将五彩的丝线缂织成色彩丰富、色阶齐备的织物。由于制作精良、古朴典雅、艳中带秀的特点，被誉为“织中之圣”。同时，因为缂丝能经得住摸、擦、揉、搓、洗，而获得了“千年不坏艺术织品”的美誉。2006 年，缂丝织造技艺被列入首批国家级非物质文化遗产名录。

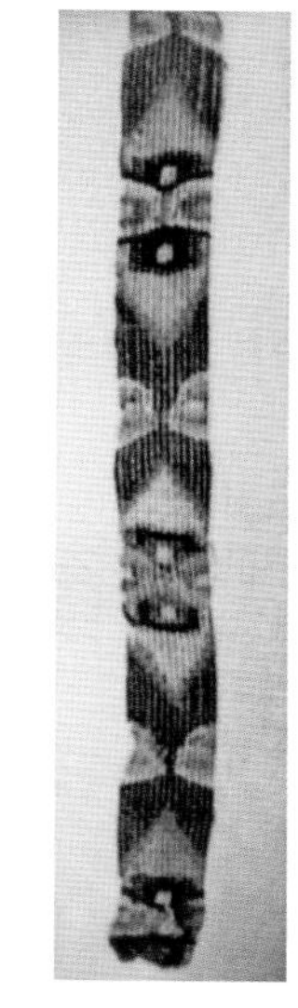

新疆吐番鲁阿斯塔那遗址中出土的缂丝腰带

由于缂丝独特的丝织技艺，使得它完全不同于其他丝织品。其他丝织品都是正反两面的，而缂丝作品则正反如一，两面花色，纹饰完全一样。另外，由于它独特的织造工艺，迎光照视竟然有丝丝断裂和镂刻的效果，因此又被称为“刻丝”。织物的图案轮廓、色阶变换等处像用小刀划刻一般，因此得名“缂（刻）丝”。

缂丝技术起源于汉魏，成熟于唐代，宋代达到鼎盛时期，明清时期有了更进一步的发展。汉代或更早时期，西部草原地带的缂毛织物传入内地，对以后缂丝的出现奠定了良好的基础。1973 年，考古家们在新疆吐鲁番的阿斯塔纳古墓中发现了一条唐代舞俑的缂丝腰带，这是目前发现的最早的缂丝织品。南宋时，长江中下游地区经济的发达、书画艺术的鼎盛，都使得上自皇室贵族，下至城市的富商官宦，追求一种奢华典雅的精神享受，缂丝的功能也由实用装饰品逐渐变成了具有纯粹欣赏价值的艺术品，作品主要以临摹名人的书画为主。这些缂丝作品能表现出织锦、印花、刺绣都无法实现的超强立体感，观之栩栩如生。南宋时期涌现了很多技艺高超的缂丝艺术家，如朱可柔、沈子蕃等。前者所创作的《山茶图》和《莲塘乳鸭图》（现藏于上海博物馆）、后者创作的《梅鹊》、《青碧山水》（现藏于北京故宫博物院）都是当时缂丝作品中的佼佼者。

莲塘乳鸭图

明代的苏州缂丝织造技艺更为精湛，缂丝开始用于服饰，尤其是皇帝的龙袍和官服都是用缂丝缂的，特别是用孔雀毛和生丝毛捻在一起缂出来的龙袍更为珍贵。据说清朝顺治年间，缂织一条龙袍布料，需要花费 390 天，足以说明缂丝技艺的复杂与精细，故有“一寸缂丝一寸金”之说。清代还出现了缂、绘结合的新技艺。

山茶图

梅鹊

青碧山水

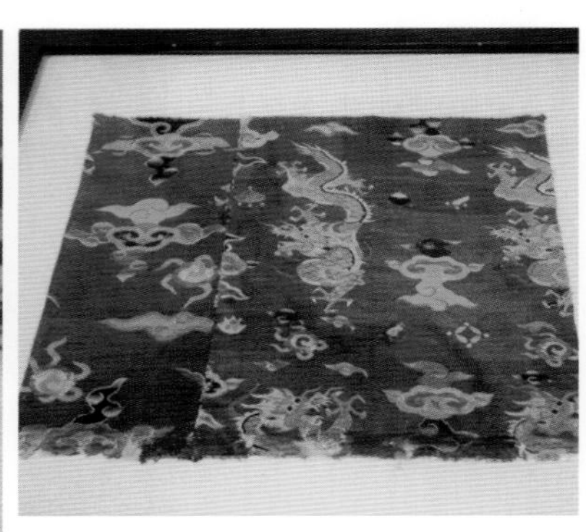
清代缂丝杂宝云蟒

缂丝梅花寒鹊

明代缂丝经皮子

2. 锦上添花——美轮美奂的刺绣工艺

随着丝织技艺的不断发展，越来越多的工艺被运用在丝绸制品上。刺绣可谓是各种工艺中最为耀眼的一种，不仅可以装饰各种材质的织品，又有着极为丰富和多彩的绣法。各种织物的刺绣中尤以丝绸的刺绣技法最为多样，换句话说，中国的丝绸之所以名扬海内外，刺绣技法的运用可谓点睛之笔，功不可没。

唐代联珠新月纹绣

中国刺绣工艺可谓历史悠久，商代即出现了刺绣的技法。目前发现最早的丝绸绣品是湖北江陵马山一号楚墓中发现的各种绣品，多为绢地或罗地的绣地，以锁绣技法刺绣于上，纹样以凤鸟、龙为主，辅以枝蔓、花卉的图案。汉代长沙马王堆汉墓中出土的众多丝绸制品中，刺绣品种非常丰富，主要有“长寿绣”、

元代缎地刺绣花卉纹枕顶

元代环编绣金刚交杵

清代刺绣圆补

“信期绣”、“乘云绣”等。唐代绣品主要以平绣为主，出现了接针、戗针和套针等针法，而刺绣也逐渐与书画艺术相结合。清代时形成了苏绣、湘绣、蜀绣和粤绣等四大名绣。

五、丝绸之路——古代对外贸易重要通道

丝绸，这个和中国结下不解之缘的神奇织物，如今在世界的各个地方都能够寻觅到它的踪影，也始终是世界服装服饰面料中极为高档的首选，更是时装设计领域的宠儿。那么这个原产于古老“丝国”——中国的神奇织物在当时极其不发达的交通运输条件下是怎样翻山越岭、长途跋涉、漂洋过海、不远万里地抵达异国他乡，被异域的人们所喜爱的，又是怎样将桑蚕丝绸生产的科技和技术传播到世界各地的，对世界又产生了怎样的深远影响呢?

其实，早在公元前，中国的丝绸就分海陆两路开始向外传播了。追溯起来，公元前5世纪，欧亚草原居民中就在用黄金与我国北方蒙古民族人民交换丝绸等物，可以说这是后来普遍认同的张骞出使西域时开辟的丝绸之路的前身。之后，这个地方逐渐被打通，形成了一条从黑海北岸经土耳其草原、哈萨克丘陵到准噶尔盆地、河套地区直至蒙古高原的贸易通道。在张骞开拓丝绸之路前，这个贸易通道就一直发挥着东西方贸易往来的重要作用。希腊等遥远的西方国家对这一来自东方的华丽纺织品钟爱有加，美轮美奂的中国丝绸，凭借它的华贵和神秘成为西方上流社会所孜孜以求的奢侈品。因而，古希腊人和古罗马人曾一度称中国为“Seres”，意为“产丝的国家”。海路方面，我国的丝绸在公元前也已通过东海（今黄海）和南海等航线向外传播到朝鲜、日本。西汉时传播到东南亚各国，唐朝以后更是将航线开辟到了东南亚、非洲和中西亚的很多国家，中国的丝绸及其技术也随之传播到了世界的各个地方。

1. 草原丝绸之路

张骞出使西域之前，在欧亚大陆以北的草原地带上，有着许多小规模的贸易路线，尽管这些路早期并不是以丝绸为主要交易物资的，但却为以后东西方丝绸文化的传播奠定了基础。晋人郭璞在《穆天子传》中就曾记载着周穆王曾携带丝绸、金银等贵重物品西行至

丝绸之路

唐三彩

新疆吐鲁番阿斯塔那出土的东汉丝绸残片

中亚地区，随后还将和田玉带回中国。虽然只是文献记载，但到目前为止，在这一条早期丝绸之路沿线的考古中，确实出土了一些这个时期的丝绸制品。

真正意义上的丝绸之路是指西汉时张骞出使西域而由此开辟的以长安（今西安）为起点（东汉时以洛阳为起点），经甘肃、新疆，到中亚、西亚，并联结地中海各国的陆上通道。因为当时这条西行商路上的货物是以丝绸为主的，故而19世纪下半期，德国地理学家李希霍芬就将这条陆上交通路线称为“丝绸之路”，一直沿用至今。西汉以后由于东西方文化交流的深入，这条路不断得以拓展和繁荣，向东延伸到日本和韩国等东亚国家，逐渐成为东西方贸易的主要交通路线枢纽。丝绸在传到西方后，迅速成为了各国人们狂热追求的奢侈用品。在古罗马的市场上，丝绸的价格竟然达到每磅约12两黄金的天价，造成罗马帝国黄金大量外流。当时丝织品的透薄被认为是不道德的，但人们对丝绸服饰依然狂热如初，这迫使元老院断然制定法令禁止人们穿着丝衣。此外，史料也曾记载埃及艳后克利奥帕特拉极其酷爱丝绸制品，还曾经穿着丝绸外衣接见使节。丝绸之路使中国的丝绸走出了国门，也让世界认识了中国。

因为古代东西方贸易的通道并非一条，也并不固定，所以说，“丝绸之路”的概念，实际上并不单纯指的是张骞出使西域时开辟的路。就拿陆上丝绸之路来讲，北方草原丝绸之路也并不是固定的，不同历史时期，由于战乱和民族纷争等原因，这些线路也曾中断和衰落，而一些新的线路又被重新开拓出来，但始终贯穿的仍然是北方草原地带和欧亚的贸易大通道。此外，在公元前 4 世纪，还有了从四川成都经云南大理通往缅甸和印度的贸易通道，习惯上被叫做“西南丝绸之路”。直到今天，在这些古老的贸易通道上还留存有很多当时的贸易枢纽遗迹，我们依稀还能体会到当时的繁华和忙碌，能从中领略和感受历史所沉淀下来的文化气息。这些地方就是：位于河西走廊与新疆丝绸之路要冲上的敦煌莫高窟；处于丝绸之路南、北分道处的楼兰遗址；新疆民丰县尼雅遗址；塔克拉玛干南道上的重镇——和田；伊斯坦布尔的古城堡、埃及金字塔等历史遗迹等。尽管因为各种原因，历史上的丝绸之路时兴时衰，但是无论如何，它都真真切切地见证了这条贸易古道上曾经的辉煌，见证了东方桑蚕文明古国的魅力。

青海都兰墓地出土的唐代黄地大型宝花绣积鞯

新疆吐鲁番阿斯塔拉墓出土的北朝时期的彩色织成履

2. 海上丝绸之路

除了著名的陆上“丝绸之路”外，古代还有通过海路与朝鲜、日本、东南亚、西亚、非洲、欧洲等进行主要以丝绸为主的贸易航道。公元前，中国的丝绸就已经通过东海（今黄海）和南海等航线向外传播。周秦时期，我国的丝绸就已经从山东半岛的渤海湾出发，通过黄海传到朝鲜。秦始皇曾派徐福等人东渡日本，丝绸和生产技术也随之被带到日本，徐福至今都被日本人民尊称为“蚕桑之神”。秦汉时期，以丝绸为主要对外贸易产品的路线被逐渐开拓出来，海船主要携带大量丝绸和黄金从雷州半岛出发，途径越南、泰国、马来半岛、缅甸等诸国，远航至印度，经斯里兰卡和新加坡回国，被称作是海上丝绸之路的南海航线。《汉书·地理志》中详细介绍了当时的贸易路线和航程。可以看出，广东雷州半岛的徐闻和广西的合浦，是当时主要的贸易口岸。从这里出发，可以到达当时的越南、泰国、缅甸、印度、斯里兰卡和印尼苏门答腊。从合浦的汉墓中出土的琉璃、珠玉、玛瑙和水晶等物来看，这些东西很有可能是当时的贸易往来中以丝绸、瓷器等物交换来的东南亚各国的奇珍异宝。唐以后中国经济中心逐渐南移，南方对外贸易兴起，带动了海上丝绸之路的繁荣。唐后期，随着陆上丝绸之路的逐渐衰落，这条海上贸易之路成为了我国对外贸易的主要商路。大型船舶的建造和罗盘针的使用，也使得中国的对外海上贸易进入鼎盛时期。当时的主要航线是从广东的广州、福建的泉州等港口出发，经南海、波斯湾、红海到达欧洲，通过这条商路，唐代的丝帛织品、瓷器等物传播到

清代外销蓝缎地五彩花卉绣

清代缠枝大洋花纹妆花缎

清代象牙柄刺绣伞

清代欧式针线盒

沿海各国，成为这些国家上流社会所热衷追求的奢侈品，海上贸易往来十分兴盛。元代意大利人马可波罗就是从陆上丝绸之路来到中国，又从海上丝绸之路返回意大利的。明代郑和七下西洋，经历 30 多个国家，最远甚至到达非洲东岸，每次都会携带大量的丝绸制品和瓷器，为丝绸文化的传播和交流作出了非同寻常的贡献，印度尼西亚的三宝庙就是印尼为纪念郑和而建立的。

17—18 世纪东方航线日益繁忙，中国的丝绸制品深深吸引着欧洲的贵族们，很多国家向中国大量定制外销丝绸，主要包括提花、手绘、刺绣等。中外丝绸制品的相互融合，使得中国的丝绸纹样和装饰上也吸收了西洋的风格，使人耳目一新。

3. 丝绸之路上的发现——“五星出东方利中国”织锦

1995 年，在新疆塔克拉玛干沙漠腹地的古墓葬出土了一件长 18.5 厘米，宽 12.5 厘米的长方形织锦，专家们一致认为这件织锦是狩猎时弓箭手所带的护膊用品。织锦两边有六根黄色的袋子。上面有八个隶书汉字——“五星出东方利中国”。织锦以深蓝色为底，上面有红、黄、白、绿四色勾勒出的精美花纹，四个造型独特的飞禽走兽分布其中。分别是孔雀、仙鹤、老虎和独角兽。由于地处干燥的沙漠地区，织锦得以完好的保存，织锦色彩艳丽如新，可谓精美绝伦。

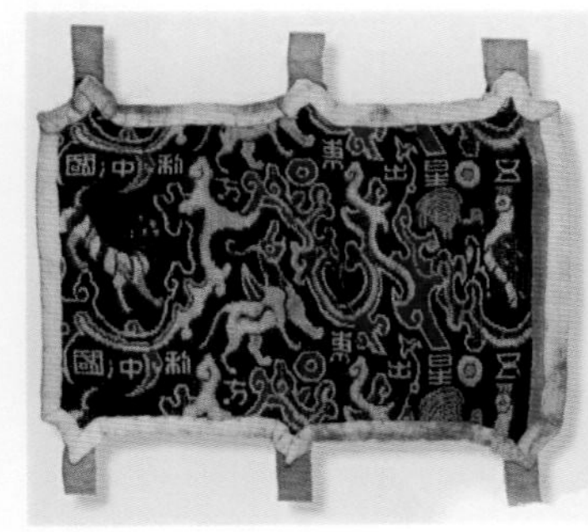
“五星出东方利中国”织锦

这件织锦的出土伴随着很多未解的谜团。一是关于上面的文字“五星出东方利中国”，到底是一种预言，还是有着其他深层次的寓意？二是考古学家为了解开这件精美织锦工艺的秘密曾尝试进行过复制，令所有人都倍感意外的是，现代的化工染色剂无论如何也无法达到如原件般鲜艳的色彩，最后还是采用传统的植物染色剂才达到相似的效果。此外，这件小小的织锦上每平方厘米竟然有 220 根经线、24 根纬线，而今天的机器生产无论如何也达不到这样的密度，那么这样高密度的织物到底是如何织造出来的呢？三是这件织锦是出土于丝绸之路上的丝织品中最为出彩的一件，代表了汉晋时期丝织品的最高规格和织造水平。这件绝世织锦显然是来自于中原地区皇室织锦作坊的产品，那么这块织锦是如何来到遥远的这里的，墓主人的身份究竟是什么呢？

从织锦上面的隶书汉字，我们可以看出这是汉晋时期的遗物。因为中原地区统治者所崇尚的是源于道家的神仙思想，崇尚阴阳五行说，根据《史记》、《汉书》等历史文献的考证，发现五星是汉晋天文星占中的占辞，五星即今天所说的金、木、水、火、土五星，东方是指星空 28 星宿的东部区域，中国也并非今天作为国家名称的意义，应该指的是天下的中心。

尽管在考古学家的努力下，揭开了关于这件织锦的很多谜团，但关于它的织造技艺、墓主人的身份、还有它的由来，以及这座神秘的尼雅古城仍然有很多未解之谜，等待人们去揭开。

质朴本色　棉纺织篇

大约在先秦两汉时期，棉花开始传入中国。传入的途径主要有三条：从南路传入的是原产于印度的亚洲棉；北路传入的是原产非洲的非洲棉；以及由东路传入的原产于中南美洲的陆地棉。云南、海南、广西、广东以及新疆等边疆地区是最早植棉和进行棉纺织生产的地区。最早传入中国的应该先是作为贡品和商品的棉纺织品，然后是棉籽和棉种的传入，此后才产生了植棉业。

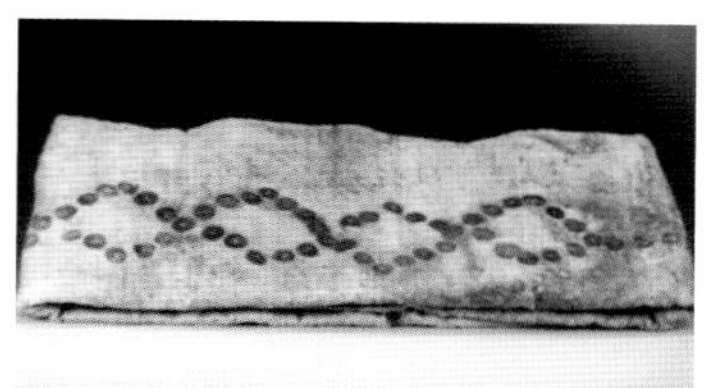

浙江兰溪宋墓中出土的拉绒棉毯

由于边疆地区生产力的不发达和交通的极大限制，棉花种植和棉纺织技术传播到中原地区经历了漫长的时间。汉代时候，中原地区还很少能见到棉纺织品。宋末元初由于与边疆地区交往日益频繁，棉花种植和棉纺织的生产技术也开始从南北两路分别传入黄河和长江流域，棉纺织技术有了突破性的进展，成为纺织纤维家族中的后起之秀。并逐渐开始与丝、麻等一起成为中国纺织的主要原料之一。

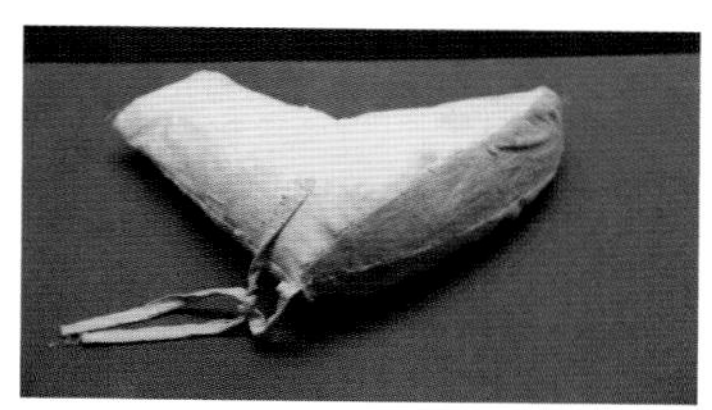

汉晋时期的棉布袜子

一、从棉种到棉布

历史上著名的《棉花图》绘制了布种、灌溉、耘畦、摘尖、采棉、拣晾、收贩、轧核、弹花、拒节、纺线、挽经、布浆、上机、织布、练染等16副从植棉到成布的整个植棉和棉纺织过程。这里重点介绍棉纺的关键技术。

1. 轧棉籽

轧棉籽是棉花的初加工工序。历史上轧棉技术的发展经历了3个阶段：从最早人们用手剥去棉籽到后来利用铁筋或铁杖赶搓棉花去除棉籽（称为"赶搓法"），以及在这两者的基础上发展起来的轧棉机械——搅车和轧车。

《棉花图》中的摘尖

《棉花图》中的采棉

《棉花图》中的拣晾

《棉花图》中的轧棉

《农政全书》中绘有一种四足搅车，有脚踏机构，一个人就可以实现摇、踏和送棉的动作，不仅节省了劳动力，而且比3个人同时操作还要方便。

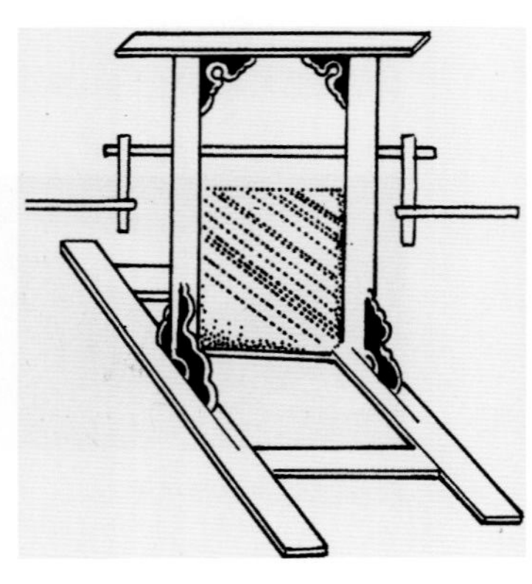

木棉搅车

《天工开物》木棉搅车

2. 弹棉

轧去棉籽的棉花用于手工纺纱或作絮棉之前，需经过弹松，这一工序称为弹棉。弹棉过程能去除一些杂质，弹棉的工具由弹弓和弹椎组成。《天工开物》中介绍了悬弓弹花法，用一根竹竿把弹弓悬挂起来，以减轻弹花者左手持弓的负担，仍用右手击弦。后来，弹花者把小竹竿系于背上，使弹弓跟随弹花者移动，操作较方便。

3. 纺棉

纺棉是将棉花纺成棉线的过程。远古时期的人们最早是通过徒手搓拈来进行纺线的，后来发明了纺专，用来纺纱拈线，技术大为改进。

秦汉前中原地区已开始用纺车并拈丝麻。宋代用于纺棉的纺车以王祯《农书》的木棉纺车为最早。元时纺棉除继续使用手摇单锭纺车外，已开始改用脚踏 3 锭纺车纺棉纱。黄道婆等人对脚踏纺车进行了改革，使之适于纺棉。

《棉花图》弹花

《天工开物》弹棉

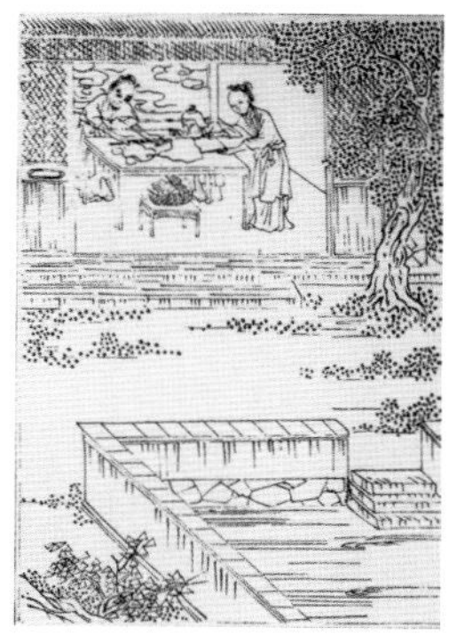
《棉花图》拘节

《棉花图》纺线

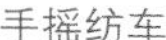
手摇纺车

脚踏三锭纺车

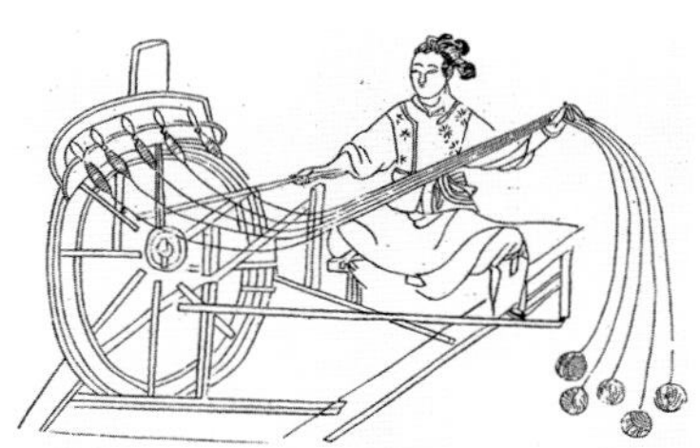
脚踏五锭纺车

4. 织布

宋以前少数民族地区生产的棉布品种繁多，有印花布、条子布、格子布，而且已采用提花技术。宋代以后，中原地区开始植棉，并参照丝麻纺织发展棉纺织技术。宋元之际，中国棉纺织业的中心分布于浙江、江西、福建等地，松江一带的“乌泥泾被”传遍大江南北各地。明代是中国手工棉纺织业最兴盛的时期。清代后期的“松江大布”、“南京紫花布”等名噪一时，成为棉布中的精品。

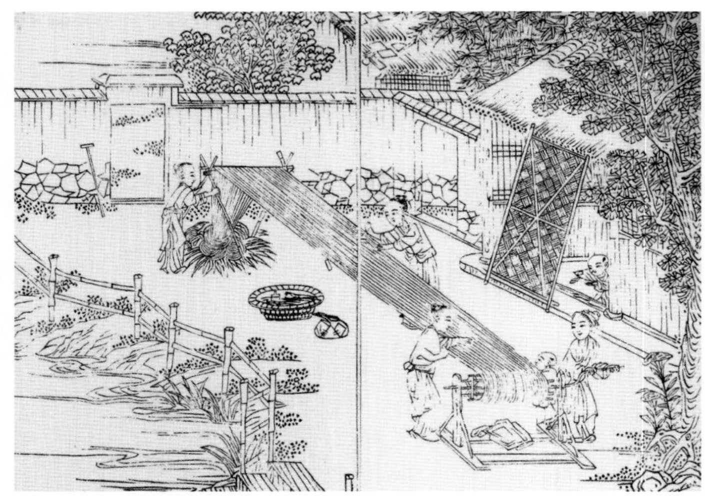
《棉花图》布浆

《棉花图》上机

《棉花图》织布

《棉花图》练染

二、从童养媳到棉纺织革新家——黄道婆

你可能无法理解童养媳和棉纺织革新家会存在着什么样的联系，这两者又会有着什么样的交集。可在中国棉纺织历史上就有这样一位奇女子，既没有风华绝代的容貌，也没有显赫的身世，却影响了中国古代棉纺织的发展进程，在棉纺织的史册上留下了浓墨重彩的

一笔。这就是被誉为“中国古代纺织技术革新家”的黄道婆。

宋末元初，上海松江府乌泥泾镇的一个普通人家有一个女孩，像中国封建传统社会中众多的女孩子一样，年纪轻轻就做了人家的童养媳，因为不堪忍受夫家的迫害，性格刚烈的黄道婆，坐船一路逃到崖州（即今天的海南岛）。谁也没有想到，就是这次的出逃开始了黄道婆与纺织的不解之缘，也造就了她传奇的一生。

黄道婆塑像

流落到崖州的黄道婆从当地黎族人民那里学到了当时在中原地区还不多见的，远比中原地区先进的棉纺织技术。当时崖州地区的棉纺织技术已经有相当高的水平了，不仅品种繁多，而且织工考究，色彩艳丽。黄道婆在崖州一住就是 30 年，凭借她的聪颖和细心，黄道婆很快就掌握了复杂的棉纺和织布技艺，成为当地棉纺织技艺的佼佼者。至今当地还流传着这样的歌谣：“筒裙姑娘手把针，绣的王家千金花。黎裙汉袍映异样，道婆学艺在我家。”

后来黄道婆辞别了黎族的百姓，回到了自己的家乡，将在崖州学习到的棉纺织技术传授给自己家乡的姐妹们。她将崖州地区的棉纺织技术和当地的先进纺织技术相融合，改进完善了轧籽、弹花、纺纱、织布等各个工序。发明了半机械化脚踏式去棉籽的轧车，大大提高了去棉籽的效率。用大弓代替了弹棉用的小弓，用大弦代替小弦，用檀木椎敲弹弦线代替原来弦线小弓用手指弹拨的方法，不仅提高了弹花效率，而且能清除棉中的杂质，保证棉纱的质量。黄道婆最重要的发明是将单锭单纱的脚踏纺车改成三锭三纱脚踏式棉纺车。同时她还推广和传授了“错纱配色，综线挈花”织造技术，把“崖州被”的织造方法传授给了镇上的妇女，在此基础上制作出的“乌泥泾被”闻名全国，远销各地。除了纺纱织布，黄道婆还精通在土布上染色作画，画上预示着五谷丰登、吉祥如意、多子多福等的图案，也更加说明了黄道婆受海南黎锦影响之深。正是黄道婆的这一系列革新，促进了棉纺织技术的革命，也造福了当地的人民。乌泥泾人“人既受教，竞相作为，转货他郡，家既就殷”。大大促进了中原地区的棉纺织发展。

为了感念黄道婆的无量功德和在中国棉纺织历史上的卓越贡献，人们为她修建了“先棉祠”，供一代代后人缅怀和寄托崇敬之情。2006 年，乌泥泾手工棉纺织技术被列入首批国家级非物质文化遗产名录。

黄道婆纪念馆

黎族妇女使用踞织腰机织布

黎族服饰

海南黎族龙被

三、中国棉纺织的活化石——海南黎锦

海南是中国最早植棉和进行棉纺织生产的地区。古代的海南岛居民很早就在大自然中寻找可以制作衣服的原材料。岛上盛产一种开花吐絮的灌木，叫木棉花，和后来用于纺织的草棉不同，黎族人采用木棉花果内的棉花织出的一种特色花布被叫做黎锦，是海南黎族纺、染、织、绣工艺品的统称，是中国较早的棉纺织品，古称吉贝布，早在春秋时期就已经久负盛名，有着“黎锦光辉艳如云”的美誉。

黎族没有文字，黎锦织造技艺自古以来都是通过母女之间口传心授的方式一代代传承下来的，这一古老的棉纺织技艺集中体现了人与自然的合谐。黎锦精细、艳丽、耐用。

棉纺织技术很长时间以来仅仅局限于海南，一个最主要的原因就是因为棉纺织过程中有一个难以解决的去棉籽的难题，在长期的生产实践中，黎族人民发明了轧棉机、搅车，这是棉花初加工技术上的重大突破，大大提高了去棉籽的效率。除了压棉籽这个工序，还有弹棉、纺线、染色、织布等几个工序，每个工序都有凝聚了黎族人民聪明与智慧的不同工具。纺线时人们用的手捻纺轮、手摇纺车和单锭脚踏纺车等；黎族人民用野生植物给织物染色，染色后的棉线用踞织腰机织布，用针进行刺绣。

黎族地区由于分布区域不同形成了不同的方言区，每个方言区的服饰文化有着一定的差异，也就形成了不同的纺织传统技艺。例如，美孚方言区的黎族的絣绣是将絣绣架上的经线，用青色和棕色的线将经线按不同的图案构思，扎起来，经过染色晾干后，用纬线织布会形成一种具有层次感和朦胧美感的一种艺术品，黎族的絣绣龙被，也被叫作崖州被，是集纺、染、织、绣于一体，体现了最高超工艺，最高难度的黎锦精品，古时一直是作为皇室贡品的。此外，还有白沙润方言区的双面绣技艺也是黎族地区独有的一种刺绣工艺。

海南黎族织锦技艺因为它独特的制作工艺和对世界纺织技术的贡献，于2006年被列入国家首批非物质文化遗产名录，2009年10月，“黎族传统纺染织绣技艺”（黎锦）被联合国教科文组织列入首批急需保护的非物质文化遗产名录，被誉为“中国棉纺织的活化石”。

四、清新脱俗蓝白之美——南通蓝印花布

春秋战国时期开始，民间就利用蓝草色素给棉织物染色。制作蓝靛进行蓝染至今也已有上千年的历史了。北魏贾思勰著的《齐民要术·种蓝》中专门记述了用蓝草制作蓝靛的方法，这是世界上最早的蓝靛制作工艺的记载。

五福捧寿包袱布
（南通蓝印花布博物馆藏）

明清以来，江苏的南通就是中国重要的棉纺织基地，南通一带农村的家家户户都会织布、染布。日常所穿的衣服、常用的包袱皮，甚至嫁妆等，都是由自家纺织印染的蓝印花布织作。蓝印花布最具典型的就是蓝底白花和白底蓝花的图案，印染图案以植物花卉、动物纹样和简洁的几何图形为主，以自然、清新的蓝白色彩之美闻名于世，充满了浓郁的乡土气息。南通被誉为中国蓝印花布之乡，南通蓝印花布印染技艺也就一直延续至今，2006年该技艺入选国家首批非物质文化遗产名录。

南通的民间蓝印花布艺人大胆吸收剪纸、刺绣、木雕等传统艺术图案，不断地丰富染织蓝印花布的纹样。几百年来，这种蓝白底相交的传统印花布工艺始终保持着传统的工艺和繁杂的流程，由挑选坯布、脱脂、裱纸、画样和替版、镂刻花版、上桐油、刮浆、染色、刮灰和清洗晾晒等数十种工序制作而成。

现代作品“凤戏牡丹”

南通蓝印花布以它典雅的蓝和纯净的白赋予了本色的棉布更丰富和律动的生命力。千百年来，悠久的蓝印花布传统工艺和深邃的文化内涵注定是一笔丰厚的文化遗产。

刻版

油花版

刮浆

染色

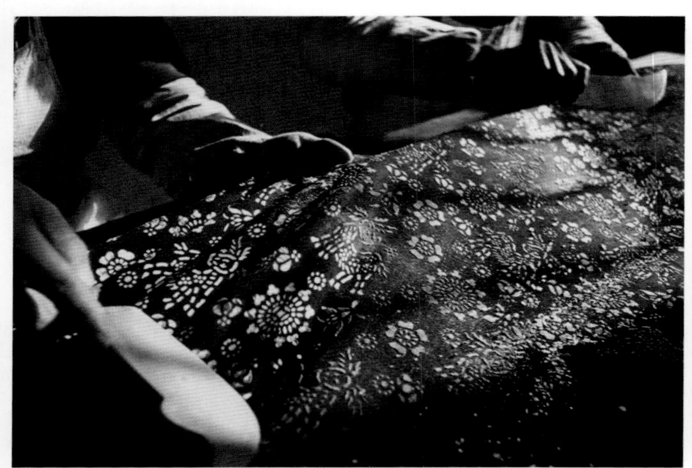

刮灰

晾晒

国纺源头　麻纺织篇

远古先民们受搓绳、结网带来的启发，就地取材，利用随处可见的葛、麻等野生植物纤维，制作原始的绳索和织物。创造了麻纤维的绩、纺等技术，由于麻纤维作为纺织原料较之其他纤维要早得多，故而被称为“万年衣祖”。麻纺织的主要原料包括：葛（也称葛藤）、苎麻（也称纻麻）、大麻（也称汉麻）、苘（qǐng）麻以及蕉麻等。

一、葛麻纺织原料

葛是一种多年生草本植物，茎长二三丈，从中抽取出的纤维可以用于纺织，织成的织物称为葛布。商周时期，葛布已经成为当时最主要的服装原料了。周朝还专门设置了叫“掌葛”的部门，专管平民和奴隶们种植葛藤，生产葛布。织作精细的葛布被称为“絺”，粗糙的葛布称为“绤（xì）”。奴隶和平民只能穿粗葛纤维纺织而成的“绤”，奴隶主和王公

葛藤

苎麻

大麻

苎麻纤维原料

大麻纤维原料

大臣穿着由细纤维纺织成的“絺”。奴隶主还规定，只有穿絺的人才能进出衙门，议论国事。春秋战国时期，葛的人工栽培已经很普遍了，是当时的大宗纺织原料之一。隋唐以后，丝麻纺织技术进一步提高，葛纤维的纺织逐渐被麻所取代。

被誉为“中国草”的苎麻，由于它需要经过脱胶等工艺才能作为纺织原料，所以用苎麻做纺织原料要比葛布晚。春秋战国时期是麻纤维纺织品极其兴盛的黄金时期，当时甚至可以制作能与丝绸相媲美的苎麻织品，精细和优质的麻纺织物经常被当作上好的贡品或是作为权贵们相互馈赠的佳品。汉唐时期，麻纺织精品随着“丝绸之路”被远销到地中海、欧洲等地。宋代麻纺织产地主要集中在南方，以广西产的苎麻布最负盛名。明清时期麻纺织生产规模虽比不上丝、棉的生产，但在中原和南方的某些地方，生产仍很普遍，还出现了许多地方名产，如江西、湖南、重庆等地盛产的夏布。此外，还出现了苎麻和蚕丝交织织成的织物，如广东东莞地区所产的鱼冻布，因其“色白若鱼冻”而得名。

大麻的人工种植和纺织始于新石器时期，普及于商周时期。早在 2 000 多年前的人们就已经懂得用大麻的雄株（称“枲（xǐ）”或“牧麻”）织较细的布，用雌株（称“苴”或“子麻”）织较粗的布。

苘麻纤维短而粗，纺织性能远不如大麻和苎麻。春秋之前，苘麻多用以制作丧服或下层劳动人民的服装，后来就很少用以制衣了，而是用来制作绳索、雨衣或牛衣等。

远古先民进行原始麻纺织的场景

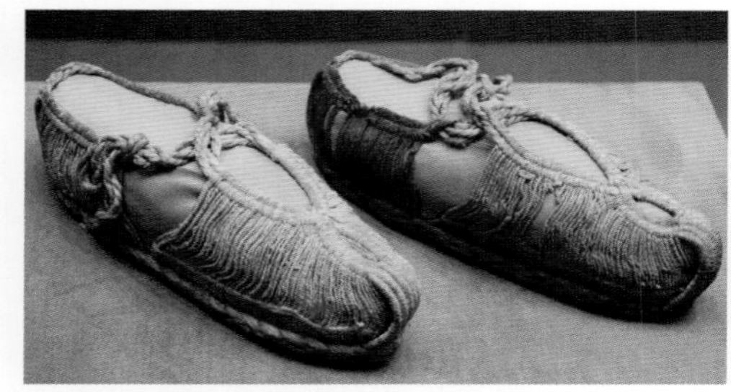

吐鲁番博物馆唐代的麻鞋

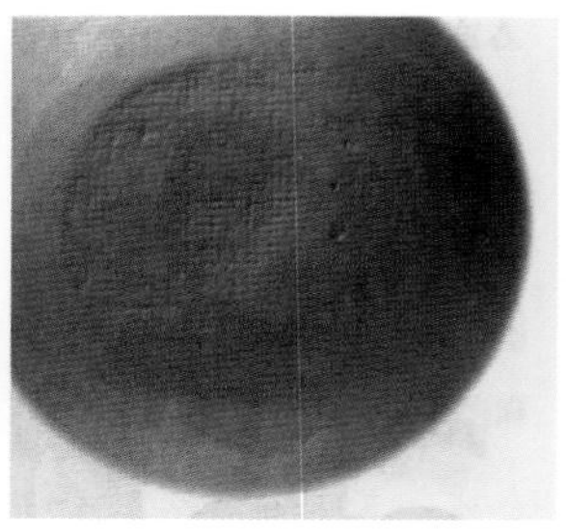

出土陶钵底部留有的麻织物痕迹

河北藁城台西出土的商代麻布残片

蕉麻的茎皮纤维也被用来作为纺织原料，织成的布叫做蕉布。唐宋时期，广东、广西和福建所产的蕉布经常被当作贡品敬献给朝廷。

二、葛麻纺织工序

在长期的纺织生产实践中，人们总结出了一整套的植麻、剥麻、脱胶、劈绩、麻纺和麻织的生产工序。千百年来，虽然技术得以不断革新、工具得以不断改进，但传统的麻纺织技术仍然被人们沿用至今，形成了麻纺织科技历史的重要组成部分。

1. 剥麻

葛、麻等植物纤维的来源主要指的是它的茎皮，可以用来纺纱的纤维位于茎皮的韧皮层中，因为这一层韧皮与果胶黏在一起。旧石器时候的人们在提取植物纤维时是用手或石器直接剥取的，经过简单的处理，不经过脱胶就直接加以利用。河姆渡遗址发现的部分麻绳就是用这种原始的手段剥取麻纤维编成的。

2. 沤渍脱胶法

在麻纺织技术出现之前，人们用石块来敲打麻类植物，使其变软，易于撕扯成缕，然后用以搓绳或结网。在新石器时期，人们开始有意识的采用沤渍脱胶法。钱山漾遗址发现的麻片就有明显的脱胶痕迹。《诗经・陈风》中“东门之池，可以沤麻”的记载是目前发现的关于沤麻的最早记载。在之后长期的实践中，人们还发现水中微生物的繁殖会大量吸收水中麻类植物的胶质，而微生物的繁殖又受季节、水质和沤渍时间的影响，掌握了沤麻的技术要领，经过沤渍彻底脱胶后的麻纤维质地柔软，堪比柔顺的蚕丝。

3. 煮练脱胶法

在沤渍脱胶的基础上后来还发明了煮练脱胶法，是将麻类植物放在用石灰、草木灰等配制而成的沸水中煮，来使其脱胶。实际上这是一种早期的化学脱胶法，因为胶质多为酸性物质，通过与碱液的化学反应，能够起到更好的脱胶效果。当胶质逐渐脱去后，再捞出用木棒捶打，这样可以得到分散的纤维。

这种方法最早用于葛纤维的初加工上，经过煮练脱胶的葛纤维可以被织成粗细不同的葛布。《诗经》中有关于“是刈是濩（huò），为絺为绤”。秦汉以后，煮练法逐渐开始用于苎麻的脱胶。

4. 灰治法

麻纤维在进行纺织之前的脱胶技术在长期的生产实践中不断加以改进和完善，逐渐形成了一系列使麻纤维更加适合于纺织高档麻织物的技术。除了上述的沤渍脱胶和沸煮脱胶法外，秦之前还出现了将半脱胶的麻纤维经过纺绩而成的麻纱放在配制好的碱水中浸泡的方法，使残余的胶质进一步脱落，使麻质更加细软。元代王祯《农书》中还记载有类似此法结合日晒的方法，这很接近于今天麻纺织的精炼工艺。通过这种工艺更能有效的去除纤维上的胶质，也更加适合于织造高品质的麻纺织品，这种方法在今天夏布生产中还在使用。

5. 劈绩

经过脱胶处理的麻纤维，需要进一步劈分，才能进行绩麻纺纱。劈麻是一件技术要求很高的工序，劈分的纤维条是否均匀和够细都将直接关系到麻纺织品的手感和品质。我国古代劳动人民很早就已经熟练掌握了劈麻的技艺，能够劈出匀细的麻丝用于纺麻。

劈分后的麻纤维条还要经过绩接，这道工序是葛麻纤维制纱前必不可少的一道工序。麻纤维用水浸渍后，将其劈分成纤维条，将其中一头用指甲劈成两绺，将要绩接的纤维条和劈开的纤维条按一定规则的走向并和和捻转，当时主要的绩接有两种，一种是通体加捻，一种是只绩不捻。早期的人们是通过手搓来绩麻捻接的，效率极其低下。

6. 纺麻

用纺坠来代替手搓将劈细的麻丝进行捻接的办法大大提高了效率，之后还出现了手摇单锭纺车、脚踏纺车，东晋后期还出现了三锭、五锭脚踏麻纺车。宋元时发现了 32 锭水转大纺车，纺纱效率达到三锭纺车的 30 多倍。但直到今天，因为传统的绩麻技术还不能完全被机械所代替，所以仍然需要采用传统的手工搓绩与纺车相结合。

三、麻纺织技艺奇葩——隆昌夏布织造技艺

位于四川内江地区的隆昌以盛产夏布而闻名，距今已有 1 000 多年历史 。夏布是用“天然纤维之王”——苎麻或大麻做原材料，采用传统手工工艺纺织而成的平纹布。宋朝时候开始就曾作为朝廷的贡品，属于上好的纺织品，当时被叫做班布。历史上的湖广移民迁到四川，将湖广麻布的生产经验与隆昌本地的生产技术相融合，工艺日益精湛，技术也得到不断改进，形成了具有独特风格的隆昌夏布。

织作夏布的苎麻和大麻又称为生麻，需用水浸泡和漂晒，使生麻更加具有光泽，然后就是绩麻的工序了，先将麻撕扯成线，并用手捻接成麻线，绩好的麻线被绕成麻团，再将麻线上浆，梳理麻线，将麻线挽成麻芋子，然后进行织作。整个织作过程需要经过打麻、绩麻、晒麻、挽麻团、挽麻芋子、牵线，穿竹扣、排线刷浆，上机穿机扣、打重线、泡芋子装梭、织布、晒布漂洗、印染等十多道工序织成，经过一整套连绵有序的流程，一气呵成，是麻纤维原料纺织生产的独特工艺流程。

隆昌夏布由于天然的色彩差异和传统手工生产所产生的古朴的肌理效果，开始被现代

绩麻

绕线

上浆

绕芋线

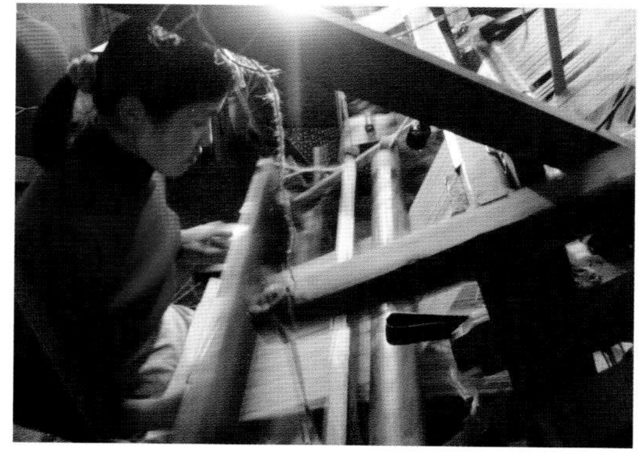

织布

晒麻布

的艺术家们运用来在上面作画，形成风格独特的夏布画，开创了除绢画、宣纸书画之外的新的书画材质。

绩毛作衣　毛纺织篇

青海是中国毛纺织的发源地之一，早在4000多年前的西藏高原也已经有了早期的毛纺织生产。新疆罗布泊地区已把羊毛用于纺织。古人用于毛纺织的原料主要有羊毛、羊绒、牦牛毛、骆驼毛、兔毛以及飞禽的羽毛等，尤以羊毛为主。羊毛以绵羊毛为最佳，山羊绒毛却是极为高档的纺织原料。

汉代毛布毡靴

汉晋时期鸡鸣枕

一、精湛的传统毛纺织技艺

羊毛纤维在用于纺织之前，须经过初步加工，主要指采毛、净毛、弹毛等三道工序。采毛是指毛纤维的收集；净毛是指去除原毛上所附油脂和杂质；弹毛是将洗净、晒干的羊毛，用弓弦弹松成分离松散状态的单纤维，以供纺纱。羊毛经过这三道初加工后，即可用来纺织。

汉代的梳镜袋（丝、毛、棉）

经过初加工的羊毛纤维，再经理顺、搓条即可纺纱。根据考古发现，古代新疆地区用山羊绒纺纱，是用铅质纺专的，这种纺纱技术唐代开始传入中原地区，至今在一些西北地区还在使用。宁夏一带织毛袋的纱是用六锭纺车纺成，纺纱时，一人摇动轮轴，带动六锭转动，另三人每人左右手分别在一个锭子上

剪羊毛

纺毛纱。一人一天工作 10~12 小时，可纺 3.5~4 千克毛纱。清代新疆和田地区已使用畜力拖动的 12 锭大纺车。纺纱产量大大提高。

早期用来织造羊毛织物的主要是原始腰机和地织机。地织机是铺在地上，一边织造一边向前移动的原始织具。在今天很多的少数民族地区仍能见到这些原始织机。

游牧地区的少数民族同胞们运用自己的聪明才智，在漫长的纺织历史文化长河中，不断完善和创新，汲取中原地区的纺织技术和文化元素，同时也毫无保留的将传统毛纺织文化传播到内地。创造和发展了丰富多彩的毛纺织技艺，形成了代表不同文化地域和不同民族风格的、丰富多彩、灿若云霞的精美毛纺织品，为 5 000 年恢宏壮观的纺织文化作出了巨大的贡献。

秦汉时期，中国的毛织物品种已经相当丰富了，有平纹、斜纹织物、纬重平织物、罗纹织物、罽毛织物、栽绒毯等。

公元前 1200 年到公元 220 年，是中国毛织技术的成熟期，毛织物色泽艳丽、图案丰富。新疆民丰尼雅东汉遗址出土的人兽葡萄纹罽、蓝色龟甲四瓣花纹罽和彩色毛毯就是这时期的代表产品。可见当时的织机已有了极大的改善，生产效率大大提高。

从南北朝之后，中国毛织技术稳步发展。通经回纬的缂织法

剪好的羊毛

弹羊毛

纺羊毛

藏族服饰

和栽绒毯织法更加流行，并开始向中原地区传布。之后各个朝代发展起来的毛织物用途广泛，涉及生活中的方方面面，多被用于缝制衣袍、藏被、睡垫、鞋帽；或是用于牛马驮具、垫具、盛具、包袋；或是装饰居室，美化环境等的地毯和花毡等。

二、民族瑰宝——毛纺织技艺

从古至今，游牧地区的少数民族群众接受大自然慷慨的馈赠，运用自己的聪明和才智，发明和创造了来自于不同文化地域和具有不同民族风格的毛纤维织物文化，给我们留下了丰厚的文化遗产，让我们世世代代得以传承。

加牙藏毯

1. 指尖上的技艺——加牙藏族织毯技艺

善于利用丰富的羊毛等毛纤维原料加工织造生活装饰用品的藏族人民，在长期的生产生活过程中积累了丰富的藏毯织造技艺。2006 年入选首批国家级非物质文化遗产名录的加牙藏毯织造技艺就是起源于青海湟中县加牙村的一种传统技艺。

加牙藏毯的原材料主要是来自天然放养的藏系绵羊毛、山羊绒、牦牛绒和驼绒等。通过低温染纱、低温洗毯等工艺流程制成。藏毯的色泽艳丽、具有弹性好、不脱色、不掉毛的特点。此外还保留着传统藏毯边缘不缠线的特点。

青海藏毯的历史可追溯到 3 000 多年前。1959 年，海西柴

加牙藏毯织造技艺

达木诺木洪文化的发现地、塔里他里哈遗址中出土的毛席残片，是迄今为止我国出土的最早的“毛席”实物（现陈列于青海省博物馆内），证明了青海藏族先民 3 000 多年前就已经掌握了原始藏毯的编织技艺，据考证，该“毛席”残片的原材料就是青海的藏系羊毛，即世界公认的西宁“大白毛”。明末清初，青海地区的藏毯技术逐渐趋于成熟。

追溯起来，这一民间手工艺与佛教文化还有着一份不解之缘。由于湟中地区是藏传佛教圣地塔尔寺的所在地。清康熙年间，为供应寺院装饰及僧人们诵经的坐垫，塔尔寺附近的湟中加牙村便成为了藏毯集中生产的地方。《湟中县志・手工业》中就记载有清嘉庆年间，湟中加牙村的村民马得全、杨新春二人拜来自宁夏的知名地毯工匠大、小马师为师，跟随其进一步学习栽绒地毯的编织技艺。后来这一地毯技艺得以世代相传，村中人人都会捻线、编织藏毯，民间还流传着“姑娘嫁到加牙里，不捻线着干啥哩”的说法。

加牙藏毯花色和品种繁多，主要以藏式吉祥图案为主要题材，有传统藏毯、仿古藏毯、丝毛合织的藏毯和丝绒藏毯等。图案具有少数民族地区独有的粗犷豪放的风格，加之配色艳丽，华贵典雅，而深受人们喜爱。加牙藏毯原材料考究，工艺独特。材料的选择、纺纱、染色、编织等工序皆由手工制作，故而其色泽艳丽而不褪色，质地坚硬而富有弹性。据说一件藏毯能连续使用十年之久，更神奇的是，藏毯不是越用越旧，而是越用颜色愈加亮丽。这是因为加牙藏毯编织技艺不仅有着独特的织作工艺，而且加牙的藏族先民们还善于运用天然植物对毛纱线进行染色，最常用的传统植物染料包括橡壳、大黄叶根、槐米、板蓝根等。

哈萨克族毡绣技艺

2. 毡上添花——哈萨克族毡绣技艺

西北地区的少数民族地区多擅长于用毛纤维原料来编织地毯、毡席，并在上面进行富有鲜明民族特色的刺绣。新疆哈萨克族的毡绣技艺就是这样一种有着浓郁西域风情的传统艺术形式。2008 年，它被收录在国家第二批非物质文化遗产名录中。

哈萨克族毡绣作品

哈萨克族人民的生产和生活中都离不开毡绣，家里铺的盖的，墙上挂的，地上铺的，到处都是色彩艳丽、五彩斑斓的毡绣制品。洋溢着热烈和温暖的气氛，充分体现了哈萨克族人民热情爽朗的个性特征。哈萨克族的妇女们各个都是毡绣的好手，她们先在羊毛织成的毡席上进行刺绣。首先是要对羊毛进行必要的清

水族妇女在刺绣

马尾绣工艺的服装

马尾绣工艺的服装

洁处理，将羊毛织成羊毛毡，用小木棍沾上用面粉、牛奶和盐（或碱）调成的糊状（目的是为了在毡上留下清晰的痕迹，也是为了使图案在毡上的附着力更强，不易脱落），在毡上创意构图，手艺精良的刺绣高手完全无需任何辅助工具，一边在脑子中构思，一边在毡上绘图，绘出的图案工整对称，具有浓郁的哈萨克族风格。绘图之后就可以用钩针和彩线进行刺绣了，毡绣所用的线一般选用五彩的毛线为主，有些图案也用金丝线绣制。

3. 像凤凰羽毛一样美丽——水族马尾绣技艺

56个民族中有一个有着独特文化意识形态的民族，他们主要聚居在贵州省黔南布依族苗族自治州东南部的三都水族自治县。水书、端节、马尾绣被誉为水族“三宝”，其中马尾绣是水族妇女以马尾作为重要原材料的一种特殊刺绣技艺。因其色彩绚丽、纹饰精美，而被喻为“像凤凰羽毛一样美丽”。

除水族外，中国四川和其他一些少数民族地区也有用马尾为原材料进行刺绣的，但也只有水族才如此集中地将之用于背带和绣花鞋等绣品上。

水族马尾绣有自己独特的制作技艺与方法。主要是用三至四根马尾做芯，手工将白色丝线紧密地缠绕在马尾上制成特有的绣花线。然后用这种白丝马尾芯的绣线按传统的纹样沿轮廓线进行盘绣，再用7根彩色丝线编制成扁形彩线，填绣盘绣花纹轮廓的中间部分。最后再按照通常的平绣、挑花、乱针、跳针等刺绣工艺绣出其余部分。

马尾绣工艺十分复杂，采用这种工艺制作的绣品具有浅浮雕感，造型抽象、概括、夸张。长期以来，水族马尾绣已经形成了这一民族独特的纹饰和造型的特点。传统的马尾绣工艺主要用于制作背小孩的背带（水语称为“歹结”）及翘尖绣花鞋（水语称为“者结”）、女性的围腰和胸牌、童帽、荷包、刀鞘护套等。一件“歹结”通常要花一年左右的时间。水族中技艺高超的绣女在构思图案和纹饰时，一般不用剪纸底样，而是直接在红色或蓝色缎料上用预制好的马尾绣线盘绣，综合运用结绣、平针、乱针等针法，技艺娴熟，做工相当考究。今天的马尾绣艺人在传统的马尾绣品的基础上进行创新，将这一工艺运用于家居装饰、服装和服饰的装饰上，使这一传统的原生态手工技艺得以发扬和光大。

第11部分

经世济民　富国安邦

——中国古代农学思想

在中国古代社会中，农业居于支配和基础地位，因此，历代的政治家、思想家、农学家，分别从各自不同的立场、不同的层次、不同的时代视角，发表了对农业的认识和看法，形成了丰富多彩的农学思想，成为中华民族思想文化宝库中的珍贵遗产之一。其中的精华部分，至今仍具有一定的历史借鉴意义。

博大精深的中国古代农学思想，深刻地影响了我国农业的发展进程，形成了我国独特的农业传统，留下了宝贵的农业历史文化遗产。概括地说，中国传统农学思想分为3个层次的内容，其一是体现“天地人和谐统一”的“三才论”哲学思想，重点阐述农业生产与自然环境条件之间的相互关系；其二是古代宏观农业管理思想，通过政策导向和行政措施，促进农业发展并协调利益分配；其三是微观层面的农业技术与经营管理的思想，主要解决集约耕作、适度经营等问题。

一、“三才”观

1. 天地人“三才”的由来

“三才”始见于《周易》中的“说卦”，专指哲学概念上的天、地、人，也称天道、地道、人道。战国时代的许多思想家，从不同角度论述了“三才”之间的相互关系。管子将“三才”称为“三度”：“所谓三度者何？曰：上度之天祥，下度之地宜，中度之人顺”，认为世间万物，人间百态，能做到“天祥、地宜、人顺”，才是最佳的理想状态。尤其告诫统治者，人不顺则心不齐，心不齐则事不成。孟子则认为：“天时不如地利，地利不如人和”，强调“人和”是天地之间事举功成的首要条件，这与管子的“人顺”有着异曲同工之妙。荀子从治国理财的角度强调“上得天时，下得地利，中得人和”，这样才能做到“财货浑浑如江海”，才能实现国家富强的目标。

2. 老子和庄子的天道观

老子

早在 2 000 多年前，老子就提出了“人法地，地法天，天法道，道法自然”的理论。指出人应该效法天地之道，对万物“利而不害”，辅助万物成长，遵从和维护自然的规律，即“道”；而不应违背“道”的“自然而然”的特性。否则，一切“反道”的事情都不能成功，并且都将受到“天”的惩罚。比老子稍晚的思想家庄子提出了“齐物论”，认为万物本是同一的，世间所谓高低贵贱善丑等，都只是“人”的功利上的“我见”。如果用功利之心去改造自然，就会对自然造成损害。同样，如果用功利之心去治理社会，就会造成社会的动荡不安。只有顺应自然，做到“天地与我为一，万物与我并生”，才能达到天人合一的理想境界。

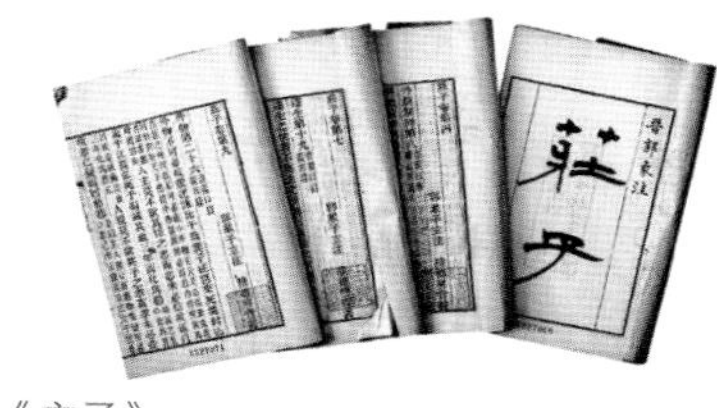

《庄子》

3. 农业上的三才观

“三才”最初只在治国理政和军事战争上得到解释和应用。后来，《吕氏春秋》第一次将“三才”思想用于解释农业生产：“夫稼，为之者人也，生之者地也，养之者天也”。这里的“稼”，指农作物，也可泛指农业生产活动，“天”、“地”则指农业生产的环境因素，人是农业生产活动的主体。这段话是对农业生产诸要素之间的辩证关系的哲学概括，它很精辟地指出了农业的“二重性”本质，既具有自然生物再生产的特点，同时又具有社会经济再生产的特点。这个哲学理念看似简单，实则包含了深刻的含义。其中突出之点在于它阐述了农业生产的整体观、联系观、环境观和动态变化观，在我国传统农学中占有重要的指导性地位。

《农书》

4. 从“三才”观到“三宜”观

北魏农学家、《齐民要术》作者贾思勰继承和发展了“三才”思想，他指出人在农业生产中的主导作用是在尊重和掌握客观规律的前提下实现的，违反客观规律就会事与愿违，事倍功半。他说：“顺天时，量地利，则用力少而成功多。任情返道，劳而无获。”他甚至辛辣地将“任情返道”（违反客观规律）的行为讽喻为“入泉伐木，登山求鱼”。在“三才”农业哲学思想影响下形成的中国传统农学，特别强调生产安排的因时、因地、因物制宜的“三宜”原则，只有在尊重客观规律的前提下发挥人的主观能动性，农业才能获得丰收。明代农学家马一龙对此有一段富于哲理的阐述，他说：“知时为上，知土次之。知其所宜，用其不可弃；知其所宜，避其不可为，力足以胜天矣”。

5. 从“三才”观到环境保护法

在三才观的思想影响下，中国古代十分重视对自然环境的保护，制定出了一系列保护自然资源环境的法规。例如，相传夏禹曾颁布禁令：“春三月，山林不登斧斤，以成草木之长；夏三月，川泽不入网罟，以成鱼鳖之长”。西周时期颁布了更为严厉的《崇伐令》，将破坏环境资源的最高惩罚律条定为死刑：“毋填井，毋伐树木，毋动六畜，有不如令者，死无赦。”秦始皇时制定的《田律》，几乎包括生物资源保护的所有方面，如山丘、陆地、水泽以及园池、草木、禽兽、鱼鳖等。秦以后各朝代，也曾对环境保护制订过法令。如唐朝的《唐律·杂律》规定：“诸弃毁官私器物及毁伐树木、庄稼者，准盗论。”砍伐树木和毁坏庄稼，一律按盗窃罪论处，可见环保意识之重。

农史撷英

中国最早的环保部长

我国早在尧舜时期，就设立了管理山林川泽资源的职官“虞”，这应该是世界上最早的“环保部”了。《尚书·尧典》记载了舜任命伯益做“环保部长”的事，因此，我国首任环保部长应是伯益。这位伯益大人可了不得，他是黄帝长子少昊的后裔，中华第一神童，相传四岁时就当了夏禹的老师。

伯益

周代时，环保机构归地官管辖，首长称“司徒”，是朝廷六卿之一，相当于今天的环境保护部长。这位部长大人的具体职责，就是监督生态保护法规的执行，禁止破坏和损害生态的行为，引导合理开发山林川泽，保护自然生物资源。秦汉以后，历朝都设置有类似的环境保护机构，只是在中央政府中的层级隶属关系以及名称有所变化。秦汉官制大体相同，山林川泽的事务归少府，是中央的“九卿”之一。汉武帝时，环境方面的主管官员改称为水衡都尉。隋唐以后，除元朝设置有专门的虞衡司外，其他各朝都由工部负责环保的工作，主管山林川泽的开发和保护。古代环保机构一般都隶属于一个综合部门，便于统筹协调。如周代的虞部直属于大司徒，秦汉时期归属少府，隋唐以后由工部统辖。这些部门负责环保禁令的制订和发布，还要兼管农林渔业、手工业、营造工程、屯田、水利、交通等等相关行业部门。

相传伯益善于畜牧和狩猎，并且发明了我国最早的屋舍，所以，他也被我国民间尊称为“土地爷”，并受到不同形式的供奉。

二、古代的农业管理思想

在天地人“三才”观指引下，我国传统农业持续经营，五千年文明连绵不断，创造了人类文明史的奇迹。在农业生产实践中，我们的祖先注意摆正人与自然的关系，尊重经济规律与生态规律，充分发挥人的主观能动性，“顺天时，量地利，用力少而成功多”。

1. 顺时宜气的农时观

中国传统农业有着很强的农时观念。传统的“时气论”讨论人们如何认识和掌握天时和节气的变化规律而从事相应农事活动的理论和原理。中国古代在观测天体运动、星象变化、制定历法等方面有着独特的发明创造，尤其是二十四节气的发明和七十二候应的应用，为人们准确掌握农时创造了极为有利的条件。

知识链接

二十节气的由来

农历二十四节气是反映气候和物候变化、掌握农事季节指导农事活动的工具，是黄河流域华夏祖先历经千百年的实践创造出来的宝贵科学遗产。

二十四节气

远在春秋时期，中国古代先贤就定出仲春、仲夏、仲秋和仲冬等四个节气；到战国后期《吕氏春秋》“十二月纪”中，又有了立春、春分、立夏、夏至、立秋、秋分、立冬、冬至等八个节气名称。这八个节气，是二十四个节气中最重要的节气，标示出季节的转换，清楚地划分出一年的四季。后来到了《淮南子》一书的时候，就有了和现代完全一样的二十四节气的名称，这是中国历史上关于二十四节气的最早的记录。

秦汉年间，二十四节气已完全确立，汉代著作《周髀算经》一书中有八节二十四节气的记载，大都表示气候变化，物象差异，与农业结合得十分密切。因此，当时从八节二十四节气上就可以掌握季节的变化，决定对农作物的适时播种与收割了。

中国自古以来，就是个农业非常发达的国家，由于农业和气象之间的密切关系，所以，古代汉族劳动人民从长期的农业劳动实践中，累积了有关农时与季节变化关系的丰富经验。为了记忆方便，把二十四节气名称的一个字，用字连接起来编成歌诀：春雨惊春清谷天，夏满芒夏暑相连，秋处露秋寒霜降，冬雪雪冬小大寒。

二十四节气的制定，综合了天文学和气象学以及农作物生长特点等多方面知识，它比较准确地反映了一年中的自然力特征，所以，至今仍然在农业生产中使用，受到广大农民喜爱。

由中国农业博物馆申报，2011年6月，二十四节气入选第三批国家级非物质文化遗产名录。

2. 辨土肥田的地力观

土地是农作物和禽畜生长的载体，是重要的农业生产资料。传统的“土壤论”包含“土脉论”、“土宜论”和“地力常新常壮论”等思想，是人们对“地”本质属性深刻认识的理论诠释。“土”指的是自然土壤，而“壤”则指的是农业土壤。“地可使肥，又可使棘”，讲的是农业土壤既有可能越种越肥，也有可能越种越瘦，关键在于人们能否正确处理用地与养地的关系。宋代“地久耕则耗论”和“地力常新壮论”，讲的也是用地与养地的关系。

3. 种养“三宜”的物性观

中国传统农学思想中的“物性论”主要讨论生物遗传和变异的对立统一、生物与环境的相统一、生成与化变的对立统一和风土论与变异地引种等理论问题。不同的农作物特点各异，必须针对性地采取不同的栽培技术和管理措施，也就是必须做到“物宜”、“时宜”和“地宜”，合称“三宜”。早在先秦时期，人们就认识到在一定的气候条件下，分布相应的植被和生物群落，而每种农作物也都有其适宜的环境。正是在这种物性可变论的指导下，我国古代先民才不断培育新品种和引进新物种，不断为农业持续发展增添新元素，提供新前景。

4.“耕桑树畜”的综合观

种地则粮食丰足，种桑则有衣帛锦缎，种树有木材，养畜方有肉。老百姓只有解决了衣食住行等问题，才能生生不息，国富民安。所以，在生产结构调整或生态系统建设方面，我国古代劳动人民强调“耕桑树畜”并举，指出四者缺一不可。

关于如何耕作、如何栽桑植树和如何养畜养禽等问题，古代的“耕道论”、“树艺论”和“畜牧论”中均有论述。在“耕道论”中，讲述了建立合理的耕作制度体系和提高耕作技术的原理，强调了适度耕作的意义。“树艺论”则对栽桑和植树方面进行了理论总结和深刻论述，指出林木的种植“区宽则根须易顺，干深则风气难摇，水满则泥附于根，土故则物安其性。”“畜牧论”重点论述了五谷丰登和六畜兴旺的紧密关系，指出土壤培肥是五谷丰登的基础，要将植物生产和动物生产的废弃物作为粪肥投入土壤以营养地力，而五谷丰，六畜才能旺。

5. 变废为宝的循环观

元代王祯在《农书·粪壤篇》中关于"粪壤理论"说"田有良薄，土有肥硗（qiāo，地坚硬不肥沃），耕农之事，粪壤为急。粪壤者，所以变薄田为良田，化硗石为肥土也"，"所有之田，岁岁种之，土蔽气衰，生物不遂，为农者必储粪朽以粪之，则地力常新而收获不减。"深刻地讲述了粪肥对农业生产的重要性。地力盛，则"草木畅茂"，"地力盛者出谷多"。17 世纪明末清初兴起"桑基鱼塘"的生态循环系统，成为我们今天所提倡的绿色生产方式。

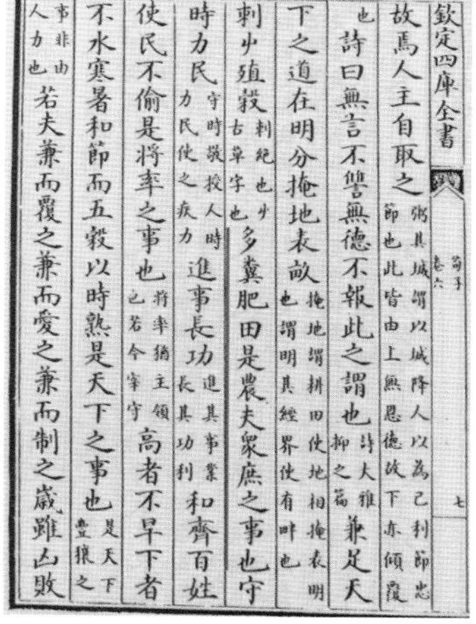
欽定四庫全書　荀子 卷六　七

故焉人主自取之 謂其城謂以城降人以為己利節忠節也此皆由上無恩德故下亦傾覆也 詩曰無言不讎無德不報此之謂也 詩大雅抑之篇 兼足天下之道在明分掩地表畝 掩地謂耕田使地相掩表明也謂明其經界使有畔也 剌屮殖穀 剌絕也屮古草字也 多糞肥田是農夫衆庶之事也守時力民 守時謂敬授人時力民使之疾力 進事長功 進其事業長其功利 和齊百姓使民不偷是將率之事也 將率猶主領也若今宰守 高者不旱下者不水寒暑和節而五穀以時熟是天下之事也 是天下豈狼之事非由人力也 若夫兼而覆之兼而愛之兼而制之歲雖凶敗

《荀子》

小知识

苏湖熟，天下足

黄河流域农业经济重心地位的丧失，始于公元 755—763 年发生的"安史之乱"。由于北方地区陷入战火兵燹之中，出现了"洛阳四面数百里，州县皆为丘墟"的惨状。接踵而来的是藩镇割据和五代十国的社会变乱，致使北方大片地区经济一蹶不振，逐渐丧失了国家经济中心的主导地位。而此时的南方地区，人口增加，生产发展，成为中唐以后国家财政收入的主要来源，史称"以江淮为国命"。首先是以太湖流域为中心的江南地区成为重要的粮食供应地，出现了"苏湖熟，天下足"的谚语，其次是以洞庭湖为中心的两湖地区和以珠江三角洲为中心的南方地区相继开发成新的农业发达区。明代中叶，又出现了"湖广熟，天下足"的新谚语。这种经济格局历经宋、元、明、清而逐渐固定下来。近现代，东南地区经济继续高速发展，因此，有必要进行"西部大开发"以促进全国经济的平衡发展。

6. 因势利导的水利观

"水"是"万物之本原"。"民之所生，衣与食也；食之所生，水与土也。"中国的原始农业就是在"平治水土"的基础上产生的。秦国兴建郑国渠的经验表明，灌溉农业"收皆亩一钟"，可见灌溉能使农业成番论倍的增产。中国古代对"水利与水害"，"治水与治田"的关系有着深刻地理解。明代徐贞明认为只要人们去治理水害就能把水害变为水利；明代的徐光启则在《农政全书》中对周用"治水与治田相结合"的思想深表赞同；元代任仁发的"先度地形之高下，次审水势之往来，并追源溯流，各顺其

兴修水利

性。”的治水方法，至今仍值得借鉴；管子对“水之性”的认识也很深刻。都江堰水利工程的兴建，更是系统思维的体现，较好地实现了“乘势利导，因时制宜”的原则。

7. 事半功倍的农器观

我国在原始农业时期就非常重视农器问题，将农器视为农民生死之要、民富之具。《盐铁论·水旱篇》中说“农，天下之大业也，铁器，民之大用也，器用便利，则用力少而得作多，农夫乐事劝功。用不具，则田畴荒，谷不殖，用力鲜，功自半。器用便与不便，其功相什而倍也。”也就是现代人常说的“工欲善其事，必行利其器”。

8. 趋利避害的防灾观

《左传·宣公十五年》中，将灾害的成因归纳为“天反时为灾，地反物为妖，民反德为乱”3个方面。在防除灾害上，自古以来就是以除水害兴水利为主。认识和掌握降水规律和水的运动规律是兴水利除水害的前提，而认识和掌握江河湖海水流的变化规律则是兴水利除水害的重要环节。北方防旱，南方防涝，沙漠地区防风固沙，宜农地区采取适宜的耕作方式。掌握病虫害的发生规律，研究和采用有效的治理措施。

9. 御欲尚俭的节用观

古人提倡“节用”，目的之一是积粮备荒，同时也是告诫统治者，对物力的使用不能超越自然界和老百姓所能负荷的限度。强调“生之有时，而用之亡度，则物力必屈”，“地力之生物有大数，人力之成物有大限，取之有度，用之有节，则常足；取之无度，用之无节，则常不足。”

三、协调利益分配的农业经济思想

早在远古时期，我国农业经济管理的思想就已产生。到春秋战国时期，列国并立，群雄争霸，富国强兵成为各诸侯国一致追求的目标。富国和强兵都离不开农业生产的发展和农民的安居乐业。于是，形形色色的农业经济管理思想便登上了中国的历史舞台。

1. 商鞅的“国富论”

国富论的代表人物商鞅（约公元前390—前338年），是战国时期的著名法家。为了实现“治、富、强、王”的最高政治目标，他认为必须大力发展农业生产，并首次在理论上将农业定为“本业”，而将农业以外的其他经济行业一概称为“末业”。宣扬“事本”而“禁末”。这就是我国历史上推行的“重农抑商”政策的理论由来。商鞅的“国富”专指国库物资充盈，是狭义的“国富论”。他认为实现“国富”的途径，一方面要加强和发展农业生产，另一方面要增加税收，使农民“家不积粟”。因此，商鞅的“国富论”，实际上是一种重农与重税论。

商鞅

历史经验

移民垦荒的利与弊

传统农业技术很难大幅度地提高耕地产量，因此，除了推广一年多热种植以提高作物复种指数外，增加作物种植面积就成了扩大农业生产规模、增加农产品总产量的主要手段。通过移民垦荒手段，不仅可以增加种植面积，提高农产品产量，还可以缓解人地资源矛盾，调整人口的空间地域分布，巩固边疆地区的国防安全。当然，我国历史上也出现过过度开垦造成生态破坏的严重后果。大约到了唐代，便于开垦的荒地已被垦辟殆尽，出现了沿江沿湖地区的塘浦圩田和丘陵山区的梯田等土地利用方式。到宋代，长江流域的各大湖泊的滩涂都出现了过量围垦的问题，以至南宋政府不得不下诏“废田还湖”，并对“盗湖为田者”加以治罪。开发梯田的情况可能好一些，既可利用山地，又可保持水土，还便于引山涧溪水灌溉。但是梯田开垦过多，也存在生态平衡失调问题。

2. 孟子的“民富论”

与“国富论”相对立的是“民富论”，其代表人物是孟轲（公元前 372—前 289 年）。孟轲继承和发展了孔子的富民学说，认为“王道之始”应当“不违农时”，发展生产，“使民养生丧死无憾”，采取“仁政”感化政策以达到国家统一。他主张要让人民拥有赖以生活的“恒产”，即土地，且这份“恒产”必须使百姓上足以奉养父母，下足以养活老婆孩子。好年景时丰衣足食，灾荒时也不至于饿死。今天看来，这种“仁政富民”的理论也很有现实意义。

3. 荀子的“上下俱富论”

作为早期的农业宏观管理理论两大学派，“国富论”与“民富论”都主张男耕女织的小农经济，都重视发展农业生产。它们的主要分歧在于前者主张国富以强兵，实现国家统一；后者则主张仁政以富民，保持社会和谐，长治久安。前者重在“立国”，后者重在“建国”，各有所指，各有所适。经过长期的百家争鸣和社会实践，到战国后期，出现了融合两派观点的新的经济管理理论，即主张国家在政策取向上必须做到“上下俱富”，否则，

孟子

国富而民贫或者民富而国虚都是危险的。《管子》指出："仓廪实则知礼节，衣食足则知荣辱"；《荀子》则强调"国富"应当做到"上下俱富"，即国家财富总量的增加。

4. 桑弘羊的"轻重论"

"轻重论"也被称之为"政府控制论"，是指政府通过行政手段控制农产品的市场交易价格。"轻重"指市场上物品价格的贵贱，"轻"指商品的价格贱，"重"指商品的价格贵。

"轻重论"的代表人物是桑弘羊（约公元前152年—前80年），他主张国家利用农品交易中的价格变化规律，控制农产品的生产、分配和消费，实现国家对农业生产和社会财富的调控干预与管理，达到全面垄断国民经济的目的。并称这一垄断行为为"行轻重之术"。

成语"轻重缓急"源于《管子·国蓄》："岁有凶穰；故谷有贵贱；令有缓急；故物有轻重。"其本意指政府的税赋政策为"急则重，缓则轻"，后引申为处理各种事情中应分清主次。

历史人物

铁腕官商桑弘羊

桑弘羊，西汉著名理财家，出生于洛阳。13岁时，桑弘羊"以心计"入赀为侍中。因其擅于商业运营，"言利事，析秋毫"而深得汉武帝赏识，被委以重任。历任大农丞、大农令、搜粟都尉兼大司农等要职，统管汉朝中央财政近40年之久。桑弘羊一生忠心耿耿，聚敛资财以增强国力，为武帝开疆拓土，屡败匈奴，打通西域，开发西南奠定了雄厚的物质基础。桑弘羊的理财天赋，就连与之见解不同的太史官司马迁也不得不称桑弘羊时代"民不益赋而天下用饶"。公元前80年，桑弘羊因与权臣霍光政见不和被处死。

5. 司马迁的"善因论"

与"轻重论"相对立的农业经济管理理论是司马迁的"善因论"，也被认为是"市场调节论"。这一理论体系包括开展多种经营致富的"富无经业论"、农工商虞多业并重的"产业结构论"、经济规律自发调节社会生活的"自然之验论"和对国民经济不过多干预的"因势利导论"等。肯定了末业（工商业）和本业（农业）同样是致富之道，且工商业致富较农业和手工业快捷，强调利益驱动是农业产业化的动力源泉。司马迁在《史记》中最早提出了“善者因之，其利道之，其次教诲之，其次整齐之，最下者与之争”的观点。所谓善者因之，即指最好的经济政策是顺应民间生产、贸易活动的自然发展，最坏的经济政策为国家直接从事经济活动，与民争利。

四、农业生产经营思想

与研究农业生产结构、农业生产资料、劳动力和生产过程等宏观农业思想不同的是，微观农业思想更多地是以单个经营单位的价值增值为主要目的。一些与中国古代国情相适应的农业技术与经营管理思想，有的至今仍具生命力。如：战国时期“尽地力”的集约耕作和汉代的“代田法”和“区田法”等农业技术思想；后魏的“量力而行”农业经营思想以及“因地制宜”、“扬长避短，趋利避害”等古代传统农业经营思想。

李悝

1. 经商致富的“治生之学”

先秦时代我国就已出现了考究经商致富的“治生之学”。魏国李悝的“尽地力之教”，被认为是古代农业集约经营的首倡者。他说，农民要是“治田勤谨”，那么每亩就增产三斗，要是偷懒就减产三斗。怎样才算“勤谨”？李悝有个要求：“（治田）必杂五种，以备灾害，力耕数耘，收获如盗寇之至”。这里的“必杂五种”最值得关注，他告诫农民，种地不能只种一种作物，而要几种作物错开种植，万一某种作物遇灾失收，其他作物还可有收，不至于发生全年失收的情况。在古代的“靠天吃饭”的自然农法时期，种必杂五种的经验无疑是很重要的生产安排，是保障粮食安全的措施之一。

2. 多种经营的农业思想

东汉时的《四民月令》的作者崔寔，是一个出身于东汉冀州安平（今河北安平县）的名门望族的地方官。他的书记载了当时的士大夫家庭的生产经营活动。这本农书对农业经营提出了许多新的思想。首先是综合经营思想。书名的“四民”指士、农、工、商四种行业。书中除了每月的农业生产安排外，还记载了一个士大夫家庭的其他日常活动，如祭祀、社交、子弟教育、习

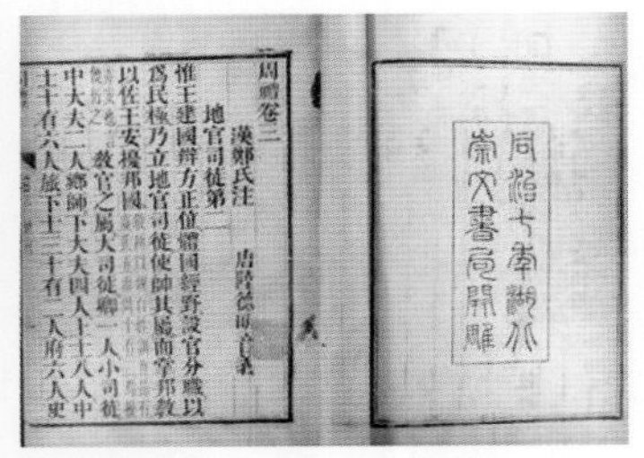
《周礼》

射、饮食以至采药制药、晾晒衣物等。作者显然已经跳出了传统的狭隘农业观，站到了全社会各行业的高度来观察和思考农业经营问题，这是很大的思想进步。其次是将市场价格和市场要素纳入生产规划。《四民月令》中多处提到利用市场价格涨落来进行各种商业经营活动。这在古代农书中并不多见，其一，它反映了当时的商品经济已经有了相当的发展；其二，也体现了作者的农业经营的市场观和物价观，具有了资本主义农业经营的萌芽；其三，形成了五业并举的多种经营思想。在《四民月令》中，“农业”概念的内涵已经有了很大的扩展，在表述上不仅包含种植业，而且也包括了养殖业、水产业、畜牧业和林果业，许多情况下甚至还包含了农家手工业，这意味着此时已形成了农业上的多种经营思想。这种经营方式，与今天的家庭农场已经很接近了。

史海钩沉

魏晋南北朝的庄园经济

魏晋南北朝（220—589年）是中国历史上政权更迭最为频繁的时期。由于长期的封建割据和连绵不断的战争，使得这一时期的中国社会、经济和文化都烙上明显的时代印记。秦汉时期，黄河流域是中国经济发展的中心，我国以江淮为界的南北方经济发展差距很大，北方经济远比南方发达。但是，到了魏晋南北朝时期，由于北方长时期大规模的战乱，使其经济遭到严重破坏；而南方则相对稳定，经济得以迅速发展。于是，南北经济发展状况逐渐趋于平衡。

庄园经济和寺院经济迅速发展并占有重要地位，是这一时期的最显著特点。地主庄园经济和寺院经济是一种放大了的自给自足的农庄经济，社会的整体商品经济总体水平较低，而且由于战乱，不少城市遭到严重破坏，加上南方刚刚开发，也是商品经济发展缓慢的客观原因。此外，由于北方地区的边疆民族多次入主中原，为各民族交流融合提供了便利和条件。因此，魏晋南北朝时期各民族之间联系密切，相互学习，取长补短，促进了经济的恢复和发展，也为隋唐的繁荣奠定了基础。

3. “量力而行”的农业经营思想

后魏农学家贾思勰提出“凡人家营田，须量己力”。主张农业经营的规模，需要度量自己的力量，与物力、劳力等相称，既不要超过自己的力量盲目扩大经营规模，也不要缩小经营规模，使自己的力量不能充分发挥。

梯田

而“因地制宜”的思想和认识也早有论述。《诗经·大雅·生民》“诞后稷之穑，有相之道”中的“有相之道”即指“相地之宜”的办法。《周礼·地官·大司徒》说草人负责根据不同的土地，选择宜于种植的不同的植物品种；而司稼（掌管督促农业生产、征收农业赋税的官员）则负责考察农作物品种，以确定适宜种植的土地。“辨十有二壤”，即根据土壤性质的不同，安排农作物和园艺生产，也即农业生产要讲究因地制宜。

“扬长避短，趋利避害”讲的也是因地制宜问题，主张只有“知其所宜，用其不可弃；知其所宜，避其不可为”，才能做到“力足以胜天”。

小知识

农业文化与农业区域

由于自然环境的差异，我国古代的农业文化形成了以长城为界，大体分为农耕文化和游牧文化两大系统。在农耕文化区内，又以秦岭、淮河一线为界，北方为旱作农业区，南方为稻作农业区。在游牧文化区内，也可以分为单纯游牧区和农牧交错区。各族人民在其繁衍生息过程中，依据不同的环境资源特点，因地制宜地创造了自己的农业文化。这些文化既相互区别，又相互依存。通过不断的交流、借鉴和碰撞，形成了我国独特的多元文化交汇的历史。从各地的动植物品种、生产工具、农牧业技术乃至生活习俗等中，都可以看出明显文化交流传播的印记，这其中既包括中国不同地区各民族之间的农业文化传播，也包括中华民族与世界各国其他民族之间的农业文化传播。

4. 凡事都需试验先行的经营管理思想

前面已经多次提到，明末农学家徐光启汇集了前人的农业技术成果，吸取了传教士带来的西方农业科学知识，并结合自己亲自所做的农业实验，综合而成一部不朽的农学巨著《农政全书》。徐光启在农业经营思想方面，首开试验农学的先河，为后人树立了典范。在他的书中，大凡他所收录的农业新技术、新品种，都经过自己“再三试之”，亲试亲验。比如，徐光启亲自试种了当时刚从国外引进的甘薯栽培技术，试验成功后才向周围的农村推广。又如，徐光启在天津静海一带垦田试种水稻，也都经自己反复试验，确保推广种植成功。这些都体现了一个农业科学家严谨与负责的态度。

5. 纤悉委尽的江浙农业经营思想

《补农书》

本章最后，我们还想向读者介绍明末清初农学家张履祥的《补农书》。该书中所记载的农业经营的理念和务农理财的技巧，有许多独到见解，为今天留下了不少关于明末清初江南地区农业经营的真实情况。其中最具江南地方的民风民俗特点的经营技巧就是“纤悉委尽，心计周矣”。这八个字所包涵的经营思想和经营技巧，有时很难用语言文字来准确转述。正如书中所言，甚至连当地的“老农、蚕妇”都“只能意会，不可言传者”。《补农书》是被目前学术界广泛征引的古农书之一，读者若有兴趣，值得一读。

历史复原

汉唐盛世

公元前221年，战国七雄中排在最后的秦国兼并了其余六国，建立了统一的中央集权制封建国家。施行暴政的秦朝，立国不久就在农民战争中灭亡了。汉朝取而代之。在首都咸阳所在的关中地区修水利、植农桑，将这个地处西北的内陆平原建设成为“衣食京师，亿万之口”的富庶之乡。这是我国农业经济重心第一次越过函谷关，第一次将经济建设的辉煌刻写在西北大地上。汉唐盛世，就是在这样一片美丽的土地上建立起来的，这才是唐

《补农书》就在这里诞生

明皇的家乡，是那个时代全世界最富庶的地方。如果将当时通往西域的“丝绸之路”复原出来，可以想像，如今的黄土高原当初是何等壮观的场面！青山绿水，城廓农庄；驼铃满道，斜阳饮烟，一片生机盎然景象。

电视剧《唐明皇》中，唐军每次出征的途中，场面都很宏大，气势也很威武。但是，伴随着“大唐雄风”的往往是尘土飞扬，一片荒凉。由此可知，这种场面设计与历史事实是不相符合的。在我国 5 000 年的文明史中，大的农业经济区域变化发生过许多次，成语中的“世事沧桑”，最初就是源于农耕区域的变迁。因此，我们不能用今天的目光来看古代、写历史。

第12部分 农学滥觞　源远流长

——中国古代农书

我国古代农业文献非常丰富，现存历代各类古农书上千种。

所谓古农书，是指总结和记录我国古代传统农业科学技术、生产知识和经营管理的古籍文献。追根溯源，可在最早的文字“甲骨文”和最早的《诗经》中看到关于农事活动的零星记载。到春秋战国时期，许多思想家和政治家提倡重农贵粟，当时的诸子百家中也有了一个叫“农家者流”的农家学派，而且是当时很有影响的学派之一。秦始皇下令“焚书坑儒”时，特别申令不准烧毁“种树”之书（“种树”是动词，相当于现代的“种植”）。这说明秦始皇时已经有了很多关于“种树”之术的农书，同时也说明古代的农书是很有用的，所以在“焚书坑儒”这样的浩劫中才能幸免。

农书浩瀚，不能尽览。本章仅撷其卓然大成者，依年代次序，奉列于后，以飨读者，以传文脉。

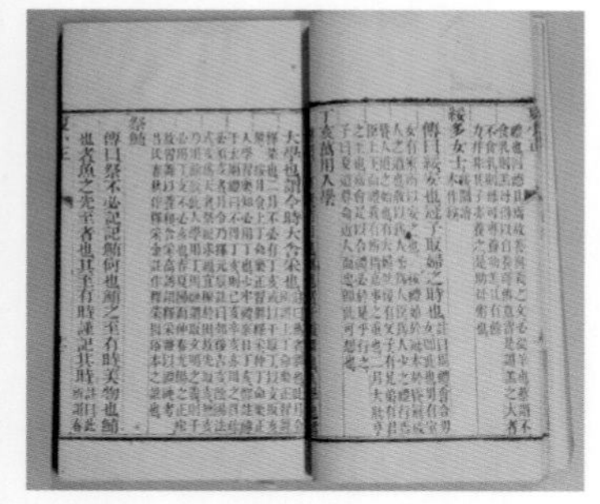
《夏小正》

一、《夏小正》——中国现存最早的农事历书

《夏小正》一书是中国现存最早的科学文献之一，也是中国现存最早（约公元前 22 世纪末至约前 17 世纪初的夏朝）的一部农事历书，原为《大戴礼记》中的第 47 篇，后世相传是孔子及其门生所作。

《夏小正》由“经”和“传”两部分组成，全文共 400 多字，按月分别记载每月的物候、气象、星象和有关重大政事，特别是记载有关农业生产方面的大事。书中反映了当时的农业生产，包括谷物、纤维植物、染料、园艺作物的种植和蚕桑、畜牧、采集及渔猎等。其中，关于雄马的阉割，染料蓝和园艺作物芸、桃、杏等的栽培等，均为自古以来首次记载。

《夏小正》文句艰奥不亚于甲骨文，大多数是二字、三字或四字为句。其指时的标志，以动植物变化为主；指时的标准，则一般都是选用一些比较容易看到的星象，如辰参和织女等。《夏小正》关于星象的记载不包括十一月、十二月和二月，那时，也还没有出现季和节气的概念。

二、《吕氏春秋》——由丞相组织编撰的杂家大作

《吕氏春秋》是战国末年（公元前239年前后）秦国丞相吕不韦组织属下门客集体编撰的著作，又名《吕览》。共分为十二纪、八览、六论，共26卷，160篇，20余万字。全书汇合了先秦各派学说，“兼儒墨，合名法”，有儒、道、墨、法、兵、农、纵横、阴阳等诸子百家思想，故史称“杂家”。吕不韦认为其中包括了天地万物古往今来的事理，所以号称《吕氏春秋》。

《吕氏春秋》

吕不韦借门客之手撰写此书，不仅是为了自己流芳百世，也为以后的秦国统治提供了长久的治国方略。该书《六论》的最后一论《士容论》中关于农业的论述有《上农》、《任地》、《辩土》和《审时》四篇，保存了大量古代农业科学技术方面的资料。“上农”讲的是重农固本的农业政策，提出“古先圣之所以导其民也，先务于农。民农，非徒为地利也，贵其志也。”“民农则朴，朴则易用，易用则境安，主位尊”等观点。指出倡导重农，不仅为了生产，还有“贵其志”的目的；其余3篇，“任地”谈土地利用、“辩土”谈土壤耕作、“审时”谈不违农时和田间管理等等。

成语故事

奇货可居

吕不韦是阳翟的大商人，他往来各地，以低价买进，高价卖出的方式，积累起千金家产。他在邯郸做生意时，认识了在赵国做人质的“异人”（秦昭王庶孙，始皇之父，后改名子楚），就像得到了一件珍奇货物，认为可以像囤积奇货一样，将来可以卖个好价钱。于是，他便倾其所有，力拥异人，助其立位。这便是成

语“奇货可居”的出典。

一字千金

因吕不韦不服魏信陵、楚春申、赵平原和齐孟尝四君子之才学，招来文人学士、门下食客3 000余人，礼厚待遇，令其广抒其见，撰文成书。书中，古往今来、上下四方、天地万物、兴废治乱、士农工商、三教九流，均有所论及。书稿完成，吕不韦为了精益求精和扩大影响，请人将书稿全部誊抄，挂于咸阳城门，声称如有谁能改动一字，即赏千金。这就是成语“一字千金”的出处。

三、《氾胜之书》——中国最早的专业农书

《氾胜之书》

氾胜之，氾水（今山东曹县北）人，汉成帝时曾为议郎，是我国古代著名的农学家，具有很强的重农思想。他的《氾胜之书》是西汉晚期的一部重要农学著作，一般认为是我国最早的一部农书。虽仅残存3 000余字，但后世仍可从中窥知不少西汉时期黄河流域的农业生产经验和操作技术。该书主要论述耕作的基本原则、播种日期的选择、种子处理、个别作物的栽培、收获、留种和贮藏技术、区种法等内容。书中对禾、黍、麦、稻、稗、大豆、小豆、枲（xǐ）、麻、瓜、瓠、芋、桑等13种作物的栽培技术记载尤为详细，对区种法、溲种法、耕田法、种麦法、种瓜法、种瓠法、穗选法、调节稻田水温法、桑苗截干法等，也有全面记述，这些都反映出了当时先进的农业科学技术水平。

农史撷英

区种法

区种法是我国古代精耕细作农业综合技术之一。区种法产生于北方旱作农业区，是古代发明的抗旱、保墒、高产的综合耕作法。区种法在田间布局上分为带状区种和方形区种两种。带状区种法是将耕地划分成若干等距离的长条形垄畦，便于农田的排灌。低湿的耕地要将作物种在垄上以防涝渍；高亢的耕地则要将作物种在沟里以防干旱。方形区种法是将农田相间挖成一尺见方的种植穴，将种子种在方穴中。这种方法的好处是下雨时能够将雨水积聚在方穴内，有利抗旱保墒，适合于干旱地区推行。

溲种法

溲种法是一项古老的种子包衣处理方法。相传有后稷法和神农法两种，但原理都一样。做法是：包衣的原料通常用蚕粪、羊粪并拌合附子等防虫药物，加水搅拌成浓稠的粪浆，把作物的种子倒入粪浆中，使每粒种子都涂上一层粪浆，晾干后即成包衣种子。这种方法称之为“种子包衣技术”。现代科学证明，包衣种子外层的粪肥含有多种植物生长刺激素，附子有防治害虫作用，而且包衣能吸附水分，有利于种子发芽和全苗，是一项增产高产的技术。

四、《四民月令》——庄园地主经营农事的家历

“四民”是指士（学者）、农、工、商四种行业，也是指从事这 4 种行业的平民。“四民”的概念早在春秋时已出现；“月令”则是一种文章体裁。《四民月令》是东汉（公元 25—220 年）后期叙述一年例行农事活动的专书，是东汉大尚书崔寔模仿古时《月令》所著的农业著作，也是一本庄园地主经营农事的家历，成书于公元 2 世纪中期，叙述一般田庄从正月到十二月中的各种农业活动，除详细介绍了古时谷类、瓜菜的种植时令和栽种方法外，还有部分篇章介绍当时的纺绩、织染、酿造和制药等手工业。

《四民月令》

从西汉《氾胜之书》到后魏《齐民要术》的出现，中间相隔 500 多年，其间只有《四民月令》一部农业生产书籍，能反映当时的农业发展。尽管有关操作技术记述简略，而且散佚不全，但它仍为后人研究当时的农业生产提供重要史料。

书中介绍的作物和牲畜种类很多，还有包罗万象的手工业、纺织业、制造业等，甚至还有庠序（xiáng xù，古代的地方学校。后也泛称学校或教育事业。《孟子·滕文公上》：“夏曰校，殷曰序，周曰庠。”）的记载等。除了描述农业生产外，书中还提到了农业经营，表明当时的农村已经出现较多的商品经济和经营活动。

书中所述的生产规模大多已超出小农经济的规模，从中可以看出东汉时洛阳地区农业生产和农业技术的发展状况，尤以农业占优，同时也重视蚕桑；畜牧业仅从属农业，蔬菜则以荤腥调味类居多。《四民月令》还是最早记述“别稻”（即水稻移栽）和树

木压条繁殖方法的书籍。

五、《齐民要术》——中国现存最完整的农书

《齐民要术》

《齐民要术》是北魏（386—534 年）时期中国杰出农学家贾思勰所著的一部综合性农书，是中国现存最完整的古农书，也是世界上最早的农学专著之一。

书名中“齐民”指黎民百姓，“要术”指谋生要诀。《齐民要术》大约成书于北魏末年（533—544 年）。该书系统总结了公元 6 世纪以前黄河中下游地区农牧业生产经验、食品加工与贮藏、野生植物利用等科技成就，对中国古代农学的发展有着极其重要的影响。

北魏之前，中国北方处于一种长期分裂割据状态，一百多年以后，鲜卑族的拓跋氏建立了北魏政权，逐步统一了北方地区，社会秩序由此逐渐稳定，社会经济也随之从屡遭破坏的萧条景象中逐渐恢复过来，并得到发展。北魏孝文帝在社会经济方面实施的一系列改革，更是刺激了农业生产的发展，促进了社会经济的进步。尽管如此，当时的农业生产水平仍然不是很高。贾思勰认为农业科技水平的高低关系到国家是否富强，于是，便萌生了撰写农书的想法。

《齐民要术》内容丰富，涉及面广，包括各种农作物的栽培，各种经济林木的生产以及各种野生植物的利用；同时，书中还详细介绍了各种家禽、家畜、鱼、蚕等的饲养及其疾病防治，并把农副产品的加工（如酿造）、食品加工、文具和日用品生产等形形色色的内容也都囊括在内。因此说，《齐民要术》对后世的农业及其他相关产业发展的贡献巨大。

贾思勰其人其事

贾思勰是益都（今属山东）人，出生在一个耕读立业的乡绅世家。由于从小受到祖训家风的熏陶濡染，使贾思勰走上了调查和研究农业生产技术的道路。贾思勰中年时做过高阳郡（今山东临淄）太守，到过山东、河北、河南等许多地方。后来辞官归里，躬耕园圃，考究农事。同时也遍询老农，留心耕耘饲养之学。晚年专心著述，终成巨著《齐民要术》。

《齐民要术》是世界古代农学的丰碑，早在唐代就流传到东亚各国。明清时期，一些来华传教士将《齐民要术》介绍到西方各国。达尔文曾说过，他的人工选择思想形成受到了一部中国古代百科全书的影响，指的就是《齐民要术》。显然，达尔文读过《齐民要术》。这就足以说明贾思勰对人类文明进步的贡献。

六、《四时纂要》—— 月令式的农家杂录

韩鄂的《四时纂要》约成书于唐朝（618—907 年）末期，或五代（907—960 年）之初。原书在中国早已佚失。1960 年，在日本发现了明朝万历十八年（1590 年）的朝鲜重刻本，于是将其复印并在国内出版，得以传世。

《四时纂要》将一年四季分为 12 个月，列举了农家各月应做的事项，是一部月令式的农家杂录。书中资料大量来自《齐民要术》，少数来自《氾胜之书》、《四民月令》、《山居要术》以及一部分医方书，也有作者自己的实践经验总结。全书 5 卷，42 000 余字。内容除占候、祈禳、禁忌等外，可分为农业生产、农副产品加工和制造，医药卫生、器物修造和保藏、商业经营和教育文化 6 大类。

农业生产是本书的主体，包括农、林、牧、副、渔，尤以粮食、蔬菜生产经营为主。在农业生产技术方面，记述了较前一时代有发展进步的果树嫁接、合接大葫芦、苜蓿与麦的混种、茶苗与枲麻、黍穄（jì，一年生草本植物，不黏的黍类，又名“糜子”）的套种、生姜和葱的种植以及兽医方剂等。其中，棉花、茶树、薯蓣、菌子的种植和养蜂等为中国最早的文字记载。在农副产品加工制造方面，记述也很全面，特别记述了很多酿造技术的创新。如最早介绍利用麦麸酿制“麸豉”，价廉，且可节约粮食。制酱方面，突破了以前先制麦曲，然后再下曲拌豆的做法，并两道程序为一道，将麦豆合并一起制成干酱醅；又将咸豆豉的液汁煎熬灭菌制作成酱油用作调味品；还有药酒、果子酒、冲水调吃“干酒”的酿制，品种多而具有特色。从谷物到藕、莲、芡、荸荠、薯蓣、葛、百合、茯苓、泽泻、蒺藜等各种植物淀粉的提制；从果实、球茎、鳞茎、块根、根茎以至菌核等，无不加以利用。在医药卫生方面，最突出的是采录了很多药用植物的栽培技术，成为现存农书中最早的记载。

七、《茶经》—— 世界最早最完整的茶书

《茶经》由中国茶道的奠基人陆羽所著，也是中国乃至世界现存最早、最完整、最全面介绍茶的一部综合性专著。《茶经》系统总结了唐代和唐代以前的有关茶事，被誉为“茶叶百科全书”。它不仅是一部精辟的农学著作，也是一本阐述茶文化的专业书籍。它将普通茶事灌以一种维美的文化内涵，推动了中国茶文化的发展，成为中国茶文化发展到一定阶段

《茶经》

茶道表演

的重要标志。

陆羽，名疾，字鸿渐、季疵，号桑苎翁、竟陵子，唐代复州竟陵人（今湖北天门）。幼年托身佛寺，自幼好学用功，学问渊博，诗文亦佳，且为人清高，淡泊功名。760 年为避安史之乱，陆羽隐居浙江苕溪（今湖州）。其间在亲自调查和实践的基础上，认真总结、悉心研究了前人和当时茶叶的生产经验，完成创始之作《茶经》。因此，被尊为茶神和茶仙。《茶经》分 3 卷 10 节，约 7 000 字。卷上：一之源，讲茶的起源、形状、功用、名称、品质；二之具，谈采茶制茶的用具，如采茶篮、蒸茶灶、焙茶棚等；三之造，论述茶的种类和采制方法。卷中：四之器，叙述煮茶 、饮茶的器皿，即 24 种饮茶用具，如风炉、茶釜、纸囊、木碾、茶碗等。卷下：五之煮，讲烹茶的方法和各地水质的品第；六之饮，讲饮茶的风俗，即陈述唐代以前的饮茶历史；七之事，叙述古今有关茶的故事、产地和药效等；八之出，将唐代全国茶区的分布归纳为山南（荆州之南）、浙南、浙西、剑南、浙东、黔中、江西、岭南等八区，并谈各地所产茶叶的优劣；九之略，分析采茶、制茶用具可依当时环境，省略某些用具；十之图，教人用绢素写茶经，陈诸座隅，目击而存。《茶经》系统地总结了当时的茶叶采制和饮用经验，全面论述了有关茶叶起源、生产、饮用等各方面的问题，传播了茶业科学知识，促进了茶叶生产的发展，开辟了中国茶道的先河。

农史撷英

中华茶史与茶艺

中国是茶的原产地。但是饮茶始于何时，却史无确考。相传最早源于神农尝百草之时，故有“茶之为饮，发乎神农氏”之说。成书于东晋时的《华阳国志·巴志》记载，生活在汉中地区的古代巴人最早用茶种茶，据此推知，我国至少已有 3 000 余年种茶的历史。《三国志·吴书·韦曜传》有“密赐茶荈以代酒”，到这时已经饮茶成俗，相袭已久了。

中国茶的艺术，萌芽于唐，发皇于宋，改革于明，极盛于清，可谓有相当的历史渊源，自成一系统。茶艺包括选茗、择水、烹茶技术、茶具艺术、环境的选择创造等一系列内容。茶艺的要旨在于渲染茶性清纯、幽雅、质朴的气质，增强艺术感染力。不同风格的茶艺有不同的品茶环境要求，因此，饮茶的最高境界是品和悟，只有这样，才能领略茶的滋味和真谛。

八、陈旉《农书》—— 第一部反映中国南方水田农事的专著

陈旉《农书》

陈旉《农书》是中国宋代（960—1279 年）论述南方农事的综合性农书。作者陈旉在真州（今江苏省仪征市）西山隐居务农，于南宋绍兴十九年（1149 年）74 岁时写成此书，经地方官吏先后刊印传播。明代收入《永乐大典》，清代收入多种丛书。18 世纪时传入日本。

陈旉《农书》全书 3 卷，22 篇，12 000 余字。上卷论述农田经营管理和水稻栽培，是全书重点所在；中卷叙说养牛和牛医；下卷阐述栽桑和养蚕；是第一部反映南方水田农事的专著；既有理论，也有作者的亲身实践经验。他特别强调掌握天时地利对于农业生产的重要性，指出耕稼是“盗天地之时利”，具有与自然作斗争的精神；提出“法可以为常，而幸不可以为常”的观点。认为法就是自然规律，幸是侥幸、偶然，不认识和掌握自然规律，“未有能得者”。因此，在一系列农耕措施中，都有超越前人的新观点。如著名的“地力常新壮”论，就是对中国古代农学史上土壤改良经验的高度概括。他在“粪田之宜篇”中谈到，尽管土壤种类不一，肥力高低不同，但都可以改良。他认为前人所说的“田土种三五年，其力已乏”之说并不正确，主张“若能时加新沃之土壤，以粪治之，则益精熟肥美，其力当常新壮矣”。书中对开辟肥源、合理施肥和注重追肥等措施，都有精辟见解。在“耕耨之宜篇”中论述当时南方的稻田有早稻田、晚稻田、山区冷水田和平原稻田 4 种类型，分别阐述了整地和耕作的要领；在“薅耘之宜篇”中讲到稻作中耘田和晒田的技术要求、强调水稻培育壮秧的重要性等，这些都是中国农业精耕细作传统的继承和发展。此外，本书对养牛和蚕桑的详细论述，也反映了当时的中国农业科学技术已达到了较高的水平。但是，由于作者对黄河流域一带的北方生产状况并不熟悉，因此，将《齐民要术》等农书讥讽为“空言”和“迂疏不适用”，表现出他思想和实践的局限性。

九、《蚕书》——世界最早的养蚕和缫丝专著

中国宋代（1206—1368 年）有关养蚕制丝技术的专著。作者秦观。《蚕书》主要总结宋代以前山东兖州地区的养蚕和缫丝

的经验，尤其对缫丝工艺技术和缫车的结构型制进行了论述，是中国乃至世界上现存最早的一本养蚕、缫丝专著。全书分种变、时食、制居、化治、钱眼、锁星、添梯、缫车、祷神和戎治等10个部分。其中“种变”是蚕卵经浴种发蚁的过程；“时食”是蚁蚕吃桑叶后结茧的育蚕过程；“制居”是蚕按质上蔟结茧；“化治”是掌握煮茧的温度和索绪、添绪的操作工艺过程；“钱眼”是丝绪经过的集绪器（导丝孔）；“缫车”是脚踏式的北缫车及其结构和传动。《蚕书》是中国有价值的古蚕书之一，但行文以农家方言为主，艰涩难懂，全文无图。由于书中的记载来自直接观察，所以，文字虽简略，但却极有价值。

农史撷英

嫘祖亲蚕

远古时代，人们以野生植物纤维、动物绒毛和野蚕丝为纺织原料。后来逐渐将野蚕驯化成人工饲养的家蚕。传说嫘祖是黄帝的妻子。她发明了养蚕技术。她每年都亲临桑园蚕舍，指导蚕农栽桑养蚕，缫丝纺织。后世将她祭为“蚕神”。据考古确证，我国在5000多年前就已发明了养蚕缫丝技术。在商代的一则甲骨文中有“蚕示三牢”的卜辞。说的是商王一次祭蚕要宰杀3头牛（“三牢”），可见祭蚕典礼之隆重。我国发明的养蚕缫丝技术，后来传到了世界许多国家，缔结了与各国人民通谊交好的“丝绸之路”。

十、《农桑辑要》—— 我国现存最早的官修农书

《农桑辑要》

中国元代（1206—1368年）初年由司农司（元朝时所设的掌管劝课农桑、水利、乡学、义仓诸事的中央政府部门）编纂的综合性农书，是我国现存最早的官修农书，成书于元世祖至元十年（1273年）。当时忽必烈刚定国号为元，已灭掉金国，但尚未吞并南宋。因黄河流域经历多年战乱、田地荒芜、生产凋敝，此书编成后，便由政府颁发给各地指导农业生产。

全书内容主要以北方农业为介绍对象，农业耕种与蚕桑养殖两大内容并重。

该书绝大部分内容摘录于《齐民要术》、《士农必用》、《务本新书》和《四时纂要》等书的精华部分，在继承前代农书的基础

上，也对北方地区精耕细作和栽桑养蚕技术有所发扬和提高；对于经济作物如棉花和苎麻等的栽培技术尤为重视。在当时，是一本实用性较强的农书。

由于此前唐代武则天时期删订的《兆人本业》和北宋时期的《真宗授时要录》均已失传，所以，《农桑辑要》就成了我国现存的最早的由政府编纂修订的农业书籍。

十一、王祯《农书》—— 中国最早图文并茂的农书

王祯《农书》是中国元代（1206—1368 年）总结中国农业生产经验的一部综合性农学著作，在我国古代农学遗产中占有重要地位。它首次全面系统地论述了广义农业的概念，明确表明广义农业包括粮食作物、蚕桑、畜牧、园艺、林业、渔业；首次兼论南北农业技术，将南北农业的异同进行比较分析；首次将农具列为综合性整体农书的重要组成部分。

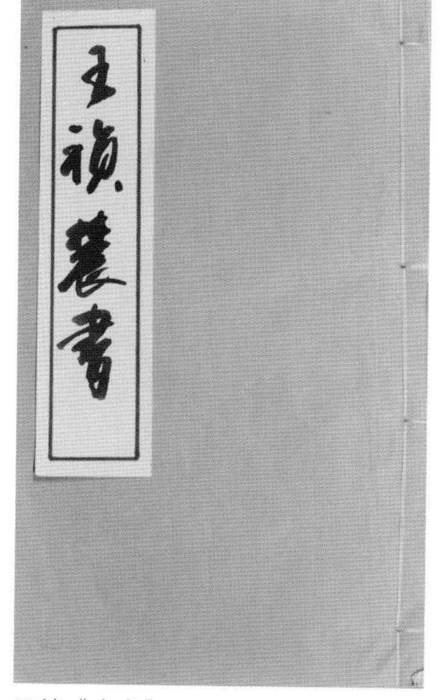

王祯《农书》

《农书》成书于元仁宗皇庆二年（1313 年），明代初期被编入《永乐大典》。全书共有 37 集，约 13 万余字，包括《农桑通诀》、《百谷谱》和《农器图谱》3 个部分。第一部分《农桑通诀》相当于农业总论，对农业、牛耕、养蚕的历史渊源作了概述；又以“授时”、“地利”两篇来论述农业生产的关键是“时宜”和“地宜”问题；再就是以从“垦耕”到“收获”等 7 篇来论述开垦、土壤、耕种、施肥、水利灌溉、田间管理和收获等农业操作的基本原则和措施，体现了作者的农学思想体系。第二部分《百谷谱》则像栽培各论，分述粮食作物、蔬菜、水果等的栽种技术，较为详尽地描述各作物的性状，已基本具有农作物分类学的雏形。第三部分《农器图谱》是全书的重点所在，占全书 80% 的篇幅，几乎包括了所有的传统农具和主要设施，收录的农器数量达 100 多种，绘图 306 幅，堪称中国最早的图文并茂的农具专书。《农书》最后所附《杂录》包括了两篇与农业生产关系不大的“法制长生屋”和“造活字印书法”，对建筑防火和活字印刷有重要贡献。

作者王祯（1271—1368 年），字伯善，元代东平（今山东东平）人，是中国古代著名的四大农学家之一，同汉代的氾胜之、后魏的贾思勰、明代的徐光启齐名。他像我国古代众多知识分子

一样，继承了传统的“农本”思想，认为国家从中央到地方政府的首要政事就是抓农业生产。在元代不长的历史中撰写的《农桑辑要》、《农桑衣食撮要》和王祯《农书》3 部书中，尤以王祯《农书》影响最大。

十二、《元亨疗马集》—— 内容丰富、影响深远的古兽医书

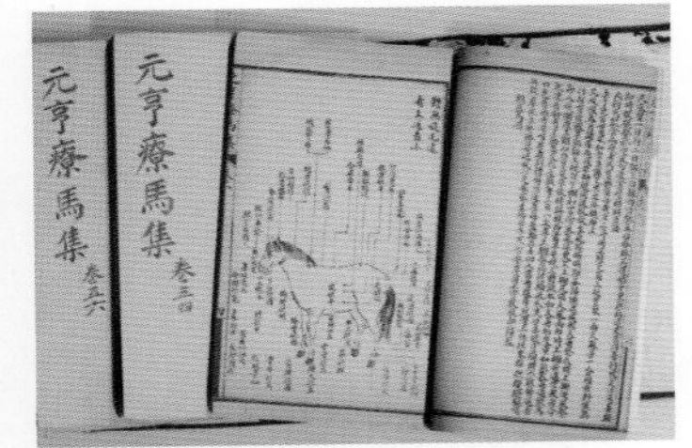

《元亨疗马集》

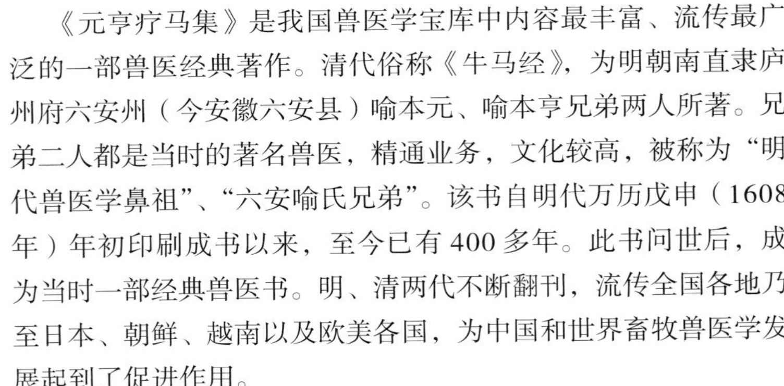

《元亨疗马集》是我国兽医学宝库中内容最丰富、流传最广泛的一部兽医经典著作。清代俗称《牛马经》，为明朝南直隶庐州府六安州（今安徽六安县）喻本元、喻本亨兄弟两人所著。兄弟二人都是当时的著名兽医，精通业务，文化较高，被称为“明代兽医学鼻祖”、“六安喻氏兄弟”。该书自明代万历戊申（1608 年）年初印刷成书以来，至今已有 400 多年。此书问世后，成为当时一部经典兽医书。明、清两代不断翻刊，流传全国各地乃至日本、朝鲜、越南以及欧美各国，为中国和世界畜牧兽医学发展起到了促进作用。

全书内容以临症诊疗为核心，用问答、歌诀、证论及图示等方式论述马、牛、驼的饲养管理，牛马相法，脏腑生理病理，疾病诊断，针烙手术，去势术，防治法则，经验良方和药性须知等。其中“脉色论”、“八证论”、“疮癀论”及“起卧入手论”等篇，有独到的医理见解；针药方剂，均出于实践；“七十二症”则更是作者详引经典，并结合自己的经验体会，阐明各症的病因、症状，指出诊疗和调理方法的总结，是防治马病的经验结晶。此书实用性很强，对每种疾病除以“论”说明病因、以“因”描述症状、以“方”对症治疗，将大部分主要内容编成“歌”或“颂”，便于农民记忆、掌握和运用，因而流传极广，成为民间习见的一部中兽医书籍，至今仍有很高的参考价值。

《便民图纂》

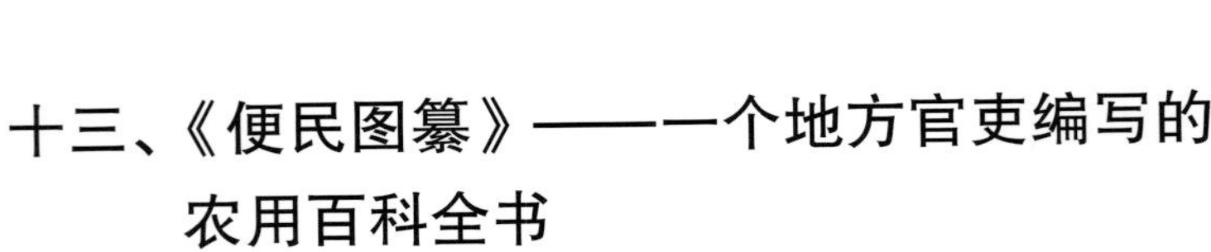

十三、《便民图纂》——一个地方官吏编写的农用百科全书

《便民图纂》是我国明代反映苏南太湖地区农业生产的著作，是一部供农民使用的百科全书，内容丰富，图文并茂，记述了

吴地（今苏南太湖流域、浙北地区和皖南地区）农业生产、食品、医药、日常生活以及风俗民情等各个方面。编者（有说是刻印者）邝璠（kuàng fán），字廷瑞，今河北任丘人，明弘治六年（1493 年）考中进士，次年任苏州府吴县（今江苏吴县）知县，历任瑞州（今江西高安县）知府、官至瑞州（今江西高安市）太守。

全书共 16 卷。前两卷为图画部分，第一卷为“农务之图”，绘有水稻从种至收 15 幅图；第二卷为“女红之图”，绘有下蚕、纺织、制衣图 16 幅。这两卷图系以南宋《耕织图》为蓝本，由傅文光、李桢等人所刻。书中将原配古体诗换成江、浙一带民间通俗易懂的吴歌，有利于推广。后 14 卷为文字部分。第三卷为“耕获类”，介绍包括以水稻为主的粮食、油料、纤维作物的栽培、加工和收藏技术。第四卷“桑蚕类”，介绍栽桑和养蚕的技术。第五、第六卷为“树艺类”，记载了不少有关果树、花卉、蔬菜的实践经验，常为之后的农书所引述。第七卷为“杂占类”，属于气象预测的农谚，部分录自《田家五行》。第十四卷“牧养类”，叙述家畜家禽的鉴别、饲养和疾病防治。第十五、十六卷为“制造类”，录自《多能鄙事》。第十二、十三卷，讲医药卫生，所载药方大部摘自宋、元、明的医书；而第八、九卷则多属迷信内容。

十四、《农政全书》——由宰相编著的治国济民的农书

《农政全书》成书于明代（1368—1644 年）末期，作者徐光启，字子先，嘉靖四十一年（1562 年）出生于上海，进士出身，崇祯六年（1633 年）终于宰相位。

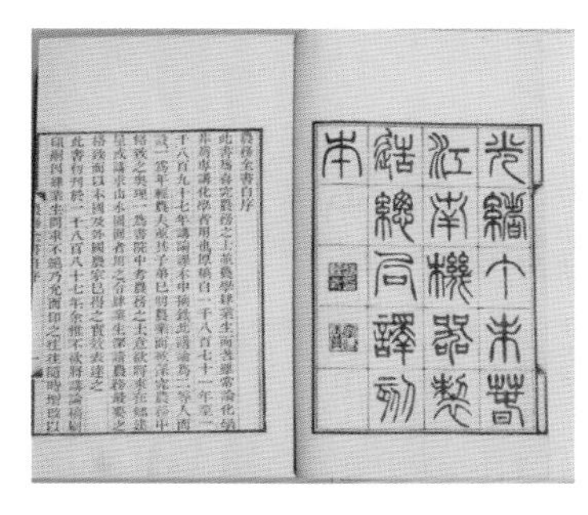

《农政全书》

《农政全书》基本上囊括了古代农业生产和人民生活的各个方面。由于作者位高立远，因此，他的视野开阔，全书贯穿着一个基本思想，就是治国济民的“农政”思想。这是古代众多农书作者所无法企及的。

《农政全书》按内容大致分为农政和农业技术两部分。前者是全书的纲，后者是实现纲领的技术措施。开垦、水利、荒政等一些不同寻常的内容，占居了全书将近一半的篇幅。以“荒政”为例，《农政全书》中，“荒政”作为一目，有 18 卷之多，为全

书 12 目之最。目中对历代备荒的议论、政策作了综述，对水旱虫灾作了统计，对救灾措施及其利弊作了分析，最后所附可资充饥的草木野菜类植物就有 414 种之多。

《农政全书》在中国农学史上，如同古典诗歌中的《诗经》和古代医药中的《本草纲目》，成为我国传统农学的代名词，可与北魏贾思勰《齐民要术》悬诸日月，并列为我国农学著述之两大丰碑。

农史人物

徐光启

徐光启（1562—1633 年）是我国古代农学家中官阶最高的一位。在明代崇祯朝，他官至礼部尚书兼文渊阁大学士（宰相级）。但是徐光启并不单是农学家，同时还是数学家、科学家、政治家、军事家，又是我国中西文化交流的先驱者，是上海地区最早的天主教徒。

万历二十一年（1593 年），徐光启见到来华传教士郭居静（L.Cattaneo）。郭居静让他第一次见到了世界地图，第一次听说地球是圆的，第一次听说伽利略制造了天文望远镜，等等。从此，他开始接触并迷上了西方近代的自然科学。1600 年，他得知意大利传教士利玛窦（Matteo Ricci，1552—1610 年）正在南京传教，立即专程拜访。后来与利玛窦一起翻译并出版了《几何原本》。数学上的专用术语“几何”一词就是由徐光启最先提出的。

徐光启一生成就宏富。在农学领域，除了广为人知的《农政全书》之外，他还撰写了《甘薯疏》（1608 年）、《农遗杂疏》（1620 年）、《农书草稿》（又名《北耕录》）、《泰西水法》（与熊三拔共译，1612 年）等等。此外，徐光启主持修订了《崇祯历书》。

《天工开物》

十五、《天工开物》——世界第一部农业和手工业生产的综合性著作

宋应星是江西奉新县人，明末清初科学家。由其编著的《天工开物》初刊于 1637 年，是世界上第一部关于农业和手工业生产的综合性著作，是中国古代一部综合性的科学技术著作，被外

国学者誉为“中国 17 世纪的工艺百科全书”。

《天工开物》记载了明朝中叶以前中国古代的各项技术，对中国古代的各项技术进行了系统的总结，构成了一个完整的科学技术体系，是中国科技史料中保留最为丰富的一部综合性专著。全书分为上中下 3 篇 18 卷，附有 121 幅插图，描绘了 130 多项生产技术和工具的名称、形状、工序。除了对农业方面的丰富经验进行了总结，更多地着眼于手工业，全面反映了中国明代末年资本主义萌芽时期手工艺技术成就和生产力状况。作者在书中强调人类要与自然相协调、人力要与自然力相配合。书中记述的许多生产技术均为作者直接观察和研究所得，一直沿用到近代。该书问世以后，有不少版本流传，先后被译成日、英、法、德等国文本。

十六、《群芳谱》——中国古代的农作物和观赏植物大全

中国明代介绍植物栽培的著作，全称为《二如亭群芳谱》，作者王象晋（1561—1653 年），中国明代农学家。山东新城（今山东桓台）人。自称明农隐士、好生居士。明万历三十二年（1604 年）进士，曾官任浙江右布政使。约在 1607—1627 年，他率家仆在自家田园里栽植谷、蔬、花、果、竹、木、桑麻、药草等。通过个人积累的实践认识和前人经验总结，用 10 多年时间编成此书。全书 30 卷，约 40 万字，最初见刻于明天启元年（1621 年），后有多种刻本流传。按天、岁、谷、蔬、果、茶竹、桑麻、葛棉、药、木、花、卉、鹤鱼等 12 谱分类，将 400 余种植物逐一分种植、制用、疗治、典故等项目记载，其中观赏植物约占一半。书中还收集了一些重要花卉植物的品种名称，对植物的形态特征也作了较为详细的描述，同时，还纠正了过去一些品种与名称的混淆。

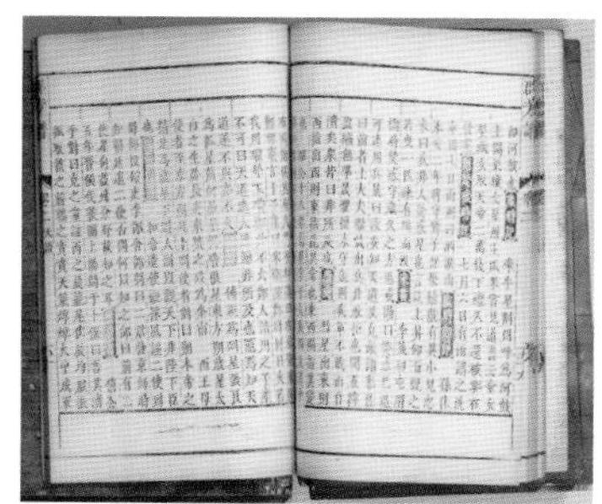

《群芳谱》

十七、《授时通考》——清代官修的大型综合性农书

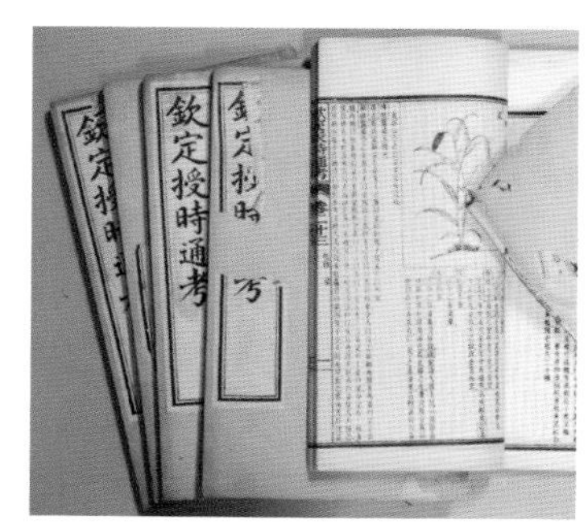

《授时通考》

中国清代（1616—1911 年）中央政府组织编纂的清代第一

部大型官修综合性农书。清乾隆二年（1737年），由鄂尔泰、张廷玉奉旨率臣40余人，收集、辑录前人有关农事的文献记载，历时5年，于乾隆七年（1742年）编成。

该书除了辑录历代农书外，还征引了经、史、子、集中有关农事的记载达427种、插图512幅，共分8门：一为“天时”，论述农家四季活计；二为“土宜”，讲辨方、物土、田制、水利等内容；三为“谷种”，记载各种农作物的性质；四为“功作”，记述从垦耕到收藏各个生产环节所需工具和操作方法；五为“劝课”，是有关历朝重农的政令；六为“蓄聚”，论述备荒的各种制度；七为“农余”，记述大田以外的蔬菜、果木、畜牧等种种副业；八为“蚕桑”，记载养蚕缫丝等各项事宜。全书结构严谨，征引周详，涉及范围之广、内容之丰富前所未见，堪称是一部古代农学的百科全书。此书不但对清代农林牧副渔各业生产的发展起到了指导和促进作用，且对国内外农业生产和农业科学的研究具有深远的影响。

悠悠五千年，披览一瞬间。到了明清时期，我国古农书编著刊刻，进入繁荣的时代，刊刻农书有200余种之多。直到光绪年间，以反映西方近代农学成果的《农学丛书》为标志，近代的农业科技书籍逐渐取代了古代的以农业生产经验为体系的农书。历史进入了一个新的纪元。

虽由人作　宛自天开

——中国古典园林

园林是随着人类社会的经济发展，人们为了游览娱乐的方便，用自己的双手创造风景的一种艺术。它是在一定的地形（地段）之上，利用、改造和营建起来的，由山（自然山，人造山）、水（自然水，理水）、物（植物，动物，建筑物和文物）所构成的具有游、猎，观、赏，祭、祀，息、戏，书、绘等多种功能的大型综合艺术体。因此，不同地域、不同民族受文化背景和地域气候的影响，形成了不同风格和特色的园林。一般来说，世界上的园林可分为三大体系——欧洲园林、阿拉伯园林（或西亚园林）和东方园林（或中国园林）。

中国是世界园林艺术起源最早的国家之一。如果从殷、周时代囿（yòu）的出现算起，至今已有 3 000 多年的历史。由于中国是一个传统的农业型国家，从古代的皇家园林到私家园林，都烙有深刻的传统农耕文化的印记，从帝王、士族到平民阶层的生活环境无一可以脱离农耕文明天时、地利、人和的“天人合一”思想的影响。在世界各个历史文化交流的阶段中，中国园林的“虽由人作，宛自天开”的自然式山水园林理论以及创作实践，不仅对亚洲国家，而且对欧洲一些国家的园林艺术创作都发生过重大的影响，被誉为造园艺术的渊源之一。

18 世纪英国宫廷建筑师威廉姆·钱伯斯说：“中国园林的设计规则，在于创造各种各样的景，以适应理智的或感情的享受的各种各样的目的。”这句话指明了中国古典园林就是以抒情言志为其艺术内容，用山水石头花木、亭台楼阁的艺术形式来加以表现的。英国植物学家 E.H.Wilson 在其著作 *China Mother of Garden* 中也说到：“中国的确是园林发展的母亲”。

中国古典园林是农耕文明的产物，它不仅具有艺术性和功能性，还具有科学性和技术性。起初人们的农业生产，是为了衣食住行，满足最基本的生存需要。而在劳动闲暇之余，在物质生活水平得以不断提高之后，人们开始从美的角度审视自己的劳动过程和劳动成果，开始把自然存在的山川河水、田园风光引入自己身边的生活环境，并不断地将憧憬中的神仙美景通过自己的双手、用在农业生产中获得的经验和技术实现于庭园、宫苑并加以升华。

中国古典园林造园的要素有建筑、山石、水体、动植物和书画。其中的建筑具有居住、祭祀、观赏等多重功能，反映的是人与自然之间的联系。山石是园林骨架，水体是园林的血液和脉络，动植物可观赏、狩猎和食用，是园林的肌肤和外貌，各种书画形式则是画龙点睛之笔。这些要素涉及种植业、养殖业、工程建筑业以及文学、美学艺术。所以，园林的发展必须具备一定的科学技术、人力、物力和财力，不同的园林景观体现了不同的时代特征和文化特征，体现了中华农业文明发展变化的过程。从地域上分，有江南园林、蜀中园林、岭南园林、北方园林，从功能上分皇家园林、文人私家园林、寺庙园林、公共风景园林。

一、园林始祖——灵囿

中国园林的雏形是古代贵族的宫苑。“囿”（yòu）的本意是养动物的园子。“灵囿”最初特指周文王（公元前 1152—前 1056 年）用于豢养动物和狩猎的园子，后来泛指帝王畜养动物的园林，是帝王游憩、生活的境域。《诗经·大雅·灵台》记载：“王在灵囿，麀鹿攸伏。麀鹿濯濯，白鸟鹤鹤。王在灵沼，于轫鱼跃”，可见古典园林最初承载着农业生产的功能。

灵囿示意

灵囿是中国最早见之于文字记载的园林。《诗经·灵台》篇中有详细记述，位于现陕西省西安市西南的户县。传说周文王迁都丰京后，当年就筑灵台，修灵沼，建灵囿。户县秦渡镇北有“三灵”（灵囿、灵台、灵沼）遗址，距今已有 3 000 多年的历史，可以算的上是最早的宫廷园林。

灵囿以森林、草丛和有利地形为基础，稍加雕凿而成。灵台是一个高台建筑物，据说是“王文受命，而民乐其有灵德”，故建此台，“以观祲（jìn）象，察气之妖祥也”。祲象也就是妖气，证明灵台主要是用以观测天象，占卜吉凶，传习经卦，教民稼穑，以顺应天时地利，着眼于当时农牧业生产的发展。传统农业生产对自然条件的依赖性，迫使古人在造园时就注意与自然条件合拍，形成崇尚自然、“天人合一”的思想。这种“天人合一”体现了中国传统文化尊重自然，追求人与自然和谐相处的理念。

复原的灵台文王阁

灵囿以山川、水池、植物等自然风光取胜，人工建筑物很少，开创了中国园林以自然美为主的先河，“虽由人作，宛自天开”，道出了其精髓，也是中国园林区别于西方园林的最大特点。

灵台高大，除观天象外，在周代园林中也是登高瞭望，观赏雄伟秦岭和沣河两岸田园风光的重要建筑物，非常符合中国园林高低有致的造园原则。

文王阁内壁画

典故

传说英明贤德的周文王（姬昌）勤于政事，非常重视发展农业生产。他不仅允许百姓到他的灵囿内割青草、猎山鸡、捉野兔，还亲自教授百姓种植与收割农作物。《孟子》记载："文王之囿方七十里，刍荛（ráo）者往焉，雉兔者往焉，与民同之"，意思是："文王的灵囿有七十里见方，割草砍柴的人可以随便去，捕禽猎兽的人也可以随便去，是与百姓共享的地方"，因而灵囿深得民心，流芳至今，成为古典园林的始祖。"文王之囿"则成为用来形容国君的仁政之词。我们在复建的文王阁壁画中可以看到文王亲自教百姓种庄稼的场面。

二、园林典范——颐和园

明、清是我国园林建筑艺术的集成时期，此时期建造了许多规模宏大的皇家园林。皇家园林多与离宫相结合，建于郊外，少数设在城内，规模都很宏大，其总体布局基本上是在自然山水的基础上加工改造而成。始建于金代、位于北京西郊的颐和园就是这样一座皇家园林。

颐和园原名清漪园，位于北京的西北郊，是利用昆明湖、万寿山为基础修建起来的。在金代，万寿山昆明湖一带称为金山、金山泊，是一片湿地。到了元代，改名为瓮山、瓮山泊。这里从

颐和园全景

颐和园（万寿庆典）

元代开始就曾用作京城宫廷用水和大运河漕运的水源补给，南方的粮食可以直达北京城内的积水潭。瓮山泊也从早先的天然湖泊改造成为具有调节水量作用的天然蓄水库，水位得到控制，环湖一带出现寺庙、园林的建置，逐渐发展成为西北郊的一处风景游览地。明成祖朱棣迁都北京后，南方来的移民在瓮山泊以东，今天的海淀镇以北的多泉眼的丹棱一带开辟水田，贵戚、官僚也纷纷占地造园。众多的私家园林增益了这一带天然风景的人工点染，并与玉泉山、瓮山泊的景观连成一片，所谓“风烟里畔千条柳，十里清阴到玉泉”。明弘治七年（1494 年）在瓮山南麓兴建圆静寺，并改瓮山泊为西湖。西湖周围受灌溉之利而广开水田。湖中遍植荷、蒲、菱、茭之类的水生植物，犹以荷花最盛。沿湖堤岸上垂柳回抱、柔枝低拂，衬托着远处的层峦叠翠。沙禽水鸟出没于天光云影中，环湖十寺掩映在绿荫潋滟间，若隐若现，给人以无穷遐想，形成名噪一时的“西湖十景”。

颐和园佛香阁远景

清朝初期，由于战乱失修，瓮山和西湖一带荒芜衰败。直到康熙中叶，国家政治稳定、经济发达，才有了足够的财力和人力对这些皇家行宫和园林进行修葺。乾隆时期，清代的政治、经济、文化等各方面发展都达到了鼎盛，古典园林的兴建也是登峰造极。1749 年，乾隆皇帝下令对西北部水系进行整理，将西山一带的大小泉流全部集中起来并利用石渡槽导引东流，与玉泉之水汇合再经过输水干渠“玉河”而汇入西湖之中。水源增加了，作为蓄水库的西湖势必要开拓、疏浚，以便承纳更多的水量。1750 年乾隆将疏浚后的西湖改名为昆明湖，瓮山更名为万寿山，又命在万寿山南坡园静寺的遗址上修建大报恩延寿寺。乾隆在《万寿山昆明湖记》中写到：瓮山西湖工程有三个目的，第一是整修水利，以保障宫廷和漕运的用水；第二是操练水军；第三，皇太后的六十大寿即将到来，所以要利用疏浚西湖的机会，修建寺庙，为母亲祝寿。这项工程历时 15 年，乾隆将此园命名为清漪园，被扩充的西湖也就是昆明湖，实际上成为了北京第一个人工水库，这次水利工程将西山的泉水引入北京城的积水潭，为京师用水和运河漕运提供了充足的水源。

清漪园集传统造园艺术之大成，荟萃南、北园林之精华，赋予了真山真水以文思匠心。它采用借景的造园手法，将原来那种纯朴自然的山野湖泊风光，建造成了布局完美，百花荟萃，林木满园，芬芳馥郁，雕梁画栋，玉宇琼楼，富丽堂皇的皇家园林。清漪园在借景、掇山理水、规划布局方面的艺术成就称得上是中国传统造园艺术的典范。它不但供王公贵族游园赏景，更解决了京城的用水和交通运输以及水军的训练场所，成为将造园和水利工程成功结合的一个范例。

之后清漪园经历了 1860 年第二次鸦片战争和 1900 年八国联军入侵两次浩劫，也经历了两次大的复建和修葺。尽管大体上全面恢复了原来的景观，但很多质量上有所下降。许多高层建筑由于经费的关系被迫减矮，尺寸也有所缩小。彩画的风格也根据慈禧太后的偏好发生了变化，园名取“颐养冲和”的意思，改为“颐和园”。今天的颐和园由万寿山和昆明湖组成，面积 290 万平方米，水面占全园的 3/4。1998 年，颐和园被联合国教科文组织世界遗产委员会列入《世界文化遗产名录》。世界遗产委员会评价：其亭台、长廊、殿堂、庙宇和小桥等人工景观与自然山峦和开阔的湖面相互和谐、艺术地融为一体，堪称中国风景园林设计中的杰作。

贴士

清朝是中国造园史上一个高峰时期。清康熙至乾隆年间在北京西北郊营造了著名的“三山五园”（目前公认的说法为香山、万寿山、玉泉山。三座山上分别建有清漪园、静宜园、静明园，此外还有附近的畅春园和圆明园，统称五园），其中的清漪园，也就是现在的颐和园，是现存最完整的皇家园林。

乾隆皇帝弘历有着极高的园林艺术修养，他敏学多思，精力充沛，喜好游乐。清漪园的整个营造工程都受到乾隆皇帝的高度重视，他的造园思想和艺术见解在清漪园中得到了畅汗淋漓的体现，因此清漪园在他心中的地位是其他园林所无法比拟的。“何处燕山最畅情，无双风月属昆明”正是这种偏爱和自豪之情的充分体现。

三、锦秀河山——承德避暑山庄

避暑山庄位于今天的河北省承德市北部，是著名的中国古代帝王宫苑。避暑山庄始建于宫苑 1703 年，历经清康熙、雍正、乾隆三朝，耗时 89 年建成，又名承德离宫或热河行宫，是中国现存占地最大的皇家园林。

承德避暑山庄局部

当年康熙皇帝在北巡途中，发现承德这片地方地势良好，气候宜人，风景优美，又直达清王朝的发祥地——北方，是满清皇帝家乡的门户。这里不但可俯视关内，还可外控蒙古各部，可谓是一处占尽天时、地利、人和的佳境，于是决定在这里修建行宫。

山庄设计以回归自然的朴素思想为指导，整体布局巧妙利用自然地形，因山就势，分区明确，景色丰富。建筑布局分为宫殿区和苑景区两大部分，苑景区又分为湖区、平原区、山区。内有康熙乾隆钦定的 72 景，拥有殿、堂、楼、馆、亭、榭、阁、轩、斋、寺等建筑一百余处，是中国三大古建筑群之一。宫殿区布局严谨，建筑朴素，苑景区群峰沟壑，清泉涌流，人造建筑与天然景观和谐地融为一体，充分体现了中国传统文化“天人合一”的哲学思想。

避暑山庄的修建历经康熙、雍正、乾隆时期，国力强盛，农业充足发展，人口增多，商业发达，阶级关系有所改善，有充裕的人力财力营建大型园林。而中国的园林艺术由春秋战国的萌芽

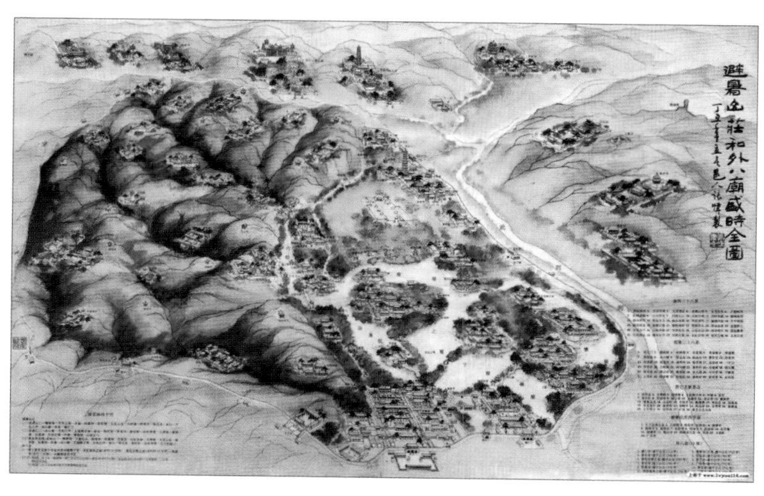

承德避暑山庄全景

承德避暑山庄 芝径云堤

期，经两晋南北朝的形成期，唐宋的发展期，到明清时代，园林艺术达到鼎盛期。特别是经过唐宋时期在园林艺术中融进诗情画意和在明清时期的对外开放，使中国古代造园艺术发展到清代已达到炉火纯青的境地，在处理真山真水及人与自然的和谐统一方面达到艺术顶峰。避暑山庄不仅规模大，而且在总体规划布局和园林建筑设计上都充分利用了原有的自然山水的景观特点和有利条件，吸取唐、宋、明、历代造园的优秀传统和江南园林的创作经验，加以综合、提高，把园林艺术与技术水准推向了空前的高度。

避暑山庄东南部地势较低，景色秀丽，如同江南；东北部地势平坦，芳草如茵，一派草原风光；西北部则地势高敞，沟壑纵横。这一切虽然是自然天成，与我国西高东低的地形却十分相似，加之山庄内汇集了全国各地的许多胜景，因此避暑山庄被称为是中国锦绣河山的缩影。

1994 年，承德避暑山庄和周围寺庙被联合国教科文组织世界遗产委员会列入《世界遗产名录》。世界遗产委员会评价："它是由众多的宫殿以及其他处理政务、举行仪式的建筑构成的一个庞大的建筑群。建筑风格各异的庙宇和皇家园林同周围的湖泊、牧场和森林巧妙地融为一体。避暑山庄不仅具有极高的美学研究价值，而且还保留着中国封建社会发展末期的罕见历史遗迹。"

贴士

避暑山庄康熙三十六景

烟波致爽　芝径云堤　无暑清凉　延薰山馆　水芳岩秀　万壑松风
松鹤清樾　云山胜地　四面云山　北枕双峰　西岭晨霞　锤峰落照
南山积雪　梨花伴月　曲水荷香　风泉清听　濠濮间想　天宇咸畅

暖流暄波　泉源石壁　青枫绿屿　莺啭乔木　香远益清
金莲映日　远近泉声　云帆月舫　芳渚临流　云容水态
澄泉绕石　澄波迭翠　石矶观鱼　镜水云岑　长虹饮练
甫田丛樾　双湖夹镜　水流云在

避暑山庄乾隆三十六景

丽正门　勤政殿　松鹤斋　如意湖　青雀舫　绮望楼
驯鹿坡　水心榭　颐志堂　畅远台　静好堂　冷香亭
采菱渡　观莲所　清晖亭　般若相　沧浪屿　一片云
苹香泮　万树园　试马埭　嘉树轩　乐成阁　宿去檐
澄观斋　翠云岩　罨画窗　凌太虚　千尺雪　宁静斋
玉琴轩　临芳墅　知鱼矶　涌翠岩　素尚斋　永恬居

四、万园之园——圆明园

圆明园位于北京城西北郊的海淀镇西北，历史上的圆明园是由圆明园、长春园、绮春园（万春园）组成。三园紧相毗连，通称圆明园，共占地 5 200 余亩（约 350 公顷），比颐和园的整个范围还要大出近千亩。

圆明园原本是康熙皇帝（1662—1722 年在位）送给他的第

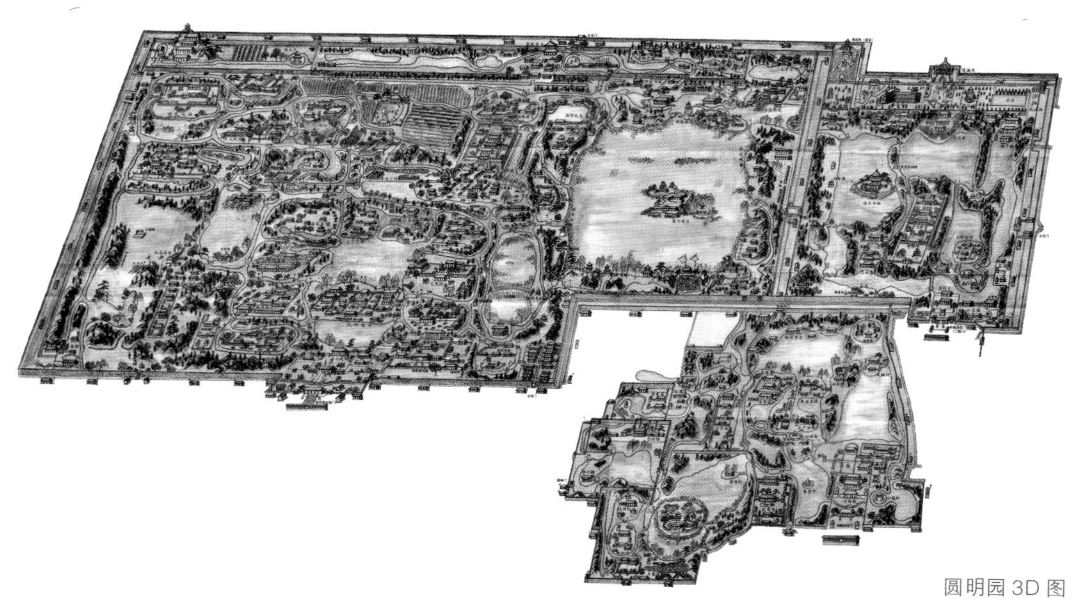

圆明园 3D 图

四个儿子胤禛的花园。胤禛登上皇位后对圆明园进行了进一步的建设，并将这座花园建成一座夏季行宫。前后历时151年，皇帝们不断下令丰富圆明园的景观，使圆明园逐渐变成了皇帝们梦寐以求的宫殿和园林。遗憾的是，1860年的第二次鸦片战争和1900年的八国联军侵略，将万园之园的圆明园化为废墟，我们只能从乾隆命画师留下的《圆明园四十景图咏》中领略一些当时的胜景。

圆明园－正月观灯（郎世宁画作）

圆明园是一座以水为主题的水景园，水面占全园面积的一半以上。它的水主要来自玉泉山，通过颐和园的昆明湖和清河支流万泉河，由西马厂铁闸从西北注入圆明园的紫碧山房，然后散布于各园。这种将水源布置在西北角的布局参考了中国神话中天下之水发源于昆仑山的传说。雍正年间大规模修整了水道，将全园的湖泊相连，形成了整座园林的脉络。这些河道、湖泊和遍布全园的假山、岛屿等相互烘托映衬，具有山水写意画般的意境。

圆明园的景观大量取材于中国的神话传说和诗画意境，如方壶胜境、蓬岛瑶台（蓬莱仙岛）、武陵春色（桃花源）、杏花春馆（仿杜牧杏花村诗意）、上下天光（洞庭湖）等。北远山村、多稼之云等则是来自于传统的田园风光。可以看出古人对自然、田园和农耕生活的向往，即便不能置身其中，也要在自己生活的环境中建造出一样的意境和氛围。

圆明园的建筑形式丰富多样。园内的大型建筑，有殿堂、楼阁、亭台，还有轩榭、廊庑等，共约16万平方米。园内建筑物既吸取了历代宫殿式建筑的优点，又创造出不少新的建筑形式，如扇面形、圆镜形、“工”字形、“山”字形、“万”字形等。如万安方和的水心廊亭，外形呈万字型。澹泊宁静俗称田字房，它

圆明园大水法

的的主体建筑外形是汉字“田”字形状，是供每年皇帝举行犁田仪式的地方。

圆明园是清王朝倾全国之物力，集无数精工巧匠，填湖堆山，种植奇花异木，建成大型建筑 145 处，收藏难以计数的艺术珍品和图书文物，耗时 150 余年建成的大型皇家宫苑。园内不仅汇集了许多江南名胜“缩景”，还创造性地移植了西方园林建筑，园内集当时中西方造园技术之大成，被誉为“万园之园”。

典故

圆明园，这一名称是由康熙皇帝命名的。他的儿子，雍正皇帝解释“圆明”二字的含义是“圆而入神，君子之时中也；明而普照，达人之睿智也。”意思是说，“圆”是指个人品质阶级标榜明君贤相的理想标准。雍正皇帝崇信佛教，对佛法很有研究，“圆明”是雍正皇帝自皇子时期一直使用的佛号。他曾努力提倡“三教合一”和“禅净合一”，是佛教发展史上非常重要的人物。康熙皇帝把园林赐给胤禛（后来的雍正皇帝）时，亲提园名为“圆明园”，正是取自雍正的佛号。

五、蓬莱琼阁——北海公园

北海公园位于北京市中心，是中国现存历史最悠久、保存最完整的皇家园林之一。园内水面开阔，湖光塔影，苍松翠柏，亭台楼阁，叠石花木，犹如仙境。这里原是辽、金、元、明、清五个皇朝的皇室“禁苑”，已有上千年历史。

北海琼华岛远景

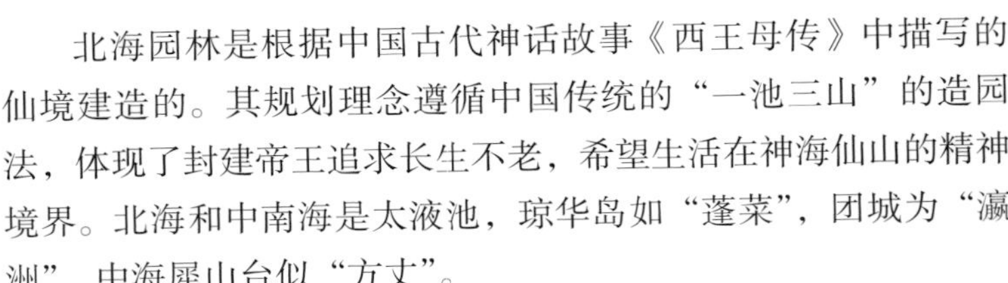

北海园林是根据中国古代神话故事《西王母传》中描写的仙境建造的。其规划理念遵循中国传统的“一池三山”的造园法，体现了封建帝王追求长生不老，希望生活在神海仙山的精神境界。北海和中南海是太液池，琼华岛如“蓬莱”，团城为“瀛洲”，中海犀山台似“方丈”。

中国古典园林的空间设计追求“天人合一”，格局以山水为主，建筑为从。琼华岛临水而立，挺拔清秀美丽，是北海的主体。岛的四面临水，岛上白塔高耸，殿阁长短，万木苍郁，有犹如仙境的亭台楼阁，有神人庵、吕公洞以及铜仙承露盘等传说中的仙岛景物。四周湖中菱荷滴翠，环湖垂柳婀娜多姿，掩映着濠濮间、画舫斋、静心斋、天王殿、快雪堂、九龙壁、五龙亭、小西天等众多著名景点。

北海琼岛春阴碑

在北海的东北角，还有一个特别的处所，就是祭祀蚕神西陵氏的先蚕坛。中国传统文化中，祭祀被列为立国治人之本，排在国家大事之首列。历朝历代都非常重视农业生产，对于先农和蚕神的祭祀也是国家非常重要的仪式。皇家在皇室“禁苑”内专门设置了祭祀的场所，每年春季第二个月的巳日，皇后或其代表都要到先蚕坛祭祀蚕神，祈求一年的丰收。

现在的北海是市民公园，占地面积 68.2 平方米，其中水域面积 38.9 平方米。北海东望故宫、景山，南临中海、南海，西接兴圣宫、隆福宫，北连什刹海，是北京城中最优美的“前三海”之首。北海园林兼顾着北方园林的宏阔气势和江南私家园林的婉约多姿，既有帝王宫苑的富丽堂皇，又有宗教寺院的庄严肃穆，气象万千而又浑然一体，是中国园林艺术的瑰宝。

典故

燕京八景之一，北海的“琼岛春阴碑”上刻有乾隆的诗文“乐志讵因逢胜赏，悦心端为得嘉禾。当春最是耕犁急，每较阴晴发浩歌。”充分显示了乾隆皇帝对农业生产的重视程度。

中华民族自古亲蚕大典就与亲耕之礼并重，所谓“天子亲耕以供粢（zī，cí）盛，皇后亲蚕以供祭服”，以此为天下的黎民百姓做出表率。皇后亲蚕的仪驾是凤舆，穿明黄纱云龙女朝袍。凤舆与朝袍都只有皇后大婚和亲蚕时才能乘坐与穿着，可见清代皇后先蚕礼的规制之高。乾隆帝曾命宫廷画师仿雍正绘《亲农图》之意，绘制了《孝贤皇后亲蚕图》。

北海先蚕坛春阴祭蚕盛典

先蚕礼作为由皇后主持的最高国家祀典，是清朝完善内廷管理礼法的重要举措。先蚕坛作为乾隆皇帝为皇室后妃祭祀蚕神西陵氏建筑，曾经是规制完整、彰显礼制的坛所，也是清代礼制趋于成熟与完整的重要表现。由此可见，皇家对于农业生产的重视不仅体现在国家礼制的制定，还深入到了园林的空间设计之中。现在每年的阴历 3 月，先蚕坛会举行“春阴祭蚕盛典”，再现当年皇家的先蚕之礼。

六、三晋之胜——山西晋祠

晋祠，位于山西太原市区西南 25 千米处的悬瓮山麓，总面积约 3 000 亩，为古代晋王祠，始建于北魏，是中国现存最早的皇家园林。晋祠集中国古代祭祀建筑、园林、雕塑、壁画、碑刻艺术为一体，有非常独特的价值。晋祠初名唐叔虞祠，是为纪念晋国开国诸侯唐叔虞而建。叔虞励精图治，利用晋水，兴修农田水利，大力发展农业，使唐国百姓安居乐业，生活富足，造成日后八百年的风调雨顺，国泰民安。

晋祠圣母殿和鱼沼飞梁

晋祠有宋、元、明、清各代建筑 410 余座，殿、堂、亭、楼、台、阁、桥、榭等应有尽有，可称得上是中国古建筑的博物馆。其建筑造型优美，结构轻巧，雕工精细，是建筑高超工艺的集中体现。祠内的古建筑群整体呈现唐宋的散点式布局，依山傍水、错落有致，亭桥点缀，泉水环绕，一派北方园林雄浑壮阔、自然流畅的风韵。我国著名建筑师林徽因说：“晋祠的布置又像庙观的院落，又像华丽的宫苑；全部兼有开敞堂皇的局面和曲折深邃的雅趣。大殿楼阁在古树婆娑池流映带之间，实像个放大的私家园亭。”

晋祠倚靠自然的山水，有千年的周柏唐槐，春秋的水渠、唐朝的御碑，更有宋代彩塑侍、金代的大钟、元代的雕像、明朝的

晋祠风光

石桥、清朝的建筑、民国的凉亭……看晋祠，看的不仅是中国古典园林的历程，看的更是一部两千年的中华文明史。

水是园林的血液。晋祠的水无处不在，位于主体建筑圣母殿前的鱼沼飞梁和南侧的难老泉是全园水的精华所在，其主要供奉的是掌管晋水的圣母和水母。李白有诗曰："晋祠流水如碧玉"、"微波龙鳞莎草绿"。晋祠的水不仅用来观赏，还是周围农田灌溉的水源。山西地处黄土高原，气候土壤干燥，不利于水田作物的生长。而由于有难老泉水的浇灌，晋祠从西汉时期就大面积栽培大米。晋祠大米颗粒饱满，色泽晶莹，性软而韧，连蒸数次，仍然粒粒分明，吃起来清香爽口，素有"七蒸不烂"之说，晋祠也由此享有"北国江南"之称。清代许荣用"晋水源流汾水曲，荷花世界稻花香"的楹联、宋代范仲淹用"满目江南乡，千家灌禾田"的诗句来描绘晋祠稻田生产的景象。

七、江南乐章——苏州拙政园

拙政园位于苏州市东北隅，始建于明正德初年（1509 年），为明代御史王献臣弃官归乡所建，他借用西晋文人潘岳《闲居赋》中的诗句取园名，暗喻自己把浇园种菜作为自己（拙者）的"政"事。拙政园是江南古典园林的代表作品，也是苏州园林中面积最大的古典山水园林，中国四大名园之一。

中国文化中，许多看起来风马牛不相及的事物往往存在着内在的联系。农耕文化对于土地的依赖，造就了古典园林文化中对于叠山理水的高度重视。尤其作为中国"园林标本"的苏州园林，更是利用山石、水面突破空间的局限，创作出"多方胜景，咫尺山林"的园林艺术，使观者无论从哪个角度进行欣赏，眼前总是一幅完美的山水园林图画。

拙政园春景

据《王氏拙政园记》和《归田园居记》记载，园地“居多隙地，有积水亘其中，稍加浚治，环以林木”，“地可池则池之，取土于池，积而成高，可山则山之。池之上，山之间可屋则屋之。”设计者在根据传统农耕的因地制宜原则，将园内多积水的劣势经过人工疏浚化为以水景见长的优势，用大面积水面营造出开阔疏朗的空间感。

拙政园占地 52 000 平方米，从空间布局分为住宅、东、中、西四部分。在总体布局上，以水池为中心，亭台楼榭临水而建，四部分各有所长，突出江南水乡的特色。住宅是典型的苏州民居，中部山水明秀，厅榭典雅，花木繁茂，是全园的精华所在。西部水廊逶迤，楼台倒影，清幽恬静。东部平岗草地，竹坞曲水，空间开阔。据说设计师文征明非常喜欢植物，因此拙政园的设计中，花草树木是另一大亮点，31 个景点中，超过一半的景，都与植物和植物本身的意涵有关。

“松风水阁”又名“听松风处”，亭侧黑松数株，有风吹过，松枝摇动、松涛作响；“归田园居”，丛桂层层，垂柳拂地；“桃花片”，夹岸植桃花，花时望若红霞；“竹涧”，夹涧美竹千挺；“瑶圃百本”，花时灿若瑶花。还有“远香堂”、“荷风四面亭”的荷花，“倚玉轩”、“玲珑馆”的翠竹，“待霜亭”的橘子，“听雨轩”的芭蕉，“玉兰堂”的玉兰，“雪香云蔚亭”的梅花，“嘉实亭”的枇杷等等。“梧竹幽居亭”中的“爽借清风明借月，动观流水静观山”恰到好处地呈现出此园的意境。

拙政园小飞虹桥

据说拙政园的果树在当时还用作供应明代江南十分兴盛的果脯业，是王献臣辞官后重要的经济来源。同时，王氏以其道教迷信，亦以食果为神仙象征。因此，作为果园的拙政园对王氏而言是物质和精神双重的收益。可见，园林不仅仅是一种艺术表现形式，其中也具有生产的功能。

文征明是明代著名的诗画家，是吴中四大才子之一。他设计的拙政园，把绘画中的写意性融入到园林之中，增强了园林的意境之美。拙政园将自然美、建筑美、绘画美和文学艺术有机地融合在一起，是由建筑、山水、花木、诗文组成的综合艺术结晶。

文征明像

拙政园作为苏州园林的一个例证，1997 年被列入《世界遗产名录》。世界遗产委员会评价：咫尺之内再造乾坤。苏州园林被公认是实现这一设计思想的典范。这些建造于 16—18 世纪的园林，以其精雕细琢的设计，折射出中国文化中取法自然而又超越自然的深邃意境。

典故

拙政园的建造者和所有者王献臣以晋代潘岳（潘安）自比。潘岳的《闲居赋》中有这样一段文字："庶浮云之志，筑室种树，逍遥自得，池沼足以渔钓，舂税足以代耕，灌园鬻蔬，以供朝夕之膳，牧羊酤酪，以立矣伏腊之费，孝乎唯孝，友于兄弟，此亦拙者之为政也。"王献臣取其中"拙政"二字为园名，实际上是借以发泄胸中之郁愤。

他在《拙政园图咏跋》中曾说："余自筮仕抵今，余四十年，同时之人或起家至八坐，登三事，而吾仅以一郡倅老退林下，其为政殆有拙于岳者，园所以识也。"申明了"拙政园"名称的寓意。

八、先农祭坛——北京先农坛

北京先农坛始建于明永乐十八年（1420 年），是明清两代统治者亲自耕祭先农（炎帝神农氏）的祭坛，也是几千年来中国炎帝神农氏祭祀文化的集大成者。它原样照搬了明洪武帝时在南京建造的先农坛式样，不仅祭祀发明了农耕技术的神农，还祭祀其他间接或直接与农业有关的众多神祇，如太岁神、十二月将神、江河湖海神、风云雷雨神等。

中国古代是个以农立国的社会，农耕是最主要的生产方式，"男耕女织"是历代帝王心目中太平盛世的具体象征。为了使农业得到发展，奖励农耕，皇帝本人亲自示范，祭祀农神，身体力行扶犁耕田。为此，从明永乐十八年（1420 年）始，至清乾

雍正先农坛亲祭

先农坛“祭先农礼仪”展演

隆二十年（1755 年），明清两代统治者不断增加先农坛的建筑数目，赋予它们不同的功用。统治者完善并严格执行先农（炎帝神农氏）的耕祭礼仪规章，借以表明重农从本的治国纲领，达到佑护政权稳固的政治目的。据说，清朝康熙皇帝不仅亲自参加祭祀农神活动，而且在多次南巡中视察农业水利。他在一次巡幸江南时带回了当地优良品种——香稻，随即就在北京中南海瀛台丰泽园内亲自试验耕种，还让大臣们来参观。在他的带动、倡导下，京郊大面积种植水稻，致使后来京西稻、南苑稻等优良品种应运而生。

先农坛由内外两重围墙环绕，北圆南方，鸟瞰像一个圆顶粮仓，墙内内古木参天。整个建筑群分为三组，先农坛（先农神坛、神厨库院、神仓院、具服殿、观耕台、庆成宫），太岁殿（太岁殿院、焚帛炉），天神地祇坛。古代皇帝祭祀先农和亲耕的传统可以追溯到周朝，但不是每年举行。到了明清时期，成为国家重要的祭祀典礼。每年春亥日皇帝率领百官在先农坛祭拜过先农神后，在具服殿更换亲耕礼服，到亲耕田举行亲耕礼，然后皇帝在观耕台观看王公大臣们耕作。秋天，亲耕田收货后，将谷物存放于神仓院，供北京九坛八庙祭祀使用。

北京先农坛不仅蕴含着千百年来神农祭祀文化的精髓，而且成为中国神农祭祀文化集大成式的物质体现（物质载体），处处渗透着中华民族天人合一、体恤民生的传统思想，是中华农业文明在园林艺术方面的又一体现。

先农坛－观耕台

典故

我们经常听到“一亩三分地”的说法，其实最初是来源于先农坛。

中国古代以农立国，各代皇帝都要举行“祈年”和“亲耕”大典。除了祭祀先农以外，皇帝还要亲自参加农活劳动，以示对农业生产的重视和鼓励，并为文武百官做出榜样。明朝永乐十八年（1402年）修建先农坛的时候，专门辟出一块土地，供皇帝每年春天到此亲耕。由于这块属于皇帝专耕的土地为一亩三分，后人便把它的意思延伸推广，变成个人利益或个人势力范围的表达。

其实，最初的“一亩三分地”，应该是皇帝和官员“演耕”的岗位，是以身作则、表达责任的标志，而不是个人势力范围的代表。

九、千年学府——岳麓书院

岳麓书院坐落于湖南省长沙市岳麓山东面的山脚下，现湖南大学校园内，是宋代著名的四大书院之一。其前身可追溯到唐末五代（约958年）智睿等二僧办学。北宋开宝九年（976年），潭州太守朱洞在僧人办学的基础上，正式创立岳麓书院。后历经宋、元、明、清各代，至清末光绪二十九年（1903年）改为湖南高等学堂，之后相继改为湖南高等师范学校、湖南工业专门学校，1926年正式定名为湖南大学至今，历经千年，弦歌不绝，故世称“千年学府”。

岳麓书院

历代的文献史籍上把岳麓书院和孔子讲学处并提，誉为“潇湘洙泗”。讲堂檐上高悬的“实事求是”匾是岳麓书院的院训。青年毛泽东曾在此寄读，后来在革命实践活动中将其发扬光大，最终成为毛泽东思想的精髓。

书院座落在风景胜地岳麓山清风峡口，三面环山，层峦叠翠；前临湘江，碧波荡漾。从湘江西岸的牌楼口，直往山巅，有古道连通，形成一条风景中轴线，岳麓书院就建在此中轴线上的中点。书院海拔约 100 米，现占地 2.5 万余平方米，其中建筑面积 7 000 余平方米，堪称当今海内外保存得最完好、规模最大的书院文物。

岳麓书院的古建筑在布局上采用中轴对称，纵深多进的院落形式，其中讲堂是中轴线的中心，也是整个书院的中心位置，书院的建筑主要有三个功能：讲学、藏书和供祀。

岳麓书院雪景

院前有天马、凤凰二山分峙两旁，俨若天然门户；院后沿中轴线而上，有爱晚亭、舍利塔、古麓山寺、白鹤泉及近代修建的蔡锷墓、黄兴墓等著名景点相托，其他景点星布于中轴线的两侧。书院前后四进，前门、赫曦台、大门、二门、讲堂、御书楼依次居中轴线而建。每进建筑都有数级台阶缓缓升高，层层叠进，给人一种深邃、悠远、威严、庄重的感觉，体现了我国儒家文化尊卑有序、等级有别、主次鲜明的社会伦理关系。文庙、专祠及半学斋分建中轴线的北侧；教学斋、白泉轩、园林、碑廊等分建于中轴线的南侧。整个院内，大小院落，交叉有序；亭台楼阁，古朴典雅；佳花名木，姿态各异；碑额诗联，比比皆是。悬于讲堂的“工善其事，必利其器业精于勤，而荒于嬉惟楚有材，于斯为盛沅生芷草，澧育兰花”，悬于御书楼的“圣域修文，前有朱张讲坛，宋清宸翰名山汲古，上藏三坟五典，诸子百家"等，充分体现了古书院攻读经史、求索问道、赋诗作联、舞文弄墨的特色。

书院的园林建筑，有别于宫苑、寺院、府署、第宅园林。整个格调崇尚自然，取景于自然，不求雕饰和华丽，讲求宁静、清幽、淡雅。所布局的景点多有命名，并富含诗的意境，有的还有诗人吟咏之作，文人气息十分浓郁，力求将自然景观与人文景观融为一体。置身书院之中，学子游人由景生情，由景悟境，最终达到"物我融合"、"天人合一"的境界。

贴士

宋代四大书院是指白鹿洞书院、岳麓书院、嵩阳书院、应天府书院。

白鹿洞书院位于江西 庐山五老峰南麓的后屏山之阳。书院傍山而建，一簇楼阁庭园尽在参天古木的掩映之中。白鹿洞最初是唐代贞元时，李渤、李涉兄弟隐居读书的地方。1179年，朱熹为知南康军等事，曾在此主持教务和讲学，并奏请赐额及御书，书院于是声名大振。以后，陆象山、王阳明等人都曾在此讲学。

嵩阳书院在嵩山南麓、登封县城北约三公里处。创建于北魏孝文帝太和八年（484年）。嵩阳书院东西山岭环抱，逍遥谷溪水缓缓南流，嵩岳寺溪水汩汩西来，两道清澈的溪水，在嵩阳书院前面汇合成双溪河，然后蜿蜒东南入颍。书院南面是开阔的沃田。站在嵩阳书院门口四望，可仰望嵩岳诸峰，可俯瞰登封城全景。

应天府书院亦称睢阳书院，位于商丘县城南。始建于后晋，北宋时得到光大。吟出"先天下之忧而忧，后天下之乐而乐"的范仲淹，就出于应天府书院。

十、吴中之冠——苏州留园

留园是中国著名古典私家园林，苏州四大古名园（沧浪亭、拙政园、狮子林和留园）之一。它位于江南古城苏州，占地面积23 300平方米，以园内建筑布置精巧、奇石众多而知名，有"不出城郭而获山林之趣"之称。

吴中之冠——留园

在造园上，留园采用不规则的布局形式，在不太大的空间范围内，利用云墙和建筑群把园林划分为中、东、北、西四个不同的景区。中部以水见长，池居中央，四周环以假山和亭台楼阁，长廊旋曲其中。东部以建筑取胜，有著名的佳晴喜雨快雪之厅、林泉耆硕之馆、还我读书处、冠云台、冠云楼等十数处斋、轩。西部是土山枫林，以假山为奇，土石相间，堆砌自然，山上一片枫树，左云墙起伏，其间以曲廊相连。迂回连绵，达 700 余米，通幽度壑，秀色迭出。北部陈列数百盆朴拙苍奇的盆景，一派田园风光。

不同主题的四个景区之间有墙为间隔，用长廊作为连接，靠漏窗的使用将各个景区之间进行相互渗透和连接，虽然有墙的阻隔，但是从漏窗中又能看到相邻景区的景色。园中漏窗 200 多处，给人一种漏而不尽，渐入佳境的感受。

留园漏窗

在不太大的空间范围内，能典型地再现自然山水之美，又不落人工斧凿的痕迹，达到“虽由人作，宛自天开”的园林艺术效果，是中国古典造园艺术的一个重要特点。尤其江南地区的私家园林，在咫尺之地，突破空间的局限性，“妙在小，精在景，贵在变，长在情”，是苏州园林艺术的精华所在。留园作为苏州园林的一个例证，1997 年被列入《世界遗产名录》。联合国教科文组织世界遗产委员会评价：没有哪些园林比历史名城苏州的九座园林更能体现出中国古典园林设计的理想境界，咫尺之内再造乾坤。

贴士

作为世界遗产例证的九座苏州园林是：拙政园，留园，网师园，环秀山庄，沧浪亭，狮子林，艺圃，耦园，退思园。

十一、岭南园林——佛山梁园

佛山梁园是清代岭南文人园林的典型代表之一，与番禺余荫山房、东莞可园、顺德清晖园合称为清代粤中四大名园。

梁园布局精妙，宅第、祠堂与园林浑然一体，岭南式“庭园”空间变化迭出，格调高雅。其整体布局受中国传统文化中的堪舆学影响较深，宅第、祠堂建筑都是坐北朝南并排而建。“堪”即天，“舆”即地，堪舆学即天地之学（也就是风水）。

梁园的空间布局不同于江南的私家园林，其造园手法融入了当地“聚族而居”的习俗，以宅第、宗祠建筑为主，山水景观为从。每个房间的主人都是按照长幼辈分，有着严格的等级划分。

梁园造园的组景不拘一格，追求雅淡自然、如诗如画的田园风韵。富有地方特色的园林建筑轻盈通透，园内果木成荫、繁花似锦，加上曲水回环、松堤柳岸，形成特有的岭南水乡韵味。由于园主人酷爱奇石，园内奇石多达四百余块。特色各异的奇石千姿百态，设置组合也巧妙脱俗。

梁园的另一大特色是园内的植物配置非常讲究，不仅奇花异卉，更有岭南果木。园中有荔枝、龙眼、菠萝蜜、番石榴、水蒲萄、杨桃、芭蕉等数十种岭南佳果，高近 20 米的吕宋芒果，树

梁园全景图

梁园一角

龄已逾百年。芭蕉、茉莉、桂花、兰花、竹等则为其中之常见品种，桂花、九里香、含笑、鹰爪、美人蕉等灌丛花卉，还有大量的盆景。通过树形的选择、剪裁，与高大树木形成高矮错落有致，与建筑物及湖池相互呼应，视觉空间层次分明，或分隔空间，使人在绿树掩映之中，感受其中的诗情画意。

与江南园林和北方园林相比，岭南园林有比较鲜明的特色：一是体型轻盈、通透、朴实，体量较小。二是装修精美、华丽，大量运用木雕、砖雕、陶瓷、灰塑等民间工艺。门窗格扇、花罩漏窗等都精雕细刻、再镶上套色玻璃做成纹样图案，在色彩光影的作用下，犹如一幅幅玲玲珑剔透的织绵。三是布局形式和局部构件受西方建筑文化的影响较多。如中式传统建筑中采用罗马式的拱形门窗和巴洛克的柱头，用条石砌筑形式规整的水池，厅堂外设铸铁花架等，都反映出中西兼容的岭南文化特点。

贴士

堪舆学以自然观为基础，把天文、气候、大地、水文、生态环境等自然条件引入选择地址、改造环境的活动之中，反过来又用以指导人类的农业的生产和生活。因此，堪舆是符合中国传统农耕文化之顺应自然、利用自然的世界观，是古人在生产和生活中长期对自然进行观察、选择和适应的过程中总结出来的经验之道。据说农业的发明者神农氏——炎帝就非常擅长堪舆。

十二、龙蟠虎踞——北京恭王府

恭王府坐落在风景秀丽的北京什刹海的西南角，是现存保存最完整的清代王府，也是现存为数不多的王府花园之一。恭王府的前身原为清代乾隆朝权臣和珅的宅第和嘉庆皇帝的弟弟永璘的府邸，咸丰元年（1851 年），清末重要政治人物恭亲王奕訢成为这所宅子的第三代主人，改名恭王府。这几任主人都是清朝历史上举足轻重的人物，因此“一座恭王府，半部清朝史”，是对恭王府的真实写照。

恭王府西洋门

“月牙河绕宅如龙蟠，西山远望如虎踞”，是史书上对恭王府的描述，它的选址充分体现了堪舆（风水）文化的影响。据说北京有两条龙脉，一是土龙，即故宫的龙脉；二是水龙，指后海和北海一线，而恭王府正好在后海和北海之间的连接线上，即龙脉上，因此风水非常的好。古人以水为财，在恭王府内“处处见水”，面积最大的湖心亭的水，是从玉泉湖引进来的，且只内入不外流，符合风水学敛财的说法。据说，北京长寿老人最多的地方就是在恭王府附近。

王府占地约 6 万平方米，分为府邸和花园两部分。其府邸建筑庄重肃穆，尚朴去华，明廊通脊，气宇轩昂，规制仅次于帝王居住的宫室。花园又名萃锦园，占王府面积的一半，是北方最大的私家园林。萃锦园以四合院形式为基础，吸收了南方的造园手法，衔水环山，古树参天，曲廊亭榭，富丽天然。其间景致之变

恭王府全景

化无常，开合有致。

萃锦园的空间布局分中、东、西三路。中路以建筑为主，庄严肃穆。东路以院落为主，曲折多变。西路以水景见长，环绕山石古木。萃锦园的中路正门叫西洋门，是一座西式汉白玉拱形石门。虽然西洋门比起当时西方的类似建筑来没有那么壮观和精美，但对于当时的中国来说，它却是一种打破中华几千年封闭的小农经济文化，向西方敞开国门的象征。

恭王府萃锦园

与空间布局相对应，萃锦园内的植物配置也分三路。西洋门入口处叠石为山，山上是侧柏、国槐、构树和紫丁香。山脉沿着东西两路延伸，将整个花园包围起来，沿山的高大树木对花园形成了屏障，将园内外隔绝开来。石山上配以爬藤类植物，野趣油然而生。建筑的周围用简洁的手法，或配以高大浓密的榆树，或种植一片绿竹，庄重、清幽各相宜。西路以水景和山景为主。山景植物多为高大乔木，法国梧桐、国槐、油松、侧柏，之间穿插着木槿和各种杂草，给人以“林烟深寂寂，天籁鸣萧萧”的意境。方塘内有睡莲、荷花，岸边是千屈菜和水葱等，一派田园风光。东路有“艺蔬圃”，是种植农作物的所在，体现了园主的农耕情结。

由于恭王府府邸和花园设计富丽堂皇，斋室轩院曲折变幻，风景幽深秀丽，昔日有碧水萦洄并流经园内，因此，一向被传为《红楼梦》中的荣国府和大观园。

十三、壶天自春——扬州个园

个园是扬州私家园林的代表，由清代嘉庆二十三年（1818 年）两淮盐业总商黄应泰（1770—1836 年）在明代“寿芝园”的旧址上扩建而成。

扬州个园　壶天自春

一个时期的园林作品代表一个时期的经济文化风貌。扬州园林与盐商有着密不可分的联系。扬州盐业在清康熙、雍正、乾隆三朝最为显赫，成为全国三大商业资本集团之一（广东行商、山西票商、两淮盐商），当时扬州盐商提供的盐税占全国财政总收入的 1/4。元代杨维慢在《盐商行》中写道“人生不愿万户侯，但愿盐利淮西头”。富足的盐商盘踞扬州，挥金如土，由此带来了私家园林的鼎盛时期。

个园占地虽不大，但园中相形度势，因地制宜，小中见大，

扬州个园　秋山

扬州个园　修竹

透着磅礴气势。叠石是园中最精彩的部分，不同石料被堆叠成“春、夏、秋、冬”四景，表达出“春景艳冶而如笑，夏山苍翠而如滴，秋山明净而如妆，冬景惨淡而如睡”的诗情画意。设计者将四季假山设置在一园之中，把“春山宜游，夏山宜看，秋山宜登，冬山宜居”的山水画理和自然界季节变化特点，运用到假山垒叠，使城市的人们可以随时感受大自然的四时美景和季节的周而复始，不出户而“壶天自春”。这种以时令为主题的独特的艺术手法来自于中国传统农业文化的自然崇拜，体现出农耕文明天时、地利、人和，顺应四季的世界观。

个园的竹子是它的另一大特色。个园是因主人——两淮盐业总商黄应泰酷爱竹子而得名。据说黄应泰对于竹的喜好，到了痴迷的程度。他不仅命人在园中种植了许多竹子，他的名字“至筠”也含有竹子。

汉字很多是象形文字，“个”看上去正是一片竹叶的形状，最早的意思就是“竹一竿”。清代大才子、大诗人袁枚就曾经吟咏出“月映竹成千个字，霜高梅孕一身花”的诗句。“个”字由三笔组成的伞状造型，在中国传统农耕文化中，还象征着天时、地利、人和鼎立扶持，面面呵护，路路通达，是经商人所祈盼的最高境界。“个”字笔画中的三，还代表着多而全的意思，是中国人追求福、禄、寿三全齐美的具体表达。不仅如此，“个园”还是园主人的号，简单的两个字，承载了园主作为商人亦是文人的双重身份所具有的精神和文化内涵。

曲径探幽

——历史文化名村

农业文明是我国灿烂的古代文明的重要组成部分。遍布神州大地的古村名镇是农业文明的传承载体。在长期的生产和生活过程中，它们是建筑遗产、文物古迹和传统文化的物化档案，记录着历史文化和社会发展的脉络。

历史文化名村建筑遗产、文物古迹和传统文化比较集中，能较完整地反映某一历史时期的传统风貌、地方特色和民族风情，具有较高的历史、文化、艺术和科学价值，基本风貌保持完好。

这些名村或文物古迹丰富，或建筑技艺高超，或民族风情浓郁，或文化底蕴深厚，或村落形态独特，或历史名人辈出，或自然环境优美，或几者兼而有之，无不凝聚着中华民族的聪明才智和创造精神，集中体现了中华民族的审美情趣和价值取向。

历史文化名村——爨底下

一、建筑遗产

建筑遗产是具有一定综合价值的历史建筑，它是记载历史信息的实物，是介于新生和失传之间、具有社会性的一种见证物。历史文化名村中村落外观形态完整，古建遗存遗址丰富，包括各个历史时期的民居、店铺、戏台、街巷、城墙、寺庙、祠堂、陵园以及古桥、古井等，具有较高考古价值和历史科学价值。

1. 京西古道旁的“世外桃源”——爨底下村

群山峡谷中的爨底下，四周山脉蜿蜒起伏，毗嶙相连，气势磅礴；山坡苍松翠柏，绿草萋萋；天空碧蓝如洗，空气清新，偶尔传来几声悦耳的鸟鸣，使人仿佛置身“世外桃源”。

爨底下村，位于北京门头沟区斋堂镇西的群山峡谷中，距离京城 90 公里。村落始建于明永乐年间（1403—1424 年），村民都为韩姓，系明代沿河城守口百户韩世宁后裔，村落因在古驿道上军事隘口“爨里安口”（京西一线天）的下方而得名。“爨”字，音 cuàn，为家和灶的意思，共有 30 笔，为“兴字头，林字腰，大字下边架火烧，火大烧林，越烧越旺”。“爨”字为“热”，“韩”姓谐音为“寒”，热与寒正好互补。

在明清时期，从爨底下村前穿过的古驿道是京城连接边关的军事通道，又是通往河北、山西、内蒙古一带的交通要道，繁华

爨底下村俯瞰

一时。

群山峡谷中的爨底下，四周山脉蜿蜒起伏，毗嶙相连，气势磅礴；山坡苍松翠柏，绿草萋萋；天空碧蓝如洗，空气清新，偶尔传来几声悦耳的鸟鸣，使人仿佛置身“世外桃源”。村落坐落在山沟北侧缓坡之上，坐北朝南。民居以村北的龙头山为轴心，呈扇面形向下延展，依山就势，高低错落、层次分明，现存有明清时期的四合院 70 余套、500 多间。民居建筑精美，布局巧妙。一条东西走向的小巷，将村子分为上、下两层；小巷旁是一条长 100 米、最高达 20 米的弧形护墙，既是上、下村之间的联系通道，又有天梯自下而上直指天宇；村前还有一条长 100 余米的弓形石砌围墙，将村子围起来，使全村形不散而神更聚，同时具防洪和防匪功能。从山上俯瞰，村落宛如山中的一只“金元宝”，又像周易中的八卦图、阴阳鱼，与周围的自然环境和谐统一，是我国首次发现保留比较完整的山村古建筑群，布局合理，结构严谨，颇具特色，门楼等级严格，门墩雕刻精美，砖雕影壁独具匠心，壁画楹联比比皆是。整个村落犹如一座古城堡，被称为“北京地区的布达拉宫”。

弧形护墙

爨底下村

爨底下的民居以清代四合院为主，基本由正房、倒座和左右厢房围合而成，部分设有耳房、罩房。附属建筑主要有门外影壁、门内影壁、门楼、拴马桩、上马石、荆芭棚等。为适应山地特点，四合院的东西厢房向院中央缩进；同时因地制宜，将平原地区几进的纵轴四合院演变成为横轴四合院；二进院中，内宅与外宅在中轴线上不建垂花门，而改建三间五檩的穿堂屋，提高土地利用率。大部分门楼建在四合院东南角，也就是沿中轴线横向东移，寓意“发横财”。

每一家的门楼结构各不相同，因其造型色彩、门钉个数及门前台阶数的不同而显示着门第的高低。门槛下置门枕石，外起石墩，石雕精美，花纹繁多而不雷同。四合院的内外影壁砖雕独具匠心，做工精细，装饰华美。民居装饰有砖雕、石雕、木雕、字画等，雕刻装饰多以象征吉祥的花卉、鸟兽为主，形体各异，绝少雷同。

四合院门

民居院内多用方砖铺地，院子中间距离对称地镶有六个石窝，秋季时石窝内树起六根带叉木桩，搭放荆芭，上晒粮食，下可行人。粮食晒干下棚，将木桩拔掉，既美观又实用。地下还建有地窖，用于储存蔬菜和果品。院内的排水系统也非常独特，雨水从房屋的前后方，通过墙上的天沟汇集到天井，再从天井的东

广亮院

四合院影壁

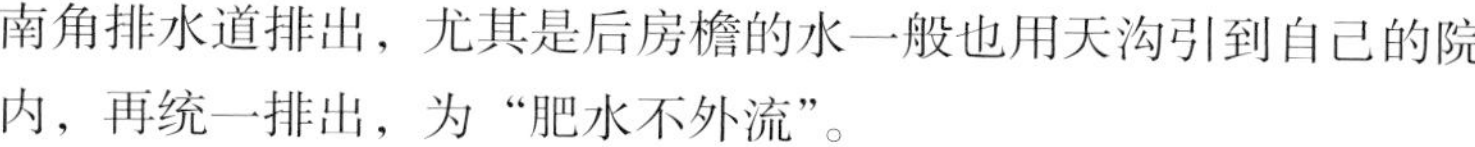
南角排水道排出，尤其是后房檐的水一般也用天沟引到自己的院内，再统一排出，为“肥水不外流”。

广亮院，又称“楼儿上”，位于村落中轴线的最高点，建于清代早期。南北两进，分东、中、西三路，共有 45 间房。正房 5 间，处于全村扇面状民居的交汇点，亦是全村规格最高、质量最好的民居建筑。门楼为广亮大门，七级台阶，门口地面由一块青石和一块紫石铺砌，意喻“脚踏青云”和“紫气东来”，可见当时主人的地位。

院子中间的石窝

爨底下村有丰富的自然景观和人文景观，如金蟾望月、神龟啸天、蝙蝠献福、一线天等。村中有多座庙宇建筑，如祈求神、圣保佑的关帝庙、求子的娘娘庙和为长辈送终升天的五道庙等。民俗和文化活动丰富多彩，如农历正月十五的转灯游庙，清明期间的祭祖、打秋千和民间说唱活动等。

一线天

◆名人题字

古建专家罗哲文先生为《北京古山村——爨底下》学术画册题字：“爨底下古山村是一颗中国古典建筑瑰宝的明珠，它蕴含着深厚的北方建筑文化的内涵，就其历史、文化艺术价值来说，不仅在北京，就是在全国也属珍贵之列”。

◆高官之村

抗日战争时期，全村 108 户，500 多人。在抗日战争和解放战争时期先后有七八十个年青人参军、参政、参战。80% 的农户为军属、干属、烈属。有 34 名烈士为国捐躯，4 人致残。新中国成立后数十人在外当官，仅司局级近 20 人。他们中有曾任外交部外交官并出任驻巴西大使的韩晓礼，有水利部司长和将级军官韩晓洲、韩晓霞等。

◆文化遗存

明代老村遗址、清代民居、壁画、捷报、第二次世界大战时期被日军烧毁房屋的废墟、抗日哨所遗址、20 世纪 50 年代的标语、60 年代的标语、70 年代的标语、古碾、古磨、古井、古庙使人们感悟历史，感悟沧桑，信步其中，如品陈年老酒。

◆古村溯源

传说爨底下韩姓先人是明代从山西省洪洞县大槐树移民而来，后因山洪暴发，整个村庄被毁，只剩下同宗的姑侄两人，由于外出才躲过了此难。姑侄二人大哭一场，将原村址改为祖坟以纪念逝者，并发誓重建家园。但由于姑侄二人同出一宗，不知能否结婚，于是他们各背一块石磨上山，在山顶上向上天诉说韩家的遭遇，并说两人愿结成夫妻，延续韩家血脉，望老天能成全。如果老天有眼，不让韩家断了烟火，就让两块石磨滚下山后合在一起。说完二人就将石磨推下山去，随后到沟底一看，两块石磨合在了一起。于是，他们俩人就在现在的村址上结草为庐，成为夫妻。后来二人生了三个儿子，取名时以福字为首辈，以表示上天赐福之意。其后代以“福景自守玉、有明万宏思、义巨晓怀孟、永茂广连文”排辈，至今已发展到 17 辈，“茂”字辈。

2. 世界建筑史上罕见的袖珍城堡——张壁古堡

张壁古堡，明堡暗道、宫殿庙宇一应俱全，军事宗教、民俗历史多种文化融为一体，汇集了夏商古文化遗址、隋唐古地道、元代戏台、金代墓葬、明清民居文化等一系列华夏文化精髓。

张壁村，又称张壁古堡，位于山西省介休市龙凤镇，距介休市 10 公里。古堡建于隋末唐初，因北堡门、南堡门对应天上二十八星宿中的“张宿”、“壁宿”而得名。张壁是一座融军事、居住、生产、宗教活动于一体，明堡暗道、宫殿庙宇齐备的古代袖珍城堡。

张壁古堡

古堡坐落在绵山北麓，介休盆地东南三面沟壑、一面平川的险峻地段。堡东居高临下，有沟堑阻隔；堡北有左、中、右三条深沟向下延伸，沟深莫测；堡西为窑湾沟，峭壁陡坡，深达数十丈，令人生畏；只在古堡南边，留有三条通向堡外的通道，可谓“难攻易守，退进有路”，是理想的军事据守之地。

龙街及两侧的民居

古堡占地 12 万平方米，周筑堡墙 1 300 米，用土夯筑而成，高约 10 米。有南北两个堡门，北堡门筑有瓮城，南堡门用石块砌成，门上建有门楼。街巷格局严整，主次街道分明，中间一条贯通南北、由石块和石条铺砌而成的主街，谓“龙街”。街东 3 条小巷，街西 4 条小巷，与主街构成特殊的“丁”字形结构。古堡状如龙形，南堡门为“龙首”，300 米长的主街为“龙身”，还有“龙须”及“龙脊”等。主街两侧有典雅的店铺和古朴的民居，建筑错落有致，布局严整，门楣考究，砖、木、石雕精美，多为狮子滚绣球、喜雀登梅、鹤鹿同春、福禄寿喜等吉祥内容，充满了浓浓的生活气息。街中千年的抱柳古槐，也给古堡增添了古韵。

里坊门楼“永春楼”

这里至今仍留存着隋唐城市遗存的“里坊”。张壁的“里坊”，巷门、门楼配备得当，巷门是里坊的唯一出口，若关门落锁，“里坊”就成为“堡中堡”，既可各自为战，又能相互呼应。张壁具有堡门、巷门、次巷门、院门、地道五级严密的内部防御体系。

凭借依山退避，易守难攻的地理优势，张壁在地上筑垒构城屯甲藏兵，在地下则建造了另外一座让人惊叹的城。从可汗王祠的入口进入，在神秘的地下世界，张壁建有长近万米、上中下三

古地道剖面

层、攻防兼备的古地道。

古地道

地道呈立体网状分布，深度 2~20 米、高约 1.8 米。上层有喂养牲畜的土槽；中层洞壁下方每隔一段有一可容两三人栖身的土洞，是地道的哨位；底层有宽 2~3 米、长 4~5 米的存粮的洞穴，上下有隔井沟通三层。地道内，宽处可并行两人，窄处仅能一人通过，弯曲迷离，四通八达。为了保证呼吸，地道内有通于沟堑外的通风孔；为了照明，洞壁上每隔一段还有放置油灯的小坑。堡内多口水井与地道相通，还有的井壁两侧都与地道相通，即能搭板通行，也可撤板断路，巧妙至极。地道内部辟有“将军窑”、藏兵洞、马厩、粮仓，以及用于指挥、监视、传令、陷阱之用的完善设施，机关遍布，处处涉险，形成了集攻、防、退、藏、逃于一体的军事要塞。可谓“上有千年古堡相环，下有万米地道相连”，令人叹为观止。

真武庙

除了颇具规模的军事堡垒，在面积只有 0.1 平方公里的古堡内，还坐落有五大神庙建筑群，庙宇琉璃覆顶，金碧辉煌，古香古色。

真武庙顶的琉璃装饰

堡内现存有十六座祠庙，如国宝级的元代古戏台、世所罕见的孔雀蓝通体琉璃碑、汉人成佛第一尊的空王佛行宫、汉民族地区仅存的以“胡人”为膜拜对象的可汗王祠及关帝庙、真武殿、二郎庙等。宗教建筑年代较为久远，多为明代以前的建筑，各自分布在南北堡门附近，大都建于城墙之上。这众多的庙宇中，最著名的是明代空王佛行宫，建造在北门丁字门顶上，坐北向南，大殿三间，殿内塑空王佛像，山墙绘空王佛成佛的故事壁画。殿顶明代三彩琉璃装饰，刀工细腻，烧制精致，形象逼真，栩栩如生。最珍贵的莫过于行宫前廊下两通琉璃碑，通体琉璃烧造，孔雀蓝底，黑字书写，碑额为青黄绿二龙戏珠，两边蓝黑龙纹花卉装饰图案，实为罕见。

琉璃碑

古堡顺塬势建造，南高北低，有悖于古代城市选址北高南低的风水理念。为此在北堡墙上先后修建了“二郎庙”和“真武庙”，使庙顶高度高于南堡门；又在古堡南门外建造了关帝庙，以遮挡来自绵山的“煞气”；连接两座堡门的主街略呈“S”形，使两座堡门相互看不见，有“风水不外流”之意。古人建城讲究天地相应，张壁古堡建筑暗合了天上的二十八星宿，如今村里还有自古沿袭至今的祭星仪式，为古堡披上了一层神秘的面纱。

张壁古堡古村形态、民居院落保存完好，明堡暗道、宫殿庙宇一应俱全，军事宗教、民俗历史多种文化融为一体，汇集了夏

古堡北门

商古文化遗址、隋唐古地道、元代戏台、金代墓葬、明清民居文化等一系列华夏文化精髓。专家称赞张壁："古庙神佛异，明堡暗道奇。"

龙首鹤头福字壁

◆古堡"四绝"与"四杰"

关帝庙 300 年的壁画、丁字堡门、琉璃碑、龙鹤福被称为古堡四绝；空王殿 400 年泥彩塑、双龙碾、泥铁像、神州石被称为古堡四杰。

◆谁建的"明堡暗道"？

相传隋朝大业十三年（617 年），汉人校尉刘武周造反，自立为王，国号"天兴"。当时刘武周与李世民在介休一带争夺天下，刘武周手下的将军尉迟恭驻守张壁，古堡、地道可能是他所为，距今已经 1 300 多年。

◆汉人聚居区怎么会有"可汗王祠"？

"可汗"是古代外族头领的称谓，而张壁自古聚居的都是汉人，这是怎么回事？原来，刘武周造反后，为了立稳脚跟，他依附于突厥，被册封为"定杨可汗"。相传，张壁村的居民就是刘武周当年兵丁的后裔，他们怀念自己的首领，且以"可汗"为荣，故建起了这座可汗王祠。

3. 万里茶路第一站——下梅村

下梅山环水抱、山麓层叠，村落中祠堂、古街、古井、古码头、古集市与民谣、山歌、龙舞、庙会等古风淳朴的民情风俗，交融出村落独特的魅力，蕴藏着丰厚的人文景观资源，造就了典型的江南水乡风貌。

下梅村，位于福建省武夷山市东部，距武夷山风景区10公里、武夷山市区15公里，是一个以茶叶集市发展起来的古村落。下梅山环水抱、山麓层叠，古村落建于隋朝，里坊兴于宋朝，街市隆于清朝。村落中祠堂、古街、古井、古码头、古集市与民谣、山歌、龙舞、庙会等古风淳朴的民情风俗，交融出村落独特的魅力，蕴藏着丰厚的人文景观资源，造就了典型的江南水乡风貌。

下梅村坐落在武夷山东部有名的溪流——梅溪的下游，故名下梅。

汇入梅溪的当溪全长2 000多米，穿过下梅将村庄一分为二，构成900多米长的村落“中轴线”。清康熙年间，下梅邹氏出巨资对当溪进行全面改造，修筑埠头九处，发展水运，与梅溪形成“丁”字形水网。清朝初年，武夷山岩茶在下梅集运转销，到乾隆年间这里逐渐形成崇安最大的茶市。当溪和梅溪成为采购武夷岩茶的重要“茶商水道”，涵养了清代繁荣的下梅茶市，茶叶贸易的繁荣带来地方的富裕，下梅成为有名的商业集镇。《崇安县志》载：“康熙十九年，武夷岩茶茶市集崇安下梅，每日行筏三百艘，转运不绝。经营茶叶者，皆为下梅邹氏。”

最早来到武夷山贩茶的，是山西省榆次市车辋镇的常氏，常

下梅村

当溪

氏贩茶第一站便是下梅村。随着茶路的不断扩展延伸，常氏与下梅邹氏联合，逐渐将武夷茶贩运到东南亚和中俄边界贸易城恰克图，形成了漫漫“万里茶路”。

随着下梅茶市日隆，邹氏成为下梅首富，便大兴土木，建豪宅 70 余幢，构成独具特色的建筑群落。这些建筑以当溪为中轴线，枕溪而建，功能以居住为主。数座拱桥、板桥将当溪南北两岸的民居店铺前的廊道贯通，沿溪廊道上修建在骑楼边的美人靠至今风韵犹存。

下梅现今保持较为完整的明清风格古民居 30 多座，外观古朴，乡土气息浓郁。古民居多兴建于清代中叶，建筑材料以砖木为主，利用挑梁减柱，扩大屋宇建筑空间。宅内多为二厅三进、三厅四进，东阁西厢，书房、楼台一应俱全，四方天井便于采光、集雨和通风，一重天井一重厅。

砖雕、木雕、石雕和墙头彩绘是下梅古民居的一枝奇葩。每座民居的门楼都有砖雕装饰，以浮雕为主，也有镂空雕。题材多为历史人物、民间风物和神话传说，雕刻精细，造型生动。砖雕书法气韵不凡，笔法苍劲古朴，具有富贵豪华之神韵，展示出丰厚的文化内涵。木雕尤以窗棂为最。古民居的窗以透花格扇窗为主，四扇、六扇、八扇不等。窗格图案多种多样，以斜棂、平行棂几何图案以及吉祥物、动植物、人物图案为主。古宅柱础、门当和石花架上的石雕，也丰富多彩、雕刻精美。民居外部结构以高大的封火墙为主，墙上多绘有连续彩画，绚丽清晰、意蕴高雅，虽经数百年风吹日晒而不褪色。

邹氏家祠

邹氏家祠建于清乾隆五十五年（1790年），占地约200平方米，为砖木结构、气势恢宏、工艺精美，是下梅村标志性建筑。祠堂门楼高大宏阔，砖雕图案丰富多彩，祠门以幔亭造型，对称布列梯式砖雕图案，饰有“木本”、“水源”篆刻书法两幅。门楼左右两侧圆形砖雕图，分别刻着“文丞”、“武尉”。家祠的门础上，立着一对抱鼓石。主厅敞开式，两侧为厢房。正厅两根厅柱各由四块木料拼成，以“十”字形榫相接，寄寓着邹氏兄弟齐心协力撑起家业的意蕴。大厅正堂高悬“礼仪惟恭”匾，下面有木雕鎏金门四扇，雕刻着二十四孝图。每至清明祭祖时，神坛上供着祖先灵位和邹氏艰苦创业时的扁担麻绳。

邹氏家祠门楼砖雕

邹氏大夫第，因邹茂章诰封中宪大夫、邹茵章诰封奉直大夫而得名。建于清乾隆十九年（1754年），构造为二厅三进，设有厢房、书阁，门口一对旗杆石保存完好。大门面壁全部用砖雕装饰，浮雕和透雕刻法相结合，层次分明，题材丰富，形象逼真。两厢的隔窗饰以木雕，分别雕刻蝙蝠、花卉等图形。后院称“小樊川”，院内的屏墙为双面镂花砖雕镶式窗，给人“隔墙花影动，疑是玉人来”感受。屏墙上两边分别有“境”、“月”二字，还有金鱼井、石水缸、长条石花架等，院内植罗汉松一株。整个建筑豪华宽敞，显示昔日主人的富有与显赫。

西水别业，整个建筑以水景为主题，建有水榭亭台、拱桥、水池。园中有一道“婆婆门”，据说邹家聘儿媳以此门检验，以丰乳肥臀为美。“三雕”雕刻精美、保存完好的古民居还有邹氏闺秀楼、方氏参军第、施政堂、隐士居、祖师桥等。

平安祥和的下梅村，山护村落，水养邑人，民风古朴，剪纸、舞龙、唢呐表演、古代作坊、婚俗活动等民风一直延续至今。南宋著名理学家朱熹当年来往于下梅时，留下了“晓登初移屐，寒香欲满襟”赞美梅香的诗句。清嘉庆年间，大学士军机大臣王杰赞美下梅道：“鸡鸣十里街，日出千鼎烟”。

邹氏家祠龙形撑拱

大夫第小樊川内景

西水别业门楼砖雕

◆ “美人靠”的传说

传说下梅村大商人邹茂章外出做生意时，他的妻子每天就坐在当溪两边的长凳上，盼望丈夫回来，常常是等到黄昏日落，那夕阳的余辉映照在她的脸上，当溪潺潺流水又倒映着她姣好的身姿，显得妩媚，楚楚动人。日复一日，年复一年，茂章妻子美丽的腰肢始终靠在这风雨栏上，等待丈夫归来。后来人们就把这风雨栏叫做“美人靠”。

西水别业“婆婆门”

4. 双泉古里　江南第一风水村——郭洞村

郭洞村层峦叠嶂，竹木苍翠，静雅宜人，掩映在崇山峻岭之间，由相连的郭上村和郭下村两部分组成。“郭外风光凌北斗，洞中锦秀映南山”是古人对郭洞美景的贴切描绘。

郭洞村，位于浙江省武义县城南 10 公里处，因“山环如郭、幽邃如洞”而得名。

郭洞是何姓血缘古村落，其先祖可溯至北宋宰相何执中。相传，何执中后裔何寿之仿《内经图》，构思布局，营造村舍，并砌城墙形成水口，接山势防御自守，修回龙桥聚气藏风，植树木善化环境，规划民居、通道并巧设七星井，又有左、右青山相拥，恰好应了“狮象把门”之说。

村落地形独特，东西龙山、虎山夹峙，三面山环如障，犹如福地，双泉汇注，天赋灵性。宝泉岩巅的宝泉，卧虎山麓的漳泉，旱不涸涝不溢，终年流水不断，双泉汇合成溪河自南向北贯

郭洞村

回龙桥

穿村中，其中溪东为郭下村，溪西为郭上村。一座回龙桥跨溪而建，把这块风水宝地包裹得严严实实。回龙桥建于元代，是郭洞村历史最久远的建筑。回龙桥原称石虹，先人告诫石虹不能垮，“如垮坍，则其桥既坏，村中事变频兴，四民失业，比年灾浸，生息不繁”。此后，回龙桥历代毁修多次，现桥重建于明隆庆年间。清乾隆年间，桥拱上建了石柱方亭。宝泉岩上的宝泉寺，鳌鱼山顶的鳌峰塔，与回龙桥三者虽各相距数里，却几成一条直线，在地形环境上可消“龙回气象”，足见古人看风水造形制的一番苦心，造就了“江南第一风水村”。

大凡古村落均有“水口”，看似溪水汇聚之处，实为拒敌于外的关卡，是古人称之谓“山环水抱，仅容一线”而“复加旷”的瓶口处。郭洞水口集山川之秀，汇诡奇之景，是郭洞村的灵魂所在。水口城门上的太极图，更形象地反映了此地的风水奇观。

回龙桥下溪水湍急，桥外有一道5米高的坚厚城垣，将村口牢牢地封闭住。城墙在东、西两端各设一门。如今河东岸城墙已毁，城门不存。西门设在虎山脚下，门上有用石砌高出城墙的门头，门洞高4.5米、宽1.6米，是郭洞的主要出入口。城门有石刻楹联“郭外风光古，洞中日月长”，门楣上横书“双泉古里”四个大字。80多棵明万历年间栽种的古树，密布于水口古城墙内外，古韵森然。

森林茂密的郭洞村水口

郭洞融山水、古树、古桥、古寺、古城墙、古民居等景观于一体，现有明清古民居70余处，虽鲜见豪门深院，但村宅保存完好，可以说是一部从明代到清代直至民国的建筑编年史。民居建筑多为三合院式，规模稍大的有前后两进；建筑上有精美的木雕、砖雕和石雕，图案以动植物、花鸟和几何纹为主。还有古朴大度的明代廊柱，精雕细刻的清代牛腿，受西洋影响的民国门窗，比比皆是。

何氏宗祠，建于明万历三十七年（1609年），是三进两天井的合院式建筑，由门厅、戏台、正厅、后厅和厢房组成，规模宏大，气象庄严，总面积达1 060平方米，是郭洞村明清古建筑的代表。宗祠门前立有三对象征地位与荣誉的功名旗杆；宗祠大门上书有“源泓派浩”四字的匾额、绘有两位身着宋朝宰相官服的文官。祠内36平方米的古戏台典雅古朴，檐角飞翘，壁画辉煌，柱梁的牛腿雀替全部精雕细刻。戏台中部的双层八角藻井，留有明代彩绘的花鸟人物。神速堂满梁悬挂匾额40余块，层叠有序，起教化后人作用。后院与祠同庚的罗汉松，冠大形美，根

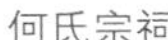
何氏宗祠

何氏宗祠戏台

何氏宗祠大门

何氏宗祠祠堂内的牌匾

深叶茂。

村东400米高的龙山奇峰插云，百亩原始森林云蒸雾游，蝉噪鸟鸣，煞是神奇。满山六七百年树龄的参天大树，蕴藏着原始奥秘。村西虎山荆棘丛生、危岩密布。村南宝泉岩，为武义著名的“武阳十景”之一。宝泉岩上的宝泉禅寺，初建于明代，是方圆数十里佛教信徒进香诵经之宝刹，也是当年武义南营红军的营地。凡豫堂建于明末，梁架结构科学，木雕精湛。另外，郭洞村还有鳌峰塔、海麟院、新屋里等文物古迹。

从北宋丞相何执中起，郭洞村何氏家族世代书香，英才辈出，仅明清两朝就出举人、贡生、秀才等148名。400多年前第8代祖荆山公创办了私塾“啸竹斋”，清康熙年间扩大规模改为“凤池书院”，可惜书院原址已毁。郭洞人不但学文，而且习武，历史上出过35名武秀才和一名武举人。何氏族人身健寿高，目前，郭洞村2 000多人口中，70岁以上的古稀老人有140多人，人均寿命高达85岁。

宝泉禅寺

◆**郭洞——五律**

古村有灵秀，卓然抱葱茏；
明溪照霓辉，老树笑清风；
深宅出才俊，莽山潜苍龙；
安得半日闲？不问夕阳红。

◆**郭洞村来历**

郭洞人不姓郭而姓何，其先祖可溯至北宋宰相何执中。相传，何执中后裔何寿之于元至正十年（1350年）进山看望居住在郭洞村的外婆，见此地翠嶂千重，古木参天，碧溪双注，奇峰叠现，认定郭洞“山不深而饶竹木之富，水不大而尽烟云之态，乃万古不败之地”，便决定迁居郭洞。饱读风水古籍、深谙风水生态之道的何寿之，仿《内经图》“相阴阳，观清泉，正方位”，构思布局，营造村舍，形成"山环如郭，幽邃如洞"的绝佳人居环境，至第四代昌字辈时，又选太极龙溪右弯虎山之麓的漳村（今郭上村）居住，与龙溪左弯龙山脚下的下赵村（今郭下村），形成曲水萦绕、龙腾虎跃之势。

二、文物古迹

文物古迹是具有历史、科学、艺术价值、遗存在社会上或埋藏在地下的历史文化遗物和遗迹，它是人类历史上宝贵的文化遗产，对科学研究、历史教育、文化发展具有重大意义。历史文化名村中主要包括：具有历史价值和纪念意义的古建筑、古文化遗址、石窟寺、古墓葬、纪念物、石刻等。

1. 中国最美的土楼群——田螺坑村

居高俯瞰，田螺坑土楼群宛如一朵盛开的梅花点缀在大地上；又像是“从天而降的飞碟”、“地下冒出来的蘑菇”飘浮在青山翠竹之间；更似奥运五环旗，环环相扣，使人感受到一种团结向上的力量。仰视，又好似西藏的布达拉宫，层叠错落，气势恢宏，构成人与自然环境和谐共存、巧妙天成的景象。

田螺坑村，位于福建省南靖县书洋镇，为黄氏客家家族聚居地，住户均为黄氏族人。

田螺坑是一个土楼村落，坐落在海拔788米的狐岽山半坡上，因地形像田螺，四周群山高耸、中间地形低洼似坑，故名“田螺坑”。村落东北西三面环山，南面为大片梯田，全村由1座方形、3座圆形和1座椭圆形土楼及其附属房屋组成。五座土楼成“器”字形排列，方楼居中，其余四座环绕，呈众星捧月之势，被民间戏称为“四菜一汤”。“四菜一汤”五座土楼依山而建，与层层梯田相呼应，奇异秀美。秋天，层层梯田上稻谷成熟，背景一片金黄；春夏，禾苗茁壮，一片葱翠，如此美丽的景色映衬土楼，多么淳朴、和谐。

五座土楼坐东北朝西南，建在五层高低不同的台地上，依山势起伏，高低有序，疏密

田螺坑土楼群（俯视）

田螺坑土楼群（仰视）

有致，布局合理。

居高俯瞰，土楼群宛如一朵盛开的梅花点缀在大地上；又像是“从天而降的飞碟”、“地下冒出来的蘑菇”漂浮在青山翠竹之间；更似奥运五环旗，环环相扣，使人感受到一种团结向上的力量。仰视田螺坑土楼群，又好似西藏的布达拉宫，层叠错落，气势恢宏，构成人与自然环境和谐共存、巧妙天成的景象，是土楼建筑中的一朵奇葩，是“土楼王国”中最美丽、最典型、最震撼人心的一处土楼景观，是福建客家土楼群的典范，堪称旷世杰作，令人叹为观止。

著名古建专家罗哲文先生盛赞：田螺坑畔土楼家，雾散云开映彩霞。俯视宛如花一朵，旁看神似布达拉。或云宇外飞来碟，

田螺坑土楼群（侧视）

亦说鲁班墨斗花。似此楼形世罕见，环球建苑出奇葩。

2008年，田螺坑土楼群进入世界文化遗产名录。联合国科教文组织闻讯派员考察后，认为这种结构独特、气势磅礴的福建土楼是世界建筑史的奇迹，被誉之为“世界第八大奇迹”。

迁移到福建南靖的黄氏客家人，常常遭遇民风强悍的土著袭击，姓氏不同的迁移家族之间也不断发生殊死的械斗。恶劣的生存环境迫使黄氏客家人极其重视防御，他们将住宅建造成一座座易守难攻的设防城堡，聚族而居。土楼底层和二层均不开窗，厚重高墙成为内外的阻隔，唯一的出入大门使用硬木厚门包贴铁皮，门后用横杠抵固，门上置防火水柜，加强防御措施，土楼内水井、粮仓、畜圈等齐全，使客家人获得了足够的安全保障。

步云楼

步云楼内景

田螺坑土楼群居中的为方形“步云楼”，四周有圆形的“和昌楼”、“瑞云楼”和“振昌楼”，以及椭圆形的“文昌楼”。五座土楼均为3层结构，楼高11.2~12.3米，屋顶平缓，用青瓦覆盖，既防风雨又点缀屋面，顶层设有瞭望孔和射击孔。依形制不同，每层有22~32个房间，一层为厨房，二层为谷仓，三层为卧室，每层用木构环廊连接各户。每座土楼只设一个大门，楼内设2~4部楼梯，内院是宽敞的天井，用鹅卵石或乱毛石铺地，各种生活设施齐全。几百年来，黄氏客家族人聚居在土楼内，一户挨一户，门洞一个挨一个，和睦相处，同欢同庆。现在田螺坑人还保持着这种生活方式，不时看到门口吃饭、井边洗衣、大人闲聊、孩童嬉戏的场景，一幅安居乐业、悠闲恬淡的美好画卷。

方形的步云楼，也就是“那碗汤”。始建于清康熙年间

（1662—1722 年），1936 年被匪烧毁，1953 年重建，占地 1 050 平方米。步云楼沿着高低地势将中厅修建成阶梯状，寓意“步步高升”，既突出了祖厅的重要地位，又寄托了“平步青云”的美好愿望。

和昌楼

圆形的和昌楼、瑞云楼和振昌楼，直径 33~35 米。和昌楼原为方楼，始建于元末明初（约 1354 年），20 世纪 30 年代毁于战乱，1953 年在原址重建，改为土木结构的圆楼。瑞云楼建于 1936 年，座落在五座楼的内隅，有藏风聚气之功，体现了含蓄吉顺的朴素观念。振昌楼建于 1930 年，楼内堂和门是错开的，不在同一轴线上，反映了“富不露白”的风水文化理念。

瑞云楼水井

椭圆形的文昌楼位于最下层台地上，建于 1966 年，取文运昌隆之意。依地形建为椭圆形，长径为 41.5 米，短径 28.7 米，是五座土楼中占地面积最大、房间数量最多的，共有 96 间。

振昌楼内景

田螺坑土楼群以泥土为建筑材料，再掺上石灰、细沙、糯米饭、红糖、竹片、木条等，用古老的夯土工具造墙，经反复翻锄、舂压、夯筑而成。墙高 10 余米，基墙厚 1.2 米，向上逐渐收缩呈梯形，这种墙异常坚固，永久不变，具有防盗、防火、防震、防潮、通风采光、冬暖夏凉等特点，楼内为木结构三层环廊。据专家考证，土楼群依照《考工记图》中的“明堂五室”规划布局，按“金木水火土”五行相生次序，采用黄金分割比例 2∶3、3∶5、5∶8 建造。

岁月的长河仍在无声无息的流淌，神奇的田螺坑土楼群依然伫立在南靖的山水之间，它如立体的画、无声的诗、凝固的舞姿、跳动的乐章，给人留下无尽的遐想。

文昌楼入口

◆“田螺坑”名字的传说

据说 600 多年前，有一个叫黄百三郎的青年翻山越岭来到这里，以放鸭为生。母鸭吃了小田坑里的田螺，每天都会生下双黄蛋，由此他慢慢地积攒了一笔财富。有一天，黄百三郎在放鸭时，突然听到“救命啊！救命啊！”的呼叫声，循声而去，只见在一块山石旁，一条巨大的毒蛇正向一位美丽的姑娘逼去。黄百三郎三步并作两步赶到毒蛇面前，用赶鸭的竹竿与毒蛇展开搏斗。毒蛇被打死了，姑娘得救了。姑娘趴在勇敢的黄百三郎怀里，深情地对他说：“我是一位田螺姑娘，为你的勤劳和朴实所感动，今后你放母鸭，就让我帮你操持家务吧！”于是两人结为夫妻，从此生儿育女，繁衍后代。后人为了纪念先祖，就把这里

文昌楼内景

称为田螺坑。

◆最早歌咏土楼的诗歌

明崇祯六年（1634年），《海澄县志》中记载了明嘉靖三十五年（1556年）海澄人丙辰进士黄文豪歌咏土楼的《咏土楼》：倚山兮为城，斩木兮为兵，接空楼阁兮跨层层，奋戈兮若虎视而龙腾，视彼逆贼兮若螟蛉……这是有史可查最早歌咏土楼的诗歌。

2．“世界第一邮局”全国唯一现存的大型古驿站——鸡鸣驿

鸡鸣驿是一处古驿站，是目前全国现存规模最大、功能最齐全、保存最好的邮传、军驿的宝贵遗存，具有很高的文物、历史价值，在中国邮政史上具有独占鳌头的地位，有“世界第一邮局”的美誉。

鸡鸣驿村，位于河北省张家口市怀来县城西部的鸡鸣山下，距县城20公里。该村因山得名，因驿设城，以驿名定城名，又称鸡鸣驿城。鸡鸣驿是一处古驿站，是目前全国现存规模最大、功能最齐全、保存最好的邮传、军驿的宝贵遗存，具有很高的文物、历史价值，在中国邮政史上具有独占鳌头的地位，有“世界第一邮局”的美誉。

驿站在中国历史上曾起着重要作用，古时传递消息和发放官文都用快马，在数百公里传递中需要在沿途建立许多更换马匹的马站，后来马站又演变成接待过往官员、商人的临时驿站，同时起着军事城堡的功能。

鸡鸣驿始建于元代，因鸡鸣山得名。1219年成吉思汗率兵

东西走向的头道街及远处的鸡鸣山

西征，在沿途开辟驿路，设置“站赤”，即驿站。明朝永乐十八年（1420 年）设立鸡鸣山驿，成为宣化府进京师的最大驿站，城内设有驿丞署、驿仓、把总署、公馆院、马号等建筑。成化八年（1472 年）始建土垣，隆庆四年（1570 年）又以砖修筑城墙。城墙周长 2 000 米，高 12 米，底宽 8 ~11 米，上宽 3 ~ 5 米，表层砖砌，里层夯土，平面近方形，占地 22 万平方米。设东西两门，门额分别为“鸡鸣山驿”、“气冲斗牛”。城门上方各筑两层越楼，北墙正中建玉皇阁，南墙正中建寿星庙，两座阁楼遥相呼应，城四角筑角楼。四面城墙上均筑战台，墙体顶部外侧密布垛口，垛墙上有瞭望孔、射击孔和排水孔道。清乾隆三年（1738 年）重修四面城墙和东西两门，在城东南角城墙上筑魁星阁一座，并筑护城石坝一道。

鸡鸣驿东门

城内有五条道路，“三横两纵”贯通东西、南北，将驿城按“井”字分为三区九块十二片。两条贯通东西、连接两座城门的大街，靠南侧的是前街，靠北侧的为后街。前街是最主要的街道，宽 9 米，两旁建有店铺、门面、作坊以及各类庙宇、戏台和大户人家的居所等，是主要军政管理和商业服务的驿站区。清末，前街曾有“商贾一条街”的美誉。前街中区集中分布着公馆院、贺家大院、观音庙和龙王庙等。城下的东西“马道”为驿马进出通道，城南的“南官道”是当年驿卒传令干道，南北走向的西街区域是驿站的核心设施。城内建筑分布有序，驿署区在城中心，西北区有马号，东北区为驿仓，正北是驿学区，宗教建筑则遍布全城。

贺家大院是慈禧和光绪逃难留宿的地方

贺家大院影壁砖雕

鸡鸣驿城历经岁月风霜，保存基本完好，有着极高的文物历史价值。除西城墙中部有段塌陷外，城墙其余部分均完整地矗立着，棱角分明，不歪不倾。城门拱洞高耸，宽敞的大门洞开，部分铁板、铁钉依然牢牢钉在门上。城内现存驿站设施和 17 处明清时期建造的佛、道、儒教等寺庙建筑，大部分保存完好。

驿丞署

居驿城中心的指挥署和驿城署，是当年最高军事长官和驿丞的居住和办公之所。专供过往官员、驿卒就餐住宿的“公馆院”（驿馆），是一座三进院落的明代建筑，北屋的隔扇木插销头做工考究，各个木插销头分别刻成琴、棋、书、画、荷、莲、蝙蝠、蝉等不同形象，栩栩如生，巧夺天工，别有情趣。古城里最有名的建筑当属“贺家大院”，前后共五进连环院，据说这是八国联军打进北京时慈禧太后和光绪皇帝逃难留宿的地方。“贺家大院”位于城中间的一条狭窄胡同里，二进院的山墙上至今还留有“鸿禧接福”四个楷书大字的砖刻。

指挥署

慈禧所赐“鸿禧接福”砖雕

文昌宫

文昌宫建筑格局严谨，包括山门、正殿、斋堂、七贤祠等，用来供奉和祭拜文昌帝君，也是驿站子弟上学读书的地方，故又称驿学。建于清顺治八年（1651年）的泰山庙，距今已有300多年的历史，正殿48幅彩绘连环壁画仍旧清晰可见，明艳、生动、富于层次感的绘画效果令人叫绝；说明文字使用民间流行的、诙谐独特的三句半形式，堪称绝品。财神庙中的壁画采用沥粉贴金工艺，金碧辉煌，描绘各国使臣带着奇珍异宝朝拜中国财神的情景。

鸡鸣驿所处驿路，早在先秦时代就以“上谷干道”闻名于世，地处当时交通要道的鸡鸣驿，在最繁华时驻兵多达300多人，仅当铺就有6家，同时还有商号9家、油铺4家及茶馆、车马店等，每年的鸡鸣山庙会和集日，大唱庙戏，热闹非凡，商贾云集，买卖兴隆。直至1913年，北洋政府宣布“裁汰驿站，开办邮政”，鸡鸣驿这座具有重要军事、交通与邮驿地位的古驿站才完成了它的历史使命。

1996年，为纪念中国邮政创办100周年，原邮电部发行的纪念邮票《古代驿站》一套两枚，其中一枚就是鸡鸣驿。2003年和2005年，鸡鸣驿两次被世界文化遗产基金会列入100处世界濒危遗产名单。

◆意大利旅行家马可波罗曾这样形容元代驿站

“各省之要道上，每隔二十五迈耳，三十迈耳，必有一驿……合全国驿站计之备马有三十万匹，专门使用。驿站大房屋又一万余所，皆设备妍丽，其华糜情形使人难以笔述也。”

◆鸡鸣山的来历

在张家口下花园区东2公里处，有一座山原名叫磨笄山，距张家口市区50公里，海拔1 128.9米，面积17.5平方公里。此山景观峻秀，伟岸挺拔，孤峰插云，秀丽壮观，有“参天一柱”之称。《怀来县志》载：唐贞观年间，东突厥犯中原，边民不得安宁，唐太宗“恃其英武征辽，尝过此山”，曾“驻跸其下，闻雉啼而命曰鸡鸣”，故称鸡鸣山。

3. 中国乡村第一城 沁河古堡——郭峪城

郭峪村村落规模宏大，极具沁河流域地方特色，既有民居建筑、官宦府邸、商贾豪宅，又有礼制、祭祀、文教、公益建筑以及商业和防御性建筑等，是一个设施完备、功能区分明显的城堡式建筑群。

郭峪村，位于山西省阳城县北留镇，距县城 15 公里，由郭氏家族姓氏命村名。村落规模宏大，极具沁河流域地方特色，既有民居建筑、官宦府邸、商贾豪宅，又有礼制、祭祀、文教、公益建筑以及商业和防御性建筑等，是一个设施完备、功能区分明显的城堡式建筑群。

郭峪村

郭峪古城墙

城墙上的亭阁

郭峪城依山而建，傍水而立，城墙雄伟壮观，城头雉堞林立。明崇祯年间，村民为了抵御流寇侵扰，联合兴建了雄伟壮阔、固若金汤的坚固城堡。城墙高 12 米、宽 5 米，周长 1 400 米，面积 18 万平方米。有东、北、西 3 座城门，东门为正门，门洞上书“景阳”。在城的西南，还设有水门，面对村前的樊溪，是为防洪而修建的。有城堞 450 个、敌楼 10 座、窝铺 18 个，转角处有木亭，城墙上有城防铁炮数十门。为便于居住和防守，建造者在城墙内墙上增建窑洞，上下三层，共 628 眼，具战时储存军械、粮食、药材和藏兵的功能，故郭峪城又名“蜂窝城”。

老狮院门楼

精心打造的郭峪城，别具特色。亭台楼阁，富丽堂皇；庙观寺塔，古朴典雅；官宅民居，古色古香；飞檐斗拱、华丽精美，使郭峪“如化城蜃楼，人间仙境”。城内民居多为明末建筑，保存完好的 40 院 1 100 余间，最具代表性的有陈氏十二宅和“老狮院”、“小狮院”、王家十三院、张家大院等。城中央建有七层豫楼一座，十分醒目。大小寺庙 20 余座，保存完好的是元代修建的汤帝庙，气势恢宏。

城内街巷纵横交错，多为狭窄的胡同，主要街巷只有东西走向的上街和下街以及三条南北走向的街，均与城门相接。除了下街外，几乎没有贯通东西南北的直行街道，上下街两侧商铺林立。这种舍弃通衢大道的布局适合巷战，为“村内防线”，体现“可居可战”的战略构想。

民居的基本型制以三合院和四合院为主，院落大多座北朝南，一般由主宅院、附属院、花园或菜园构成。中间为院落，四边有四个大房子，四角还有八个小房子，是郭峪典型的四合院格式，称为“四大八小”。一些大型的群组式住宅，因布局像棋盘

郭峪民居群

豫楼对面的一处民居

被称为“棋盘院”，巷道如楚河汉界被称为“河”。“棋盘院”四周方正，外墙高大封闭，一旦遇有紧急情况，关闭巷道大门就是城中之城。

历经 300 多年风雨，郭峪城垣虽有残破，但高耸的城墙、威严的城楼，民居华丽的门楼、粗壮的梁架，林立的店铺以及精雕细刻的檐廊、栏杆、门窗、照壁等，无不述说着郭峪城昔日的辉煌。

豫楼

老宅院以陈家的“老狮院”为最。“老狮院”之名，取自大门外的两只石狮，是清代名臣陈廷敬的祖居。四座四合院组成紧凑的“田”字形平面，门楣上多达三层 的木制匾额，书写着陈氏家族昔日的辉煌与荣耀，青青的石条台阶、被岁月冲刷成黑灰色的门柱与七层斗拱记载着陈氏家族的沧桑。

豫楼，是耸立在村中央的最高建筑，建于明崇祯十三年（1640 年），由村内巨贾豪商王重新独资修建，为防御性军事建筑。豫楼为七层建筑，高 33 米、长 15 米、宽 7.5 米。底层墙厚 2 米，随楼层递高逐级递缩。第一层为暗层，由单孔砖拱窑构成，内置石碾、石磨、水井等生活设施，并有暗道与石门相连，可通向城外。第二层为五孔砖窑构成，朝东正中门额上镶有“豫楼”二字，有炮眼 4 个。三层以上，均为梁檩木板盖顶。七层之上四周为砖堞，砖堞之上，又起檐封顶。楼四角垂直，四墙平展，历经数百年风采依旧。豫楼之“豫”为《周易》豫卦之“豫”，知变应变、防御、居安思危之意。豫楼雄居城中，登顶可了望方圆数十里，是郭峪的象征和骄傲。

汤帝庙俗称大庙，位于郭峪城西门内，址高 28 米，是城中最古老的建筑，元至正年间始建，明清多次整修。汤帝庙为村之社庙，曾经村里重大事情都在这里商定办理。全庙分上下两院，上院北面为九开间的正殿，进深六椽，前檐板上彩绘的十八条巨龙栩栩如生，显得宏大而神圣。下院南面山门上为木构戏楼，歇山式屋顶，斗拱层层出挑，翼角高翘，色彩绚丽，飞檐挑角高达 20 多米，堪称古建之精品。在一个偏僻山村有如此规模的汤帝庙，实属罕见。

汤帝庙

郭峪城文风兴盛，人才辈出。历史上村内考取功名者多达八十余人，明清时期就出了 15 名进士、18 名举人，还出现过一门四进士的科第世家，民间有“金谷十里长，才子出郭峪”的美誉。“官侍郎、巡抚、翰林、台省、监司、守令者尝不绝于时”，他们不仅给郭峪村带来莫大的荣耀和光彩，体现在村落、户宅的建筑上，也赋予古城深厚的文化底蕴和很高的历史文化价值。

◆中国著名文物专家罗哲文先生题词

"中国民居之瑰宝，雉堞高城郭峪村"。

◆村名由来

郭峪，为郭氏家族所建，以姓氏命村名。"峪"即"谷"，二字古来通用，可知村落处于谷地，所以郭峪又曾名金裹谷。根据相关记载，郭峪建村当在唐代以前。明朝时，郭峪为里，到了清朝，又称镇（清时有集市贸易的大村称镇）。山西省于民国六年（1917年）实行编村制，郭峪里改为郭峪村。

◆郭峪村建城

据碑刻记载，郭峪村曾在明崇祯五年（1632年）数次被流寇蹂躏，乡人惨遭屠杀，死残八九。明崇祯十一年（1638年），村绅为了防御农民起义军，修建了郭峪城。是年农历正月十七动工，十月竣工。

4. 佛顶山下保存最完整的明清古村落——楼上古寨

村寨坐东北朝西南，前有廖贤河环绕，后有苍山点缀，周围苍松翠柏古树环抱，一幅古色古香的景象。寨中古楼、古屋、古巷、古桥、古井、古树、古墓、古书、古风、古韵齐备。

楼上古寨，位于贵州省石阡县境内，距县城15公里，地处佛教名山佛顶山脚下，是廖贤河畔一个有着500余年历史的古村寨。寨中古楼、古屋、古巷、古桥、古井、古树、古墓、古书、古风、古韵齐备，被誉为"佛顶山下保存最完整的明清古村落"。

楼上，古称"寨纪"。因一水沟处有一楼房，下有长长巷道，便称"楼巷"，"巷"与"上"谐音，久而久之成"楼上"，一直沿用至今。古寨是一座以周氏家族为主的血缘村落。明弘治六年（1493年）周氏始祖周伯泉，为避战乱从四川威远（祖籍江西）迁居楼上，到

楼上古寨

东南象限生产区

四世祖周国祯时，已为殷实大户。周氏家族在此繁衍生息，迄今已发展到十九代 4 000 余人。

村寨坐东北朝西南，前有廖贤河环绕，后有苍山点缀，周围苍松翠柏古树环抱，一幅古色古香的景象。村中百年古树比比皆是，最壮观的是村头梓潼宫前的 7 棵胸径 2 米的古枫树，高达 40 多米，呈北斗星状分布，引来近千只白鹤在此栖息、安家落户，成为村中一景。村落以“北斗七星”树为中心，以“北斗七星”的天枢至摇光星连线交天权至天玑星连线形成四个象限，划分为不同的四个分区，其东南为生产区，西南为居住区，西北为娱乐区，东北为墓葬区，功能分区明确。

村落古建筑群始建于明万历年间。居住区的布局让人惊叹，整个道路结构形似一“斗”字，“斗”字的起点为一三合院（马桑木老宅）的中心，结束点为村寨的水源（天福井），且起点位于“北斗七星”中天权与天玑两星的连线上。各巷道以青石板铺路，斑驳凹凸，宽 2~3.5 米，并有 0.3~0.4 米宽的排水沟相随。

沿着弯曲错落的巷道穿行寨中，民居依山而建，鳞次栉比，古老幽深，保留了明末清初的风貌。全村 200 余幢民居中，有明代建筑 5 幢，清代建筑 58 幢，民国建筑 34 幢。这些民居建筑装饰质朴简洁，风格明快，工艺精湛，多为三合院、四合院。民居龙门呈内八字形状，歪着开不正对堂屋，青石板古巷斜着走，称“歪门斜道”，寓意财不外露，反映不张扬、含蓄平实的个性。一些民居堂上有匾，门旁有联。这些联匾大多与主人的身世、地位相关，内涵丰富，意境深远。窗棂间镶嵌精雕细刻的人物、鸟兽、虫鱼、花卉等图案，呈现一幅幅龙飞凤舞、鸟鸣虫

歪门斜道

梓潼宫

马桑古屋

兰桂桥、楠木和桂花树

天福井

周国祯岩穴（天赐岩墓）

叫的画面，可谓独具匠心、技艺精湛、美妙绝仑。

梓潼宫建筑群位于楼上村头乌龟壳山的顶部，现存正殿、两厢、后殿、戏楼等建筑，总占地约3 000平方米，暮鼓晨钟，香火旺盛，是一方朝拜之地。正殿居最高处，其平面高于后殿2.5米，坐东朝西，面阔五间，为抬梁穿斗混合式悬山小青瓦顶建筑。戏楼位于正殿北侧约百米处，地势低于正殿20余米，左右厢楼配有走廊，舞台居中突出，置“福”、“禄”、“寿”彩绘屏风。

马桑古屋是村寨中最古老的民居，建于明代中期，穿斗式木结构。马桑木木纹细美，绵坚耐潮。由于大量砍伐和气候因素，明代以后马桑木变异不再长成大材。

周氏宗祠是周姓族人祭祀祖先的场所，坐北朝南，面阔三间，西廊间有《轮水石碑记》石碑一通。寨中另有小屯寺、葛凉寺及神皇庙、双龙洞等古迹和自然景观。

建于明崇祯二年（1629年）的兰桂桥，桥身由一整块青石组成，因桥前有楠木和桂花树而得名。楠木和桂花树高大挺拔，枝繁叶茂，构成别具一格的寨门。由此进入古寨，悠然间可见村寨西侧的天福井，是民国二十七年（1938年）由村民集资所建，泉水清凉甘甜，久晴不枯，久雨不涨，四时清澈如一，冬暖夏凉。井水从龙舌状水孔中流出，经两级露天水塘外溢。井上建叠涩悬山穿斗小青瓦顶建筑，占地30平方米。

楼上古村落，至今仍然保持着原有的风貌、延续着独特的汉族古代民族风俗，蕴含着丰厚的文化底蕴。周氏家族在此辛勤耕作、休养生息，一直推行勤、俭、忍、让、孝、礼、义、耕、读的处世之道，秉承勤学苦读之风，使楼上人才辈出，先后出进士、贡生、秀才等40余人。楼上民间广为流传和表演的有哭丧哭嫁、吹唢呐、民间刺绣等古老的习俗；还有溜秧歌、毛龙灯、木偶戏、傩戏等传统习俗，特别是傩戏，被专家誉为“中国戏剧活化石”，傩技“上刀山”、“下火海”十分惊险，堪称一绝。

村中东北为墓葬区，存有古墓多处，墓群建造别具特色，阴宅阳宅相依相靠，墓冢文化深厚。如周国祯岩穴、文林朗古墓、四方碑古墓、九子十秀才墓等。

◆楼上八景

天福古井　楠桂石桥

悬崖挂树　险峰搁岩

潼阁聚秀　古树争荣

石墓传奇　民居焕彩

◆周氏家族为什么“永不做官”？

据《周氏家谱》载：明弘治六年（1493 年），始祖周伯泉避难入黔，在楼上买田作家业，到四世祖周国祯时，为殷实大富。其间，周氏遭兵变，惨遭杀戮，仅周国祯一家幸免。周国祯官至上省藩署参房，发湖广经政所，返乡探亲，归家数日，妻及七子暴毙，国祯万念俱灰，疑己做官所至，遂誓不为官。六十余岁时，又娶李氏，喜生三子，感天庇佑，朝夕修斋念佛，广行布施，训其子孙置家习文不再入仕。至此，楼上周氏恪守祖训，幽居于此，均未做官。

三、传统文化

传统文化是文明演化而汇集成的一种反映民族特质和风貌的民族文化，是民族历史上各种思想文化、观念形态的总体表征。中国的传统文化以儒家为内核，还有道教、佛教等文化形态，历史文化名村中的传统文化主要包括：风土人情、传统习俗、生活方式、文学艺术、行为规范、价值观念等。

1. 中国画里的乡村——宏村

宏村是古黟桃花源里一座奇特的牛形古村落，背倚黄山余脉羊栈岭，枕雷岗面南湖，山水明秀，常常云蒸霞蔚，时而如泼墨重彩，时而如淡抹写意，既有山林野趣，又有水乡

宏村

风貌。现存的明清古民居、独特的牛形村落原型、举世无双的人工古水系、精良的建筑艺术和美轮美奂的山水田园，构成了皖南古村落特有的景观风貌，四周山色与粉墙黛瓦倒映湖中，人与古建筑和大自然融为一体，好似一幅徐徐展开的山水画卷。

宏村，位于安徽省黄山西南麓，距黟县县城11公里，始建于南宋绍兴年间（1131—1162年），为汪姓聚居之地。宏村，古为“弘村”，取宏广发达之意，清乾隆年间更名为宏村。村落背倚黄山余脉羊栈岭，枕雷岗面南湖，山水明秀，四周山色与粉墙黛瓦倒映湖中，人与古建筑和大自然融为一体，好似一幅徐徐展开的山水画卷，素有“中国画里的乡村”之美誉。

宏村如一幅天然水墨画。宏村之美，体现在典型的徽派建筑、周围的山景画意，更体现在村中潺潺的流水、南湖和月沼那一湾清泉。

缠绕全村的水圳

宏村是一座经过严谨规划的古村落，整个村子呈“牛”形布局。村内水系的设计相当精致巧妙，村北的雷岗山是“牛头”，村口两株古树为“牛角”，村中心的月沼是“牛胃”，村南的南湖为“牛肚”，贯通全村的水圳是“牛肠”，“牛肠”两旁的古民居群为“牛身”，村西的四座木桥为“牛脚”。这种别出心裁的村落水系设计，创造了一种“浣汲未防溪路远，家家门前有清泉”的良好环境，整个村落就像一头悠闲的水牛静卧在青山绿水之间，湖光山色与层楼叠院和谐共处，自然景观与人文内涵交相辉映。

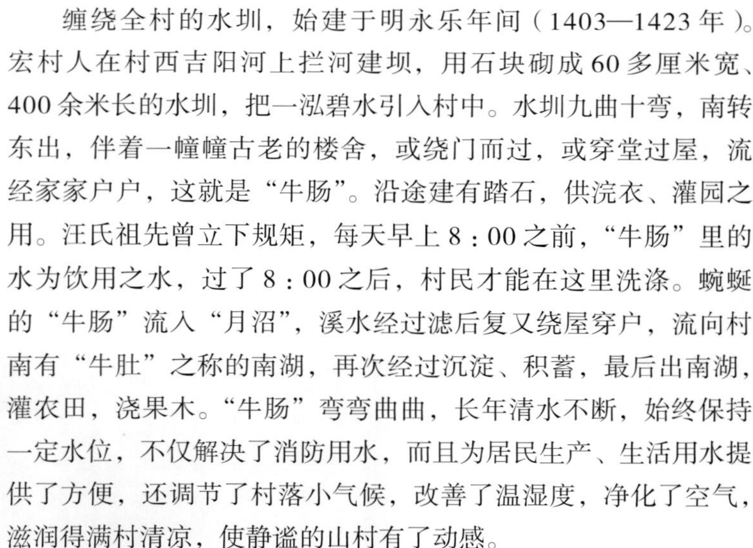

缠绕全村的水圳，始建于明永乐年间（1403—1423年）。宏村人在村西吉阳河上拦河建坝，用石块砌成60多厘米宽、400余米长的水圳，把一泓碧水引入村中。水圳九曲十弯，南转东出，伴着一幢幢古老的楼舍，或绕门而过，或穿堂过屋，流经家家户户，这就是“牛肠”。沿途建有踏石，供浣衣、灌园之用。汪氏祖先曾立下规矩，每天早上8：00之前，“牛肠”里的水为饮用之水，过了8：00之后，村民才能在这里洗涤。蜿蜒的“牛肠”流入“月沼”，溪水经过滤后复又绕屋穿户，流向村南有“牛肚”之称的南湖，再次经过沉淀、积蓄，最后出南湖，灌农田，浇果木。“牛肠”弯弯曲曲，长年清水不断，始终保持一定水位，不仅解决了消防用水，而且为居民生产、生活用水提供了方便，还调节了村落小气候，改善了温湿度，净化了空气，滋润得满村清凉，使静谧的山村有了动感。

月沼又称月塘，即所谓的“牛胃”。原是一泓天然泉水，冬夏泉涌不息，村人将其挖掘成半月形池塘，供防火、饮用等。塘

半月形月沼

水常年碧绿，塘面水平如镜，塘沼四周青石铺展，粉墙黛瓦整齐有序分列四旁，蓝天白云跌落水中，徽风柔波，鸭群戏水；岸边老人在聊天，妇女在浣纱洗帕，顽童在嘻戏……这不正是一幅美丽的皖南民俗图画吗？

随着村落扩展、人口增加，村人又将村南百亩良田开掘成南湖，作为“牛肚”。南湖为大弓形，湖堤分上下层。湖堤古树参天，苍翠欲滴，躯干青藤盘绕，禽鸟鸣唱，垂柳婀娜；湖面绿荷摇曳，倒影浮光，水天一色，远峰近宅，跌落湖中。1986 年重建中堤，造“画桥”可东西划舟，情趣无穷。南湖四时景色不同，日夜风光各异，有“黄山脚下小西湖”之称。

宏村至今保存有 137 幢明清古民居，粉墙黛瓦、鳞次栉比，马头墙层层跌落，额枋、雀替、斗拱上的木雕姿态各异，形象生动，体现了徽派古建筑的精髓。古民居都围绕着月沼布局，以正

弓形的南湖

承志堂前厅

街为中心，层楼叠院，街巷蜿蜒曲折，两旁民居大多为二进单元，庭院中有曲折通幽的水榭长廊，小巧玲珑的盆景假山，还辟有鱼池和花园，经“牛肠”水滋润，游鱼肥壮，花木香郁。如承志堂、敬修堂、乐叙堂和树人堂、南湖书院等，或气度恢弘，或朴实端庄，再加上村中的参天古木、民居墙头的青藤老树，庭中的百年牡丹，真可谓是步步入景，处处堪画。

被誉为“民间故宫”的承志堂，建于清咸丰五年（1855年），富丽堂皇，木雕精湛，可谓皖南古民居之最。全屋有9个天井，房屋60余间，正厅和后厅均为三间回廊式建筑，两侧是家塾厅和鱼塘厅，后院是一座花园。甚至还设有供吸食鸦片的“吞云轩”和供打麻将的“排山阁”。前厅是整幢房子中最精华的部分，正厅横梁、斗拱、花门、窗棂上，以及木柱和额枋间的木刻工艺精细、层次繁复、人物众多，人不同面，面不同神，造型富丽。题材有“百子闹元宵”、“唐肃宗宴客图”、“渔樵耕读”、“三国演义戏文”等，堪称徽派“三雕”艺术中的木雕精品，经过百余年时光的消磨，至今仍金碧辉煌，充分体现悠久历史所留下的广博深邃的文化底蕴。

汪氏宗祠位于月沼北畔正中，是村中现存唯一明代建筑，木雕十分精美，由门楼、大厅（乐叙堂）、祀堂组成，乐叙堂大门是一座恩荣牌坊，上有“世德发祥”四字。乐叙堂与月沼组成宏村八景之一“月沼风荷”。

南湖书院位于南湖的北畔，原是明末兴建的六座私塾，后合并重建为“以文家塾”，又名“南湖书院”。书院由志道堂、文昌

承志堂前厅“渔樵耕读”木雕

汪氏宗祠

阁、启蒙阁、会文阁、望湖楼和祗园等 6 部分组成，亭台楼阁与湖光山色交相辉映，深具传统徽派建筑风格，粉墙黛瓦，碧水蓝天，环境十分优雅。

南湖书院

◆ 2000 年，宏村成功入选《世界文化遗产名录》，成为全人类的瑰宝。联合国教科文组织评价为“人类古老文明的见证，传统建筑的典型作品，人和自然结合的光辉典范”。世界遗产委员会评价：西递、宏村这两个传统的古村落在很大程度上仍然保持着那些在上个世纪已经消失或改变了的乡村的面貌。其街道的风格，古建筑和装饰物，以及供水系统完备的民居都是非常独特的文化遗存。

◆唐朝大诗人李白曾赞美道：“黟县小桃源，烟霞百里间。地多灵草木，人尚古衣冠。”道出了皖南乡村的独特意境：山水风物幽美，古老文化酝酿出淳厚从容的民风人情。

◆世界建筑大师贝聿铭先生对宏村的古建筑和古水系设施等评价极高，并在承志堂内挥笔题词：“黟县宏村古建筑物是国家的瑰宝”。

◆原中共中央江总书记参观完宏村后，给予了极高的评价，将徽州历史文化建筑医学等归纳为 5 个英文字母：CBMDA。C=Culture，B=Business，M=Medicine，E=Education，A=Archtecture。

西湾村

西湾村民居

街巷中的拱券门洞

2.“村是一座院　院是一山村”——西湾村

西湾村坐落在30°的山坡上，背靠石山，面临湫水，依山就势，层层叠置，犹如波涌浪卷，由低到高达6层之多，立体和平面布局丰富多彩，错落有致。湫水河静静的从村前流过，与村庄形成了和谐秀美、浑然天成的画卷。

西湾村，位于山西省临县碛口镇湫水河西侧，距县城50公里，距黄河古镇碛口仅1公里，是以独具特色的民居建筑闻名于世的古村落。

西湾是陈氏家族聚居的村落。明末清初时期，西湾村始祖陈师范在湫水河畔、紧邻碛口的一处风水宝地上建起了村落。西湾一带山多地少，惜土如金，村子就建在两座石山之间的斜坡上，坐西北朝东南，背靠石山，面临湫水，正是“背山面水，避风向阳的上乘风水”，与周围环境相互协调，体现了天、地、人合一的哲学思想。村落因处于侯台镇西侧的山湾里，故称“西湾村”。

建筑群坐落在30°的山坡上，依山就势，层层叠置，犹如波涌浪卷，立体和平面布局丰富多彩，由低到高达六层之多，错落有致。东西长约250米，南北宽约120米，占地约3万平方米。湫水河静静的从村前流过，与村庄形成了和谐秀美、浑然天成的画卷。村落中两横五纵七条小巷将所有的宅院串联起来，五条竖巷寓意“金、木、水、火、土”五行，代表着陈氏家族的五个支系，各个支系分别依这五条巷子聚居，便于管理。整个村子四周以高墙围护（如今村墙已塌毁），如同一座壁垒森严的城堡，只在村南段建有寓意“天、地、人”的三座大门。每条竖巷里的宅院都互相贯通，只要进入一座院落，就可以游遍全村，可谓“村是一座院，院是一山村”。可见，西湾村对外部世界来说是封闭的，对陈氏大家庭内部来说又是开放的，折射出对外防御、对内聚合的传统心态。巷子地面用石块铺砌，两侧有石护墙，有的地方还建有堞楼和供巡视的墙道。防盗、防火、排水、泄洪等设施配置十分精妙，一砖一石一木无不洋溢着浓浓的传统文化气息。

西湾村“巷巷相通，院院相连”，民居属典型的晋西风格四合院，最大特点是窑洞式的“明柱厦檐高圪台”。院落被半米高的石台分隔为前后两个部分。正房多数为明柱，坐落在石台之上，窑顶伸出一排纹饰精美的石梁，和木质明柱一起支撑起宽阔的厦檐。两侧为厢房，南面是客厅、大门。在十分有限的土地上，马棚、厕所、柴房、碾、磨或寄于墙下，或修于背角，寸土必用，建筑与山体完美结合。尤令人瞩目的是巷道设计体现了“向空间索取建筑面积”的奇巧构思，多在街巷两侧墙体间砌筑券拱门洞，并在门洞上建楼，行人往来、排泄洪水、加固墙体、增加建筑面积多项功能俱备，使建筑物的平面铺排和空间展示显得灵活多变，气韵生动。

西湾村的所有建筑均磨砖对缝砌筑，各式门楼及壁画、楹联、题刻等制作精巧细腻；大门、垂花门、照壁，造型精美，独具匠心；砖、木、石雕比比皆是；祠堂、窑洞及楼台、亭、阁等应有尽有。民居门楣上的匾额精美，有企盼福禄寿的“寿山福海”、“竹苞松茂”，有庇荫后代子孙昌荣兴盛的“克昌后”、“居仁由义”以及显示身份的“岁进士”、“恩进士”等。这些都折射出西湾深厚的文化底蕴，具有很高的艺术价值。有一种说法，“皇家看故宫，民居看山西”。

西湾民居特别注重“风水”，刻意追求豪华与气势，并非普通富商与地主之住宅，实质上是建于深山的商人兼官宦府第。陈师范所建宅院，在选址、造型和装饰上均为全村之冠，是封建礼制和宗法等级制度的生动体现。其院落隐蔽在一个并不起眼的街巷中，外部院门仅施板门两扇。推门而入，里面却出现一座设计精巧、建筑考究的大门。头道门显露出的寒酸相，表现了陈氏先祖藏富不露、免遭横祸的心态，这种构思在国内民居建筑中不多见。

陈家祠堂坐落在村子中央，是清晚期建筑，保存比较完整，祠堂里供奉着陈家历代祖宗的牌位。大门上有一副书写工整流畅的对联，上联“俎豆一堂昭祖德”，下联“箕裘千载振家声”，横批是“承先启后”。祠堂规模不大，从门楼到正厅不过一丈的距离，东西宽也不过三丈。正房是一座清代窑洞式建筑，两柱三间，廊下梁柱上的镂空木雕精细别致。房内空间更小，进深不过七八尺，空间的狭小，让陈家祠堂看上去小巧玲珑，布局紧凑。

西湾民居整体设计奇特，布局严谨合理，依山顺势，构思奇巧，将艺术与实用融为一体，令人赏心悦目，叹为观止。有专家评价：西湾村不仅仅是山西当地人民几百年遗留下来的宝贵文化遗产，也是人类历史上对人居环境所创下的杰出典范。它体现了人与自然、人与山地的完美和谐，最终创造出了具有独特风格的“立体交融式”的乡土建筑。

村中的“立交桥”

民居门楼砖雕

陈师范宅院

陈家祠堂

◆**西湾的来历**

西湾是一个陈姓村落，明末清初时期，西湾村始祖陈师范迁居碛口，利用碛口黄河古渡的商贸条件，先后做搬运工、开店经营各种物资发达起来，逐渐成为当地较为富庶的商人。于是陈师范便在湫水河畔、紧邻碛口的一处风水宝地上建起了村落。至第四代“三”字辈的陈三锡时，家业蒸蒸日上，碛口街上到处是陈家的商号，日进银百两，陈三锡成了巨富，陈氏家族开始大兴土木，建设豪宅。后经十几代人上百年的陆续扩建，形成规模宏大、气势壮观的西湾民居建筑群。

◆**进士真相**

西湾民居的门楣上，大多镶嵌有石质或木质匾额，落款为清代道光、咸丰年间的石刻匾额并不鲜见。如“福多三备”、“岁进士”、“恩进士”、“明经第”、“福海寿山”等，这些牌匾的书法艺术造诣颇深，各具神韵，犹如大型书法展。其实，岁进士和明经进士，都不是正式进士，而是对屡试未第的老秀才给予的一种安慰。

3. 水乡特色　古韵清悠——南社村

南社村周围有大片埔田和茂盛的荔枝林，保持了清新的田园之风。村落顺着自然山势错落布列，村中长形水塘由四个水塘连成，西高东低，其形似船。村落以水塘为中心，两岸祠堂林立，向南北依山构筑，体现了古村落选址布局的传统理念。

南社水塘两岸的祠堂

南社村，位于广东省东莞市茶山镇，地处樟岗岭与马头岭之间，距东莞市区 18 公里。

南社是一座以谢氏家族为主的血缘村落，原称“南畲”，因畲与蛇同音，而蛇为民间所忌，清康熙年间改名“南社”。据史料记载，在南宋时期南社即已立村，至今已有 800 多年的历史。南社村初有陈、黄等姓聚居，后有南宋会稽（今浙江绍兴）人、南雄州推官谢希良之子谢尚仁为避战乱迁居南社繁衍发展，很快谢氏家族就在南社村崛起，才兴丁旺，至明中期村落初具规模，而其他姓氏的人却慢慢衰落了。

村民为加强防卫，明朝末年修筑了寨墙。寨墙以夯土或红石做墙基，青砖砌筑谯楼，设东、西、南、北四座门楼和十七座谯楼，寨墙周长 302 丈 5 尺，形成了以寨墙为界的布局。清康熙以后，民居和庙宇向寨墙外扩建。现寨墙残留数段，谯楼尚存一二。

古民居挑檐枋木雕

简斋公祠梁枋木雕

村周围有大片埔田和茂盛的荔枝林，保持了清新的田园之风。村落顺着自然山势错落布列，村中长形水塘由 4 个水塘连成，西高东低，其形似船。村落以水塘为中心，两岸祠堂林立，向南北依山构筑，体现了古村落选址布局的传统理念。塘边古榕婆娑，枝繁叶茂，郁郁葱葱，一派朝气蓬勃景象。村中民居密布，古韵清悠，巷道与水塘走向垂直，形如梳状。村内保留大量精美石雕、砖雕、木雕、灰塑及陶塑等古建筑构件，具有较高的历史、艺术价值。南社曾被评为“广东最美丽乡村”和东莞八景之一“南社古韵”。

古建筑群基本保持了明清时期的原貌，代表珠三角地区的水乡特色，建筑形制、结构、体量、用料、工艺、色调和装饰等，较好地反映了明清时期广府农耕聚落的风貌。民居的墙体多为红砂岩条石与青砖砌筑，用料讲究，雕塑、彩绘精美，工艺精良。村落布局保存完整，现存的古建筑包括寨墙内的祠堂、民居等 96 000 平方米，寨墙东门外的关帝庙和尼姑庵旧址等 13 000 平方米。其中古民居 250 多间，主要类型以金字间和明字间为主；有祠堂 30 座、庙宇 7 座，以广府建筑风格为主，多为二进四合院落形式，四柱三间三楼砖石牌坊式建筑，楼为歇山顶，檐下斗拱，门额上配有雕刻精美的木雕。上百间民居、祠堂和庙宇等错落交织，在密集的树丛中闪现着古典的韵味。

在村中心水塘两岸共排列了 17 座祠堂，构成了独特的宗法文化祠堂景观。每户“家祠”前都有水井、麻石小巷，每条麻石

晚翠公祠

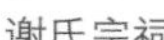

谢氏宗祠

谢氏宗祠屋脊装饰

小巷都隔着一条小水道。其中谢氏大宗祠、百岁坊祠、谢遇奇家庙、资政第等为明清古建筑的精品。

谢氏大宗祠，始建于明嘉靖三十四年（1555 年），三开间三进院落布局，抬梁与穿斗混合式梁架结构，装饰十分讲究，首进屋脊陶塑和二三进屋脊灰塑及封檐板木雕工艺精美。门厅上的琉璃正脊中部排列了亭、阁、廊、屋，屋顶上装饰着各种花卉，屋里屋外装饰有端坐、侍立、交谈、迎送宾客等各种姿态的人物 40 余位。宗祠大门两边立有十多块进士、举人题名石碑，记录着科举高中的风光。

百岁坊祠，是为纪念 4 位百岁老人而修建的一座坊祠结合的建筑，建于明万历年间。四柱三开间二进院落布局，首进为三间三楼牌坊，中间是庑殿顶，两侧为歇山式屋顶，梁柱梁枋有精致的雕花，飞檐斗拱，古朴典雅。影壁须弥座红石雕及二进梁架木雕工艺精巧。

百岁坊

谢遇奇家庙，建于清光绪二十一年（1895 年）。两进院落四合院式布局。梁架金木雕、石雕、正脊的陶塑手法细腻，首进垂脊人物和动物灰塑栩栩如生。谢遇奇（1832—1916 年），清咸丰、同治年间先后中武举人、进士，随左宗棠在甘肃、新疆一带作战有功，封建威将军，任两广提督。

谢遇奇家庙

资政第，清光绪年进士、官至礼部主事的谢元俊的府邸。前后两进，三开间，凹斗式大门。前后两进之间穹罩上的木雕工艺精湛，石级、栏杆保持着当年的高贵气派，两廊的花楣精美绝伦，厅中的垂花门镂刻着花卉群鸟，是难得的艺术品。门窗装饰具有西洋风格。关帝庙是南社村规模最大的庙宇。始建于清康熙三十六年（1697 年），占地约 350 平方米，为硬山顶抬梁式砖石木结构，门厅梁架上的木雕人物形象生动。

古村现存 36 座古墓、40 多口古井、7 口古水塘和百年以上的众多古树，印证着吴越文化与广府文化的交融，体现了谢氏家族非常重视人居环境和子女的教育，崇文重教的传统代代相传。明清时期南社村人才辈出，共出了 11 名进士、举人，29 名秀才。在非物质文化遗存中，南社村有广府地域流传的粤曲、世代相传的点灯、喊惊及送丧、抢新娘等民间习俗。

南社，融民居、庙宇、古墓、古井、古树、水坊为一体的古建筑群落，保留了较为完整的明清文化，具有极高的历史文物价值。

◆原全国人大副委员长费孝通视察后，高兴地题写了“古代进士村”。

◆著名的文物专家罗哲文先生为南社村题写了“南社明清古村落”。

◆在世后人“入伙”

村中祠堂内可看到众多包着和没有包红布的牌位，光秃秃的绿色牌位是逝者的，而仍然在世的人将红绸布裹在牌位上，这样被称作为“入伙”，于是在神龛的墙上通常可以看到“入伙大吉”的字样，不过“伙”字是倒着写的，为避免火向上烧着祠堂。这实际上是意味着离开世界之前为取得祖先的认可。

4. 徽派“书乡”“皖南古村落”——汪口村

坐落在“朱子故里”婺源的汪口古村，是古徽州一方“徽秀钟灵”之地，历来崇尚“读朱子之书，服朱子之教，秉朱子之礼”，耕读并举，儒商结合，历史上这里文风鼎盛，人文蔚起，人才辈出。

汪口村

汪口村，位于江西省婺源县江湾镇，距婺源县城 23 公里。历史上为徽州府城陆路经婺源至江西饶州的必经之地，又系婺源水路货运到乐平、鄱阳、九江等处之码头，是一个因水兴商、以街为市的“商埠名村”，历史上被称为“千烟之地”。

汪口是俞姓聚族而居的古村落，宋大观年间，朝议大夫俞杲始建，距今已近千年。汪口村背靠后龙山，前低后高，三面临水，山水融合，景色宜人。因两河在村前交汇，河水呈“U”形弯曲，形成一条“腰带水”，碧水汪汪，故名“汪口”。村落平面布局近似网状，一条官路正街做“纲”，十八条直通溪埠码头的巷道将民居织成一个个“目”，使汪口发展形成了“山—水—市—居—田园风光”的村落布局形态，营造出“天人合一”的人居环境。

汪口古街

明清时期，作为徽州与饶州重要水上商业交通的物资集散地，汪口商业十分繁荣，店铺林立、商贾云集、船运如梭，老字号商行、店铺和民居鳞次栉比。古村落清一色的徽派建筑，粉墙黛瓦、飞檐戗角，布局规整统一，上百栋民居墙连瓦望、蔚为壮观，建筑内部四水归堂，“三雕”精美，风格独特、技艺高超，具有极高的文化品位。汪口村现存古街 1 条，古巷 18 条，弄堂 60 余条，石桥 2 座，明清古建筑 265 幢。官第、民居、祠堂、书屋及古埠头、古商业街和古巷等，至今仍保留着明清时期的历史风貌，蕴含着丰富的历史文化遗存和深厚的徽文化渊源。

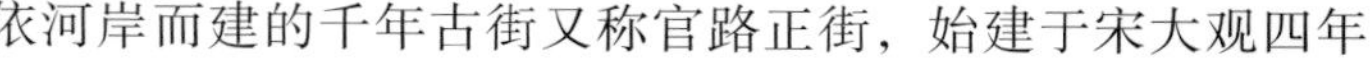

依河岸而建的千年古街又称官路正街，始建于宋大观四年

俞氏宗祠

俞氏宗祠天井

（1110 年），繁华于清初。古街道东西向，呈弯月形，青石板路面，商铺夹道，全长约 670 米。街面有古民居 150 余幢，砖木结构，两边马头墙微微挑出，二至三层、三进规模，一般不设庭院，只有店面、客座和厨房设施。明末清初时期，沿街家家设店，商旅辐辏。如今，漫步古色古香的长街，仍依稀可感昔日的繁华。

俞氏宗祠梁架

俞氏宗祠，号称“江南第一祠”，以木雕精湛著称于世。宗祠建于清乾隆年间，平面呈长方形，面积 665 平方米。祠堂包括门楼、享堂和寝堂，为“中轴歇山式”建筑形式，三进院落，前后进各五间 ，中进三间。门首为木结构五凤楼，主祠堂高达三层，木板卷棚做顶，花园内尚存百年古桂三棵。祠堂以细腻的木雕工艺见长，凡梁枋、斗拱、脊吻、檐椽、雀替、驼峰等处均巧饰雕琢，采用浅雕、深雕、透雕、镂空雕的技艺，龙凤麒麟、水榭楼台、人物戏文、兰草花卉等精美图案百余组，人物鸟兽呼之欲出，山水花果形态逼真。宗祠构造宏大巍峨，总体格局气势宏伟、布局严谨、工艺精巧、风格独特，被古建筑家誉为“艺术宝库”。祠堂采用的是祭祀中最高级别的“周礼”。

俞氏宗祠撑拱

养源书屋，由赐封奉直大夫、翰林院待诏俞光銮于清光绪五年（1879 年）建造。俞光銮重视教育，经商发财后，把分给 6 个儿子多余的钱留下办学，专供孩童读书，在书屋院门围墙上，有县衙于光绪十年（1884 年）三月二十三日刻石明示碑文，落款为“钦加同知衔特授婺源县正堂吴鹗”。书屋由前院、课堂、塾师室、厨房等组成，占地面积 120 平方米，前院内有一棵古木樨。据史载，这里自宋至清选入“四库全书”的著作就有 175 部。

一经堂门楼

懋德堂门楼

一经堂坐落在李家巷中段，其主人俞念曾是清乾隆二年（1737年）州同知，厅堂取名“一经堂”，源自古训“人遗子，金满籯，吾教子，惟一经”。他主张不要将钱财留给后人，要给子孙读书成材。一经堂天井下的排水系统结构独特，设计精妙。

懋德堂建于清乾隆六十年（1795年），俗称“里边屋”，为“东门出城第一家”，占地面积250平方米，三进五间。其祖辈俞理臣，一贯从商，兼收管祠众租事，家业殷实，为人谦和。当时享有“业至三省，家无白丁”之称。“懋德”，就是要教诲子孙，凡为人处世要施行大德。

平渡堰因形似曲尺，俗称“曲尺堨”，位于汪口村水口河中，清雍正年间由经学家、音韵学家江永设计建造。平渡堰南北长120米、宽15米，其南端靠岸，北端堰堨头向上折成曲尺形，曲尺的长边拦河蓄水，曲尺的短边与河岸夹道形成6米宽的舟船通道。平渡堰在不设闸门的情况下，同时解决了蓄水、通舟、缓水势的矛盾，是中国水利建设史上的创举，堰体经200多年洪水冲击依然片石无损。

坐落在“朱子故里”婺源的汪口古村，是古徽州一方“徽秀钟灵”之地，历来崇尚“读朱子之书，服朱子之教，秉朱子之礼”，耕读并举，儒商结合。历史上这里文风鼎盛，人文蔚起，人才辈出，有科举进士、官宦世家，还走出了一大批商贾四方的徽商富贾和精杏林，工篆刻、善书画的名士贤达，故汪口有“书乡”之称。

◆“徽商”的遗迹

汪口被称为“千烟之地”，由于“地狭人众，力耕所出，不足以给”，明代中叶开始，汪口人大量外出经商，参与开辟了称雄中国商界的徽商时代。“徽商”为汪口古村落建设提供了物质保障，也使这个古村落成为已经退出历史舞台的“徽商”留下的遗迹。

◆汪口为什么至今没有水井?

在中国传统“风水”理论指导下的村落选址布局和规划建设，营造出汪口古村落“天人合一”的人居环境和优美的建筑景观。汪口是建筑与周边地形地貌、山水风光和谐统一，人与自然和谐相处的古村落的典型。据说，因汪口的建筑布局近似网形，“风水”学认为，网形不能钎井，所以汪口这个拥有千余人的古村落至今没有水井。

5. 俚颇彝族第一寨——迤沙拉村

迤沙拉，仿佛一块凝固历史的古老岩石，有着厚重的历史文化积淀。漫步迤沙拉，原野上微风中渗入酸酸甜甜的葡萄清香，让人陶醉；远处彝人谈经古乐婉约的音韵里，飘出彝族少女美妙的谣曲，令人着迷。

迤沙拉村，位于四川省攀枝花市仁和区平地镇，距攀枝花市区 60 公里，108 国道和成昆铁路纵贯全境，交通便利，这里平均海拔 1 700 米，冬暖夏凉，四季如春。

迤沙拉为彝族聚居村落，彝族人口占总人口的 96%，属于彝族中的俚颇支系，历史悠久。俚颇的“俚”是指女人，“颇”指男性，俚颇是指女人勤劳智慧，男人健壮勇敢。“迤沙拉”为彝语音译，大意为“水漏下去的地方”。

远眺迤沙拉村

村落始建于明洪武年间，距今有 600 多年历史，汉族和彝族在这里长期交往、高度融合，形成了独具特色、蜚声中外的俚颇民俗文化、建筑文化，被称为“中国俚颇彝族第一寨”。

据史料记载，明朝初年盘踞云南的元朝残部梁王踞险峙守，并诛杀两名明朝派遣的和解特使。明洪武十四年（1381 年），朱元璋“洪武开滇”，从江苏、江西、安徽等地派驻 30 万大军至云南平乱。远征胜利后，朝廷决定将远征军留在贵州、云南一带（包括四川南部）实施军屯，实行彝汉通婚“就地落籍”的民族政策。此后，又实行民屯、商屯。这一习俗一直延续下来，形成了大量彝汉混血后裔，出现了彝族人（彝汉混血）使用汉族姓氏的奇特现象。迤沙拉村毛、张、纳、起 4 个汉族姓氏里，毛姓

迤沙拉村

迤沙拉村蓄水池

青瓦白墙民居

犹如苏皖小镇的风貌

民居门窗只刻不画

迤沙拉村

有145户，经专家考证，彝族毛氏与韶山毛氏同祖同宗，一脉相传。

600多年来，崇文重道、能耕善织、精于工巧习俗的江南移民，在这块土地上安居乐业、休养生息。虽被夷化，但眷恋先祖故地，倾慕秦淮文化，虔诚地传承着汉民族的传统文化和民风民俗，村里的男人绝对不穿“查尔瓦”，妇女不披羊皮褂，每家每户的堂屋里只设神龛不置锅庄，与西昌和楚雄等地的彝族风俗习性迥然有别。他们代代吟唱同一首歌谣：“南京应天府，大坝柳树湾。为争米汤地，充军到云南。”走进这里每户人家，无论是彝族还是汉族，正门堂屋都设立祭祀神位，供奉着“天地君亲师”、“先祖”、“灶君”等，如此代代相传。

古村地处川南、滇北交界处，建筑文化却带有明显的江南水乡特色，别具一格。民居依平缓的金沙江西岸台地而建，非常讲究布局和街巷设计，有别于传统彝族村寨。村子里街巷门肆、骡马客栈大多依照祖先留下的体例而筑，青瓦白墙、土木结构、古色古香，呈现出一派苏皖小镇的风貌。村内小巷纵横，密如蛛网，高墙深院，院院紧邻，犹如时空迷宫。家家修院落，一正两厢，飞檐翘壁（马头墙），板壁雕刻、太阳纹饰、“只刻不画”，“廊腰缦回，檐牙高啄，各抱地势，勾心斗角”之势醒目，精美的瓦当、工巧的檐牙、透雕的木窗，颇多江南神韵遗风。户型一般以小四合院为主，板筒瓦屋面，细部多有板壁装饰，木刻雕花做工精细。房屋的屋脊、四檐尖端有昂扬向天的装饰，其四厢的内檐水道均朝向天井内，表现出“五岳朝天、四水归井”的徽派建筑风格以及和合聚财的风水氛围。

处于金沙江畔、四川凉山和云南楚雄两个最大彝族自治州结合部的迤沙拉村，是我国南方丝绸之路上的一个重要驿站，以悠久移民历史和独特驿站地位，成为我国移民史、西南驿道史、民族村镇史、彝汉交往史等一系列重大民族历史文化问题研究的理想对象。迤沙拉村民族历史文化资源丰富，内涵深蕴。诸葛亮“五月渡泸，深入不毛”就在附近的金沙江拉乍渡口，诸葛亮率兵经迤沙拉曾在方山屯兵，方山如今还存有诸葛大营的遗迹；清代，这里划为“苴却十马”的管辖区，马帮在茶马夷道上来来往往，兴盛一时，迤沙拉成为方圆百里有名的马帮落脚之地；抗日战争时期，美国人帮助修建的举世闻名的滇缅公路（又称史迪威公路）至今犹在，它从迤沙拉村前盘旋而过，朝大山深处蜿蜒而去；中国五大名砚——苴却砚的盛产地；独特的谈经古乐、歌

四季如春的迤沙拉

舞、彝族服饰，等等。

谈经古乐已有上千年的历史。迤沙拉谈经古乐应属南派宫廷音乐演化而来，演奏时具有江南丝竹的韵味，一直在这个偏僻的彝族山村里延续。质朴的迤沙拉人演奏金陵遗韵，体现了迤沙拉人对中原文化的向往和追寻，表达了江南移民对秦淮故土的眷眷依恋。彝家山歌野曲的变奏，反映了彝汉通婚、彝汉民族融合在音乐中的演绎和变迁。

迤沙拉的彝族服饰与凉山彝族服饰迥然不同，强烈地表现了彝汉交融的风格。妇女头戴彝人的扣花帽，却着宝蓝布料、宽袍大袖，配以饰有漂亮纹饰的背心或围腰，还有脚上的绣花鞋，图案精美，具有明显的明代汉风痕迹。

迤沙拉，仿佛一块凝固历史的古老岩石，有着厚重的历史文化积淀。漫步迤沙拉，原野上微风中渗入酸酸甜甜的葡萄清香，让人陶醉；远处彝人谈经古乐婉约的音韵里，飘出彝族少女美妙的谣曲，令人着迷。

◆迤沙拉的俚颇彝人

在远古时期，俚颇彝人为了躲避统治者对少数民族残酷无情的杀戮，从哀牢山沿着祖先送魂的路线逐步迁徙、逃难到迤沙拉聚汇，并在这里扎下根，繁衍生息。迤沙拉一直沿袭着彝族人虎图腾、太阳图腾与火神崇拜，沿袭着万物有灵的宗教情感。西汉王朝汉武帝时期（约公元 135 年），《史记 · 平淮书》载：“唐蒙，司马相如开路西南夷，凿山通道千余里，以广巴蜀。”开辟的南方丝绸之路，途经迤沙拉，并在这里设立了驿站。

第15部分

乡庆　乡情

——民俗文化与非物质文化遗产

一、乡　庆

1. 立春迎春礼

俗话说“一年之计在于春”，在传统农耕社会，人们对于春天是非常重视的。每年快到立春节气的时候，全国上下，都开始为立春迎春礼做准备，就连皇上也不例外。根据古书中的记载，早在周代（公元前 11 世纪）就已经有了迎接“立春”的仪式，并一直延续到了清代。

立春前三天，皇上要沐浴更衣，在专门的斋戒室中进行斋戒。到了立春这一天，皇上还要亲自率领着三公九卿、诸侯大夫，到东方八里地之外的郊区迎春，祈求丰收。

在迎春礼中最有趣的是鞭打春牛的习俗，在官方举行完迎春礼打春牛活动后，人们往往一拥而上，抢春牛土回家，放到灶

打春牛

《春牛图》山西

杨家埠年画《打春牛》

里，或者放到屋檐上，再或者放到自己家的地里，据说可以促进庄稼丰收。

中国的节日，往往和美食密不可分，因此，在这一天，不但有热闹的迎春礼，还有美味可以品尝。人们往往要吃春盘、春饼、春卷，进行咬春。据说吃了春饼和其中所包的各种蔬菜，就能使农苗茁壮、六畜兴旺。

如今，城市化进程的加快，立春迎春礼已经不容易看到了，为了保护这一非物质文化遗产，由浙江省衢州市柯城区申报的“九华立春祭”和浙江省遂昌县的“班春劝农”、贵州省石阡县的“石阡说春”一起，以“农历二十四节气”为总体名称，纳入到国家级非遗名录的扩展项目名录。

古诗欣赏

《立春》【唐】杜甫

春日春盘细生菜，忽忆两京梅发时。
盘出高门行白玉，菜传纤手送青丝。
巫峡寒江那对眼，杜陵远客不胜悲。
此身未知归定处？呼儿觅纸一题诗。

小典故

春饼，在过去一般家里面都会制作，但是讲究的人家要到专门的锅饼铺去买。据说民国初时北京西单报子街有一家叫“宝元斋”的蒸锅铺，是最受大家欢迎的，那儿烙出来的春饼，质料地道，手艺精湛，在京城堪称首屈一指，买回家里稍稍加热，夹上葱丝，再来点儿六必居的甜面酱，夹上豆芽韭菜等炒的“合子菜”，最后来碗小米粥，那才真叫一个美。

2. 社日

在过去，从土地里刨食的农民们对土地是十分崇拜的，认为田地劳作的丰欠是由土地神管理的，因此，每年春耕前和秋收后都要虔诚祭祀土地神，于是就有了“春社”和“秋社”，社就是指土地爷。春社祈谷，祈求社神赐福、五谷丰登。秋社报神，在丰收之后，报告社神丰收喜讯，答谢社神。

社神

最初春社和秋社都没有固定的日期，是到宋代的时候才定在了立春和立秋后的第五个“戊日”。在这一天，人们会聚集在社庙，摆上丰富的食品供奉社神，有社酒、社肉、社饭、社面、社

社日

糕、社粥等，在祭祀完毕后，把食物给大家分享，而这些经社神享用过的吃食，往往被人们认为具有某种神力，如相传饮社酒可以治疗耳聋，所以大家都不醉不归，再比如社肉，即祭祀时用的肉，被称为“福肉”。祭神完毕后，分割给参加社祭的每一户人家，能够分到社肉，人们认为是受到神的恩赐。

在地方上，每年的春社日也有特定的习俗。比较有名的如四川绵阳安县睢水镇的“踩桥会”，这一习俗据说已经延续了 200 多年了。

每到春社日，成千上万的百姓就会从四面八方汇集到这里，或是结伴游春，或是祈求土神保佑风调雨顺，祛病免灾，或是利用踩桥人多的机会，备办酒菜，给孩子寄拜干爹干妈，祈求孩子健壮成长。总之人们相信踩桥能弃秽，能带来好运气。

古诗欣赏

《社日》【唐】王驾

鹅湖山下稻粱肥，豚栅鸡栖半掩扉。
桑柘影斜春社散，家家扶得醉人归。

《社日出游》【元】方太古

村村社鼓隔溪闻，赛祀归来客半醺。
水缓山舒逢日暖，花明柳暗貌春分。
平田白溢流新雨，绝壁青枫挂断云。
策杖提壶随所适，野夫何不可同群。

踩桥会

小典故

太平桥

安县睢水镇虎头岩下的太平桥，建于清嘉靖四年（1799年），距今已有200年历史。桥长24米、宽7.8米、高8米，桥的两头各有36级石阶，两边还有石栏杆，栏杆上刻有走兽坐像，栏杆之间镶嵌有石板，石板上雕有古朴的浮雕花鸟图案，桥头刻有对联一副："鱼洞山前悬半月，虎头岩下见彩虹"。桥身单孔正圆，桥水相映形如满月，工艺精湛神奇迷人，远近闻名为川西之冠。

3. 填仓节

在我国农村每年正月二十五，要过一个非常有意思的节日"填仓节"，因"填"与"天"谐音，亦称为"天仓节"，是过去人们祭祀仓神，祈望五谷丰收的节日。

仓神

填仓节是怎么来的呢？相传，在很多年以前，北方连年大旱，地里颗粒无收，可是朝廷却不管百姓死活，照样催税收捐，百姓民不聊生，冻死饿死的不计其数。有个好心的给皇家看粮仓的仓官，不忍心看到老百姓如此悲惨，居然瞒着皇上打开皇仓，把粮食全部分给了灾民。朝廷知道后要派人拿他问罪，他放火烧了空粮仓，自己也投火而死。这天正是正月二十五，后来百姓们为了纪念他，重补被烧坏的"天仓"，再后来相沿成俗，这一天便成为"天仓节"，后来成为填仓节，并形成了很多有趣的民俗。

填仓节

相传，在民间这一天黎明，家家户户都要在自己的院子里或打谷场上，用筛过的细炭灰或柴草灰，撒出一个个大小不等的粮囤形状，并在里面放一些五谷杂粮，象征五谷丰登。

另外，填仓节这一天传统讲究喜进厌出，囤里要添粮，缸里要添水，门口放些煤炭以镇宅，以便求得一年顺当富足。农民也忌在此日卖粮食，但是粮店却喜欢在这一天收购粮食，为的是讨个喜兆，有的粮店为了吸引卖粮食的主顾，还特意摆酒设宴，对前来卖粮者热情款待。也有一些被生活所迫的农民，也管不了是不是吉利了，就选择在这一天卖粮，至少能赚顿好饭。据说直到今天，一些上年纪的老爷爷老奶奶，还是习惯在这一天买米买面。

填仓节

民谣

过了年，二十三，填仓米面作灯盏。

拿箕帚，扫院墙，拾到虫虫验丰年。

小典故

生活在北京的同学，一定都知道东四十条附近的南新仓，这里是明清两朝代京都储藏皇粮、俸米的皇家官仓，明永乐七年（1409年）在元代北太仓的基础上起建，至今已有600余年的历史，是全国仅有、北京现存规模最大、现状保存最完好的皇家粮仓。北京当年还有很多处粮仓，过去每逢正月二十五这天，粮仓及粮商们都要张灯结彩，设供致祭，焚香叩拜仓神。

尝新

4. 尝新节

每年夏季，辛勤耕作了半年的农民们终于初获新谷，为了庆祝和感恩，于是有了尝新节，也叫“吃新节”。尝新节的日期并不固定，有些地区是在农历六月六，也有的地区是在农历七八月，往往根据稻穗成熟的迟早来决定。

仡佬族、苗族、布依族、白族、壮族、彝族等少数民族都有尝新节。尝新节这天，将从地里刚刚采来的新鲜稻谷、瓜果、蔬菜做成可口的饭菜，祭祀“田公地母”、“五谷神王”、“灶王府君”和“列祖列宗”，同时还要记得先给家中养着的狗狗一些饭菜，以示感谢，然后一家人才开始享受这来之不易的美食。

挑“丰收担”

景颇族的尝新节最初是一种原始的宗教祭典。尝新时，身着盛装的老年妇女们将盛满新谷的竹篮四周用稻米、豆类、高粱以及五颜六色的鲜花点缀，上面还要盖着大而圆的青叶，背到山官或寨头家，用锅炒后由年轻妇女舂成米，再拌以姜末煮成饭。男子捕来鱼等做菜。然后请宗教师主持祭祀仪式，念祭词，感谢各种神祇赏赐的丰收，同时祈求保佑全寨平安无事，风调雨顺，五谷丰登。之后，巫师把青叶包好的小包新谷和菜抛洒出去，让各路神灵分享。祭祀完毕，参加的村民每人可以分得一小包新米，这时群众才正式开始尝新。

景颇族尝新节

阿昌族每年农历八月十五过尝新节。节日当天，屋里屋外打扫干净，人们会到地里拔一个结得最大最多的芋头，再砍一棵结双穗的新包谷，将它们捆在竹棍上，靠在堂屋的左角或右角。随后煮上新米饭，杀一只鸡，又摘来脆栗和梨，摆在祭桌上。全家人站在堂屋里，由家长念诵祭词。

小典故

典故一

有人可能会奇怪，为什么祭祀完天地、祖先，要先把饭给狗吃呢？这里是有一段有趣的传说的。相传在远古时代，洪水淹天，泛滥成灾，人世间生灵涂炭，万物绝种。彝族始祖阿笃兄妹带着自家的小狗和一只公鸡，在洪水淹天时躲到葫芦里漂流，历尽艰辛，最后漂泊到波罗海边的柳树湾。到洪水退去，阿笃兄妹藏身的葫芦挂在了柳树上，当五更鸡鸣犬吠天破晓的时候，从天边飞来了一只神鹰，啄通葫芦，阿笃兄妹得以生还。从此人世得以延续。脱险后的阿笃兄妹惊喜地发现，在狗尾巴的绒毛上还粘着几粒谷子，在狗的膀子下还夹着两粒扁豆，原来是洪水到来之前，狗曾经爬到五谷堆上嬉戏打闹粘上的。由于狗的功劳，世上的五谷粮种没有因洪水淹天而绝种，人的生计得以延续。从此，彝族视狗为福禄的化身，救命的伙伴。平日里悉心喂养，出门劳作牧耕形影相伴，而且忌食狗肉。每当年节或重大喜庆节日，都要先喂饱狗，然后人才能用餐。

典故二：阿昌族尝新习俗传说

相传有一老寡妇，擅长农事，乡亲们在她的帮助下，家家丰收，人们尊称她为“老姑太”。她死前对儿子说：“我死后，每到八月十五，用我的拐棍捆上一棵新包谷，靠在堂屋里，保管你们有吃有穿。”从此，阿昌人有了过尝新节的习俗。

5. 祭牛节

牛，憨厚，任劳任怨，吃苦耐劳，是人类的好朋友，因此，辛苦劳作的人们每年都会举办专门的祭牛节，来给牛过个节日。

祭牛节的时间各地不一，有的在农历四月初八，有的在六月初六。传说这一天是“牛生日”，所以各家各户都会停止役牛，让牛好好休息，并杀鸡鸭、备酒饭到牛栏前祭牛神，祈愿它保佑耕牛身躯健壮，无病无灾。还要用糯米饭喂牛，以示酬谢。

五牛图

在仡佬族，这一天叫“牛王节”，养牛人的家，到了这一天都要停止使役，让牛在家休息，并把牛厩收拾得干干净净，垫上厚厚的软草，用最好的牧草和饲料喂牛。同时，还要用上等糯米打两个糍粑，分别挂在牛的两只角上，再把牛牵到水边，让它从

祭牛节

水中照见自己的影子。然后取下糍粑，给牛吃掉，说这是替牛祝寿。有的地方，还要放一串鞭炮，给牛披红挂彩，表示祝贺。没有养牛的人家，也要备办酒、肉、香、烛、纸线，到自家的田或土边祭祀牛王菩萨，祈求它保佑自己早日买上耕牛，或租借别人的耕牛使用时顺顺当当，乖乖地听他使唤，耕起地来又快又好。

壮族也有牛王节，他们认为春耕时耕牛受到人的鞭打呵叱而失魂，所以要在春耕后，牛王生日之时，进行慰劳，为之招魂并让它休息。各家要由家长牵牛绕桌一周，然后喂糯米饭及甜酒，鸡蛋汤或绿豆汤等，以竹筒灌喂，再喂糍粑。小孩要在牛角上缠以红纸，为其祝贺生辰。

布依族要做“牛王粑”给耕牛吃。仫佬族要以酒、肉、糯米饭祭牛栏，祭毕将糯米饭喂牛。广西三江、孟江一带的侗族，要采回一种据说能生津发力的树叶，用其汁水沤米，蒸成黑色米饭喂牛，为耕牛增强体质。

小典故

耕牛的传说

侗族有这样一个传说：玉皇大帝见人间百姓终年劳累，不得温饱，便派牛魔王下凡传话。结果牛魔王误将“天皇赐你们一日三餐肚子饱”说成“天皇赐你们一日三餐肚子还不饱”，结果害得人们忍饥挨饿，日子反而更苦了。牛魔王感到内疚，就请求玉皇把它贬下人间替百姓出力气干活赎罪，一年到头勤勤恳恳为人类拉犁、拉耙、埋头苦干。自此以后，百姓生活好转。为感激牛的恩德，便有了侗家人每年农历六月六日为牛洗身的洗牛节。

6. 娱驴节

“懒驴上磨屎尿多”、“犟驴”、“驴脸”，驴在我们的印象中似乎不是那么高大，然而在农村，特别是一些少数民族地区，驴的地位可是我们完全没有想到的，不信往下看。在我国西藏泽当县，有一个特殊的节日叫“娱驴节”，一般在每年五月运肥结束后举行，在这一天毛驴绝对是“翻身农奴把歌唱”。

黄胄《赶驴》

泽当县平原是西藏农业的黄金地段，精耕细作已经有两千年的历史，每年春耕开始后，从庄园到农户都非常注重积肥施肥，而堆积如山的肥堆全靠人背驴运，因此，毛驴可以说是西藏农民患难与共的朋友。农民对毛驴非常感激，甚至充满崇拜之情，总想找个机会“报答”一番，哪怕自己装驴也可以，只要毛驴高兴、满意。所以当如山的肥料撒到雅隆河畔平旷的田野之后，一年一度的“娱驴节”便在堆过肥料的旷场上开始了。

在这一天，人们不但把套在驴身上的脖套、木鞍甚至铜铃都摘去，让驴完完全全地自由，甚至还给予它们贵宾般的待遇。青稞酒、酥油茶，以及藏人们平时自己都很难吃上的美食都会像招待贵宾一般地给驴儿享用。不仅如此，富有幽默感的藏族人，还把自己扮成驴，给自己戴上驴的脖套，系起驴的脖铃，甚至背着驴的木鞍子，陪着驴儿一起吃喝，连吃饭的方式也要像驴一样，趴在地上，用嘴巴直接在铜盆里舔糌粑（青稞制成的炒面）、吮茶、酒。

黄胄《墨驴》

吃饱喝足之后，真正的狂欢才算开始。农人们模仿着毛驴的姿态，在旷场上奔跑，在泥里打滚、尥蹶子（liào juě zi）、甩耳朵、学驴叫。而被灌醉了的毛驴们，并不关心和欣赏主人的表演，自己狂蹦乱跳，长嘶短叫，自我表现的愿望非常强烈，整个娱驴节场地人欢驴舞，热闹极了。

民谣

民谣一

呵，来了，来了，
甲绒村的毛驴来了；
毛驴嘈杂的铃声，
惊破了老爷的好梦！
老爷还在甜蜜的梦乡，
农奴和他的毛驴早已在辛苦奔忙了。

民谣二

拉萨西郊大路上，
毛驴跑得比马快；
不是毛驴跑得快，
是主人用鞭子抽打。

小典故

耕牛的传说

墨西哥的一些城市和乡村，在每年的五一劳动节前后，都会举办驴子节，因为在当地，驴子是重要劳动力。当地人便用这样一个热热闹闹的特殊方式来向这些辛勤工作了一年的朋友表示慰问。驴节的内容丰富，有驴赛跑、骑驴足球赛、驯驴表演、驴儿化妆表演等多项活动。

苏丹红海省的驴节定在每年 4 月的最后一天。每逢节日，城乡各处均张贴有驴的宣传画和护驴标语，各家主人还将自家的驴披红挂绿地打扮一番后，牵到集镇上去参加驴子大游行。

我国陕北视驴为掌上明珠，陕北农村母驴生仔是大喜，和婴儿满月一样替驴驹操办“满月”。

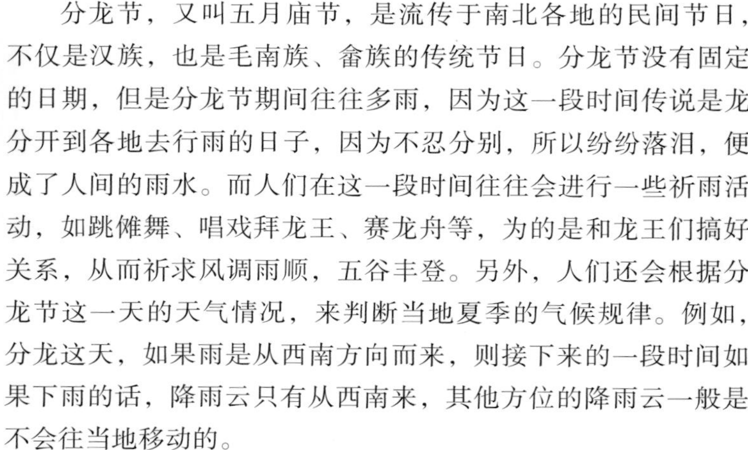

7. 分龙节

分龙节

分龙节，又叫五月庙节，是流传于南北各地的民间节日，不仅是汉族，也是毛南族、畲族的传统节日。分龙节没有固定的日期，但是分龙节期间往往多雨，因为这一段时间传说是龙分开到各地去行雨的日子，因为不忍分别，所以纷纷落泪，便成了人间的雨水。而人们在这一段时间往往会进行一些祈雨活动，如跳傩舞、唱戏拜龙王、赛龙舟等，为的是和龙王们搞好关系，从而祈求风调雨顺，五谷丰登。另外，人们还会根据分龙节这一天的天气情况，来判断当地夏季的气候规律。例如，分龙这天，如果雨是从西南方向而来，则接下来的一段时间如果下雨的话，降雨云只有从西南来，其他方位的降雨云一般是不会往当地移动的。

历代信仰龙王的畲族人和毛南族人，都有各自独特的分龙节习俗。

畲族人到分龙节时，为防止“龙过山”损坏庄稼，便在作物落土后进行分龙。他们认为龙怕铁，所以这天便禁止动用铁器和粪桶等出门，以祈求龙王不作水患，保佑丰收。

分龙节是毛南族一年一度祭祀龙的传统大节，每到分龙节，

毛南族群众欢度“分龙节”（1988 年，韦东湖摄）

毛南族每家每户都要采集金黄花、枫叶蒸煮五色糯饭，以五色糯饭、粉蒸肉祭神农氏，折回竹桠柳枝插在中堂神龛上，把五色米饭捏成小粒团，粘在枝叶之间，祈求风调雨顺，五谷丰收。过节前一天，还要“椎杀”一头公牛，用牛头、牛尾、牛脚、牛内脏祭龙，祭时有法师念经、跳神。牛肉则分给各家各户或拿到市上出卖，收入作为节日费用。祭龙后二三天，各户自拜祖先、三界仙、灶王、地主娘娘等，也是求神灵保佑五谷丰登。

小典故

江南地区的传说

江南地区的分龙节多在夏历 5 月 20 日，民间传说，5 月开始多雨，是因为小龙要离开老龙到自己管辖范围内发号施令，耕云播雨，因不忍分离而流泪，所以这一天多为阴雨天气。如下雨则认为本年会风调雨顺，秋季丰收。

华北地区的传说

在华北地区关于分龙节的传说是这样的。传说，一年之中，布雨的五位龙王是有分有合的。从秋收至第二年春种这段时间里，因布雨忙碌了一年的龙王都要潜入地下冬眠，而第二年春耕前，足睡了一冬的龙王们一觉醒来，便要按着玉皇或是老龙王的旨意，赤、黄、青、白、黑各主一路，去自己的辖区行云布雨，因此民间习惯上将五龙分开的日子统称为“分龙节”。

8. 赶鸟节

稻草人是我们都很熟悉的农家用来驱鸟的工具，然而，在我国少数民族地区还有更奇特有趣的赶鸟方式，并形成了一年一度的赶鸟节。

相传很久以前，瑶族居住的山区，林木茂密，很适宜鸟雀繁衍生息。因此，每年冬去春来，以五谷为食的山雀、野鸡、斑鸠等鸟儿，待农人们离去后便成群结队地飞到田里，把人们刚刚撒下的种子、秧苗等庄稼揪呀，啄呀，好端端的山地便被糟蹋得不成样子，严重影响了庄稼生长，因此，鸟害成了瑶山早春作物的头号大敌。有个瑶族姑娘叫赵妹姑，嗓音甜脆，她向着山林唱，鸟雀都羞得不敢开口，她的歌声停了，鸟儿们还在天空盘旋，追寻歌味，迷的不想飞去。于是，为了庄稼生长，人们想出一个办法，就是在农历二月初一这一天，赵妹姑带领着村中的男女青

稻草人

赶鸟节

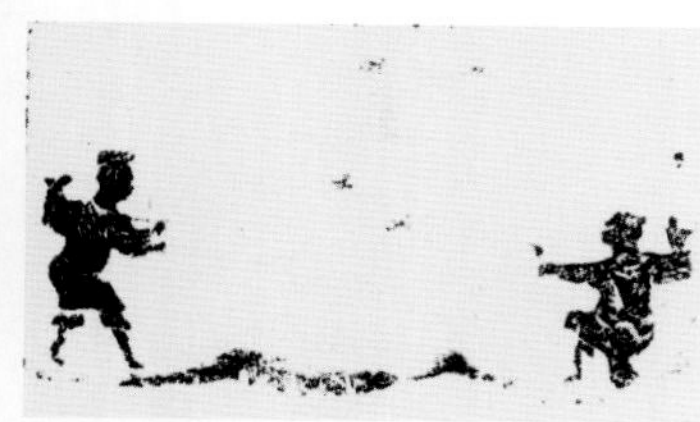
汉代驱雀画像砖

年，放声歌唱，她们边唱边向森林跑，将鸟儿引到了深山密林里，鸟儿被优美的歌声迷住了，半月都没有醒过来。这样田地上的种子才得以破土成苗，茁壮成长，这年粮食也得到了丰收。从此，每年农历二月初一，瑶族青年男女，便会一伙伙、一群群，相邀到山上对歌，纪念歌仙赵妹姑，驱鸟祈求丰收。

这一天，青年们忙着赶会对歌，老年人便在家里，把连夜舂出的糯米粑粑捏成铜钱大小，戳在竹枝上，插在神坛边或堂屋门旁，名叫"鸟仔粑"。据说鸟雀啄了粑粑，就会把嘴壳粘住，再也不会糟蹋五谷了。到晚上，瑶家人还走村过寨地串火塘，品尝各家的"鸟仔粑"，祈祷不生天灾人祸，辛苦一年能有一个好结果。

小典故

成语故事"为渊驱鱼，为丛驱雀"

出自《孟子》的《离娄章句上》"为渊驱鱼者，獭也；为丛驱爵者，鹯也；为汤武驱民者，桀与纣也。""爵"同"雀"，意思是水獭想吃鱼，却把鱼赶到深水里去了，老鹰想吃鸟雀却把鸟雀赶到树林里去了。原指为政不善，人心涣散，使百姓投向敌方，比喻不善于团结人，把可以依靠的力量赶到对方。

二、乡　情

1. 放纸鸢

每年春天来临，被寒冷困住一冬天脚步的人们，终于可以脱去厚厚的冬装，来到户外，迎着春风，你追我赶，放飞风筝。特别是每年的清明前后，天上总会飞舞着各式各样漂亮的风筝。

风筝，古时称为"鹞"（yào），北方叫做"鸢"，随着纸的发明和广泛利用，民间开始普遍用纸来裱糊风筝，于是又有了纸鸢的叫法。五代时李邺，曾在宫中放纸鸢为戏，又别出心裁地在鸢的头部安装竹弦，风吹竹弦，发出如弹拨古筝般的声音，于是便有了"风筝"的叫法。

放风筝

最早的风筝是古代墨翟（公元前478—前392年）发明的，据说当初墨子研究了三年，终于用木头制成了一只木鸟，但只飞了一天就坏了。后来他把这项技艺传给了他的学生鲁班，鲁班改进了材质，采用竹子作为风筝的骨架，终于做成了升空三日而不坠的风筝。

当时制作的风筝并不是用来娱乐和健身的，而是作为军事用途，用于测距、传讯、侦查。从唐代开始，风筝才逐渐转化为娱乐用途，到宋代的时候人们更是把放风筝作为锻炼身体的一种方式，更有习俗，在清明节时，将风筝放的高而远，然后将线割断，让风筝带走一年所积的霉气。明代时候风筝还被用来载炸药，根据“风筝碰”的原理，引爆风筝上的引火线，以达到杀伤敌人的目的。

放纸鸢

如今，各种材质、样式的风筝越来越多，但是传统风筝作为民间工艺品，仍然受到人们的喜爱，比较有名的除了大家都知道的山东潍坊风筝外，还有北京的“哈氏风筝”、天津的“风筝魏”、南通地区的“板鹞”等。

板鹞

古诗欣赏

《村居》【清】高鼎

草长莺飞二月天，拂堤杨柳醉春烟。
儿童散学归来早，忙趁东风放纸鸢。

《纸鸢》【唐】元稹

有鸟有鸟群纸鸢，因风假势童子牵。
去地渐高人眼乱，世人为尔羽毛全。
风吹绳断童子走，余势尚存犹在天。
愁尔一朝还到地，落在深泥谁复怜。

小典故

四面楚歌

公元前 190 年，楚汉相争，汉将韩信攻打未央宫，利用风筝测量未央宫下面的地道的距离。而垓下之战，项羽的军队被刘邦的军队围困，韩信派人用牛皮作风筝，上敷竹笛，迎风作响（一说张良用风筝系人吹箫）汉军配合笛声，唱起楚歌，涣散了楚军士气，这就是成语“四面楚歌”的故事。

2. 贴年画

以前每年过年时候，家家户户都要在门上或者墙上张贴年画，因为一般是一年一换，所以称为年画。年画还有多种叫法，不同时代不同地区都有各自的称谓：宋朝时叫“纸画”，明朝

杨柳青年画

杨家埠年画

叫“画贴”，清朝叫“画片”；北京叫“画片”、“卫画”，苏州叫“画张”，浙江叫“花纸”，福建叫“神符”，四川叫“斗方”……如今都统称为年画。历史上最为有名的是四川绵竹年画、江苏桃花坞、天津杨柳青、山东潍坊杨家埠的木版年画，被誉为中国“年画四大家”。年画一般画面线条简单、色彩鲜明、气氛热烈愉快，题材更是多种多样，包含戏剧故事、民间传说、历史小说、世俗生活、时事趣闻、名胜风物、门灶诸神、仕女娃娃等，几乎涵盖了中国百姓生活题材的全部。

关于年画的起源，最普遍的说法是始于唐朝李世民时候。据说有一次唐太宗李世民生病了，梦里常听到鬼哭神嚎之声，以至夜不成眠。这时，大将秦叔宝、尉迟恭二人自告奋勇，全身披挂地站立宫门两侧，结果宫中果然平安无事。李世民认为两位大将太辛苦了，心中过意不去，于是命画工把他俩人的威武形象绘在宫门上，于是便有了我们今天所说的年画的一种“门神”。其实早在汉代时候人们就有在门口张贴神荼、郁垒的习俗，到宋朝时候木板年画推行开来。目前留存在世的最早的一幅木版年画是南宋刻印的《隋朝窈窕呈倾国之芳容》。到明朝时，据说朱元璋大力提倡张贴春联，于是年画也随之被推广开来，成了每年过年时候一道亮丽的风景，为年节增加了不少喜庆的气氛。

《隋朝窈窕呈倾国之芳容》

古诗欣赏

《出游归卧得杂诗》【宋】陆游

江村何处小茅茨，红杏青蒲雨过时。
半幅生绡大年画，一联新句少游诗。

3. 剪窗花

每年过年时候除了要贴之前说到的年画外，家家户户还会在窗户上贴窗花，木栅栏，白窗纸，再配上红的彩的窗花，别提多漂亮多喜庆了。直到现在，过年时候，有些人家也会买一些漂亮的剪纸贴在自家玻璃上，增添节日气氛。

窗花是剪纸的一种，因多贴在窗户上而得名。过去除了专门从事剪纸行当的艺人外，妇女是剪纸最主要的创作者，剪纸剪的好坏成为评判妇女是否心灵手巧的一个标准，如果是还未嫁人的姑娘，剪纸的水平有时甚至会影响她嫁人。据说过去媒人说媒的时候，会把姑娘剪的窗花随身带着，到了男方家里，先把窗花拿出来。那时候，姑娘的手巧不巧与是否能成为一个合格的媳妇是

贴窗花

密切相关的。

剪纸最早应该是在东汉纸张发明之后产生的，但是剪刻这门技艺应该是在纸发明前就存在了。在湖北江凌望山一号楚墓出土文物中就有战国时期的皮革镂花，而在河南辉县固围村战国遗址出土文物中也发现了银箔镂空刻花，可见当时的人们运用薄片材料，如金箔、皮革、绢帛等，通过雕、镂、剔、刻、剪等技法制成工艺品的技艺已经比较成熟，这些都是与剪纸艺术一脉相承的，他们的出现都为民间剪纸的形成奠定了一定的基础。而说到我国最早的真正意义的剪纸作品，是在 1967 年我国考古学家在新疆吐鲁番盆地的高昌遗址附近的阿斯塔那古北朝墓群中，发现的两张团花剪纸，他们的发现为我国的剪纸形成提供了实物佐证。

蔚县剪纸

吉林公主岭剪纸

古诗欣赏

《野庙》【宋】方回

金甲朱衣画壁昏，军声不到暂开门。
数家祈福来浇奠，剪纸糊灯作上元。

小典故

剪桐封弟

西周时期，武王驾崩，成王继位，由于成王年幼，所以由周公辅助治理朝政。在此期间唐国发生武庚叛乱，周公亲自带兵到唐国平息了叛乱。此后的一天，成王与弟弟叔虞在院子里做游戏，成王随手从地上拾起一片梧桐树叶，剪成玉圭的形状，对叔虞说："给你这个玉圭，封你去做唐国的诸侯吧！"站在一边的周公听到了，就请成王选择良辰吉日举行分封大典。成王说："我是和叔虞做游戏呢！"周公却说："天子无戏言，既然说了，就要用史书记载他，音乐歌舞庆贺他，典礼成全他。"于是成王就把叔虞封到唐国做了诸侯。而周公也通过他的劝导使成王特别注重自己的言谈。

4. 戏皮影

皮影戏，也叫"影子戏"或"灯影戏"，一般是将皮子做成的人偶、动物、场景等，通过灯光照射，在屏幕上透出剪影来表演故事的一种民间戏曲。皮子通常选用驴皮或者牛皮，经过一系列的打磨、晾晒、雕刻、绘色、串联等工艺制作而成。表演的时

皮影

耍皮影

耍皮影

候，艺人们藏在白色幕布后面，一边用竹棍操纵戏曲人物，一边用当地流行的曲调唱述故事，表演皮影的通常是一个人，或者两个人，但表现在屏幕上的却可以是很多人，表演手法和技巧之娴熟真的是令人啧啧称奇，有的脚下还要制动锣鼓来配乐，不过一些大的皮影戏团，还是配有专门的乐队的，和唱戏基本是一样的。在过去娱乐活动比较少的年代，皮影戏曾是十分受欢迎的民间娱乐活动之一。元代时，据说皮影戏还远传海外，深受国外戏迷的欢迎，人们亲切地称它为“中国影灯”。

最初的皮影大概产生于唐代。我们都知道唐代是我国文化艺术以及宗教发展的鼎盛时期，据说当时人们为了把史书、经卷讲诵得更加直观、形象，往往用绘画的手段来进行补充，再后来，为了进一步使其生动，又有人把绘画改为带活动关节的纸人，并用线牵动着来讲经讲史，而且根据史书中的记载“僧徒夜诵经卷、乃装屏设像”，这里的夜诵说明肯定是有烛光的，而装屏，也就相当于今天皮影戏中的屏幕，设像就是活动的人物，因此这应该可以算是皮影戏的雏形。

如今，皮影戏作为我国传统的民间艺术，已经被列入非物质文化遗产名录。

小典故

传说

相传汉武帝刘彻因为爱妃李氏夫人去世，对夫人很是思念，甚至无心朝政。有一天一个叫李少翁的方士，说可以用法术把李氏夫人的魂灵召来，让夫妻二人一见，于是当天晚上他在屋中点上蜡烛，放下帷帐，果然，通过灯光的照映，李夫人的影子投在薄纱幕上，只见她侧着身子慢慢地走过来，一下子就在纱幕消失了，实际上，李少翁是表演了一出皮影戏，汉武帝看到李夫人的影子，更加相思悲感起来，还写了一首诗：“是邪，非邪？立而望之，偏何姗姗其来迟。”

关于皮影的来源，最早的传说是关于救世主观音菩萨亲临人间宣讲佛经教义的故事。据说当时人们对于干巴巴的说教不爱听，观音菩萨看到这种情形，一个人悲伤地坐在竹林下，随手摘下竹叶编弄成各种人形并摆弄出各种动作，忽然，她灵机一动，想到如果用这些竹叶编弄成的人形来表演佛教的故事，应该会很有趣。于是她挂起了竹帘，在帘后舞动起竹叶人形。夜幕来临，油灯的灯光把竹人的影子映在竹帘上，表演出各种佛教故事，因此吸引了很多人前来观看。从这以后，影戏就产生了。

对联欣赏

关于皮影戏的对联

1. 隔纸说话　影子抒情

2. 三根竹能文能武　一片皮呼圣唤贤

3. 一口述说千古事　两手对舞百万兵

4. 文臣武将三竹杆　男婚女配一张皮

5. 有口无口口代口　似人非人人舞人

6. 白昼间木人作怪　夜晚时皮影成精

7. 请君更看戏中戏　对影休推身外身

8. 千秋英雄灯下舞　万古豪杰手内提

9. 浑身武艺凭人舞　满腹文章藉口传

10. 三根竹妙舞刀枪剑戟争胜负　一片皮巧扮生旦净丑有忠奸。

5. 塑面人

每年春节庙会的时候，我们都会看到有捏面人表演，只见各种颜色的面团，在艺人的手中服服帖帖，经过简单的揉、捏、刻、划，不费吹灰之力就塑成了活灵活现的各式造型，如孙悟空、喜羊羊等，很是讨小朋友的喜欢。

佟宝全绘《捏面人》

不要觉得塑面人看似简单，其实它的存在至少已经有上千年的历史了，现存最早的面人是新疆吐鲁番阿斯塔那地区出土的唐代永徽四年（653 年）的面制女俑头、男俑上半身像和面猪。过去在北京及全国很多地方，逢年过节，都流行用面粉做“饽饽”、“枣花”、“月糕”、“面鱼”、“面羊”等，这些面食往往蕴含着祝福意义，或者是作为祭祀的供品，如供奉天地的叫枣山，祭供灶神的叫饭山、花糕，寓意米面成山；长辈送儿孙后辈“钱龙”意在引钱龙入府、招财进宝；……现在山西、陕西等地仍然保留着这一习俗。

合阳花馍

后来经过慢慢演化，最终出现了人物的造型，不过那时的造型还比较粗糙简单，纯粹观赏用的面人据说出现在清朝咸丰年间。根据菏泽穆李村发现的《沐恩王郭二君碑》中的记载，当时江西米雕艺人王清原与郭湘云来到了菏泽，与当地的花供艺人郝胜、杨白四合作，把米塑与花供技艺结合起来，形成了今天的“曹州面人”。后来穆李村面塑艺人走南闯北，影响全国，逐渐形

菏泽面塑

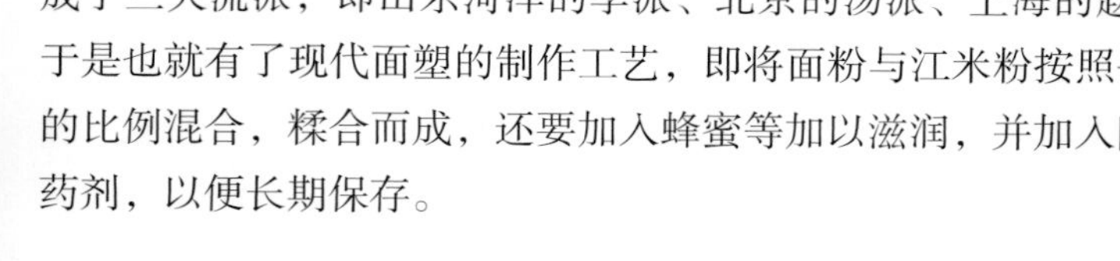

成了三大流派，即山东菏泽的李派、北京的汤派、上海的赵派，于是也就有了现代面塑的制作工艺，即将面粉与江米粉按照一定的比例混合，糅合而成，还要加入蜂蜜等加以滋润，并加入防腐药剂，以便长期保存。

小典故

传说

关于面塑的来由，有传说讲与三国时候的诸葛孔明有关。相传当时孔明征伐南蛮，但是在渡芦江时却忽遇狂风大作，部队无法前行，于是机智的孔明随即用面做成人头与牛羊等牲礼模样来祭拜江神，说也奇怪，霎时风停浪止，部队安然渡江，并顺利平定南蛮，这就是面塑的最初来源，因此，之后凡从事面塑行业的都把孔明供奉为祖师爷。

6. 变戏法

变戏法

魔术是我们大家都非常熟悉的，魔术之魅力就在于看似神奇，明知是假，却又捉摸不透，很多人认为魔术是从西方传来的，其实早在公元前108年即西汉时期我国就有“魔术”了，只是我们一般称为“民间戏法”。不过严格来讲，我们国家的民间戏法与西方魔术大多借助机械道具进行大中型表演还是有所不同的。民间戏法一般是在街头撂摊，没有任何遮蔽，前后左右都是观众，在众目睽睽之下表演，这与刘谦现在表演的一些魔术非常相似，全凭艺人手疾眼快，技艺巧妙，干净利落，不露破绽。

变戏法

我国传统戏法又叫“古彩戏法”，汉唐时称“幻术”，宋代称“藏挟技”。隋唐时期，宫廷魔术与民间魔术并举，繁荣发展，但当时变戏法还多是为皇家献技取乐；至宋代时才逐渐成为民间的一项大众文娱活动，而且当时魔术的分科越发精细，并形成了“手法、撮弄、藏挟”三大体系（也有将“手法”、“撮弄”合为一类之说的）；至明清时期，魔术鲜见于宫廷，主要存在于民间，艺人靠在江湖“撂地”和到富人家“厅堂”表演为生。北京的天桥、南京的夫子庙、苏州的玄妙观、天津的三不管儿等地，就是戏法艺人较为固定的表演场地。清光绪年间刊行的《鹅幻汇编》（唐再丰著）分门别类地辑录了民间戏法表演现象、种类和技法，这也是我国较早的魔术艺术专著。

变戏法

变戏法有大、小之分：“吞刀吐火”、“植瓜种树”、“屠人截马”等戏法要有大型道具、多人配合，为大戏法；一两私人随身带些小道具，拉收场子就能表演的，如“仙人摘豆”、“金杯入地”、“连环解套”、“空碗来鱼”等戏法，为小戏法。

古诗欣赏

清同治《都门纪略》中咏戏法

海碗冰盘善掩藏，能拘五鬼话荒唐。
偷桃摘豆多灵妙，第一功夫在裤裆。

夸赞变戏法高手王殿英的诗

万种奇迹一袍成，千般奥秘两手中。
说变相随口彩联，戏法高手王殿英。

7. 唱大戏

还记得鲁迅先生写的《社戏》中对于看戏的描写，真是既热闹又有趣，的确，在过去人们的生活中，看戏是一件特别重大的事情，也是人们在电视、电影普及前非常隆重的一项文化娱乐项目，直到现在，戏曲对人们的影响还体现在生活中的方方面面。而那些遗留在村落中的古戏台，似乎也还在不经意间向世人诉说着昔日的辉煌。

唱大戏

戏曲起源于原始的歌舞，初步形成于汉代，当时已有百戏的记载，后来又出现有以问答方式表演的“参军戏”和扮演生活小故事的歌舞“踏摇娘”等，这些都是萌芽状态的戏剧。戏曲真正形成应该是在唐代，当时文学艺术的繁荣，为戏曲艺术提供了丰富的营养，而且当时的皇帝唐玄宗李隆基酷爱音乐，还始创梨园，提高了艺人们的艺术水平，使歌舞戏剧化历程加快，产生了一批用歌舞演故事的戏曲剧目。元代时戏曲在宋代“杂剧”的基础上形成一种新型的戏剧，它具备了戏剧的基本特点，标志着我国戏剧进入成熟的阶段。其中最为杰出的剧作家为关汉卿，他的代表作《窦娥冤》历来被后人称颂。明清时期，戏曲可以说是大发展大繁荣，明代时传奇发展起来了，同时涌现了一批著名的戏曲家，也创作出了一批优秀的作品，如高明的《琵琶记》、汤显祖的《牡丹亭》等，至今经久不衰。到新中国成立之初，我国戏曲除了五大戏曲剧种京剧、越剧、黄梅戏、评剧、豫剧外，已经发展到 300 多个剧种，剧目更是难以数计。世界上还把它和希腊悲喜剧、印度梵剧并称为三大古老的戏剧文化。2001 年我们国家的昆曲被联合国教科文组织列入第一批人类口述和非物质遗

古戏台

豫剧《打金枝》

产代表作名单。

儿歌

儿歌之一

拉大锯，扯大锯，姥姥家唱大戏。爸爸去，妈妈去，小宝宝也要去。

拉大锯，扯大锯，你过来我过去。拉一把，扯一把，小宝宝快长大。

儿歌之二

拉大锯，扯大锯，姥姥家里唱大戏。

接姑娘，请女婿，就是不让冬冬去。

不让去，也得去，骑着小车赶上去。

小典故

梨园弟子

旧社会常称戏曲演员为“梨园弟子”，其实，这种称谓最早并不是指戏曲演员，而是指乐器演员。《新唐书·礼乐志》上有这样一段记载，唐玄宗李隆基喜欢音乐，精通音律，尤其欣赏清雅的《法曲》，于是，他就挑选了三百乐工在皇宫里的梨园专门教他们演奏《法曲》，李隆基亲临指导，称这些乐工为“皇帝梨园弟子”，这就是“梨园弟子”的由来。后来随着时间的推移，泛指戏剧演员。

8. 赶大集

赶大集，是小时候难忘的记忆，虽然如今物资已经极大丰富，采买也便利之极，但是每每听说有集市可以赶，心中总是蠢蠢欲动，不为买什么东西，更多的是想去感受那份热闹和喜庆。

集市，在古代也叫“墟市”、“集墟”。在北方地区通常称为“集”，而在南方和西南地

赶集

区则分别称为“场”、“街”、“墟（圩）”等。赶集也叫“赶山”，云贵川一带也称“赶场”或“赶街”，湘赣地区则称为“赶墟”，湘桂粤一带称为“赶闹子”。

在过去，特别是农村，买东西并不像现在这样方便，每到赶集时候，人们或走着或坐着驴车，带着自家产的粮食、蔬菜、水果或者是自己做的农具、编的箩筐，还有的牵着自家的牲口从四面八方聚集到集上，进行物物交换，或者是添置生活生产必需品，集市上的东西非常全，而且价格公道，所以深受人们的喜爱。而且过去集市不是天天都有的，大多是在农闲时候，或者是逢年过节，有时也与庙会合在一起，如有的地方是初一、十五赶集，总之每个地方都有其固定的日期举行集市。在集市上除了有五花八门、琳琅满目的商品外，还有各色小吃，各种民间娱乐活动，如我们现在还能看到的套圈游戏，还有之前说到的变戏法，或者是唱大戏，往往也会出现在集市上，所以通常一个集市逛下来，那真是吃饱喝足，而且还满载而归。因此，赶集承载了太多人美好的记忆，现在想来，都还会觉得心向往之。

绥棱农民画《赶集》

《赶集归来》（陈明远）

儿歌 · 民歌

儿歌

我有一头小毛驴，我从来也不骑，
有一天我心血来潮，骑它去赶集。
我手里拿着小皮鞭，我心里真得意，
不知怎么哗啦啦啦啦啦，摔了一身泥。

冀东民歌

从春忙到大秋里，腌上了咸菜忙棉衣，
杂花子粮食收拾二斗，一心要赶乐亭集。
乐亭南关把粮食卖，卖了粮食置买东西，
买了江南的一把伞，又买了圆正正的一把笊篱。
槐木扁担买了一条，担粪的荆筐买了两只，
零碎东西买完毕，饸饹铺里拉驴转回家里。